智能制造领域高素质技术技能人才培养系列教材

工程制图及CAD绘图

第 2 版

主　编　樊启永　廖小吉

副主编　于　洁　张　冉

参　编　孙　慧　高　丹

主　审　邓三鹏

机械工业出版社

本书紧密结合职业教育教学特点，以"应用"为目的，以"必需""够用"为度，对画法几何、图样表达方法、标准件和常用件等内容适当压缩优化，将工程制图与计算机绘图有机融合，将 AutoCAD 绘图命令与绘图实例优化组合。

本书共分八个项目，主要内容包括机械图样的认知与平面图形的绘制、基本体三视图的绘制、立体表面交线的绘制、组合体三视图的绘制与识读、机件的表达、标准件和常用件的表达、零件图的识读与绘制、装配图的识读与绘制。本书介绍的计算机绘图软件为目前广为流行的 AutoCAD 2023 绘图软件，学生在掌握机械制图知识的同时，也能学习运用 AutoCAD 2023 绘图软件。

本书可作为高等职业院校本科及专科层次非机械类及近机械类各专业的教材，也可供非机械类、近机械类专业成人教育使用或工程技术人员参考。

为方便教学，本书配套 PPT 课件、电子教案、视频及动画（二维码）资源，以及 AR 动画（二维码）资源，选择本书作为授课教材的教师可登录机械工业出版社教育服务网（www.cmpedu.com）注册并免费下载。

图书在版编目（CIP）数据

工程制图及 CAD 绘图/樊启永，廖小吉主编. —2 版. —北京：机械工业出版社，2024.4
智能制造领域高素质技术技能人才培养系列教材
ISBN 978-7-111-75645-3

Ⅰ.①工… Ⅱ.①樊… ②廖… Ⅲ.①工程制图-AutoCAD 软件-高等职业教育-教材 Ⅳ.①TB237

中国国家版本馆 CIP 数据核字（2024）第 078719 号

机械工业出版社（北京市百万庄大街 22 号　邮政编码 100037）
策划编辑：赵红梅　　　　　　责任编辑：赵红梅　章承林
责任校对：曹若菲　李小宝　　封面设计：王　旭
责任印制：邵　敏
中煤（北京）印务有限公司印刷
2024 年 7 月第 2 版第 1 次印刷
210mm×285mm·17.25 印张·517 千字
标准书号：ISBN 978-7-111-75645-3
定价：59.00 元

电话服务　　　　　　　　　网络服务
客服电话：010-88361066　　机　工　官　网：www.cmpbook.com
　　　　　010-88379833　　机　工　官　博：weibo.com/cmp1952
　　　　　010-68326294　　金　书　网：www.golden-book.com
封底无防伪标均为盗版　机工教育服务网：www.cmpedu.com

前　言

本书是根据"十四五"职业教育规划教材建设实施方案，以"以规划教材为引领，高起点、高标准建设中国特色高质量职业教育教材体系"为指导思想，以典型工作任务、案例等为载体而开发的新形态教材。书中贯彻党的二十大精神，落实"职普融通、产教融合"，将企业真实案例融入职业教育当中。

本书与第 1 版相比，具有以下主要特色和创新：

（1）理念先进　本书是在项目化教学实践的基础上编写而成的，将知识点和绘图技巧融入任务中，遵循认知规律，学生可以在完成任务的过程中掌握绘图方法和技巧，体现了"教、学、做"合一的理念，突出了职业岗位能力培养的职教思想。

（2）体现新技术、新标准　以 AutoCAD 2023 绘图软件为蓝本，采用现行国家标准、行业标准。

（3）岗课赛证融通　对接岗位需求，校企合作开发教材，采用企业真实案例，同时融入技能竞赛及职业资格证书考核内容，实现岗课赛证融通。

（4）深挖素质教育元素　落实立德树人根本任务，深入挖掘教材内容蕴含的思想政治教育元素，在书中相应内容处引入素质教育拓展，让学生在学习专业知识和技能、提高职业素养的同时，树立正确的世界观、人生观和价值观。

（5）充分利用信息化技术　本书是"互联网+"活页式新形态融媒体教材，融合案例操作动画及案例 AR 呈现二维码、微课二维码等形式。

（6）数字化资源丰富　以优化教学效果为目的，配套丰富的数字化教学资源，如视频、动画、文本、AR、VR 等，同时为满足个性化学习需求，开发了碎片化资源。

（7）教材与课程建设融合　新形态教材建设与在线开放课程进行深度融合，促进信息化教学改革不断推进。

本书由唐山工业职业技术大学樊启永、廖小吉担任主编，于洁、张冉担任副主编，孙慧、高丹参与编写。唐山工业职业技术大学朱晨曦、董瑞佳以及唐山松下产业机器有限公司张宝民、冯利佳为本书编写提供了大力支持。天津职业技术师范大学机器人及智能装备研究院院长邓三鹏教授主审了本书。本书在编写过程中参考了许多文献资料，在此向相关作者表示感谢。

由于编者水平有限，书中难免有错误和不当之处，敬请广大读者批评指正。

编　者

二维码索引

页码	名称	图形	页码	名称	图形
2	图纸幅面		94	圆柱被正垂面截断的画图步骤	
6	图线应用示例		108	应用 AutoCAD 绘制截交线	
10	图板、丁字尺和三角板		112	应用 AutoCAD 绘制相贯线	
22	定制 A4 样板图		137	应用 AutoCAD 绘制组合体三视图	
48	应用 AutoCAD 绘制平面图形		143	六个基本视图的形成及展开	
56	中心投影法		145	斜视图的形成	
58	物体三视图的形成和投影规律		155	采用两个平行的剖切平面产生的全剖视图	
67	一般位置直线的投影		157	旋转剖	
85	应用 AutoCAD 绘制基本体三视图		168	应用 AutoCAD 绘制机件视图	

（续）

页码	名称	图形	页码	名称	图形
183	螺栓联接画法		200	应用 AutoCAD 绘制标准件视图	
191	直齿圆柱齿轮各部分的名称		207	螺纹退刀槽和砂轮越程槽	
197	滚动轴承的结构		249	齿轮泵的工作原理图	

目　录

项目一

机械图样的认知与平面图形的绘制

为了看懂图样并能绘制工程图样，首先必须掌握制图的国家标准、基本知识和基本技能。本项目主要介绍制图的国家相关标准、基本几何作图及 AutoCAD 2023 绘图软件的基本使用方法。

项目目标

1. 熟悉制图的国家相关标准。
2. 熟悉常见几何图形的作图方法，掌握平面图形的分析与绘图方法。
3. 熟悉 AutoCAD 2023 绘图环境、图形文件的基本操作及系统选项设置等内容。
4. 掌握 AutoCAD 2023 基本绘图与编辑功能。
5. 能够使用 AutoCAD 2023 绘制简单平面图形。

任务一　手工绘制平面图形

学习任务单

任务目标	知识点： 1）熟悉制图国家标准关于图幅、比例、线型、字体、尺寸注法等的基本规定 2）熟悉常见几何图形的作图方法，掌握平面图形的分析与绘图方法 技能点： 1）会查阅国家标准，会熟练使用绘图工具、制作标准图样 2）能正确绘制平面图形
任务内容	用 A4 图纸，按照 1∶1 的比例绘制图 1-1 所示手柄，并标注尺寸  图 1-1　手柄

（续）

任务分析	要绘制手柄轮廓图,首先要分析尺寸和线段间的关系,明确图形的作图顺序和作图方法,其次必须遵守制图国家标准的相关规定,正确标注尺寸
成果评定	各组成员独立完成手柄平面图形的绘制,进行自评、互评和教师评价后给定综合评定成绩

相关知识

一、国家标准《技术制图》和《机械制图》的一般规定

图样是生产过程中的重要资料和主要依据,是工程界交流技术的"语言"。为了便于技术交流,使制图规格和方法统一,国家标准对图样的格式、画法、尺寸注法等做出了统一规定,此处将摘要介绍国家标准《技术制图》及《机械制图》中的有关内容。工程技术人员必须严格遵守、认真执行。

国家标准简称"国标",用代号"GB"表示。代号"GB/T"则表示推荐性国家标准。

1. 图纸幅面与格式（GB/T 14689—2008）

（1）图纸幅面 为了使图纸幅面统一,便于装订和保管,也为了符合缩微复制原件的要求,国家标准对图纸幅面尺寸、格式以及有关的附加符号做出了统一规定。

绘图时,应优先采用表 1-1 中规定的 5 种基本幅面。

表 1-1 图纸基本幅面尺寸 （单位：mm）

幅面代号	A0	A1	A2	A3	A4
$B×L$	841×1189	594×841	420×594	297×420	210×297
e	20			10	
c	10			5	
a	25				

在图纸的基本幅面中,A0 幅面大小约为 $1m^2$,自 A1 开始依次是前一种幅面大小的 1/2,如图 1-2a 所示。必要时,可按规定加长。加长幅面的尺寸是由基本幅面的短边成整数倍增加后得出的,如图 1-2b 所示。

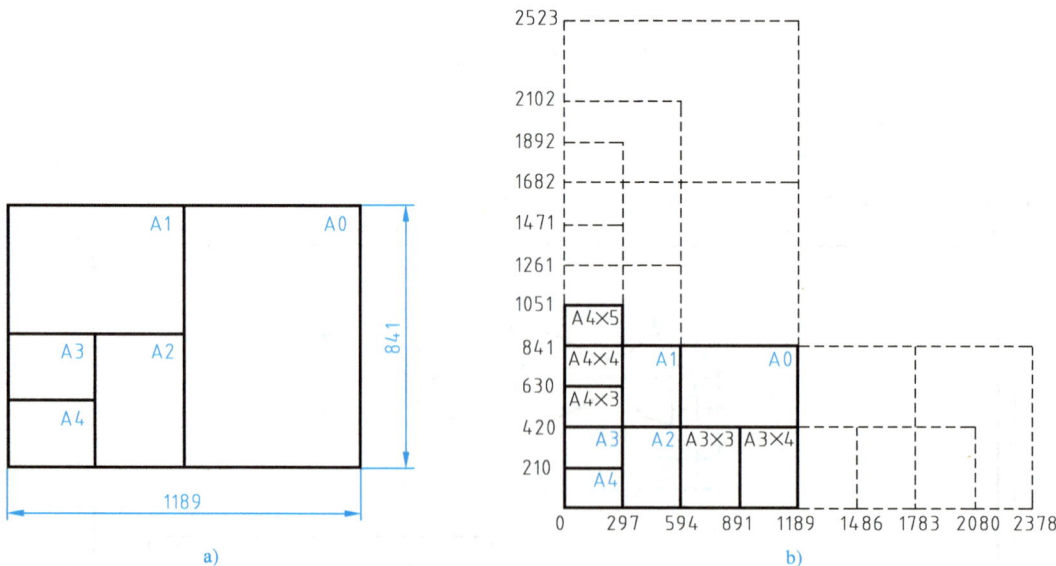

图 1-2 图纸幅面

（2）图框格式 在图纸上必须用粗实线画出图框。图框有两种格式：不留装订边和留有装订边。同一产品中所有图样应采用一格式。不留装订边图纸的图框格式如图 1-3 所示。留有装订边图纸的

图框格式如图 1-4 所示。

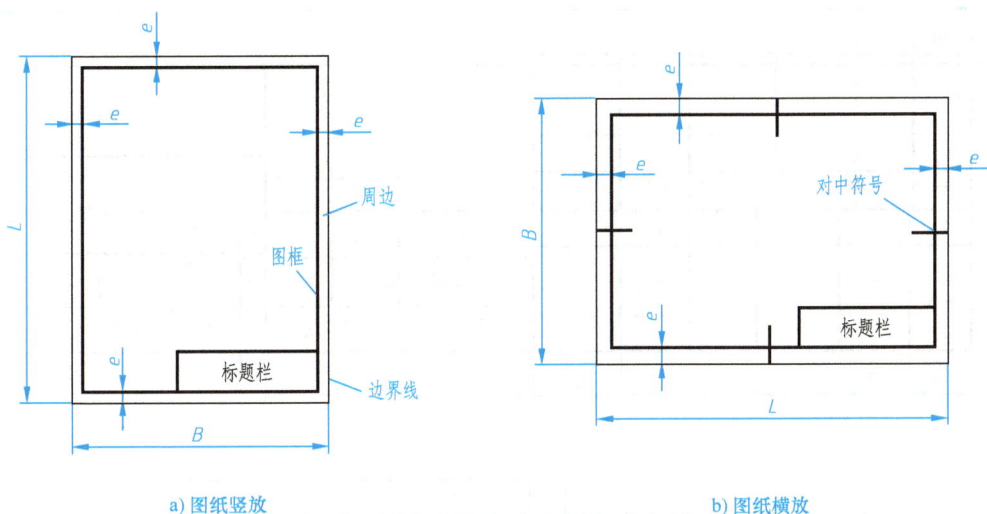

a) 图纸竖放　　　　　　　　　　　　　b) 图纸横放

图 1-3　不留装订边图纸的图框格式

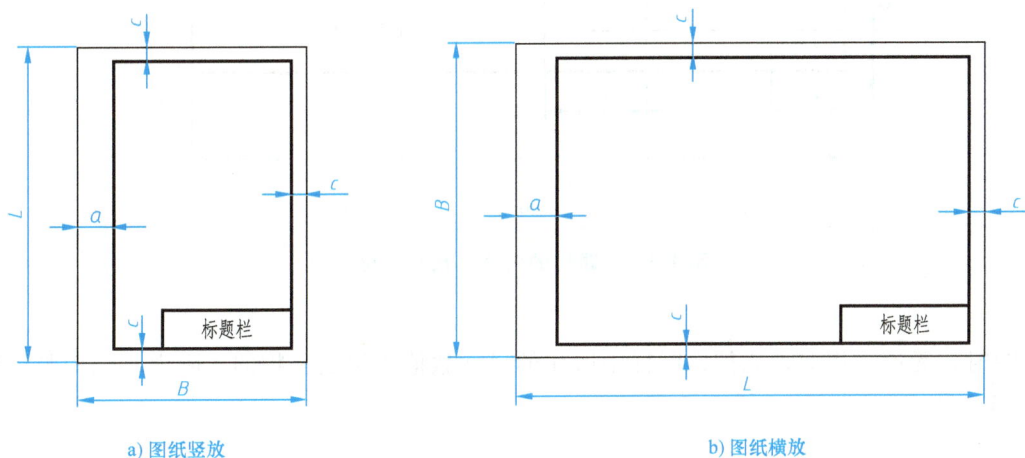

a) 图纸竖放　　　　　　　　　　　　　b) 图纸横放

图 1-4　留有装订边图纸的图框格式

（3）标题栏　绘制时，应按 GB/T 14689—2008 所规定的位置配置，如图 1-3 所示。

为使绘制的图样便于管理及查阅，每张图纸都必须有标题栏。通常，标题栏应位于图框的右下角。看图的方向应与标题栏的方向一致。

对于标题栏的内容、尺寸及格式，国家标准已做出了统一规定，可参照 GB/T 10609.1—2008 的规定，其格式如图 1-5a 所示。明细栏是装配图中才有的。在学校的制图作业中标题栏也可采用图 1-5b 所示的简化形式。

2. 比例（GB/T 14690—1993）

比例是指图中图形与其实物相应要素的线性尺寸之比。

比例分为原值比例、缩小比例、放大比例三种。绘图时，尽可能采用原值比例，即 1∶1 的比例。根据实物的形状、大小及结构复杂程度不同，也可选用缩小或放大的比例。所用比例都应符合表 1-2 的规定。

应用比例的一般规定如下：

1）绘制同一机件的各个视图应采用相同的比例，并填写在标题栏比例一栏中。

2）当某一视图需要采用不同比例时，必须另行标注。

3）当图形中孔的直径或薄片的厚度小于或等于 2mm，斜度和锥度较小时，可不按比例而夸大

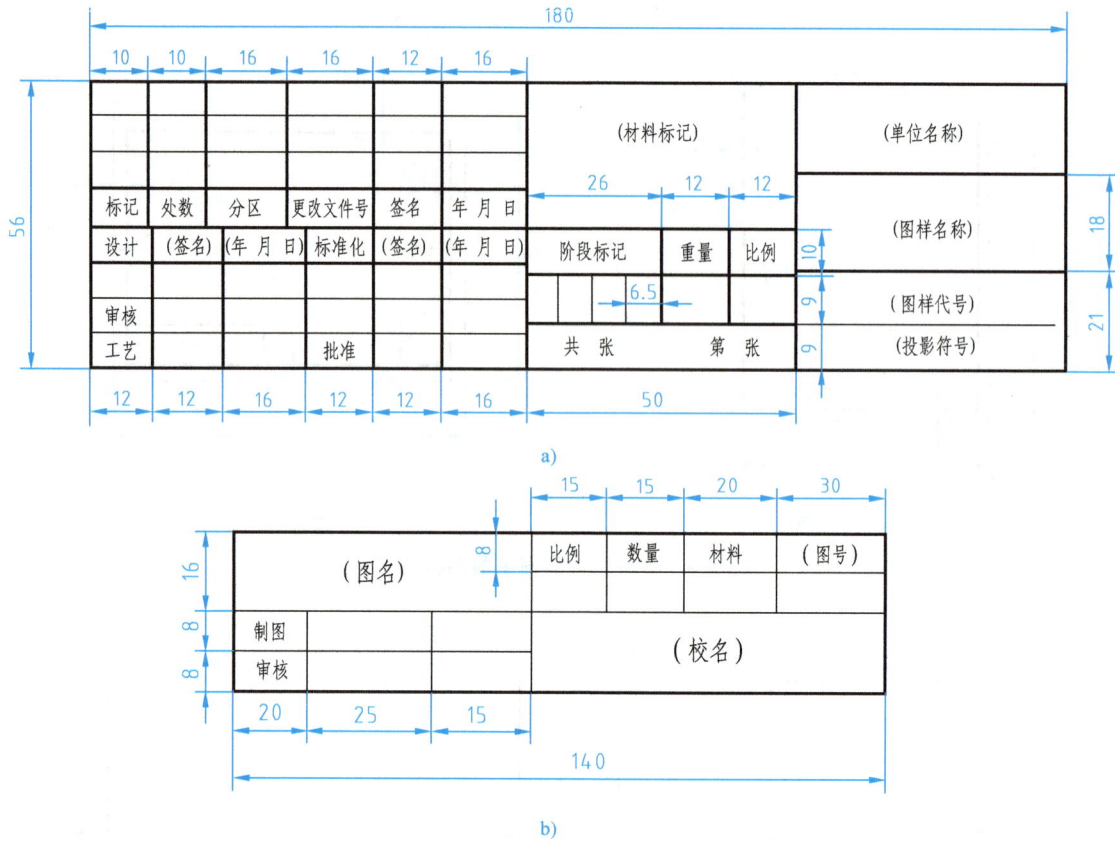

a)

b)

图 1-5　标题栏的内容、尺寸及格式

画出。

4）绘图时，无论采用何种比例，图样中所注的尺寸数值必须是实物的实际大小，而与图形的比例无关，如图 1-6 所示。

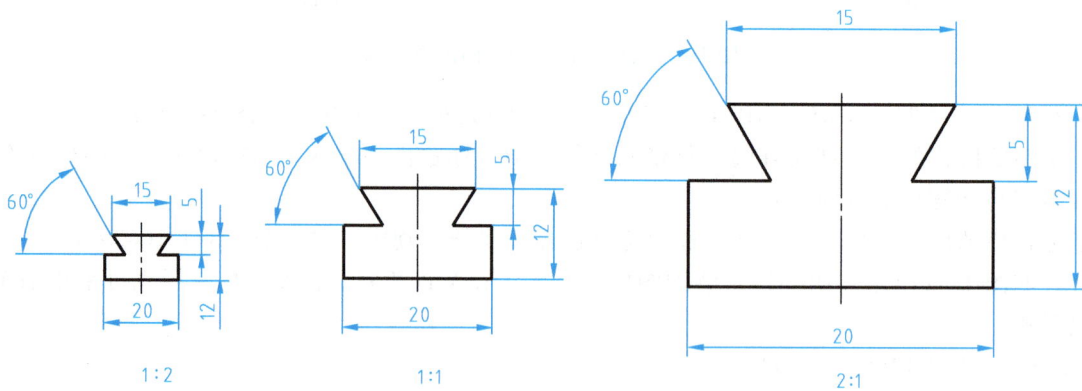

1:2　　　　　　1:1　　　　　　2:1

图 1-6　尺寸数值与绘图比例无关

绘制图样时，一般可从表 1-2 中选择采用。

表 1-2　国家标准规定的比例

种类	比　例
原值比例	1:1
放大比例	$2:1$　$5:1$　$2\times10^n:1$　$5\times10^n:1$ $(4:1)$　$(2.5:1)$　$(4\times10^n:1)$　$(2.5\times10^n:1)$

（续）

种类	比例
缩小比例	$1:2$　$1:5$　$1:10^n$　$1:2\times10^n$　$1:5\times10^n$ $(1:1.5)$　$(1:2.5)$　$(1:3)$　$(1:4)$　$(1:6)$　$(1:1.5\times10^n)$ $(1:2.5\times10^n)$　$(1:3\times10^n)$　$(1:4\times10^n)$　$(1:6\times10^n)$

注：1. n 为正整数。
　　2. 优先选用非括号内的比例。

3. 字体（GB/T 14691—1993）

图样中的字体有汉字、数字和字母三种，书写时必须做到笔画清楚、字体工整、间隔均匀、排列整齐。字体的高度（用 h 表示）即为字号，字号公称尺寸系列共有 8 种，分别是 20mm、14mm、10mm、7mm、5mm、3.5mm、2.5mm 及 1.8mm。如果要写更大的字，其字体高度应按 $\sqrt{2}$ 的比率递增。

（1）汉字　图样上的汉字应采用国家正式公布推行的《汉字简化方案》中规定的简化汉字，字的大小应按字号规定打格写成长仿宋体，其高度通常不应小于 3.5mm，字宽一般为 $h/\sqrt{2}$。在图样上书写汉字时，应注意以下几点：

1）用 H 或 HB 铅笔写字，将铅笔削成圆锥形，笔尖不要太尖或太秃。

2）按所写的字号用 H 或 2H 的铅笔打好底格，底格宜浅不宜深。

3）字体的笔画宜直不宜曲，起笔和收笔不要追求刀刻效果，要大方简洁，如图 1-7 所示。

（2）数字和字母　数字和字母可写成斜体或直体。当使用斜体时，字头向右倾斜，与水平基准线成 75°角，如图 1-8 所示。但是，在同一图样上，只允许选用一种形式的字体。

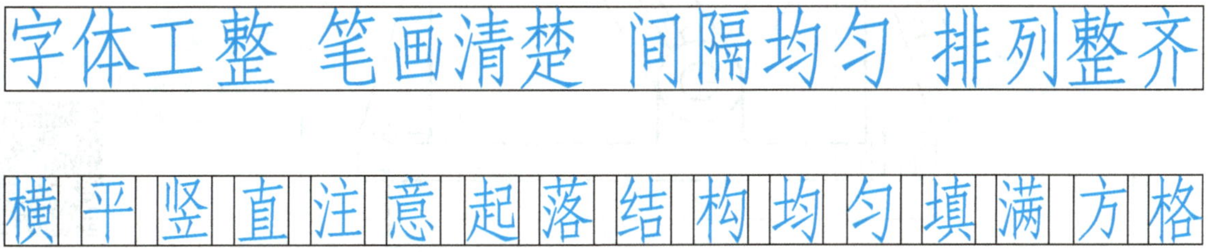

图 1-7　汉字书写范例

图 1-8　数字和字母书写范例

4. 图线（GB/T 17450—1998，GB/T 4457.4—2002）

（1）机械制图的线型及应用　国家标准 GB/T 17450—1998《技术制图　图线》中规定，对适用于各种技术图样中的图线，分为粗线、中粗线和细线三种，宽度比例为 4：2：1。其线型的种类也很多，这里仅介绍在机械图样上常使用的线型。国家标准 GB/T 4457.4—2002《机械制图　图样画法　图线》中规定，在机械图样上，只采用粗线和细线两种线型，它们之间的比例为 2：1。

表 1-3 列出了机械图样上常用的几种图线的名称、线型、图线宽度及应用，供绘图时选用。

图 1-9 所示为上述几种图线的应用示例。

表1-3 线型及其应用

名称	线型	图线宽度	应 用
粗实线	——————	d	可见轮廓线、螺纹牙顶线、螺纹长度终止线、相贯线
细实线	——————	$d/2$	尺寸线、尺寸界线、指引线、剖面线等
细虚线	- - - - - - -	$d/2$	不可见轮廓线
细点画线	—— · ——	$d/2$	轴线、对称中心线、分度圆（线）
粗点画线	—— ▪ ——	d	限定范围表示线
细双点画线	—— ·· ——	$d/2$	相邻辅助零件的轮廓线、可动零件极限位置的轮廓线
波浪线	∿∿∿	$d/2$	断裂处边界线、视图与剖视图的分界线
双折线	——／\——	$d/2$	断裂处边界线、视图与剖视图的分界线

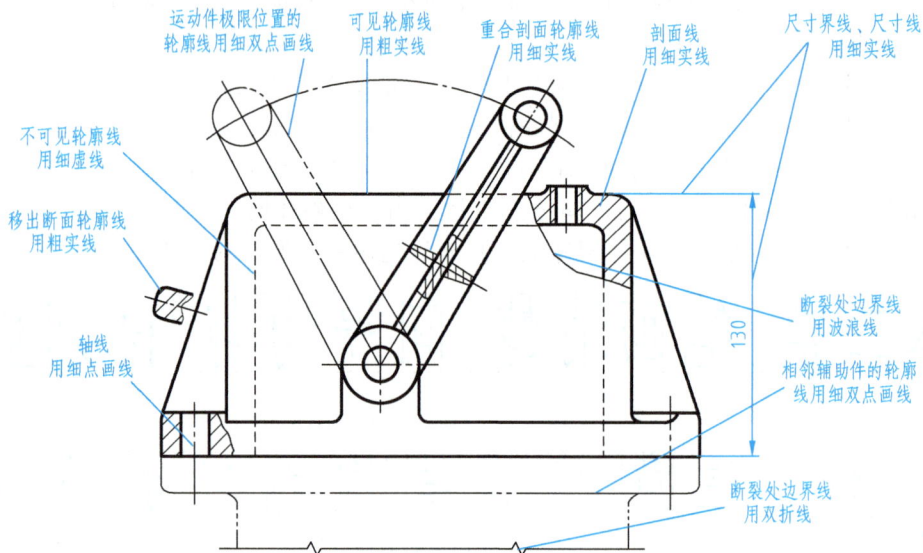

图1-9 图线应用示例

（2）图线的画法

1）同一图样中同类图线的宽度应基本一致。虚线、点画线及双点画线的线段长度和间隔应各自大致相等。

2）绘制圆的对称中心线时，圆心应为线段的交点。点画线和双点画线的首末两端应是线段而不是点，且应超出图形外2~5mm。如图1-10所示。

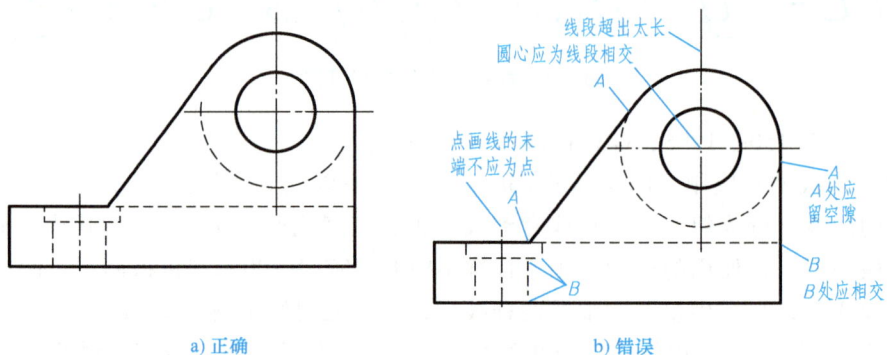

a）正确　　　　　b）错误

图1-10 图线交接处的画法

3）在较小的图形上绘制点画线或双点画线有困难时，可用细实线代替。

4）虚线、点画线、双点画线相交时，应该是线段相交。当虚线是粗实线的延长线时，在连接处应断开。如图 1-10 所示。

5）当各种线型重合时，应按粗实线、虚线、点画线的顺序画出。

5. 尺寸注法（GB/T 4458.4—2003）

图形只能反映物体的结构形状，物体的真实大小要靠所标注的尺寸来决定。为了将图样中尺寸标注得清晰、正确，应遵守 GB/T 4458.4—2003 中的有关规定。

（1）标注尺寸的基本规则

1）机件的真实大小应以图样上所注的尺寸数值为依据，与图形的大小（即所采用的比例）和绘图的准确度无关。

2）图样中（包括技术要求和其他说明文件中）的尺寸，以毫米为单位时，不需标注计量单位的符号（或名称）。如果采用其他单位，则必须注明相应的计量单位的符号或名称。

3）图样中所标注的尺寸，应为该图样所示机件的最后完工尺寸，否则应另加说明。

4）机件的每一尺寸，一般只标注一次，并应标注在反映该结构最清晰的图形上。

（2）尺寸的组成　一个完整的尺寸，由尺寸数字、尺寸线、尺寸界线和尺寸的终端（箭头或斜线）组成，如图 1-11 所示。

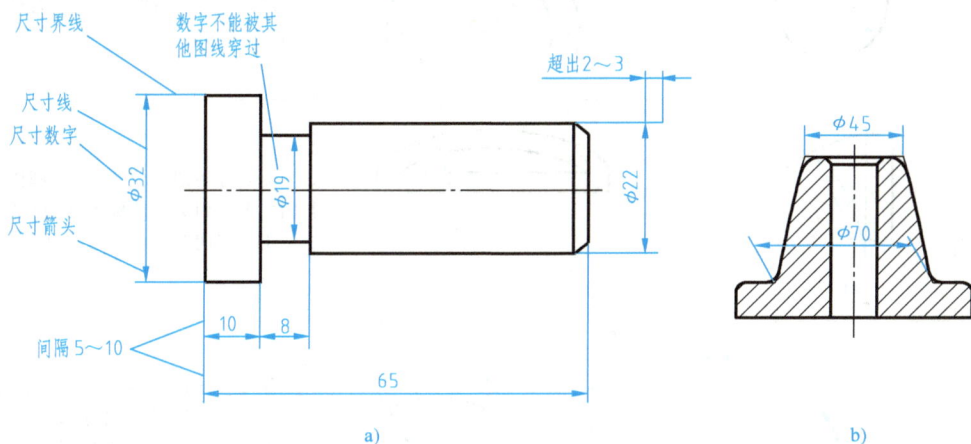

图 1-11　尺寸的组成

1）尺寸界线：尺寸界线用细实线绘制，并应由图形的轮廓线、轴线或对称中心线处引出。也可利用轮廓线、轴线或对称中心线作尺寸界线。尺寸界线一般应与尺寸线垂直，必要时允许倾斜，如图 1-11b 所示。

2）尺寸线：尺寸线表明尺寸度量的方向，必须单独用细实线绘制，不能用其他图线代替，也不得与其他图线重合或画在其延长线上。标注线性尺寸时，尺寸线必须与所标注的线段平行。在同一图样中，尺寸线与轮廓线以及尺寸线与尺寸线之间的距离应大致相当，一般以不小于 5mm 为宜，如图 1-11a 所示。尺寸线的终端可以采用两种形式，如图 1-11 和图 1-12 所示。机械图一般用箭头，其尖端应与尺寸界线接触，箭头长度约为粗实线宽度的 6 倍。土建图一般用 45°斜线，斜线的高度应与尺寸数字的高度相等。

3）尺寸数字：线性尺寸的数字一般应注写在尺寸线的上方，或注写在尺寸线的中断处，尺寸数字不可被任何图线所穿过，如图 1-11 所示。

线性尺寸数字的方向，一般应按图 1-13 所示方向注写，即水平方向的尺寸数字字头朝上；垂直方向的尺寸数字字头朝左；倾斜方向的尺寸数字字头有朝

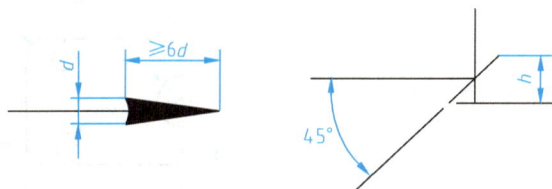

图 1-12　尺寸线终端的形式

上的趋势，如图 1-13a 所示。应避免在图示 30°范围内标注尺寸，当无法避免时，可按图 1-13b 的形式标注。

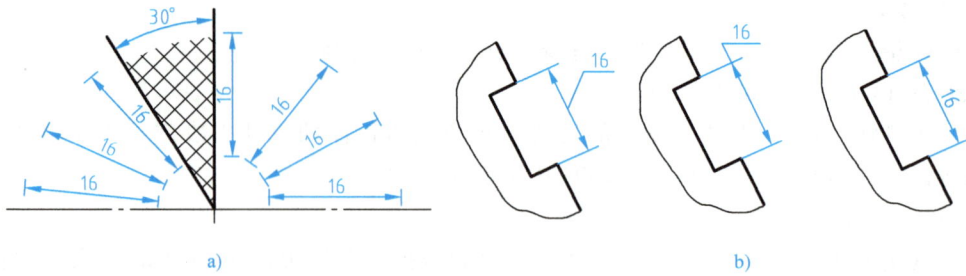

图 1-13　线性尺寸数字的方向

（3）常用尺寸注法　在实际绘图中，尺寸标注的形式很多，常用尺寸注法见表 1-4。

表 1-4　常用尺寸注法

尺寸种类	图例	说明
圆和圆弧		在直径、半径尺寸数字前分别加注符号 ϕ、R 尺寸线应通过圆心（对于直径）或从圆心画出（对于半径）
大圆弧		需要标明圆心位置，但当圆弧半径过大，在图样范围内又无法标出其圆心位置时，用图 a 不需标明圆心位置时，用图 b
角度		尺寸界线沿径向引出；尺寸线为以角度顶点为圆心的圆弧。尺寸数字一律水平书写，一般写在尺寸线的中断处，也可注在外边或引出标注
小尺寸和小圆弧		位置不够时，箭头可画在外边，允许用小圆点或斜线代替两个连续尺寸间的箭头 在特殊情况下，标注小圆的直径允许只画一个箭头；有时为了避免产生误解，可将尺寸线断开
对称尺寸		对称机件的图形当只画出一半或略大于一半时，尺寸线应略超过对称中心线或断裂线。此时，只在靠尺寸界线的一端画出箭头

（续）

尺寸种类	图例		说明
球面		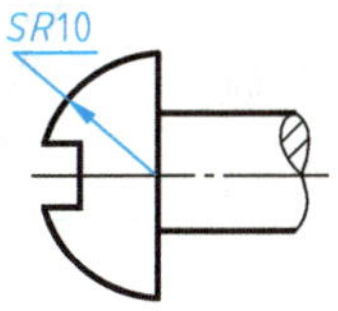	一般应在"φ"或"R"前面加注符号"S"。但在不致引起误解的情况下，也可不加注
弧长和弦长	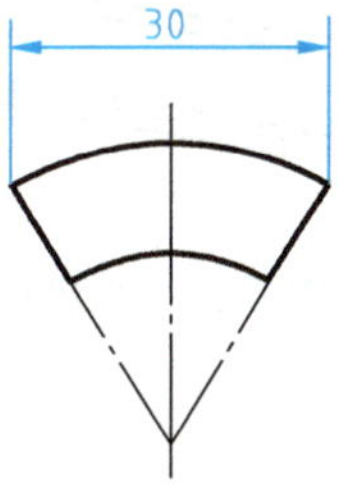	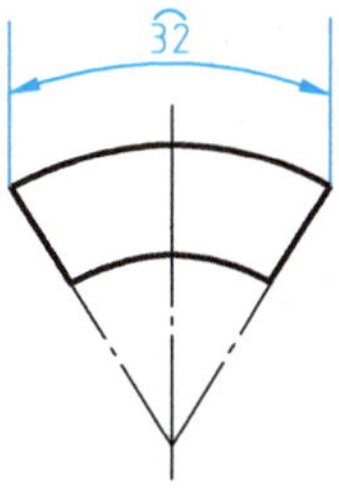	尺寸界线应平行于该弦的垂直平分线；表示弧长的尺寸线用圆弧，同时在尺寸数字上加注"⌒"

（4）尺寸的简化注法（GB/T 16675.2—2012） 标注尺寸时，尽可能采用规定的符号和缩写词。常见的符号和缩写词见表 1-5。

表 1-5　常见的符号和缩写词

名称	符号或缩写词	名称	符号或缩写词	名称	符号或缩写词
直径	φ	厚度	t	沉孔或锪平	⊔
半径	R	弧长	⌒	埋头孔	∨
球直径	Sφ	正方形	□	均布	EQS
球半径	SR	45°倒角	C	深度	↧

思政拓展：标准意识

　　没有规矩不成方圆。早在中国古代，人们就已经大规模地实行标准化了，秦朝凭借着统一度量衡与货币、车同轨、书同文，让中国走上了大一统的国家发展进程。正是这些"标准"，使得我国虽历经多次朝代更迭，却成为世界上极少数没有出现文化断层的民族。机械图样是工程界的技术语言，是交流合作的基础和相互沟通的媒介，图样标准化的目的，是实现图样无国界。因此，必须充分认识国家标准在制图中的必要性、重要性、时效性和适用性，树立标准意识，遵守标准，运用标准，养成严格按标准作图的习惯，这样才能保证图样的统一性。同理，只有在道德准则和法律的约束下才能实现社会的安定和人身的自由。

二、绘图工具及其用法

　　要准确而迅速地绘制图样，必须正确、合理地使用绘图工具。常用的绘图工具有图板、丁字尺、三角板和绘图仪器等，如图 1-14 所示。正确熟练地使用绘图工具，掌握正确的绘图方法，能提高图面质量、加快绘图速度。下面介绍几种常用的绘图工具及其使用方法。

　　1. 图板、丁字尺、三角板

　　图板用来固定图纸，一般用胶合板制成，四周镶硬质木条。其表面平整光洁，棱边光滑平直，左右两侧为工作导边。绘图时，用胶带纸将图样固定在图板左下方适当位置，如图 1-14 所示。图板的规格尺寸：0 号图板 900mm×1200mm，1 号图板 600mm×900mm，2 号图板 450mm×600mm。

　　丁字尺由尺头与尺身两部分组成，尺身上有刻度的一边为工作边。丁字尺可用于绘制水平线，与三角板配合画垂直线及各种 15°倍数角的斜线。画图时，应使尺头靠紧图板左侧的工作边。画水平线时应自左向右画，笔尖应紧贴尺身，笔杆略向右倾斜。将丁字尺沿图板导边上下移动，可绘制一系列相互平行的水平线，如图 1-14 所示。

使用时，必须随时注意尺头工作边（内侧面）与图板导边靠紧。使用完毕应悬挂放置，以免尺身弯曲变形。

三角板有 45°三角板和 30°-60°三角板两块。三角板与丁字尺配合使用可画垂直线及 15°倍角的斜线，如图 1-15a 所示；用两块三角板配合可画任意角度的平行线，如图 1-15b 所示。

要随时注意将三角板下边缘与丁字尺尺身工作边靠紧。

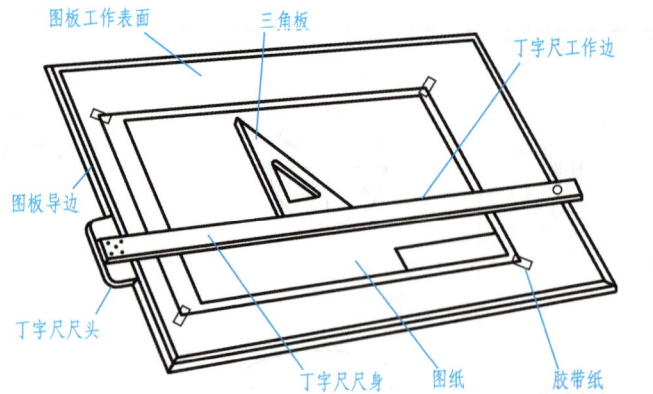

图 1-14　图板、丁字尺和三角板

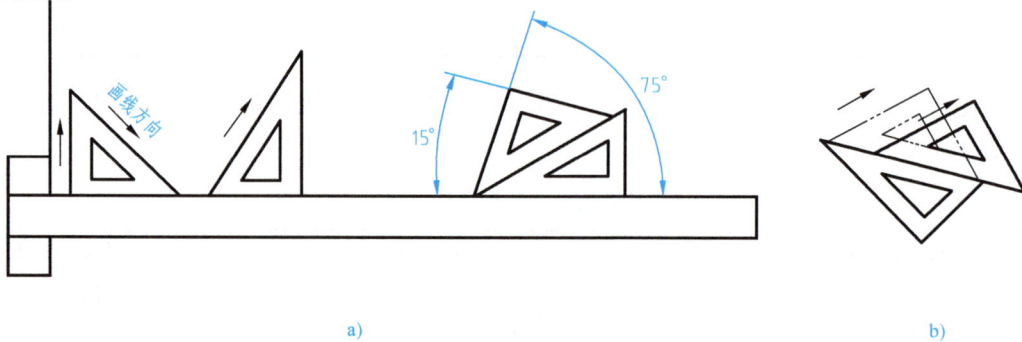

图板、丁字尺和三角板

a)

b)

图 1-15　三角板的使用

2. 圆规和分规

圆规是绘图仪器中的主要件，用来画圆及圆弧。

圆规有一条固定腿和一条活动腿，如图 1-16 所示。固定腿上装有两端形状不同的钢针。画图时，应使用带有台肩的一端，台肩可防止图样上的针孔扩大；当作为分规使用时，则用圆锥形的一端。在圆规的活动腿上，可根据需要装上铅芯插脚、墨线笔插脚或钢针插脚，分别用于画铅笔线的圆、墨线的圆或当分规使用。活动腿上的肘形关节可向内侧弯折，画圆时，可通过调节肘形关节保持铅芯与纸面垂直。用铅芯插脚画圆时，应先调整好铅芯与针尖的高低，使针尖略长于铅芯，然后按所规定长度

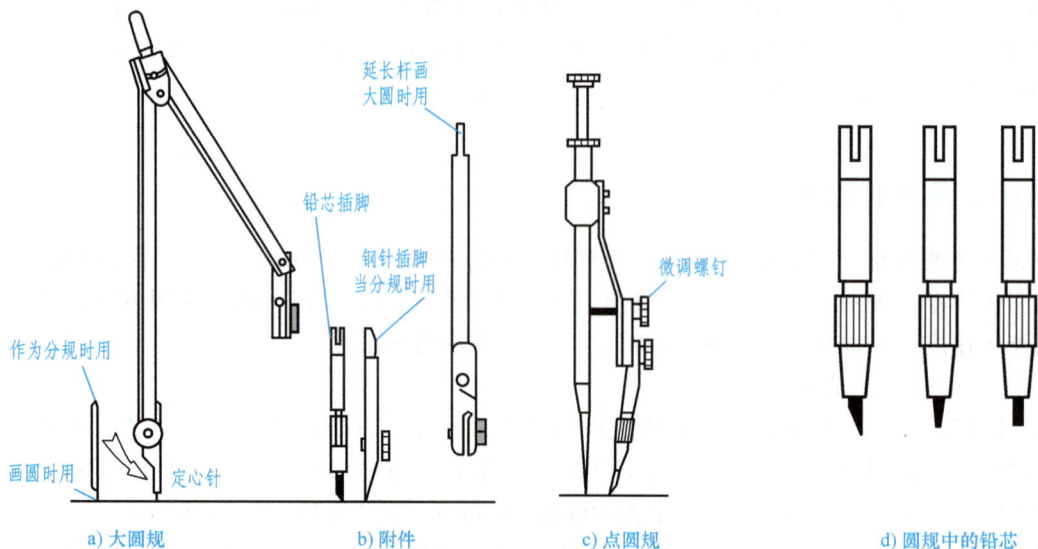

a) 大圆规　　　　b) 附件　　　　c) 点圆规　　　　d) 圆规中的铅芯

图 1-16　圆规及其使用方法

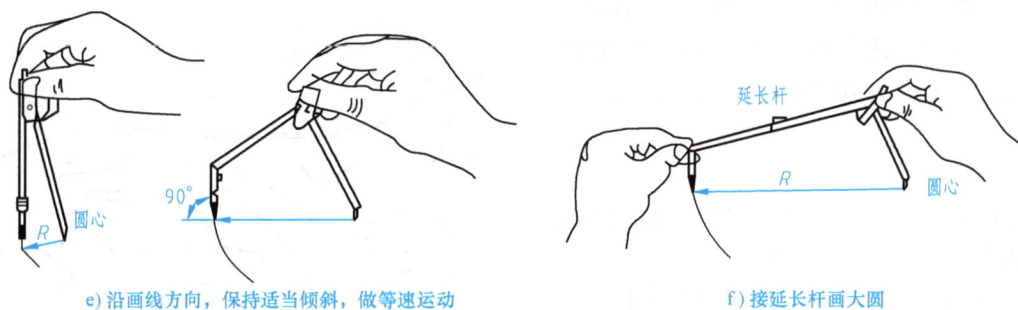

e) 沿画线方向，保持适当倾斜，做等速运动　　　f) 接延长杆画大圆

图 1-16　圆规及其使用方法（续）

调整针尖与铅芯距离，并调整肘形关节使铅芯与纸面垂直。

分规是量取尺寸和等分线段的工具。为了准确地度量尺寸，分规的两针尖应平齐，如图 1-17a 所示。调节分规的手法及其使用方法如图 1-17b、c、d、e 所示。

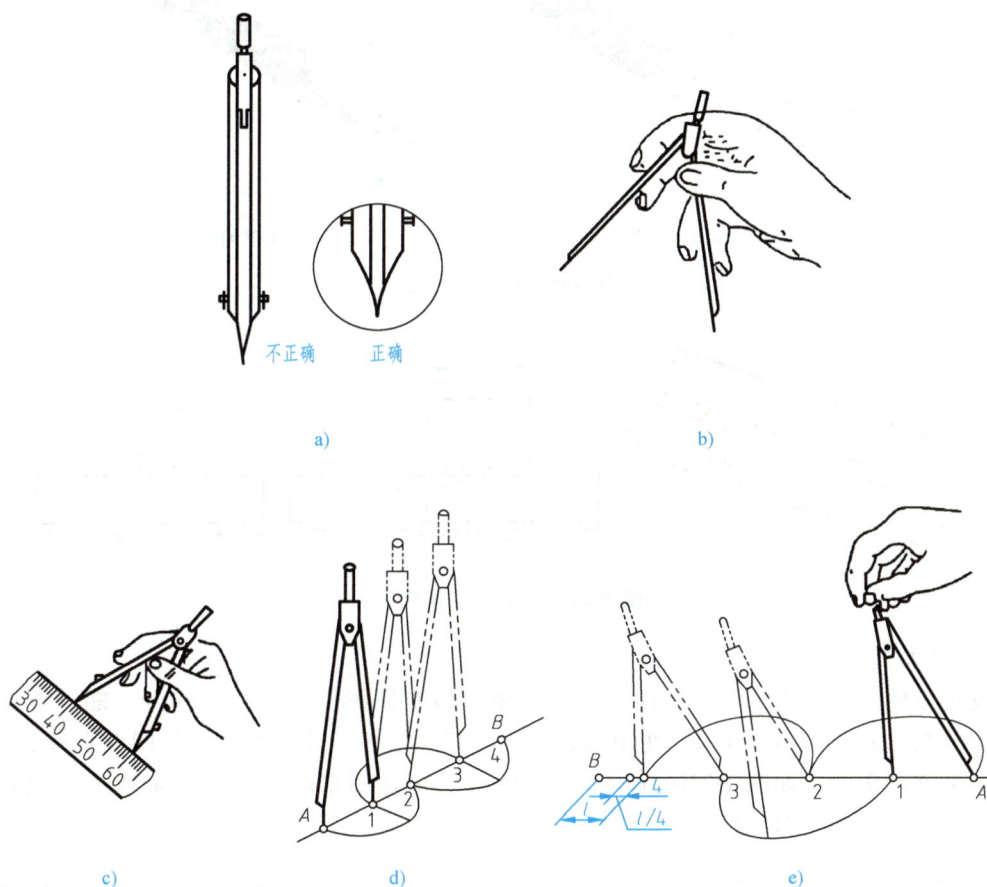

图 1-17　分规的调整及使用

3. 曲线板

曲线板用来画非圆曲线。描绘曲线时，先徒手将已求出的各点顺序轻轻地连成曲线，再根据曲线曲率大小和弯曲方向，从曲线板上选取与所绘曲线相吻合的一段与其贴合，每次至少对准 4 个点，并且只描中间一段，前面一段为上次所画，后面一段留待下次连接，以保证连接光滑流畅，如图 1-18 所示。

4. 铅笔

绘图铅笔的铅芯有软硬之分，分别用字母 B 和 H 表示。B 前的数字越大表示铅芯越软，绘出的图线颜色越深；H 前的数字越大表示铅芯越硬；HB 表示铅芯软硬适中。

画粗实线时，常用 2B 或 B 的铅笔；画细实线、细虚线、细点画线和写字时，常用 H 或 HB 的铅笔；画底稿时，常用 2H 的铅笔。铅笔的削法如图 1-19 所示。

5. 比例尺

比例尺用来量取各种比例的尺寸，目前最常用的一种比例尺的形状为三棱柱，故又名三棱尺，是刻有不同比例的直尺，用来量取不同比例的尺寸。它的三个棱面上刻有 6 种不同比例的刻度。使用时，可按所需的比例量取尺寸，如图 1-20 所示。

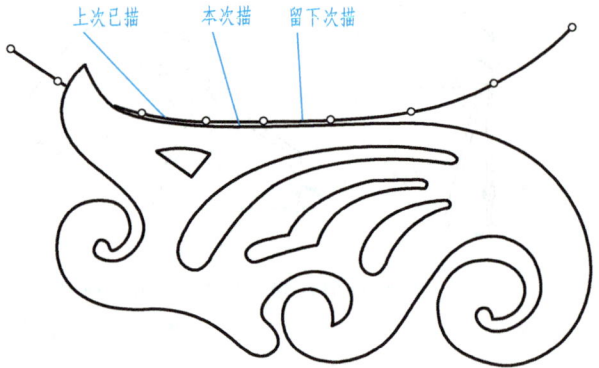

图 1-18   曲线板的用法

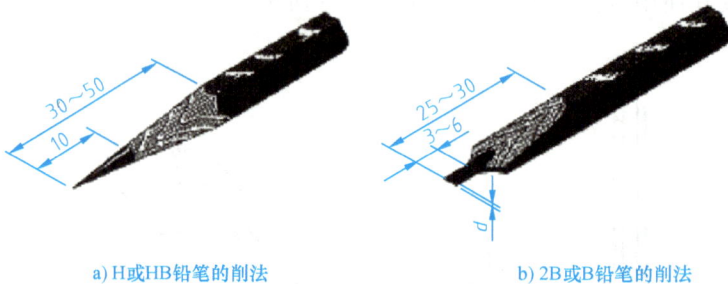

a) H 或 HB 铅笔的削法   b) 2B 或 B 铅笔的削法

图 1-19   铅笔的削法

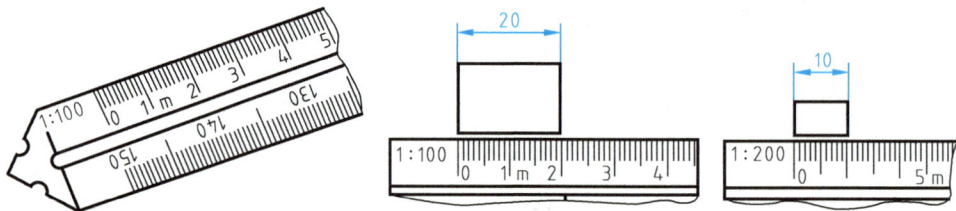

图 1-20   比例尺及其应用

6. 其他绘图工具

绘图模板是一种快速绘图工具，上面有多种常用的镂空图形、符号或字体等，能够方便地绘制针对不同专业的图案，如图 1-21a 所示。使用时，笔尖应紧靠模板，才能使画出的图形整齐、光滑。

量角器用来测量角度，如图 1-21b 所示。简易的擦图片是用来防止擦去多余线条时把有用的线条也擦去的一种工具，如图 1-21c 所示。

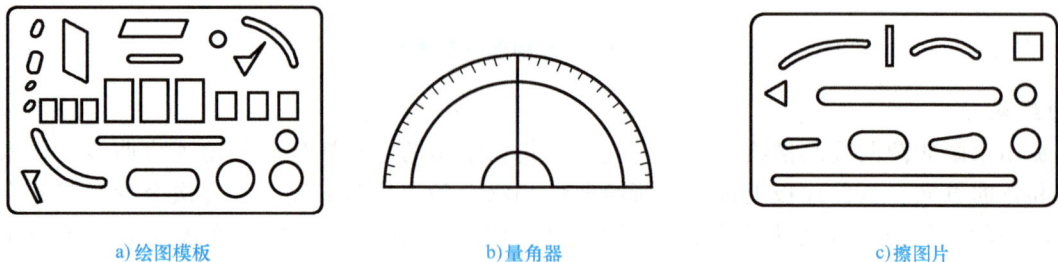

a) 绘图模板   b) 量角器   c) 擦图片

图 1-21   其他绘图工具

另外，在绘图时，还需要准备削铅笔刀、橡皮、固定图样用的塑料透明胶纸、磨铅笔用的砂纸以及清除图画上橡皮屑的小刷等。

三、基本几何作图

在制图过程中，常会遇到等分线段、等分圆周作正多边形、画斜度与锥度、圆弧连接及绘制非圆曲线等几何作图问题。

1. 等分已知线段

已知线段 AB，现将其五等分，作图过程如图 1-22 所示。

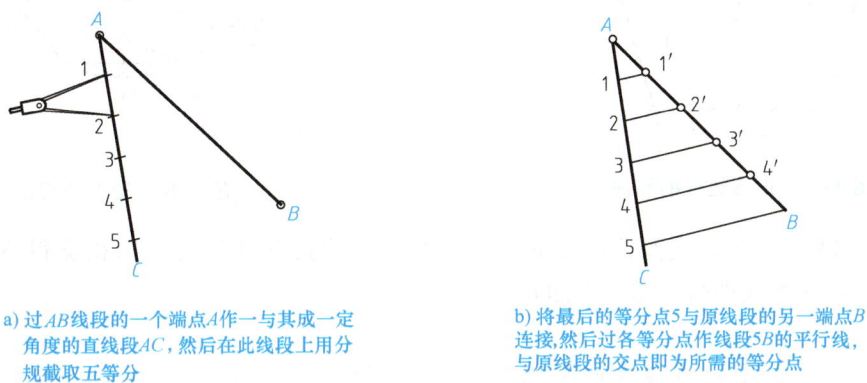

a）过 AB 线段的一个端点 A 作一与其成一定角度的直线段 AC，然后在此线段上用分规截取五等分

b）将最后的等分点 5 与原线段的另一端点 B 连接，然后过各等分点作线段 $5B$ 的平行线，与原线段的交点即为所需的等分点

图 1-22 等分线段

2. 等分圆周作正多边形

（1）已知一半径为 R 的圆，求作圆内接正六边形

1）用圆规作图。分别以圆的直径两端 A 和 D 为圆心，以 R 为半径画弧交圆周于 B、F、C、E，依次连接 A、B、C、D、E、F、A，即得所求正六边形（图 1-23）。

2）用三角板配合丁字尺作图。用 30°-60° 三角板与丁字尺配合，也可作圆内接正六边形或外切正六边形（图 1-24）。

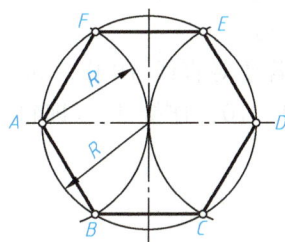

图 1-23 用圆规作圆内接正六边形

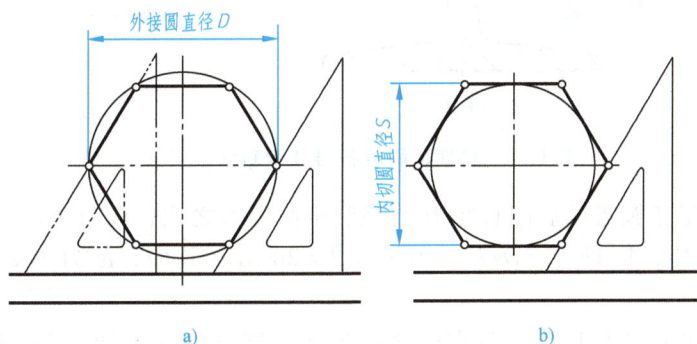

a）   b）

图 1-24 用三角板、丁字尺作圆内接或圆外切正六边形

（2）已知一半径为 R 的圆，求作圆内接正五边形 五等分圆周并作正五边形，可用分规试分，也可按下述方法作图（图 1-25）。

1）平分半径 OB 得点 O_1。

2）在 AB 上取 $O_1K = O_1D$ 得点 K。

3）以 DK 为边长等分圆周得 E、F、G、H，依次连线即得所求正五边形。

（3）正 n 边形的画法 若已知圆周半径为 R，求作圆内接正 n 边形，则作图步骤（设求作内接正七边形）如下（图 1-26）：

1）将直径 AN 作 7 等分。

2）以 N 为圆心、NA 为半径作圆弧交水平中心线的延长线于点 M。

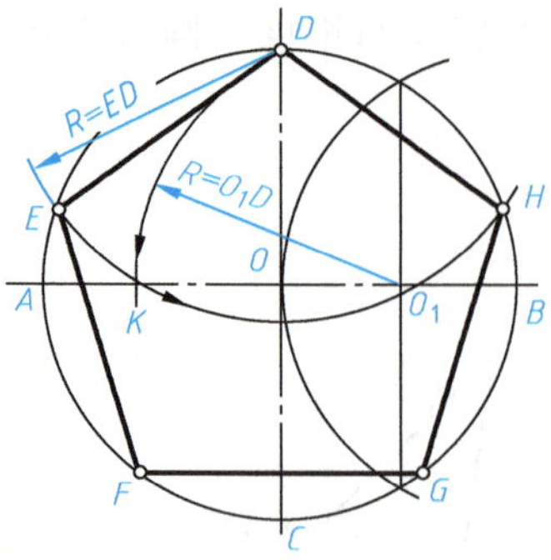

图 1-25 正五边形的画法

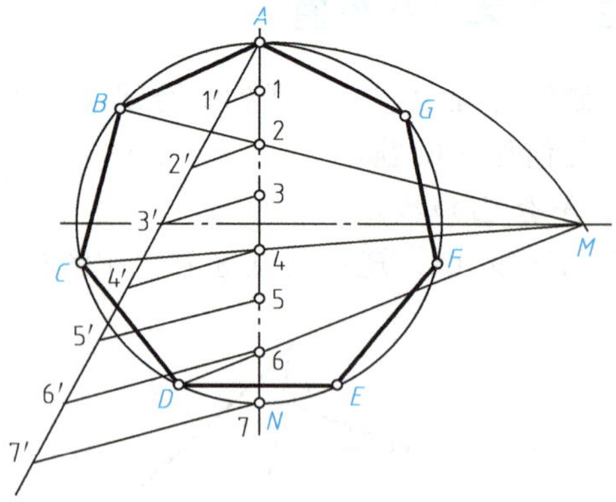

图 1-26 正七边形的画法

3）自 M 与 AN 上的奇数或偶数点（如 2、4、6 点）连接并延长与圆周相交得 B、C、D，再作它们的对称点，依顺序连接即得所求正七边形。

3. 斜度与锥度

（1）斜度 斜度是指一直线（或平面）对另一直线（或平面）的倾斜程度，其大小用两直线（或平面）夹角的正切来表示，如图 1-27a 所示，斜度 $=\tan\alpha=H/L$。通常以 $1:n$ 的形式标注。

标注斜度时，在数字前应加注符号"∠"，符号"∠"的指向应与直线或平面倾斜的方向一致（图 1-27b）。

若要对直线 AB 作一条斜度为 $1:10$ 的倾斜线，则作图方法为：先过点 B 作 $CB\perp AB$，并使 $CB:AB=1:10$，连接 AC，即得所求倾斜线（图 1-27c）。

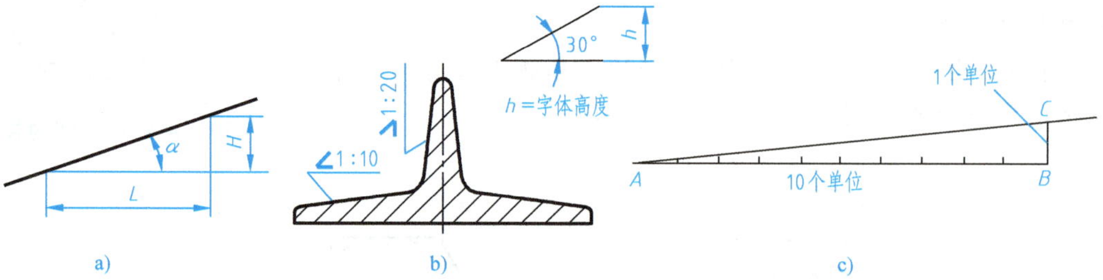

图 1-27 斜度、斜度符号和倾斜线的画法

（2）锥度 锥度是指正圆锥的底圆直径 D 与该圆锥高度 L 之比；而对于圆台，则为两底圆直径之差 $D-d$ 与圆台高度 l 之比，即锥度 $=D/L=(D-d)/l=2\tan\alpha$（其中，α 为 1/2 锥顶角），如图 1-28a 所示。

锥度在图样上的标注形式为 $1:n$，且在此之前加注锥度符号（如图 1-28b 所示）。符号尖端方向应与锥顶方向一致。

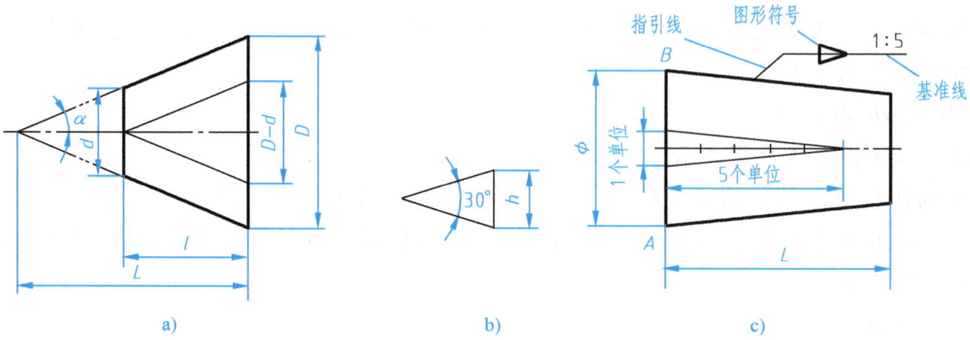

图 1-28 锥度、锥度符号和圆台锥面的画法

若要求作一锥度为 1:5 的圆台锥面，且已知底圆直径为 ϕ，圆台高度为 L，则其作图方法如图 1-28c 所示。

4. 圆弧连接

工程图样中的大多数图形是由直线与圆弧、圆弧与圆弧连接而成的。圆弧连接，实际上就是用已知半径的圆弧去光滑地连接两已知线段（直线或圆弧）。其中起连接作用的圆弧称为连接弧。这里讲的连接，是指圆弧与直线或圆弧和圆弧的连接处是相切的。因此，在作图时，必须根据连接弧的几何性质准确求出连接弧的圆心和切点的位置。

常见的圆弧连接的形式有：用圆弧连接两已知直线；用圆弧连接两已知圆弧；用圆弧连接一已知直线和一已知圆弧。

（1）用圆弧连接两已知直线　设已知连接弧的半径为 R，则用该连接弧将直线 L_1 及 L_2 光滑连接的作图方法（图 1-29a）如下。

1）作直线 Ⅰ 和 Ⅱ 分别与 L_1 和 L_2 平行，且距离为 R，直线 Ⅰ 和 Ⅱ 的交点 O 即为连接圆弧的圆心。

2）过圆心 O 分别作 L_1 和 L_2 的垂线，其垂足 a 和 b 即为连接点（即切点）。

3）以 O 为圆心，R 为半径作连接弧 ab 即为所求。

当两已知直线垂直时，其作图方法更为简便，如图 1-29b 所示。

（2）用圆弧连接两已知圆弧　可分为外连接、内连接和混合连接三种情况。

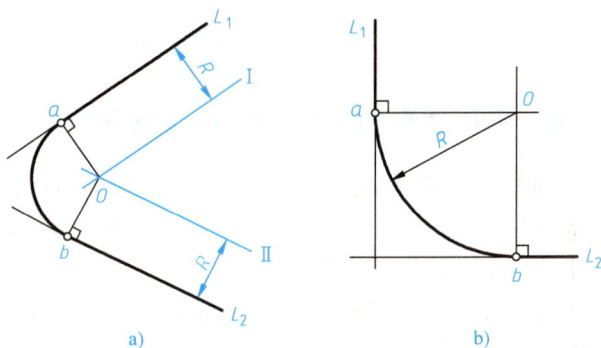

图 1-29　用圆弧连接两已知直线

1）外连接：连接弧同时与两已知圆弧相外切。由初等几何知，两圆弧外切时，其切点必位于两圆弧的连心线上，且落在两圆心之间。因此，用半径为 R 的连接弧连接半径为 R_1 和 R_2 的两已知圆弧，其作图步骤如下（图 1-30a）。

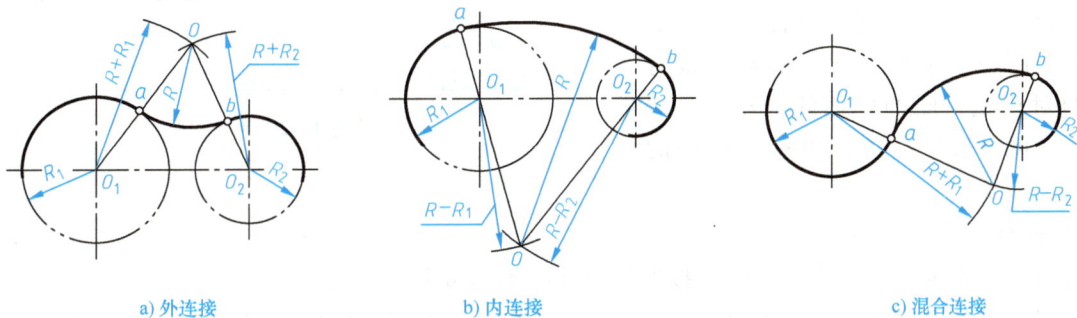

a) 外连接　　　　　b) 内连接　　　　　c) 混合连接

图 1-30　用圆弧连接两已知圆弧

① 分别以 O_1 和 O_2 为圆心，$R+R_1$ 和 $R+R_2$ 为半径作弧相交于 O，交点 O 即为连接圆弧的圆心。

② 连接 O_1O 和 O_2O 分别与已知圆弧相交得连接点 a 和 b。

③ 以 O 为圆心，R 为半径作连接弧 ab 即为所求。

2）内连接：连接弧同时与两已知圆弧相内切。其作图原理与外连接相同。只是由于两圆弧内切时，其切点应落在两圆弧连心线的延长线上（即两圆弧的圆心位于切点的同侧），故在求连接弧的圆心时，所用的半径应为连接弧与已知弧的半径差，即 $R-R_1$ 和 $R-R_2$，作图方法如图 1-30b 所示。

3）混合连接：当连接弧的一端与一已知圆弧外连接，另一端与另一已知圆弧内连接时，称为混合连接。其作图方法如图 1-30c 所示。

（3）用圆弧连接一已知直线和一已知圆弧　连接弧的一端与已知直线相切而另一端与已知圆弧外

连接（或内连接），可综合利用圆弧与直线相切、以及圆弧与圆弧外连接（或内连接）的作图原理，其作图方法如图1-31所示。

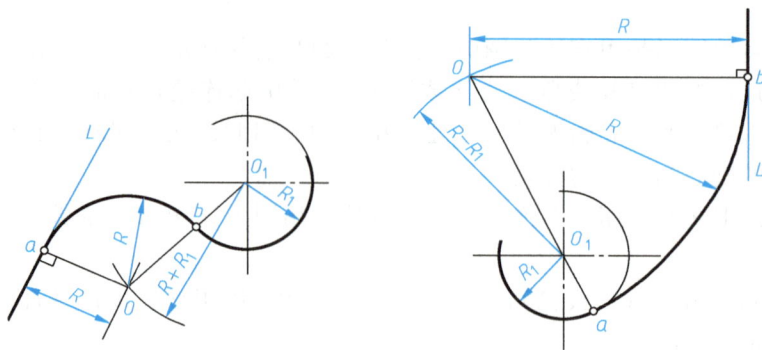

图1-31 用圆弧连接一已知直线和一已知圆弧

四、平面图形的尺寸分析和线段分析

平面图形一般包含一个或多个封闭图形，而每个封闭图形又由若干线段（直线、圆弧或曲线）组成，故只有首先对平面图形的尺寸和线段进行分析，才能正确地绘制图形。

1. 平面图形的尺寸分析

尺寸按其在平面图形中所起的作用，可分为定形尺寸和定位尺寸两类。现以图1-32所示的手柄图形为例进行分析。

（1）定形尺寸 确定平面图形上几何元素大小的尺寸称为定形尺寸，如直线的长短、圆弧的直径或半径以及角度的大小等，如图1-32中的$\phi5$、$\phi20$、$R10$、$R15$和$R12$等。

（2）定位尺寸 确定平面图形上几何元素间相对位置的尺寸称为定位尺寸，如图1-32中的尺寸8就是定位尺寸。

（3）尺寸基准 基准就是标注尺寸的起点。对平面图形来说，常用的基准是对称图形的对称线，圆的中心线，左、右端面，上、下顶（底）面等，如图1-32中的中心线。

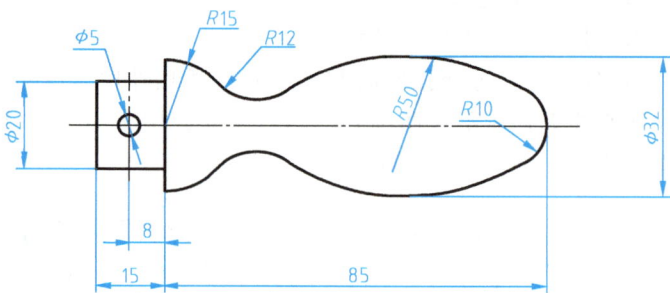

图1-32 手柄

2. 平面图形的线段分析

平面图形中的线段（直线或圆弧）按所标尺寸的不同可分为三类。

（1）已知线段 有足够的定形尺寸和定位尺寸，能直接画出的线段，如图1-32中左边的圆柱（直径$\phi20$、长度15）、小孔（直径$\phi5$、定位尺寸8）等均为已知线段。

（2）中间线段 有定形尺寸，但缺少一个定位尺寸，必须依靠其与一端相邻线段的连接关系才能画出的线段，如图1-32中的$R50$圆弧。

（3）连接线段 只有定形尺寸，而无定位尺寸（或不标任何尺寸，如公切线）的线段，也必须依靠其余两端线段的连接关系才能确定画出，如图1-32中的$R12$圆弧。

3. 平面图形的作图步骤

在对其进行线段分析的基础上，应先画出已知线段，再画出中间线段，最后画出连接线段，具体作图步骤见任务实施单。

4. 平面图形的尺寸标注

图形和尺寸的关系极为密切。绘制平面图形时，要根据所给尺寸分析其各类线段，因此，能否正确绘出图形,要看所给尺寸是否足够或有无多余;而在为所画图形标注尺寸时,则首先要根据所画图形的特点选定尺寸基准,把构成该图形的主要轮廓线定为已知线段,注出相应的定形、定位尺寸;然后根据线段类别定出中间线段与连接线段,注出相应的尺寸。此时,应特别注意不能有多余尺寸。

任务实施单

绘图步骤	图示
1)画基准线,并根据各个封闭图形的定位尺寸画出定位线	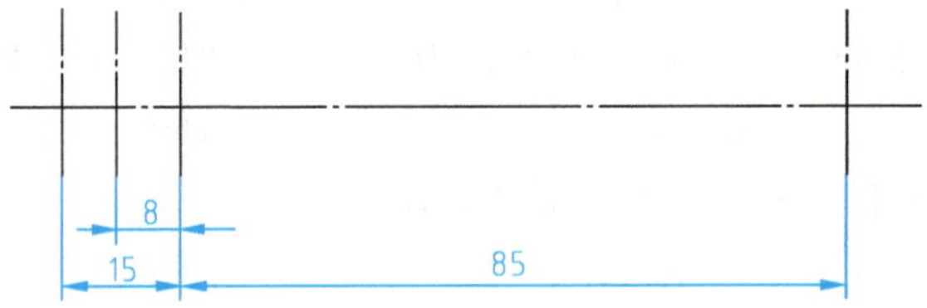
2)画已知线段	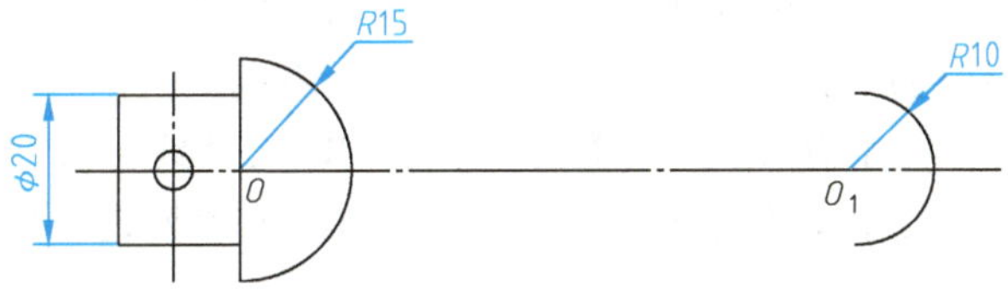
3)画中间线段	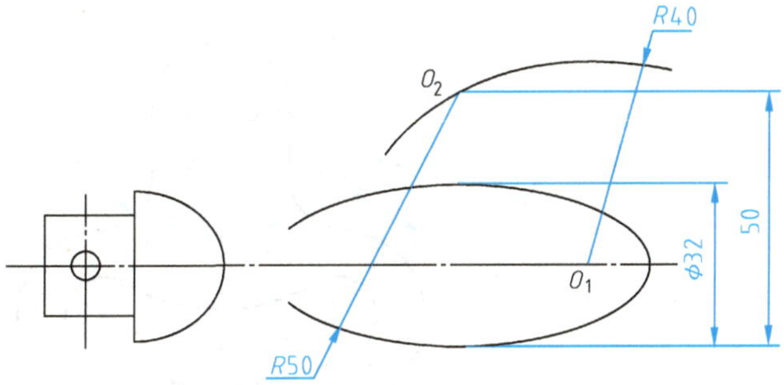
4)画连接线段	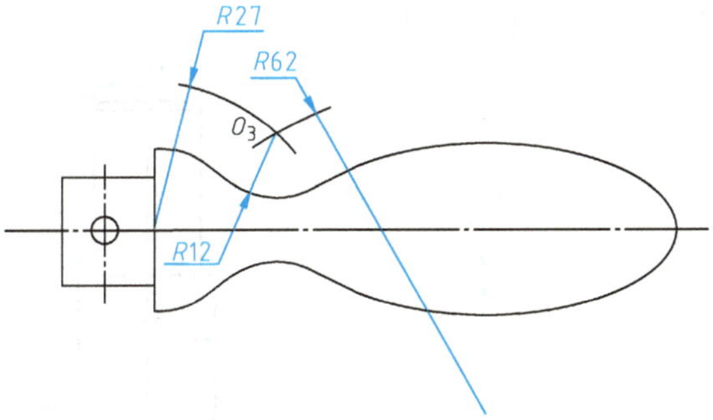
5)加深,标注尺寸,完成全图	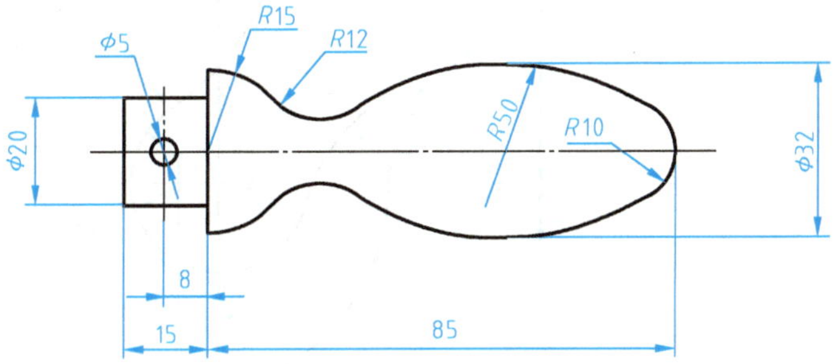

巩固练习

一、选择题

1. 制图国家标准规定，必要时图纸幅面尺寸可以沿（   ）边加长。

A. 长　　　　　　　　B. 短　　　　　　　　C. 斜　　　　　　　　D. 各

2. 1：2 是（   ）的比例。

A. 放大　　　　　　　B. 缩小　　　　　　　C. 优先选用　　　　　D. 尽量不用

3. 当采用 1：5 的比例绘制一个直径为 $\phi40$ 的圆时，其绘图直径为（   ）。

A. $\phi8$　　　　　　　B. $\phi10$　　　　　　　C. $\phi160$　　　　　　D. $\phi200$

4. 在机械图样中，表示可见轮廓线采用（   ）线型。

A. 粗实线　　　　　　B. 细实线　　　　　　C. 波浪线　　　　　　D. 虚线

5. 图样中汉字应写成（   ）体，采用国家正式公布的简化汉字。

A. 宋　　　　　　　　B. 长仿宋　　　　　　C. 隶书　　　　　　　D. 楷

6. 图样上标注的尺寸，一般应由（   ）组成。

A. 尺寸界线、尺寸箭头、尺寸数字　　　　　B. 尺寸线、尺寸界线、尺寸数字

C. 尺寸数字、尺寸线及其终端、尺寸箭头　 D. 尺寸界线、尺寸线及其终端、尺寸数字

二、作图题

1. 按 2：1 比例绘制以下平面图形。

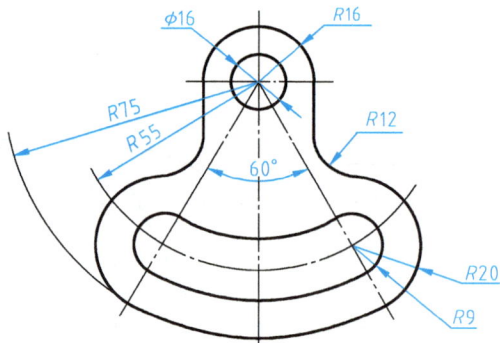

2. 按 1：1 比例绘制以下平面图形。

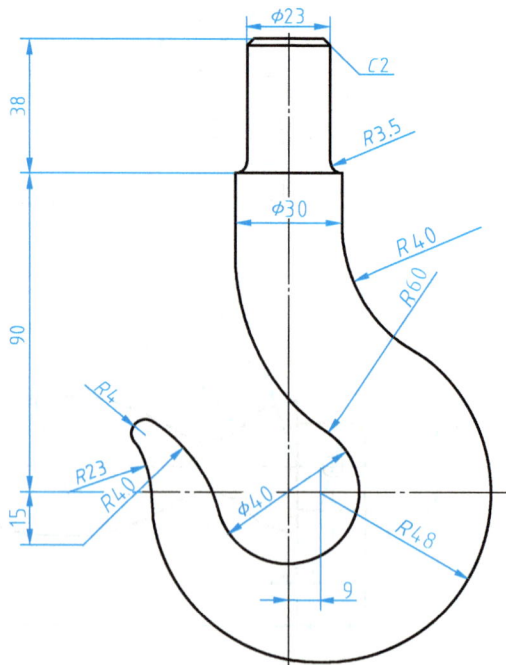

拓展知识

测绘工具及其用法

在仿制和修配机器、设备及其部件时，常需要对零件进行测绘。因此，测绘是工程技术人员必须掌握的基本技能之一。正确合理地使用测绘工具能使测绘工作精确、快速，起到事半功倍的效果。

1. 常用测量工具

测量零件尺寸常用的量具有钢直尺、外卡钳、内卡钳、游标卡尺、半径样板及螺纹样板等，如图 1-33 所示。

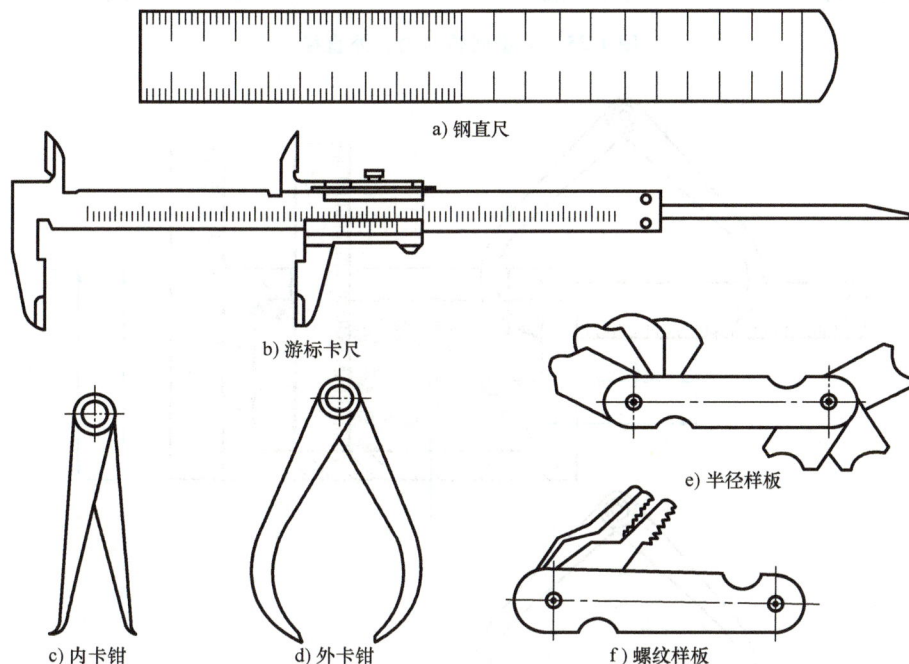

a) 钢直尺

b) 游标卡尺

c) 内卡钳　　　d) 外卡钳

e) 半径样板

f) 螺纹样板

图 1-33　常用测量工具

2. 常用测量方法

（1）测量直线尺寸　一般可用直尺（钢直尺）或游标卡尺直接测量得到尺寸的数值，必要时可借助直角尺或三角板配合进行测量，如图 1-34 所示。

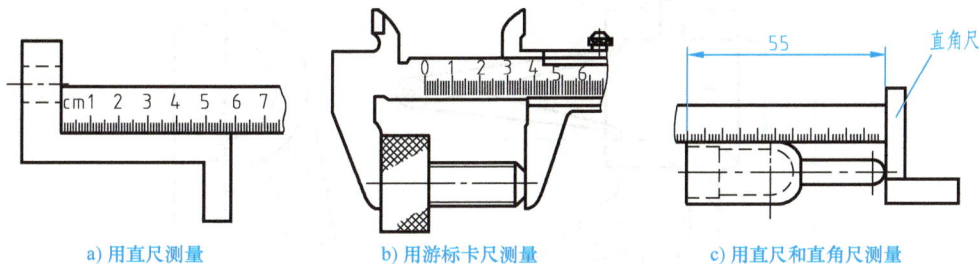

a) 用直尺测量　　　b) 用游标卡尺测量　　　c) 用直尺和直角尺测量

图 1-34　测量直线尺寸

（2）测量回转面直径尺寸　通常用内、外卡钳或游标卡尺直接测量，测量时，应使两测量点的连线与回转面的轴线垂直相交，以保证测量精度，如图 1-35 所示。

（3）测量壁厚　一般可用直尺测量，在无法直接测量壁厚时，可把外卡钳和直尺合并使用，将测量分两步完成，如图 1-36 中 $X = A - B$，或用直尺测量两次，如图 1-36 中 $Y = C - D$。

（4）测量中心高　一般可用直尺和卡钳或游标卡尺测量。如图 1-37 所示为用内卡钳配合钢直尺测

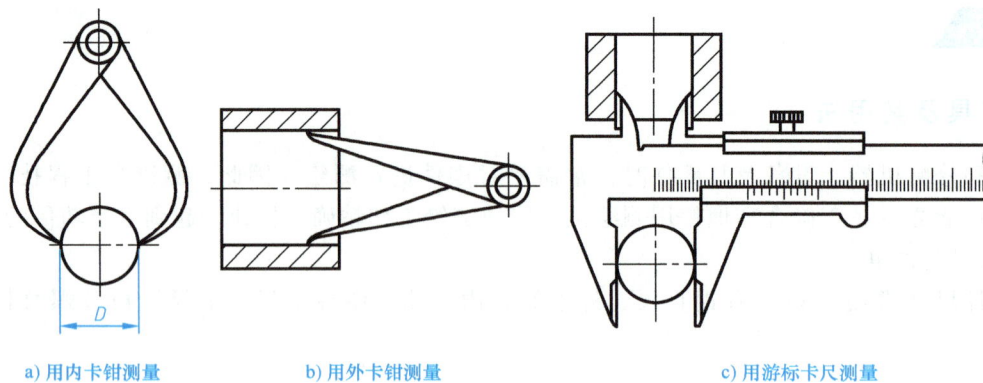

a) 用内卡钳测量   b) 用外卡钳测量   c) 用游标卡尺测量

图 1-35   测量回转面内、外直径

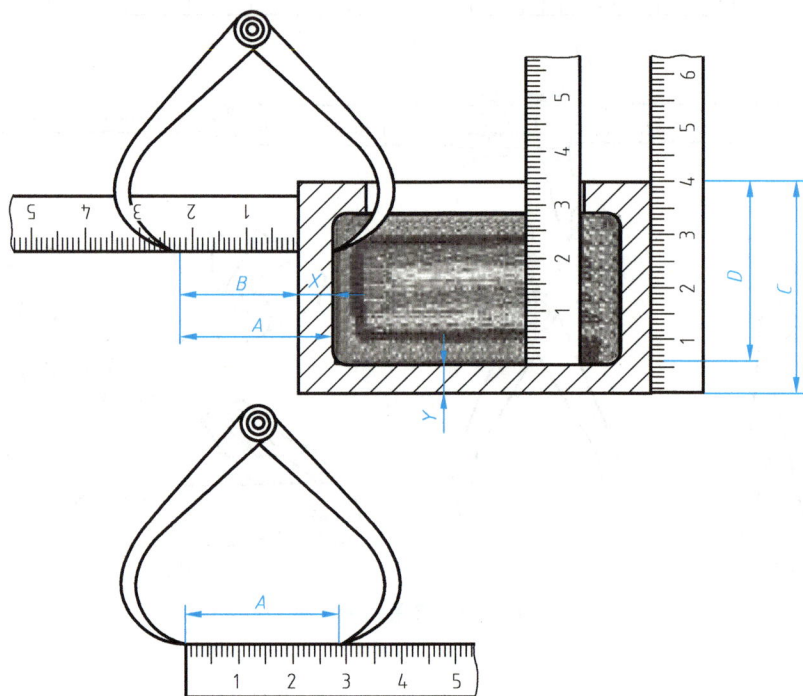

图 1-36   测量壁厚

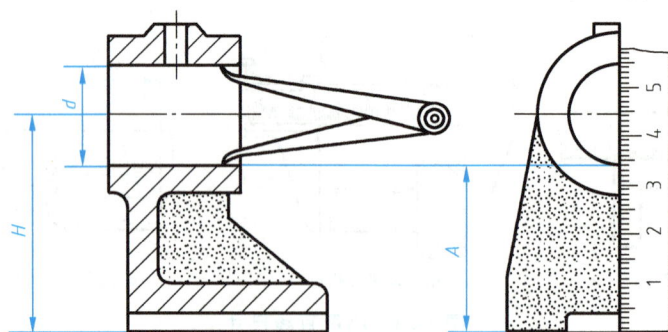

图 1-37   测量中心高

量，孔的中心高 $H = A + d/2$。

（5）测量孔间距   可用直尺和卡钳或游标卡尺测量，如图 1-38 所示。

（6）测量圆角半径   用半径样板测量，每套半径样板有两组多片，一组用于测量外圆角，另一组用于测量内圆角，每片都刻有圆角半径的数值。测量时，只要从中找到与被测部位完全吻合的一片，该片上的数值即为所测圆角半径，如图 1-39 所示。

（7）测量精度较高的尺寸 精度较高的尺寸可用高精度游标卡尺测量。如图 1-40 所示外径和内径的数值，可在游标卡尺上直接读出。

（8）测量角度 可用游标万能角度尺测量，如图 1-41 所示。

（9）测量螺纹 可用游标卡尺测量大径，用螺纹样板测量螺距；或用钢直尺量取几个螺距后，取其平均值；然后根据测得的大径和螺距，查相对应的螺纹标准，最后确定所测螺纹的规格，如图 1-42 所示。

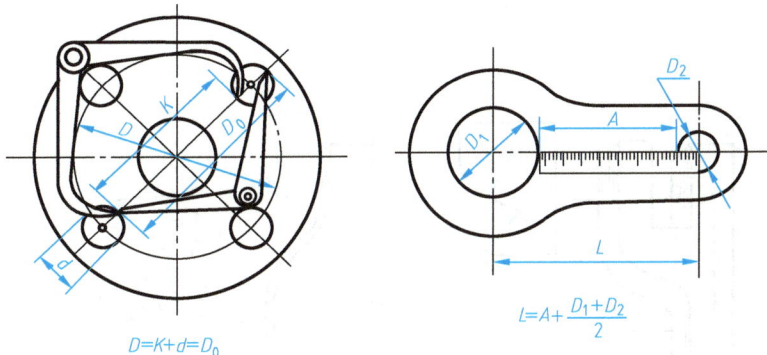

$$D=K+d=D_0$$

$$L=A+\frac{D_1+D_2}{2}$$

图 1-38 测量孔间距

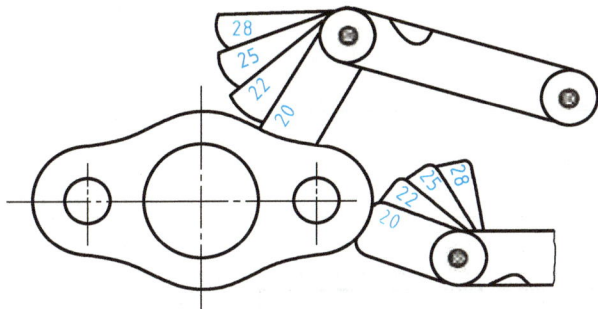

图 1-39 测量圆角半径

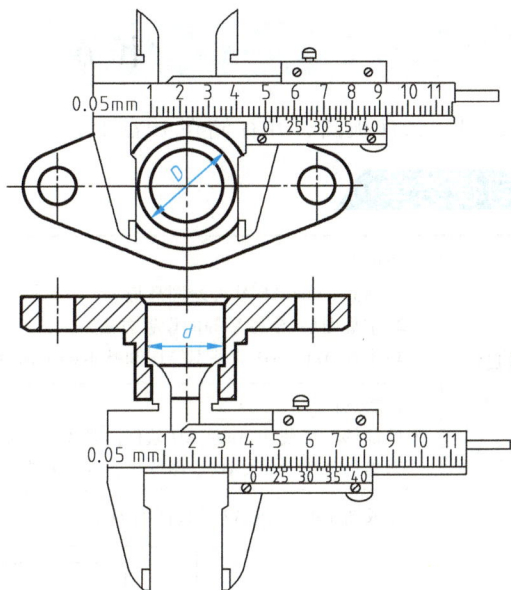

图 1-40 测量精度较高的尺寸

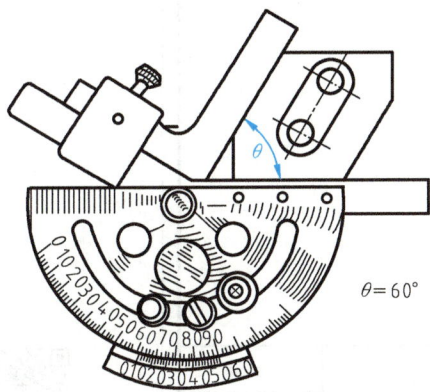

$\theta=60°$

图 1-41 测量角度

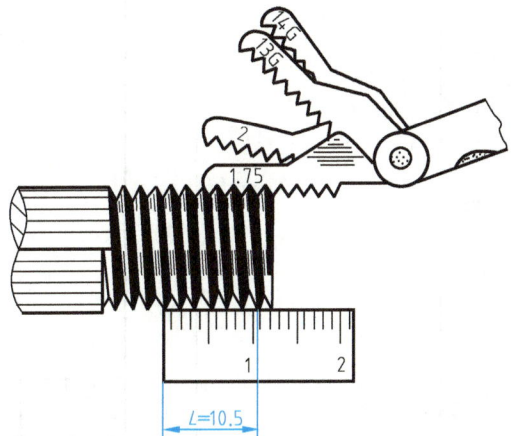

$L=10.5$

图 1-42 测量螺纹

（10）测量曲线和曲面 高精度要求的曲线和曲面须用专用工具测量，测量精度不高时，可采用拓印法、铅丝法或坐标法等，如图 1-43 所示。

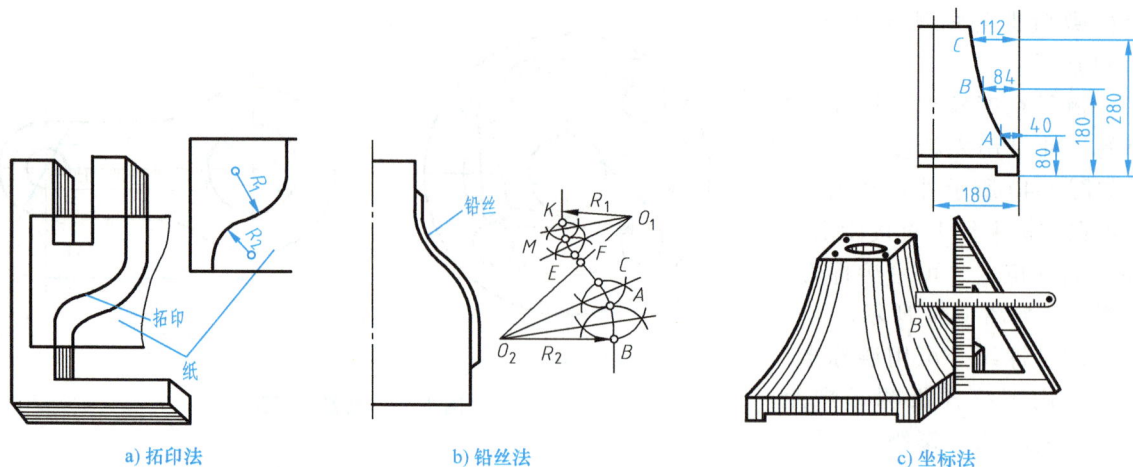

a) 拓印法　　　　　b) 铅丝法　　　　　c) 坐标法

图 1-43 测量曲线和曲面

任务二　定制 A4 样板图

定制一张样板图，并存储在 U 盘上，今后可在这张样板图上绘制其他图样。

学习任务单

任务目标	知识点： 1）熟悉 AutoCAD 软件绘图环境 2）掌握图层、坐标系等的设置方法 3）掌握 AutoCAD 的基本绘图和基本编辑命令
	技能点： 1）能够熟练使用 AutoCAD 软件的基本绘图和基本编辑命令 2）能够使用 AutoCAD 绘图软件完成 A4 样板图的定制
任务内容	完成图 1-44 所示 A4 样板图的创建  图 1-44 A4 样板图

定制 A4
样板图

（续）

<table>
<tr><td rowspan="19">任务内容</td><td colspan="4">设置要求：</td></tr>
</table>

设置要求：

（1）图层设置要求　各图层的设置要求见表 1-6

表 1-6　图层设置要求

图层名	颜色	线型	线宽
0 层	黑/白	Continuous	默认（0.25mm）
粗实线	黑/白	Continuous	0.5mm
点画线	红	Center	默认
虚线	蓝	Dashed	默认
标注	洋红	Continuous	默认

（2）字体设置要求　在本样板图中，我们设置了两种文字样式，字体设置要求见表 1-7

表 1-7　字体设置要求

字体样式名	字体	宽度因子
Standard	gbeitc.shx	1
汉字	T 仿宋_GB2312	0.7

（3）标注样式要求　具体设置步骤可参见后面内容

（4）图框线和标题栏　该样板图主要包括图幅边框线、图框线和标题栏。其中，图幅边框线和图框线的尺寸参见表 1-1，标题栏的尺寸如图 1-5a 所示

任务分析　要创建 A4 样板图，需要熟悉软件常用的绘图和编辑命令。首先要进行图层、文字样式、尺寸样式等相关设置，其次绘制图幅边框线和图框线，最后进行标题栏的绘制

成果评定　各组成员独立完成 A4 样板图的绘制，进行自评、互评和教师评价后给定综合评定成绩

相关知识

一、初识 AutoCAD 2023

（一）AutoCAD 简介及 AutoCAD2023 新增功能

AutoCAD（Auto desk Computer Aided Design）是由美国 Autodesk 公司开发的一款计算机辅助设计软件，主要用于二维绘图、设计文档和基本三维设计，现已成为国际上广泛应用的绘图工具。

1．AutoCAD 软件的特点

1）具有完善的图形绘制功能。

2）具有强大的图形编辑功能。

3）可以采用多种方式进行二次开发或用户定制。

4）可以进行多种图形格式的转换，具有较强的数据交换能力。

5）支持多种硬件设备。

6）支持多种操作平台。

7）具有通用性、易用性。

2．AutoCAD 软件的基本功能

1）平面绘图功能：能以多种方式创建直线、圆、椭圆、多边形、样条曲线等基本的图形对象。

2）绘图辅助工具：AutoCAD 提供了正交、对象捕捉、极轴追踪、对象捕捉追踪等绘图辅助工具。正交功能使用户可以很方便地绘制水平、竖直直线；对象捕捉功能方便用户拾取几何对象上的特殊点；追踪功能使画斜线及沿不同方向定位点变得更加容易。

3）编辑图形：AutoCAD 具有强大的编辑功能，可以移动、复制、旋转、阵列、拉伸、延长、修剪、缩放对象等。

4）标注尺寸：可以创建多种类型的尺寸，标注外观可以自行设定。

5）书写文字：能轻易在图形的任何位置、沿任何方向书写文字，可设定文字字体、倾斜角度及宽度缩放比例等属性。

6）图层管理功能：图形对象都位于某一图层上，可设定图层的颜色、线型、线宽等特性。

7）三维绘图：可创建 3D 实体及表面模型，能对实体本身进行编辑。

8）网络功能：可将图形在网络上发布，也可以通过网络访问 AutoCAD 资源。

9）数据交换：AutoCAD 提供了多种图形图像数据交换格式及相应命令。

10）二次开发：AutoCAD 允许用户定制菜单和工具栏，并能利用内嵌语言 AutoLISP、VisualLISP、VBA、ADS、ARX 等进行二次开发。

3. AutoCAD 2023 常用新增功能

相对于之前的版本，AutoCAD 2023 的功能更加丰富、实用，其中对较为常用的新增功能介绍如下。

1）标记输入（Markup Import）和标记辅助（Markup Assist）使用机器学习识别标记，并提供一种以较少手动操作来查看和插入图样修订的方法。

2）AutoCAD Web API：AutoCAD Web 应用中提供了 AutoCAD LISP API，专供 AutoCAD 固定期限的使用许可用户使用。

3）图样集管理器：比以往更快地打开图样集。使用 Autodesk 远程服务平台，使向团队成员发送图样集以及打开从团队成员那里接收的图样集变得更加快速、安全。

4）计数：使用菜单自动计算选定区域或整个图形中的块或对象数，以便识别错误并浏览已计数的对象。

5）3D 图形：此版本包括新的跨平台 3D 图形系统，利用现代 GPU 和多核 CPU 的所有功能为更大的绘图提供流畅的导航体验。

6）2D 图形显示：此版本的 AutoCAD 包含一个新的图形引擎，可以在某些高端 GPU 上实现更好的显示效果。

7）其他增强功能。插入块：当指定的块名称已存在于图形中时，"块重定义"对话框提供了一个重命名块的选项；选项对话框：当尝试关闭或取消"选项"对话框时，一个新的任务对话框会提示保存或放弃所做的更改；隔离模式：当退出隔离模式时，对象选择现在会保持不变；新建图形：将光标悬停在"开始"选项卡上的"新建"下拉菜单上，会显示一个工具提示，其中包含将使用的图形模板文件的名称。

（二）**AutoCAD 2023** 的启动与退出

1. AutoCAD 2023 的启动

安装好 AutoCAD 2023 之后，双击桌面上的快捷方式图标，即可启动 AutoCAD 2023 软件，进入其工作界面。

也可以通过"开始"菜单的方式启动 AutoCAD 2023 软件。在 Windows 系统下，其操作方式为：选择"开始"→"所有程序"→"Autodesk"→"AutoCAD 2023-Simplified Chinese"→"AutoCAD 2023"命令。

2. AutoCAD 2023 的退出

退出 AutoCAD 2023 有三种方式：

1）单击 AutoCAD 2023 工作界面右上角的关闭按钮。

2）在菜单栏中选择"文件"→"退出"命令。

3）在命令行中输入"QUIT"命令后按〈Enter〉键。

（三）**AutoCAD 2023** 工作界面及其功能

启动 AutoCAD 2023 之后，进入其工作界面，如图 1-45 所示。该工作界面主要由应用程序菜单按钮、快速访问工具栏、功能区、标题栏、工作区域、命令行和状态栏组成。其中，功能区包含三部分，即名称、面板和选项卡；十字光标所在区域为工作区域，所有图形的绘制及编辑等操作都在此区域完成。

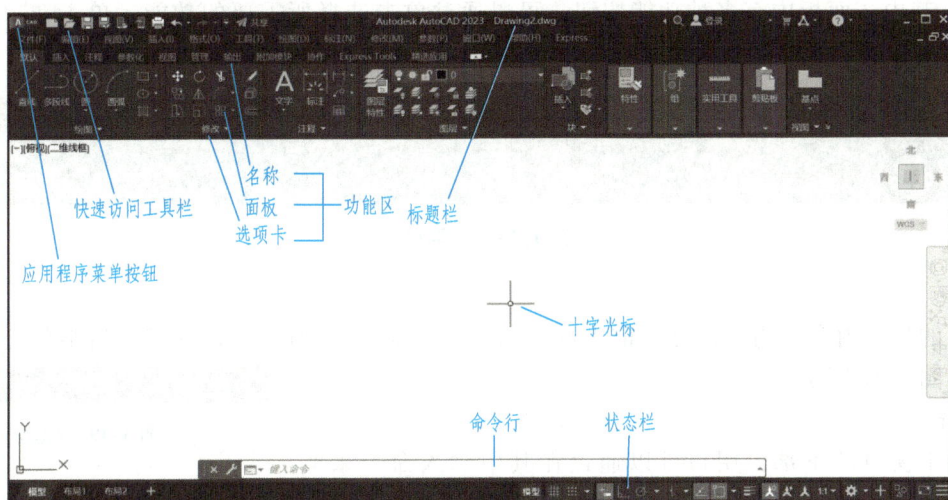

图 1-45　AutoCAD 2023 工作界面

1. 应用程序菜单按钮

应用程序菜单按钮 ▣ 位于 AutoCAD 界面的左上角，单击之后即可弹出应用程序菜单，如图 1-46 所示。通过应用程序菜单可以方便地访问公用工具，新建、打开、保存、打印和发布 AutoCAD 文件，将当前图形作为电子邮件附件发送，以及制作电子传送集。此外，还可执行图形维护（如核查和清理），以及关闭图形操作。

在应用程序菜单的上面有一搜索工具条，可以通过它查询快速访问工具栏、应用程序菜单以及当前加载的功能区，以定位命令、功能区面板名称和其他功能区控件。

在应用程序菜单右上方的"最近使用的文档"栏中列出了最近打开的文档，除了可按大小、类型和规则列表排序外，还可按照日期排序。

2. 快速访问工具栏

快速访问工具栏提供了一些常用的命令，如新建、打开、保存、放弃、重做和打印等。另外，单击快速访问工具栏右端的下拉按钮，在弹出的下拉菜单中提供了更多的常用命令，如图 1-47 所示。

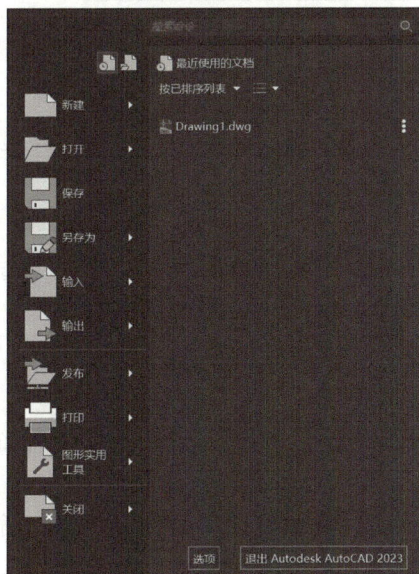

图 1-46　应用程序菜单

图 1-47　快速访问工具栏

3. 功能区

功能区是一个包含 AutoCAD 2023 各种常用功能的选项板，由名称、面板、选项卡三部分组成，如图 1-48 所示。其中，面板中有多种功能按钮，可以通过单击选择所需要的功能；单击选项卡右侧的下拉按钮，可以使选项卡中的隐藏功能得以显示。

图 1-48　功能区

4. 标题栏

标题栏中的显示内容分为两部分：前半部分为软件版本，即 AutoCAD 2023；后半部分为当前打开的文件名，如图 1-49 所示。

图 1-49　标题栏

5. 命令行

命令行位于窗口的下部，用户可以通过在其中输入命令来实现 AutoCAD 的各种功能，如图 1-50 所示。此外，用户通过菜单或者工具栏执行命令的过程也在此区域显示。

图 1-50　命令行

6. 状态栏

状态栏位于窗口最下方，有多种功能。其中最左端为图形坐标，显示的是当前十字光标的坐标。右端是自定义图标，可以控制状态栏图标显示，其按钮功能如图 1-51 所示。

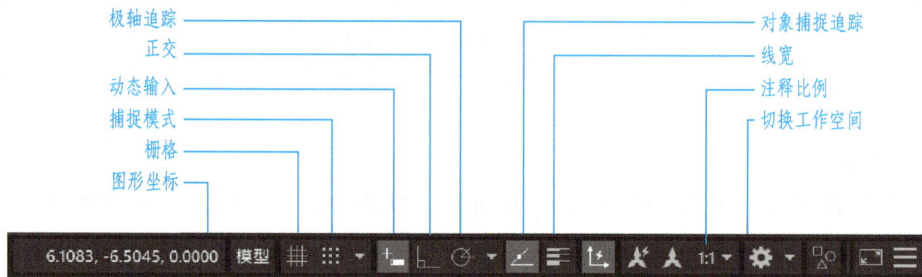

图 1-51　状态栏

（四）绘图环境基本设置

通常情况下，用户在 AutoCAD 2023 的默认环境下工作。但在某些情况下，用户对绘图环境进行必要的设置，可以提高绘图效率。

1. 系统参数设置

设置系统参数是通过"选项"对话框进行的，如图 1-52 所示。可以通过两种方式打开"选项"对话框。

◆ 命令行：输入"OPTIONS"。

◆ 菜单：选择"工具"→"选项"命令。

"选项"对话框由"文件""显示""打开和保存""打印和发布""系统""用户系统配置""绘图""三维建模""选择集"和"配置"10个选项卡组成，各个选项卡的主要功能介绍如下。

1）"文件"选项卡：指定文件夹，以供 AutoCAD 查找当前文件夹中不存在的文字字体、插件、线型等项目。

2）"显示"选项卡：用于设置窗口元素、布局元素、显示精度、显示性能、十字光标大小等显示属性。

3）"打开和保存"选项卡：用于设置默认情况下文件保存的格式、是否自动保存文件以及自动保存时间间隔等属性。

4）"打印和发布"选项卡：用于设置 AutoCAD 的输出设备。在默认情况下，输出设备为 Windows 打印机。但是通常需要用户添加绘图仪，以完成较大幅面图形的输出。

5）"系统"选项卡：用于设置当前三维图形的显示属性、当前定点设备、布局重生成选项等。

6）"用户系统配置"选项卡：用于设置是否使用快捷菜单、插入比例、坐标数据输入的优先级、字段等。

7）"绘图"选项卡：用于设置自动捕捉、自动捕捉标记大小、对象捕捉选项、靶框大小等属性。

8）"三维建模"选项卡：用于设置三维十字光标、显示 UCS 图标、动态输入、三维对象和三维导航等属性。

9）"选择集"选项卡：用于设置选择集模式、拾取框大小及夹点颜色和尺寸等属性。

10）"配置"选项卡：用于实现系统配置文件的新建、重命名、输入、输出及删除等操作。

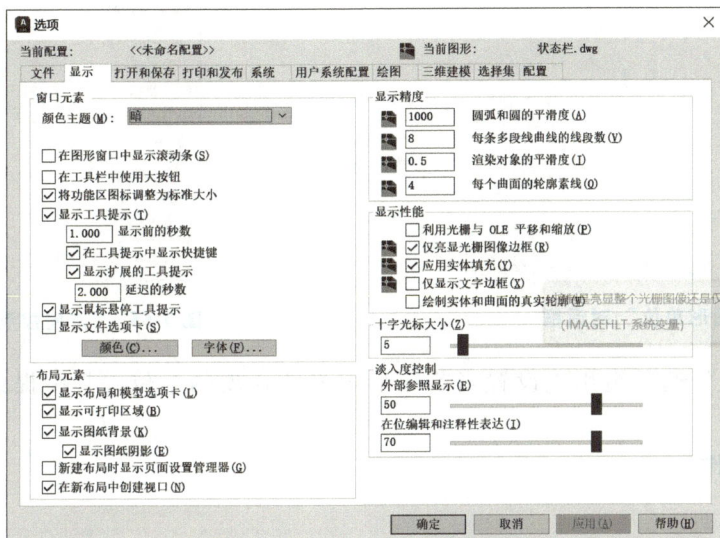

图 1-52　"选项"对话框

2. 绘图界限设置

绘图界限是指绘图空间中一个假想的矩形绘图区域。如果打开了图形边界检查功能，一旦绘制的图形超出了绘图界限，系统就将发出提示。

可以通过以下两种方式设置绘图界限。

◆ 菜单：选择"格式"→"图形界限"命令。

◆ 命令行：输入"LIMITS"。

A3 图纸的规格为 420mm×297mm，按照此规格设置绘图界限的操作步骤如图 1-53 所示。

3. 绘图单位设置

通常情况下，用户是采用 AutoCAD 2023 的默认单位来绘图的。AutoCAD 2023 支持用户自定义绘图单位。用户可以通过以下两种方式设置绘图单位。

◆ 菜单：选择"格式"→"单位"命令。

◆ 命令行：输入"DDUNITS"。

执行上述操作之后将弹出"图形单位"对话框（图 1-54），可以在该对话框中对图形单位进行设置。

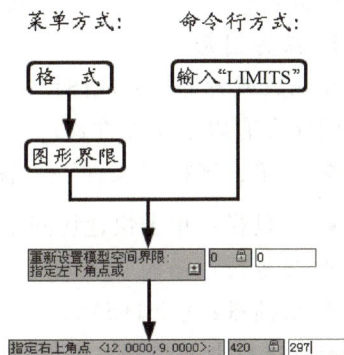

图 1-53　设置绘图界限的两种方式

（1）长度 在"长度"选项组中可以设置图形长度单位的类型和精度。长度单位的默认类型为"小数"，精度的默认值为小数点之后四位数。

（2）角度 在"角度"选项组中可以设置角度单位的类型和精度。角度单位的默认类型为"十进制度数"，精度默认为个位。

（3）插入时的缩放单位 在该选项组中可以设置用于缩放插入内容的单位，可以选择的单位有毫米、英寸、码、厘米、米等。

（4）方向 单击"图形单位"对话框中的"方向"按钮，即可弹出图 1-55 所示的"方向控制"对话框，在该对话框中可以设置基准角度方向。AutoCAD 2023 默认的基准角度方向为正东方向。

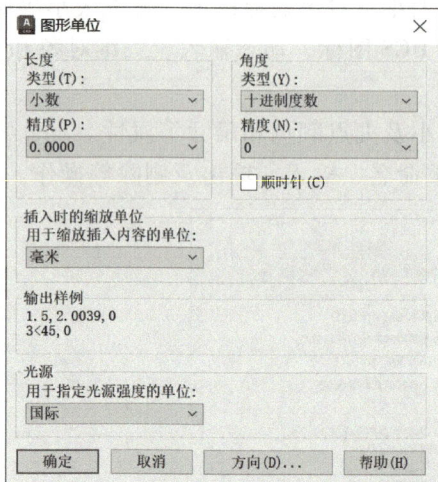

图 1-54 "图形单位"对话框

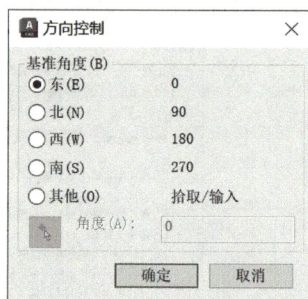

图 1-55 "方向控制"对话框

（5）光源 "光源"选项组用于设置当前图形中光源强度的单位，其中提供了"国际"和"美国"两种测量单位。

（五）图形文件操作

1. 新建图形

新建图形是绘制新图形的开始。在 AutoCAD 2023 中，可通过 4 种方式来创建新图形。

◆ 菜单：选择"文件"→"新建"命令。

◆ 工具栏：单击快速访问工具栏中的"新建"按钮。

◆ 命令行：输入"QNEW"。

◆ 快捷键：〈Ctrl+N〉。

执行以上操作后，将打开"选择样板"对话框，如图 1-56 所示。

在该对话框中，用户可以选择合适的样板，并在右侧的"预览"框中实时查看样板的预览效果。选择样板之后，单击"打开"按钮，即可按照选择的样板创建新的图形。

2. 保存图形

在完成或者部分完成图形绘制之后，需要对其进行保存，以防意外情况的发生，便于以后的操作。图形的保存有以下 4 种方式。

◆ 菜单：选择"文件"→"保存"命令。

◆ 工具栏：单击快速访问工具栏中的"保存"按钮。

◆ 命令行：输入"QSAVE"。

◆ 快捷键：〈Ctrl+S〉。

通过执行上述步骤，可以对图形进行保存。若当前图形文件已经保存过，则 AutoCAD 2023 会用当前的图形文件覆盖原有文件；如果图形尚未保存过，则弹出"图形另存为"对话框（图 1-57），可以

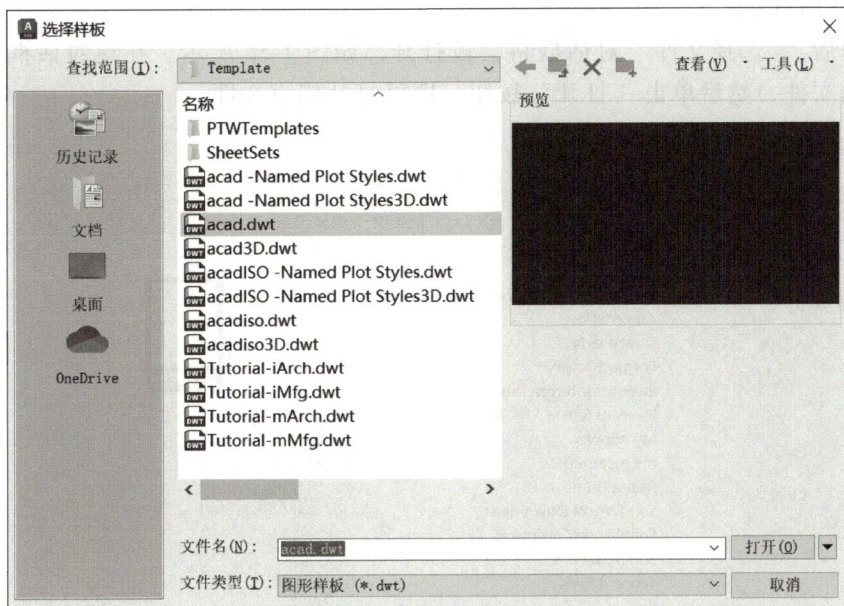

图 1-56　"选择样板"对话框

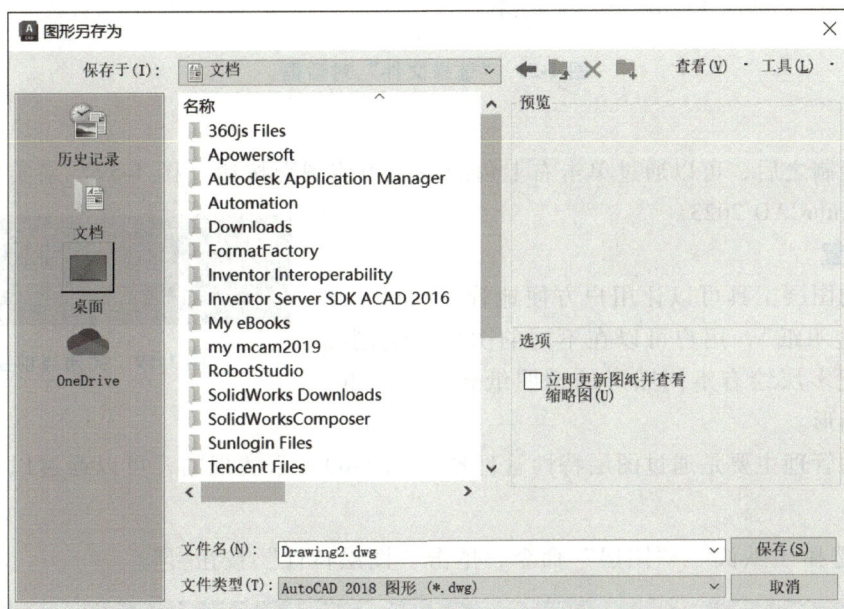

图 1-57　"图形另存为"对话框

通过该对话框进行保存位置、保存文件名、保存文件类型等的设置。

完成各个选项的设置之后，单击"保存"按钮，即可完成图形文件的保存。

提示：建议用户新建图形之后，紧接着执行"保存"命令。由于 AutoCAD 2023 的自动保存是默认打开的，这样可以减小因断电、死机、操作失误等造成的损失。

3. 打开图形

对于已有的图形文件，可以通过以下方式将其打开。

◆ 菜单：选择"文件"→"打开"命令。

◆ 工具栏：单击快速访问工具栏中的"打开"按钮 。

◆ 命令行：输入"OPEN"。

◆ 快捷键：〈Ctrl+O〉。

执行以上操作后，"选择文件"对话框将会被打开，如图1-58所示。在该对话框中，可以通过浏览并选择要打开的文件，然后单击"打开"按钮，即可打开相应文件。

图 1-58　"选择文件"对话框

4. 关闭图形

完成图形的绘制之后，可以通过单击右上角的关闭当前图形按钮（图1-59）来实现对当前图形的关闭，而不退出AutoCAD 2023。

（六）图层设置

AutoCAD中的图层工具可以让用户方便地管理图形。图层相当于一层"透明纸"，用户可以在不同的图层上绘制图形，最后相当于把多层绘有不同图形的透明纸叠放在一起，从而组成完整的图形。

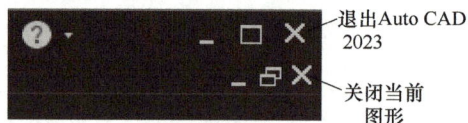

图 1-59　关闭当前图形按钮

用户对图层的管理主要是通过图层特性管理器（图1-60）来实现的，可以通过以下方式打开图层特性管理器。

◆ 功能区：选择"默认"→"图层"命令，单击"图层特性"按钮。

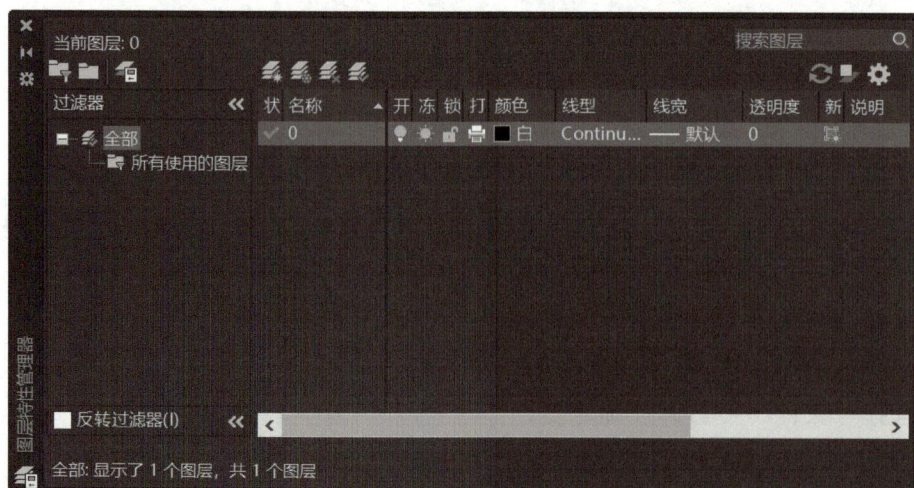

图 1-60　图层特性管理器

◆ 菜单：选择"格式"→"图层"命令。

◆ 命令行：输入"LAYER"。

1. 新建图层

单击新建图层按钮▨，即可创建一个新图层，并可以对该图层进行重命名。

2. 图层颜色设置

为了区分不同的图层，对图层设置颜色是必要的。AutoCAD 默认的图层颜色为白色，用户也可在图层特性管理器中单击▨白按钮，在弹出的"选择颜色"对话框（图 1-61）中选择需要的颜色。

3. 图层线型设置

在绘图时会用到不同的线型。不同的图层可以设置不同的线型，也可以设置相同的线型。AutoCAD 中系统默认的线型是 Continuous，也就是实线。可以单击 **Continuous** 按钮，在弹出的图 1-62 所示的"选择线型"对话框中进行线型设置。

如果"选择线型"对话框中没有所需要的线型，可以单击该对话框中的"加载"按钮，在弹出的图 1-63 所示的"加载或重载线型"对话框中查找所需要的线型，选定之后单击"确定"按钮，便可以将该线型加载到"选择线型"对话框中。然后在"选择线型"对话框中选择该线型，单击"确定"按钮即可。

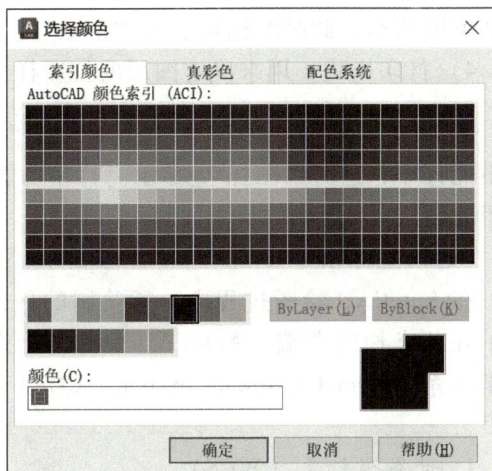

图 1-61 "选择颜色"对话框

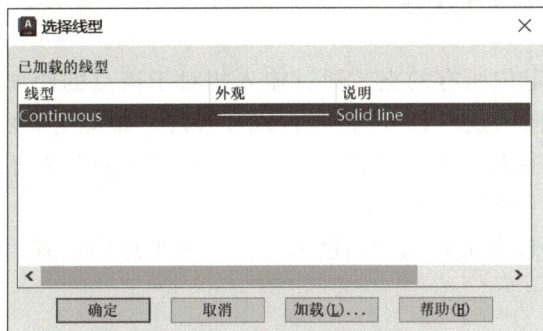

图 1-62 "选择线型"对话框

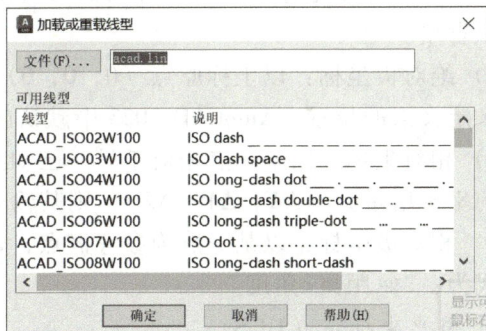

图 1-63 "加载或重载线型"对话框

4. 图层线宽的设置

绘图中常需要用到不同宽度的线条，而 AutoCAD 中的默认线宽为 0.25mm，所以有必要对其进行设置。单击————默认按钮，在弹出的图 1-64 所示的"线宽"对话框中可以进行线宽的设置。

5. 图层的其他特性

1）打开/关闭：在图层特性管理器中以灯泡的颜色来表示图层的开关。默认情况下，所有图层都处于打开状态，此时灯泡颜色为"黄色"▨，在这种状态下，图层可以使用和输出。单击灯泡图标可以切换图层到关闭状态，此时灯泡颜色为"灰色"▨，在这种状态下，图层不能使用和输出。

2）冻结/解冻：对于打开的图层，系统默认其状态为解冻，显示的图标为"太阳"▨，在这种状态下，图层可以显示、打印输出和编

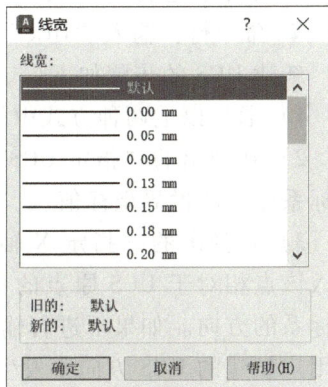

图 1-64 "线宽"对话框

辑。单击太阳图标可以将图层转换到冻结状态，显示的图标为"雪花" ，在这种状态下，图层不能显示、打印输出和编辑。

3）锁定/解锁：在绘制复杂图形的过程中，为了在绘制其他图层时不影响某一图层，可以将该图层锁定，显示的图标为"锁定" 。锁定不会影响到图层的显示。单击"锁定"按钮 可以将图层切换到解锁状态，此时图标显示为"解锁" 。

4）打印样式：用来确定图层的打印样式。如果是彩色的图层，则无法更改样式。

5）打印：用来设定哪些图层可以打印。可以打印的图层以 显示；单击该图标可以将图层设置为不能打印，这时以图标 显示。打印功能只对可见图层、没有冻结的图层、没有锁定的图层和没有关闭的图层有效。

（七）坐标系

在 AutoCAD 绘图过程中，所绘制的任何一个元素都是以坐标系为参照的。AutoCAD 2023 中坐标显示在状态栏的左端。AutoCAD 中的坐标系包括世界坐标系（World Coordinate System，WCS）和用户坐标系（User Coordinate System，UCS）两种。掌握坐标系的使用方法，可以提高绘图效率和精度。

1. 世界坐标系（WCS）

打开 AutoCAD 2023 绘图时，系统自动进入世界坐标系的第一象限，其左下角坐标为（0，0，0）。在绘图中，如果需要精确定位一个点，则需要采用键盘输入坐标值的方式。常用的输入方式有绝对坐标、相对坐标、绝对极坐标和相对极坐标 4 种。

1）绝对坐标：绝对坐标是以坐标原点（0，0，0）为基点来定位所有的点。各个点之间没有相对关系，只与坐标原点有关。用户可以输入（X，Y，Z）坐标来定义一个点的位置。如果 Z 坐标为 0，则可以省略。

2）绝对极坐标：以坐标原点（0，0，0）为极点来定位所有的点，通过输入相对于极点的距离和角度来定义点的位置。AutoCAD 2023 中默认的角度正方向为逆时针方向。输入格式为："距离<角度"。

3）相对坐标：以某一点相对于另一已知点的相对坐标位置来定义该点的位置。假设该点相对于已知点的坐标增量为（ΔX，ΔY，ΔZ），则其输入格式为（@ ΔX，ΔY，ΔZ）。

4）相对极坐标：以某一点为参考极点，输入相对于极点的距离和角度来定义另一个点的位置。输入格式为："@ 距离<角度"。

2. 用户坐标系（UCS）

在绘图中，经常需要改变坐标系的原点和方向，用户坐标系可以满足此需求。用户坐标系在位置和方向上都有很大的灵活性，用户可以根据需求进行设置。可以通过以下两种方式启动用户坐标系命令。

◆ 菜单：选择"工具"→"新建 UCS"命令。

◆ 命令行：输入"UCS"。

新建 UCS 的步骤如下：

1）通过以上两种方式中的一种开始执行 UCS 命令。

2）在弹出的"指定 UCS 的原点或"输入框中输入用户坐标系原点的世界坐标值。

3）在弹出的"指定 X 轴上的点或<接受>"输入框中输入该点相对于 UCS 原点的相对极坐标，即可指定新用户坐标系的方向。如果不进行输入，而是直接按〈Enter〉键，则用户新建的 UCS 方向不发生变化。

新建 UCS 操作步骤如图 1-65 所示。

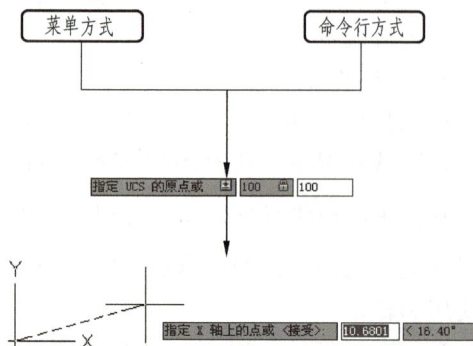

图 1-65　新建 UCS 操作步骤

二、绘制二维图形

(一) 基本绘图命令

AutoCAD 2023 具有强大的绘图功能和编辑功能。可以通过"绘图"和"修改"下拉菜单、"绘图"和"修改"工具栏、在命令行直接输入命令三种方式来调用命令。

1. 绘制点

(1) 设置点样式 设置点样式的操作步骤如下：

1) 选择"格式"→"点样式"菜单命令，系统弹出图 1-66 所示的"点样式"对话框。

在"点样式"对话框中提供了多种点样式，用户可以根据自己的需要进行选择。点的大小通过在"点样式"对话框中的"点大小"文本框内输入数值来设置。

2) 单击"确定"按钮，点样式设置完毕。

(2) 绘制点的方法 启用绘制点的命令有以下三种方法。

◆ 选择"绘图"→"点"→"单点"菜单命令。

◆ 单击"绘图"工具栏中的"多点"按钮 ⋮⋮。

◆ 输入命令：PO (POINT)。

采用以上任意一种方法可启用"点"命令，从而完成点的绘制。

2. 绘制直线

直线是 AutoCAD 2023 中最常见的图形元素之一。

启用绘制"直线"的命令有以下三种方法。

◆ 选择"绘图"→"直线"菜单命令。

◆ 单击"绘图"工具栏中的"直线"按钮 。

◆ 输入命令：LINE。

利用以上任意一种方法启用"直线"命令，就可以绘制直线了。

(1) 使用鼠标点绘制直线 启用绘制"直线"命令，用鼠标在绘图区域内单击一点作为线段的起点，移动鼠标，在用户想要的位置再次单击，作为线段的另一端点，这样连续可以画出用户所需的直线，如图 1-67 所示的五角星图形。

(2) 通过输入点的坐标绘制直线

1) 使用绝对坐标确定点的位置来绘制直线。绝对坐标的表示方法有两种：一种是绝对直角坐标，另一种是绝对极坐标。绝对坐标是相对于坐标系原点的坐标，在默认情况下，绘图窗口中的坐标系为世界坐标系（WCS）。其输入格式如下：

绝对直角坐标的输入形式是："X，Y"。X、Y 分别是输入点相对于原点的 X 坐标和 Y 坐标。

绝对极坐标的输入形式是："$r<\alpha$"。r 表示输入点与原点的距离，α 表示输入点到原点的连线与 X 轴正方向的夹角。

【例 1-1】 利用绝对直角坐标绘制直线 AB，利用绝对极坐标绘制直线 OC，如图 1-68 所示。

2) 使用相对坐标确定点的位置来绘制直线。相对坐标是用户常用的一种坐标形式，其表示方法也有两种：一种是相对直角坐标，另一种是相对极坐标。相对坐标是指相对于用户最后输入点的坐标，其输入格式如下：

相对直角坐标的输入形式是："@X，Y"。在绝对直角坐标前面加@。

相对极坐标的输入形式是："@$r<\alpha$"。在相对极坐标前面加@。

【例 1-2】 利用相对坐标绘制图 1-69 所示的连续直线 $ABCDEF$。

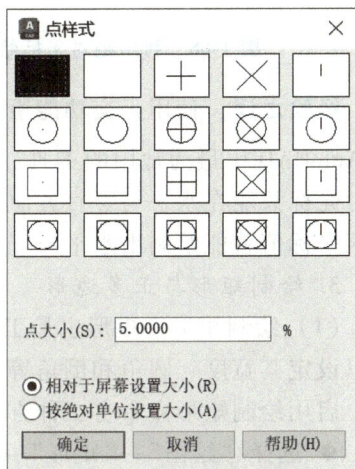

图 1-66 "点样式"对话框

图 1-67 使用鼠标点绘制五角星

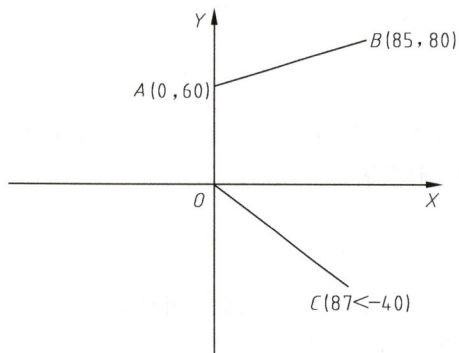

图 1-68　利用绝对坐标绘制直线

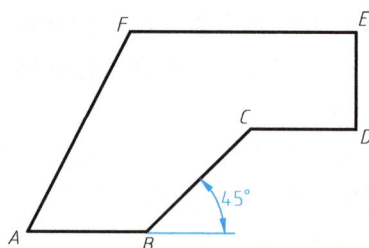

图 1-69　利用相对坐标绘制直线

经验之谈：使用正交功能绘制水平与竖直线。正交命令是用来绘制水平与竖直线的一种辅助工具，是 AutoCAD 中最为常用的工具。当用户绘制水平与竖直线时，应打开状态栏中的"正交"按钮 ，这时光标只能在水平与竖直方向移动。只要移动光标来指示线段的方向，并输入线段的长度值，不用输入坐标值就能绘制出水平与竖直方向的线段。

3. 绘制矩形与正多边形

（1）绘制矩形　矩形也是工程图样中常见的元素之一，矩形可通过定义两个对角点来绘制，同时可以设定其宽度、圆角和倒角等。

启用绘制矩形命令有三种方法。

◆ 选择"绘图"→"矩形"菜单命令。

◆ 单击"绘图"工具栏中的"矩形"按钮 。

◆ 输入命令：RECTANG。

【例 1-3】　绘制图 1-70 所示的四种矩形。

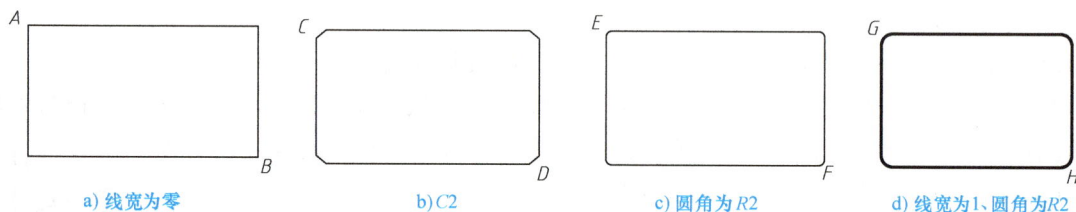

a) 线宽为零　　　　b) C2　　　　c) 圆角为 R2　　　　d) 线宽为1、圆角为 R2

图 1-70　绘制矩形图例

经验之谈：绘制的矩形是一整体，编辑时必须通过分解命令使之分解成单根线段，同时矩形也失去线宽性质。

（2）绘制正多边形　在 AutoCAD 2023 中，正多边形是具有等边长的封闭图形，其边数为 3~1024。绘制正多边形时，用户可以通过与假想圆的内接或外切的方法进行绘制，也可以指定正多边形某边的端点来绘制。

启用绘制多边形的命令有三种方法。

◆ 选择"绘图"→"多边形"菜单命令。

◆ 单击"绘图"工具栏中的"多边形"按钮 。

◆ 输入命令：Pol（POLYGON）。

利用内接于圆和外切于圆绘制正多边形之前，首先来认识一下"内接于圆（I）"和"外切于圆（C）"。如图 1-71 所示，图中绘制的两种图形都与假想圆的半径有关系，用户绘制正多边形时要弄清多边形与圆的关系。内接于圆的正六边形，从六边形中心到两边交点的连线等于圆的半径。而外切于圆的正六边形的中心到边的垂直距离等于圆的半径。

a) 内接于圆的正六边形　　　　　　　b) 外切于圆的正六边形

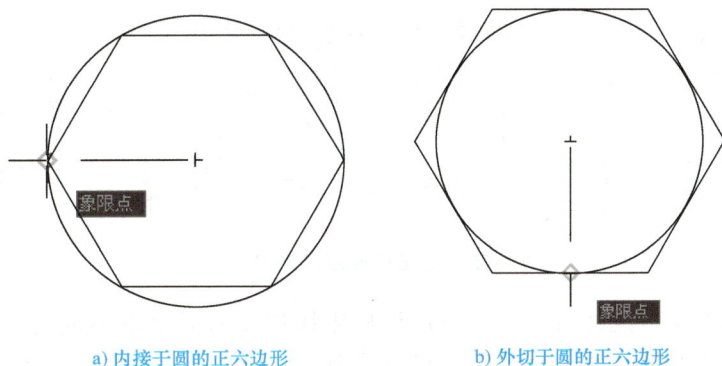

图 1-71　　多边形与圆的关系

（二）图形编辑命令

1. 选择对象

（1）选择对象的方式

1）选择单个对象。选择单个对象的方法叫作点选。因为只能选择一个图形元素，所以又叫单选方式。

① 使用光标直接选择：用十字光标直接单击图形对象，被选中的对象将以带有夹点的虚线显示，如图 1-72 所示，选择一条直线和一个圆；如果需要选择多个图形对象，可以继续单击需要选择的图形对象。

② 使用工具选择：这种选择对象的方法是在启用某个编辑命令的基础上，例如，选择"复制"命令，十字光标变成一个小方框，这个小方框称为"拾取框"，在命令行出现"选择对象："时，用"拾取框"单击所要选择的对象即可将其选中，被选中的对象以虚线显示，如图 1-73 所示。如果需要连续选择多个图形元素，可以继续单击需要选择的图形。

图 1-72　　十字光标单击

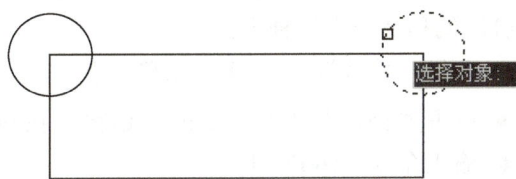

图 1-73　　拾取框选取

2）利用矩形窗口选择对象。如果用户需要选择多个对象，则应使用矩形窗口选择对象。在需要选择多个图形对象的左上角或左下角单击，并向右下角或右上角方向移动光标，系统将显示一个紫色的矩形框，当矩形框将需要选择的图形对象包围后，单击鼠标，包围在矩形框中的所有对象就被选中，如图 1-74 所示，被选中的对象以虚线显示。

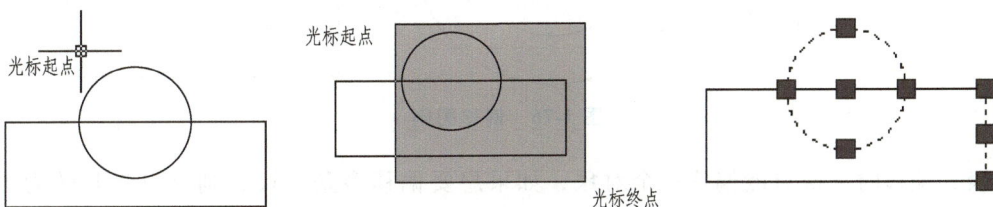

图 1-74　　矩形窗口选择对象

3）利用交叉矩形窗口选择对象。在需要选择的对象右上角或右下角单击，并向左下角或左上角方向移动光标，系统将显示一个绿色的矩形虚线框，当虚线框将需要选择的图形对象包围后，单击鼠标，虚线框包围和相交的所有对象就被选中，如图 1-75 所示，被选中的对象以虚线显示。

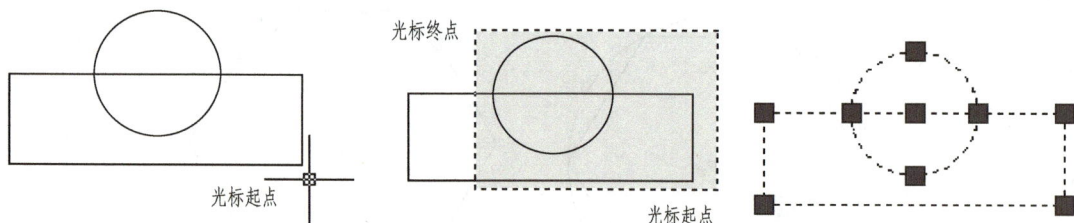

图 1-75 交叉矩形窗口选择对象

经验之谈：利用矩形窗口选择对象时，与矩形框边线相交的对象将不被选中；而利用交叉矩形窗口选择对象时，与矩形虚线框边线相交的对象将被选中。

（2）选择全部对象　在绘图过程中，如果用户需要选择整个图形对象，则可以采用以下三种方法。

◆ 选择"编辑"→"全部选择"菜单命令。

◆ 按〈Ctrl+A〉键。

◆ 使用编辑工具时，当命令行提示"选择对象:"时，输入"ALL"，并按〈Enter〉键。

（3）取消选择　要取消所选择的对象，有两种方法。

◆ 按〈Esc〉键。

◆ 在绘图窗口内右击，在快捷菜单中选择"全部不选"命令。

2. 复制类命令

对图形中相同的或相近的对象，无论其复杂程度如何，只要完成一个后，便可以通过复制类命令生成其他的若干个。复制类命令可由偏移、镜像、复制、阵列共同组成，通过使用复制类命令可以减少大量的重复劳动。

（1）偏移对象　绘图过程中，可以将单一对象偏移，从而生成复制的对象。偏移时，根据偏移距离会重新计算其大小。偏移对象可以是直线、曲线、圆、封闭图形等。

启用偏移命令有三种方法。

◆ 选择"修改"→"偏移"菜单命令。

◆ 单击"修改"工具栏上的"偏移"按钮 ⊂。

◆ 输入命令：OFFSET。

【例 1-4】　将图 1-76 所示的直线、圆、矩形分别向内偏移 10 个单位。

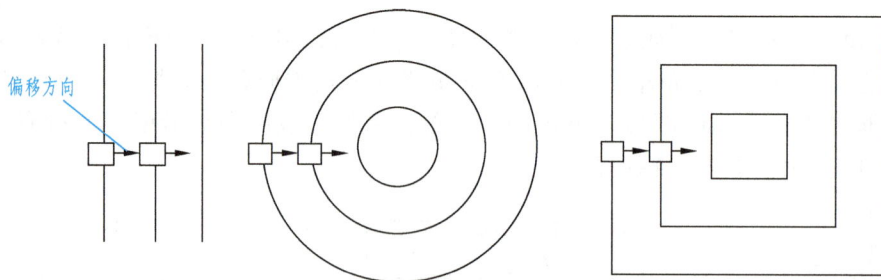

图 1-76　偏移图例

经验之谈：偏移时一次只能偏移一个对象，如果想要偏移多条线段，则可以将其转为多段线来进行偏移。偏移常应用于根据尺寸绘制的规则图样中，主要是相互平行的直线间的相互复制。偏移命令比复制命令要求键入的数值少，使用比较方便，常用于标题栏的绘制。

（2）镜像对象　对于对称的图形，可以只绘制一半或者四分之一，然后采用镜像命令生成对称的部分。

启用镜像命令有三种方法。

◆ 选择 "修改"→"镜像" 菜单命令。

◆ 单击 "修改" 工具栏上的 "镜像" 按钮 ⚠。

◆ 输入命令：MIRROR。

【例 1-5】 将图 1-77 所示的左侧图形通过镜像命令变成右侧图形。

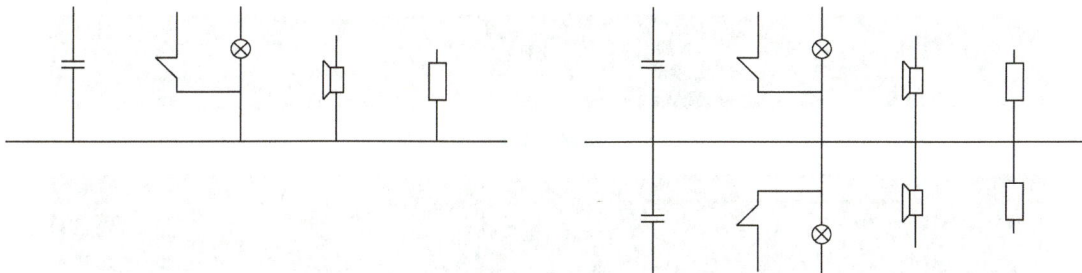

图 1-77 镜像图例

经验之谈：该命令一般用于对称的图形，可以只绘制其中的一半甚至是四分之一，然后采用镜像命令生成对称的部分。而对于文字的镜像，要通过 MIRRTEXT 变量来控制是否使文字和其他的对象一样被镜像。如果为 0，则文字不作镜像处理；如果为 1（默认设置），文字和其他的对象一样被镜像。

（3）复制对象 对图形中相同的或相近的对象，无论其复杂程度如何，只要完成一个后，便可以通过复制命令生成其他的若干个。

启用复制命令有三种方法。

◆ 选择 "修改"→"复制" 菜单命令。

◆ 单击 "修改" 工具栏上的 "复制" 按钮 ⊗。

◆ 输入命令：COPY。

【例 1-6】 将图 1-78 所示的左侧图形通过复制命令绘制成右侧图形。

经验之谈：在复制对象过程中，确定位移时应充分利用对象捕捉、栅格和捕捉等精确绘图的辅助工具。在绝大多数的编辑命令中都应该使用辅助工具来精确绘图。

（4）阵列 阵列主要是对于规则分布的图形，通过环形或者矩形方式进行阵列。

启用阵列命令有三种方法。

◆ 选择 "修改"→"阵列" 菜单命令。

◆ 单击 "修改" 工具栏上的 "阵列" 按钮 ⊞。

图 1-78 复制图例

◆ 输入命令：ARRAY。

启用 "阵列" 命令后，系统将弹出 "阵列" 对话框。在对话框中，用户可根据需要进行设置。AutoCAD 2023 提供了三种阵列形式：矩形阵列、路径阵列和极轴阵列，如图 1-79 所示。

3. 调整对象

（1）移动对象 移动命令可以将一组或一个对象从一个位置移动到另一个位置。

启用移动命令有三种方法。

◆ 选择 "修改"→"移动" 菜单命令。

◆ 单击 "修改" 工具栏上的 "移动" 按钮 ✛。

◆ 输入命令：M（MOVE）。

【例 1-7】 将图 1-80 所示的小圆从 O 点移动到 A 点。

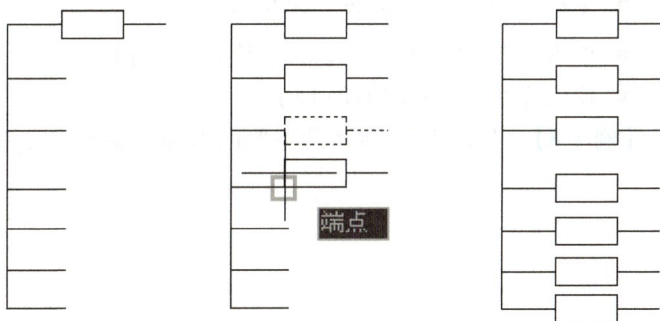

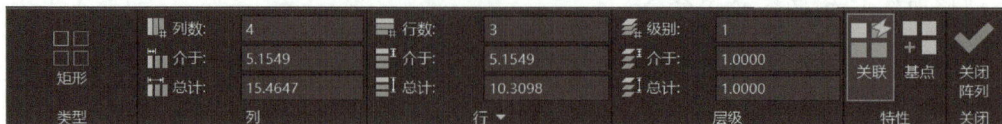

a) 矩形阵列

b) 路径阵列

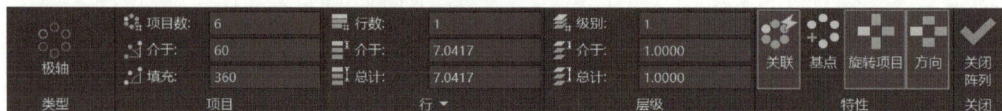

c) 极轴阵列

图 1-79　阵列形式

经验之谈：移动和复制命令需要进行的操作基本相同，但结果不同。复制在原位置保留了原对象，而移动在原位置不保留原对象。在绘图过程中，应该充分采用对象捕捉等辅助绘图工具精确移动对象。

（2）旋转对象　旋转命令可以将某一个对象旋转一个指定角度或参照一个对象进行旋转。

启用旋转命令有三种方法。

◆ 选择"修改"→"旋转"菜单命令。

◆ 单击"修改"工具栏上的"旋转"按钮 ↻。

◆ 输入命令：RO（ROTATE）。

【例 1-8】　将图 1-81 所示的左侧图形通过旋转命令变为右侧图形。

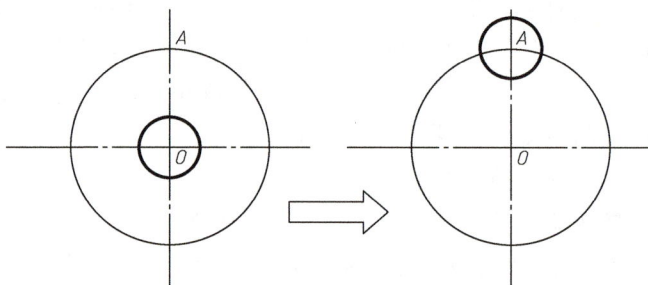

图 1-80　移动图例

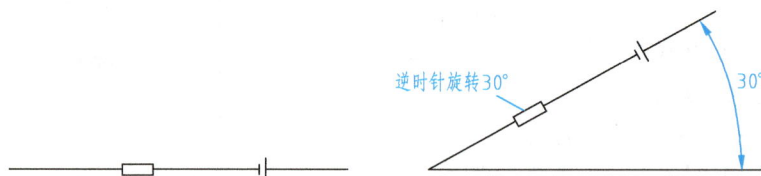

逆时针旋转30°

30°

图 1-81　旋转图例

（3）拉伸对象　使用拉伸命令可以在一个方向上按用户所指定的尺寸拉伸、缩短对象的。拉伸命令是通过改变端点位置来拉伸或缩短图形对象的，编辑过程中除被伸长、缩短的对象外，其他图形对象间的几何关系将保持不变。可进行拉伸的对象有圆弧、椭圆弧、直线、多段线、二维实体、射线和样条曲线等。

启用拉伸命令有三种方法。

◆ 选择"修改"→"拉伸"菜单命令。

◆ 单击"修改"工具栏上的"拉伸"按钮 📐。

◆ 输入命令：S（STRETCH）。

【例 1-9】　如图 1-82 所示，将图 1-82a 通过拉伸命令绘制成图 1-82b。

经验之谈：拉伸一般只能采用交叉矩形窗口或多边形窗口的方式来选择对象，可以采用 Remove 方

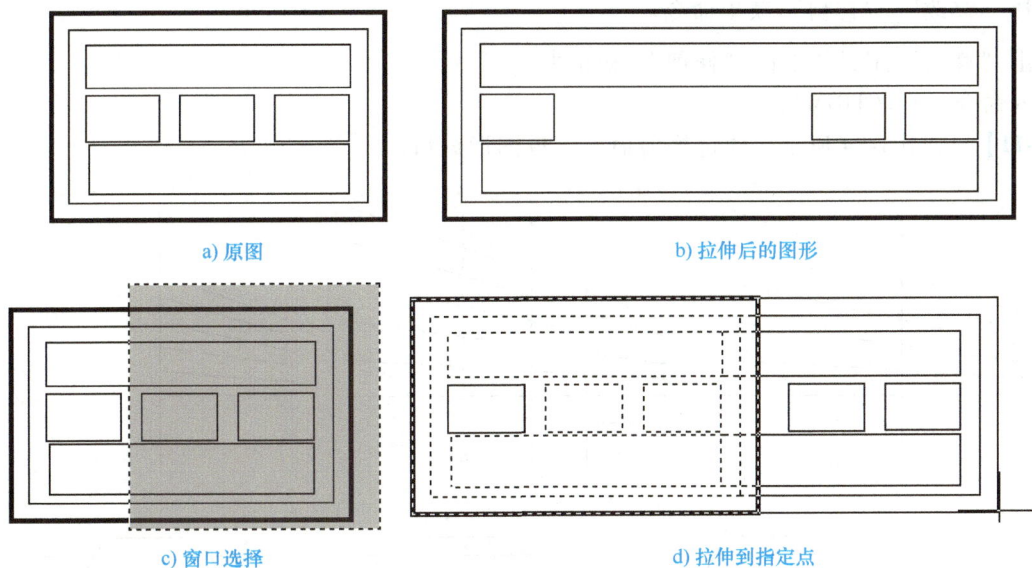

a) 原图   b) 拉伸后的图形

c) 窗口选择   d) 拉伸到指定点

图 1-82 拉伸图例

式取消不需拉伸的对象。其中比较重要的是必须选择好端点是否应该包含在被选择的窗口中。如果端点被包含在窗口中，则该点会同时被移动，否则该端点不会被移动。

（4）缩放对象 缩放命令可以根据用户的需要将对象按指定比例因子相对于基点放大或缩小，该命令的使用是真正改变了原来图形的大小，是用户在绘图过程中经常用到的命令。

启用缩放命令有三种方法。

◆ 选择"修改"→"缩放"菜单命令。

◆ 单击"修改"工具栏上的"缩放"按钮 □。

◆ 输入命令：Sc（SCALE）。

【例 1-10】 如图 1-83 所示，通过缩放命令把中间的原图各放大一倍和缩小二分之一。

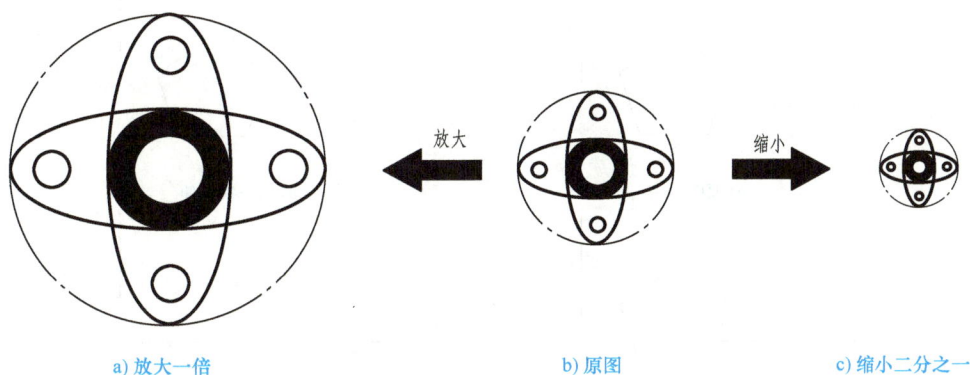

a) 放大一倍   b) 原图   c) 缩小二分之一

图 1-83 缩放图例

经验之谈：比例缩放是真正改变了原来图形的大小，和视图显示中的 ZOOM 命令缩放有本质区别，ZOOM 命令仅仅改变在屏幕上的显示大小，图形本身尺寸无任何大小变化。

4. 编辑对象

（1）修剪对象 绘图过程中经常需要修剪图形，将多余的部分去掉，以便于使图形精确相交。修剪命令是比较常用的编辑工具，用户在绘图过程中通常是先粗略地绘制一些线段，然后使用修剪命令将多余的线段修剪掉。

启用修剪命令有三种方法。

◆ 选择"修改"→"修剪"菜单命令。

◆ 单击"修改"工具栏上的"修剪"按钮 ✂。

◆ 输入命令：Tr（TRIM）。

【例1-11】　如图1-84所示，通过修剪命令完成图形编辑。

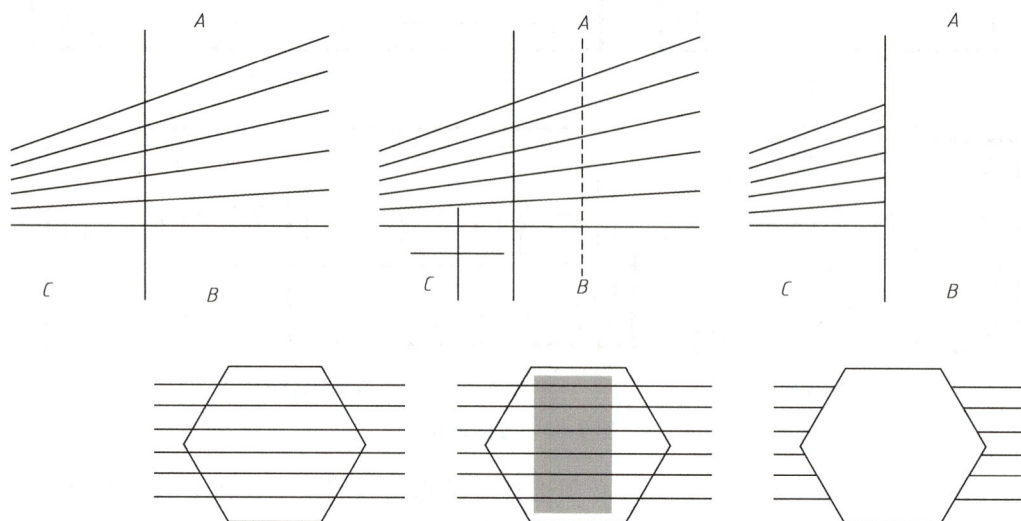

图1-84　修剪图例

（2）延伸对象　延伸是以指定的对象为边界，延伸某对象与之精确相交。

启用延伸命令有三种方法。

◆ 选择"修改"→"延伸"菜单命令。

◆ 单击"修改"工具栏上的"延伸"按钮 ➡。

◆ 输入命令：EX（EXTEND）。

【例1-12】　将图1-85所示的直线A首选延伸到五边形B上，再延伸到直线C上。

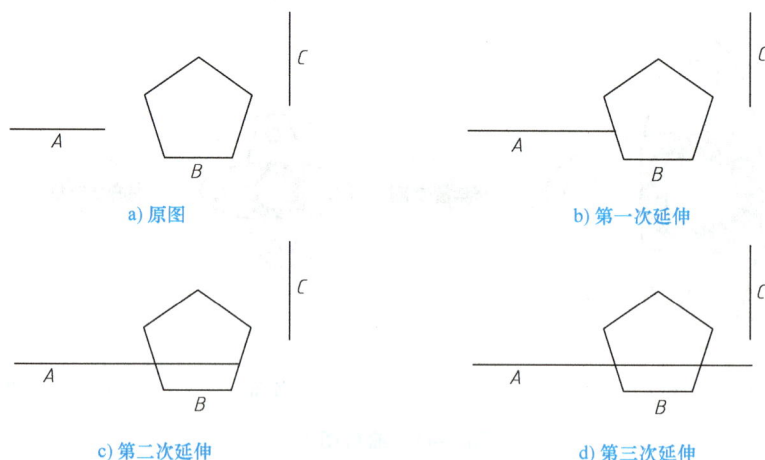

a) 原图　　　　　　　　　　　　　　b) 第一次延伸

c) 第二次延伸　　　　　　　　　　　d) 第三次延伸

图1-85　延伸图例

（3）打断对象　打断命令可将某一对象一分为二或去掉其中一段减少其长度。AutoCAD 2023提供了两种用于打断的命令："打断"和"打断于点"命令。可以进行打断操作的对象包括直线、圆、圆弧、多段线、椭圆、样条曲线等。

1）打断命令。打断命令可将对象打断，并删除所选对象的一部分，从而将其分为两个部分。

启用打断命令有三种方法。

◆ 选择"修改"→"打断"菜单命令。

◆ 单击"修改"工具栏上的"打断"按钮 ⬚。

◆ 输入命令：Br（BREAK）。

【例 1-13】　将图 1-86 所示的圆和直线在指定位置 A 点、B 点和 C 点、D 点打断。

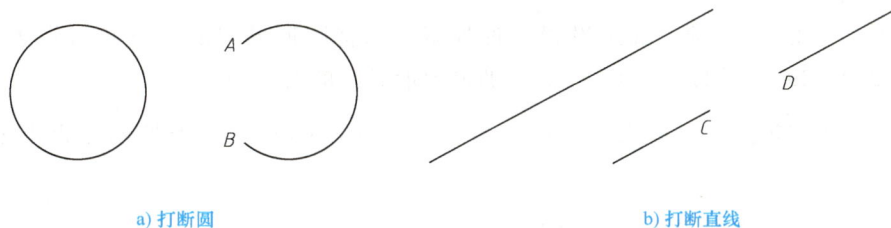

a）打断圆	b）打断直线

图 1-86　打断图例

2）打断于点命令。打断于点命令用于打断所选的对象，使之成为两个对象，但不删除其中的部分。

启用打断于点命令的方法是单击"修改"工具栏上的"打断于点"按钮 ⬚。

【例 1-14】　将图 1-87 所示的圆弧在 A 点打断成两部分。

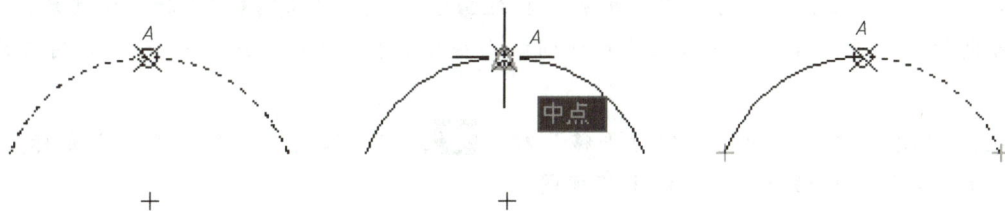

图 1-87　打断于点图例

（4）分解对象　使用分解命令可以把复杂的图形对象或用户定义的块分解成简单的基本图形对象，这样就可以编辑图形了。

启用分解命令有三种方法。

◆ 选择"修改"→"分解"菜单命令。

◆ 单击"修改"工具栏上的"分解"按钮 ⬚。

◆ 输入命令：EXPLODE。

启用分解命令后，根据命令行提示，选择对象，然后按〈Enter〉键，整体图形就会被分解。

【例 1-15】　将图 1-88 所示的四边形进行分解。

a）分解前	b）原图	c）分解后

图 1-88　分解图例

任务实施

1．设置绘图界限

设置绘图界限就是设置 AutoCAD 的图纸幅面，相当于手工绘图时选择适当大小的图纸。用户可通过选择"格式"→"图形界限"菜单命令，或在命令行中输入"LIMITS"来设置绘图界限。绘图界限设置完毕后，用户便只能在该界限内绘制图形。

步骤1 在命令行中输入"LIMITS"并按〈Enter〉键设置绘图界限。接着输入"ON"并按〈Enter〉键打开图形界限。

步骤2 按两次〈Enter〉键，继续设置图形界限，并将图形界限的左下角点设置为默认值"0，0"，接着输入"210，297"并按〈Enter〉键，确定图形界限的右上角点。

提示：如果需要重复执行上次执行过的命令，可按〈Enter〉键。如果想退出尚未执行完的命令，可按〈Esc〉键。

2. 按所设绘图界限最大化显示绘图区域

为了便于绘制图形，可最大化显示图形界限所设绘图区域。为此，用户可以执行ZOOM命令。

步骤1 输入"Z"（"ZOOM"命令的缩写形式）并按〈Enter〉键，执行ZOOM命令。

步骤2 输入"A"并按〈Enter〉键，最大化显示图形界限所定义的绘图区域。

技巧：除了ZOOM命令外，常用的缩放和平移视图的方法还有：

1）滚动鼠标滚轮可缩放视图。

2）单击"标准"工具栏中的"实时缩放"按钮 ，当光标变成 形状时，按住鼠标左键并向上拖动光标则放大视图，沿相反方向拖动光标则缩小视图。按〈Esc〉或〈Enter〉键可以退出实时缩放状态。

3）单击"标准"工具栏中的"实时平移"按钮 ，可进入实时平移状态，当光标变成 形状时，按住鼠标左键并拖动光标则可以平移视图。

3. 设置图层

设置图层时，可选择"格式"→"图层"菜单命令，或单击"图层"工具栏中的图层特性管理器按钮。本样板图所需图层的设置步骤如下：

步骤1 单击"图层"工具栏中的"图层特性管理器"按钮 ，打开"图层特性管理器"对话框（图1-89）；然后单击对话框上方的"新建图层"按钮 ，创建"粗实线"图层；接着单击"粗实线"图层所在行的"线宽"列标识"—默认"，打开"线宽"对话框（图1-90），选择"0.50mm"，然后单击 确定 按钮。

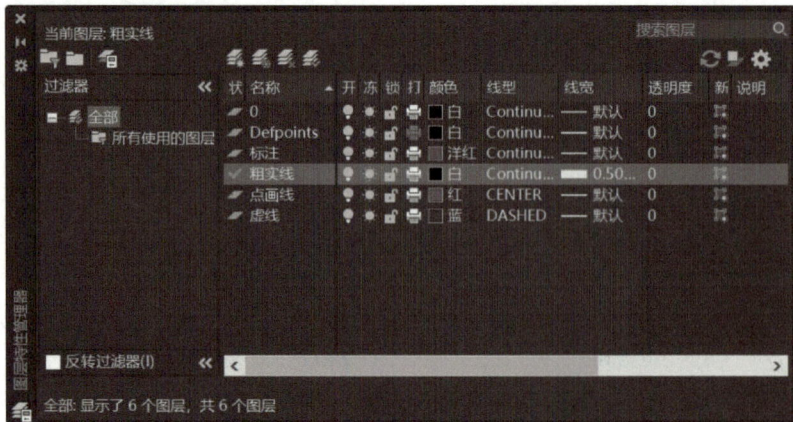

图1-89 "图层特性管理器"对话框

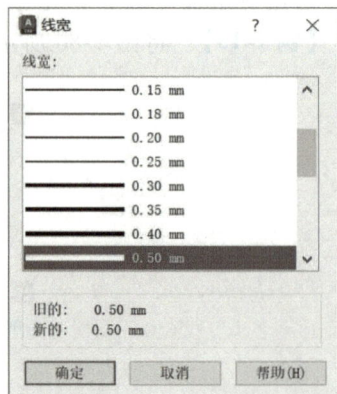

图1-90 "线宽"对话框

步骤2 单击"新建图层"按钮，创建"点画线"图层，然后将线宽设置为"—默认"。接着单击"点画线"图层所在行的"Continuous"线型，打开"选择线型"对话框，单击该对话框中的 加载(L)... 按钮，打开"加载或重载线型"对话框，然后选择"CENTER"线型。如图1-91所示。

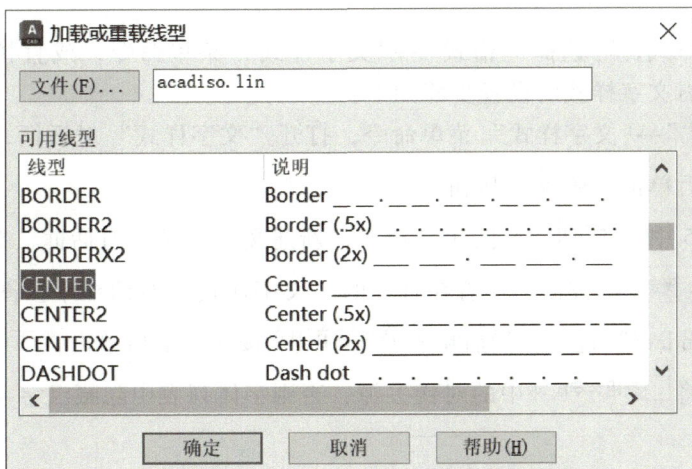

图 1-91 为图形加载线型

步骤 3 单击 确定 按钮，返回"选择线型"对话框，单击选择"CENTER"线型后单击 确定 按钮（图 1-92），返回"图层特性管理器"对话框。

步骤 4 单击"点画线"图层所在行的"颜色"按钮，打开"选择颜色"对话框，单击选择红色后单击 确定 按钮（图 1-93），返回"图层特性管理器"对话框。

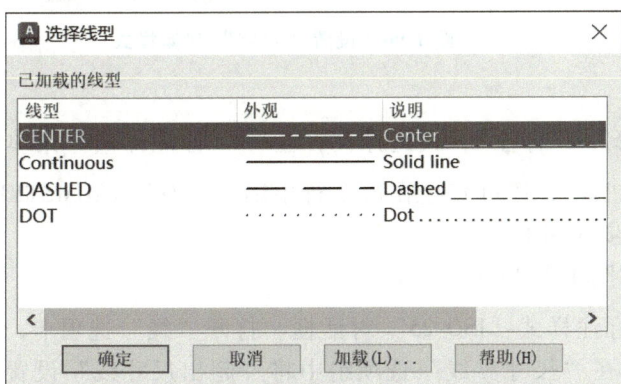

图 1-92 为"点画线"图层设置线型

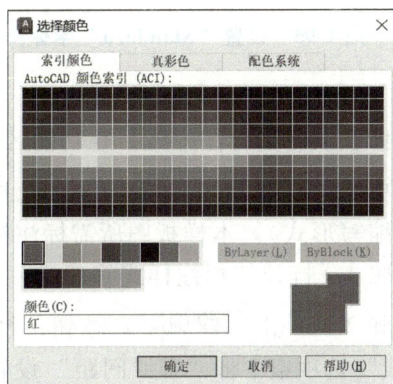

图 1-93 为"点画线"图层设置颜色

步骤 5 参照前面的要求，以及创建图层和设置图层属性的方法，创建"虚线"和"标注"图层，如图 1-94 所示。

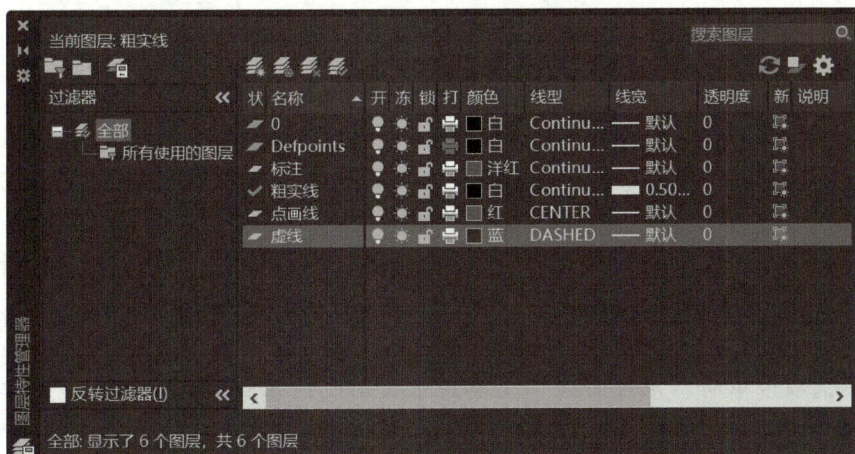

图 1-94 创建"虚线"和"标注"图层

4. 设置字体样式

要创建或修改文字样式，可选择"格式"→"文字样式"菜单命令，或直接在命令行中输入命令"STYLE"。本样板图所需文字样式的设置步骤如下：

步骤1　选择"格式"→"文字样式"菜单命令，打开"文字样式"对话框，按照图1-95所示设置字体名和宽度因子，然后单击 应用(A) 按钮。

步骤2　单击图1-95中的 新建(N)... 按钮，打开"新建文字样式"对话框，在"样式名"文本框中输入"汉字"后单击 确定 按钮，接着在打开的"文字样式"对话框中按图1-96所示设置字体名和宽度因子。双击"Standard"选项，然后单击 置为当前(C) 按钮，最后单击 关闭(C) 按钮。

设置汉字字体时要将 ☐ 使用大字体(U) 中的对钩去掉，否则字体列表中隐藏汉字字体。

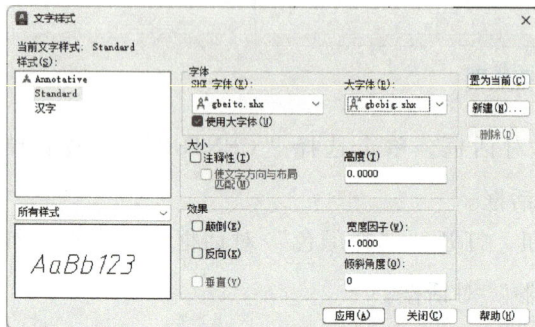

图1-95　设置"Standard"字体样式

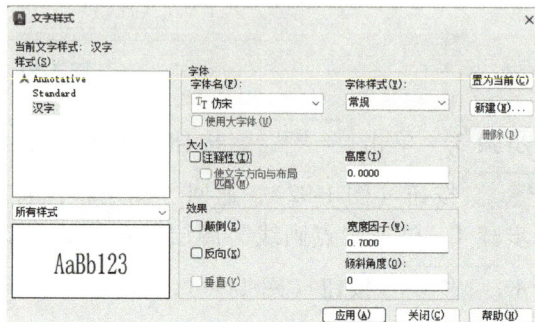

图1-96　设置"汉字"字体样式

5. 设置样式标注

要修改或新建标注样式，在功能区选择"注释"→"标注"；或选择"标注"→"标注样式"菜单命令；或单击"标注"工具栏中的"标注样式"按钮 ；还可直接在命令行中输入"D"（DIMSTYLE命令的缩写形式）。本样板图所需标注样式的设置步骤如下。

步骤1　打开"标注样式管理器"对话框，如图1-97所示。

步骤2　单击 修改(M)... 按钮，打开"修改标注样式：ISO-25"对话框。打开"线"选项卡，在"尺寸线"选项组中将"基线间距"设置为"8"；在"尺寸界线"选项组中将"超出尺寸线"设置为"2"，将"起点偏移量"设置为"0"，其余采用默认值。设置"线"选项卡中的参数，如图1-98所示。

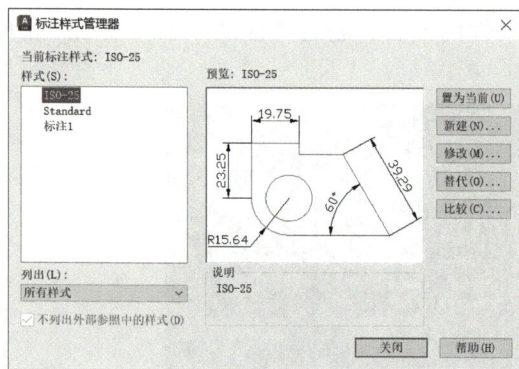

图1-97　"标注样式管理器"对话框

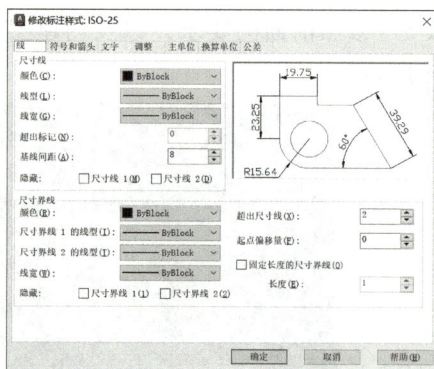

图1-98　设置"线"选项卡中的参数

提示："线"选项卡中的"基线间距"主要用于控制使用基线型尺寸标注（指起点相同、而端点不同的一组标注）时，两条尺寸线之间的距离；"超出尺寸线"主要用于控制尺寸界线超出尺寸线的长度；"起点偏移量"主要用于控制尺寸界线起点到定义点的偏移量。

步骤3 打开"符号和箭头"选项卡，在"箭头"选项组中将"第一个""第二个"和"引线"都设置为"实心闭合"，"箭头大小"设置为"3.5"；在"圆心标记"选项组选择⊙无(N)；在"弧长符号"选项组中选择⊙标注文字的上方(A)。设置"符号和箭头"选项卡中的参数如图1-99所示。

步骤4 打开"文字"选项卡，按照图1-100所示设置尺寸文本所使用的文字样式、文字高度、文字位置，以及尺寸文本的对齐方式等。

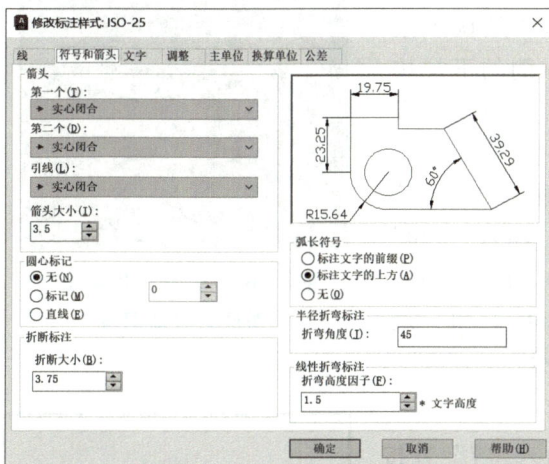

图1-99 设置"符号和箭头"选项卡中的参数

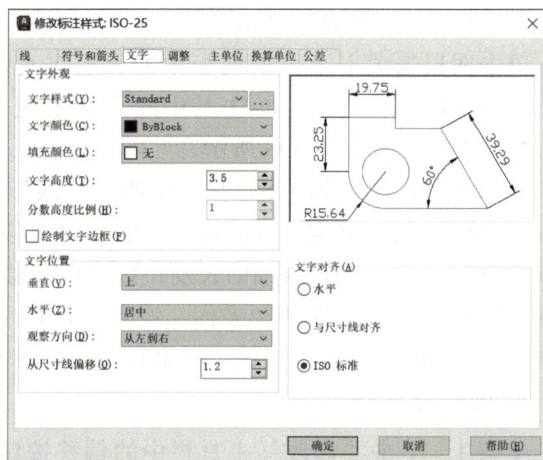

图1-100 设置"文字"选项卡中的参数

提示： "文字样式"用于定义尺寸文本所使用的文字样式。

步骤5 打开"调整"选项卡，按照图1-101所示设置各个参数。

步骤6 打开"主单位"选项卡，在"线性标注"选项组中打开"小数分隔符"下拉列表，选择""."（句点）"，如图1-102所示。"换算单位"选项卡和"公差"选项卡暂不设定，取默认即可。最后单击 确定 按钮返回到"标注样式管理器"对话框，单击 关闭(C) 按钮完成设置。

图1-101 设置"调整"选项卡中的参数

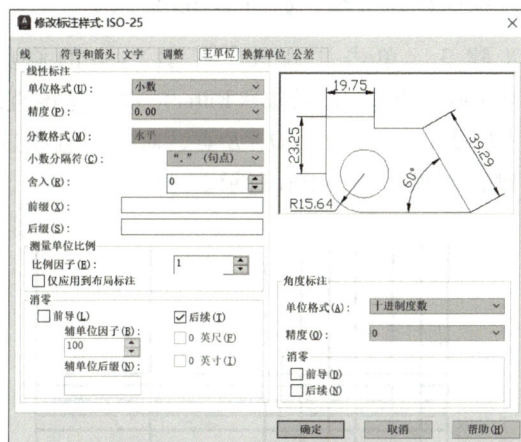

图1-102 设置"主单位"选项卡中的参数

注意： 打开"主单位"选项卡，其中"测量单位比例"选项组中的"比例因子"应根据绘图比例确定。如果采用1:1绘图，比例因子设为1；如果采用1:2绘图，比例因子设为2；如果采用2:1绘图，比例因子设为0.5，依此类推。

6. 绘制边框线和图框

步骤1 确认状态栏中的"正交"和"线宽"开关被打开，单击"绘图"工具栏中的矩形按钮，输入"0，0"，按〈Enter〉键，确定矩形的左下角点；然后输入"210，297"并按〈Enter〉键，确定矩形的另一角点。

注意：状态栏中的"正交"开关主要用于控制画图时光标移动的方向。如果打开"正交"开关，绘图时光标只能沿水平或竖直方向移动。

步骤2　在任一打开的工具栏中右击，在弹出的工具栏快捷菜单中选择"图层"，打开"图层"工具栏。单击功能区的"默认"菜单，单击图层选项卡上方的面板中的图层名称显示框右侧的下拉按钮，打开图层下拉列表，单击其中的"粗实线"图层，将该图层设置为当前图层，如图1-103所示。

步骤3　单击"绘图"工具栏中的"直线"按钮，输入"25，5"并按〈Enter〉键，确定直线的起点；然后向右移动光标，输入"180"并按〈Enter〉键，确定直线的长度；接着向上移动光标，输入"287"并按〈Enter〉键；向左移动光标，输入"180"并按〈Enter〉键；最后输入"c"并按〈Enter〉键，结束画线，如图1-104所示。

图1-103　设置"粗实线"图层为当前图层

7. 绘制标题栏

步骤1　单击"修改"工具栏中的偏移按钮，输入"7"并按〈Enter〉键，确定偏移距离；然后单击图框底边线，确定偏移对象；接着单击图框线上方，指定偏移的方向。由于还需要偏移相同距离的7条线段，因此可继续选择之前偏移生成的直线，然后在该直线上方单击，直到绘制完该7条线段，最后按〈Esc〉键退出偏移命令。

提示：利用偏移命令（OFFSET）可以创建与选定对象类似的新对象，并使它处于原对象的内侧或外侧。

步骤2　按〈Enter〉键，继续执行偏移命令，按照前面介绍的方法绘制标题栏的竖线，如图1-105所示。

步骤3　单击"修改"工具栏中的修剪按钮，然后单击图1-105所示直线AB后按〈Enter〉键，将该直线作为修剪边；然后依次单击图1-105中的C、D、E点，对这些直线进行修剪；最后按〈Enter〉键，结果如图1-106所示。

图1-104　绘制图框线

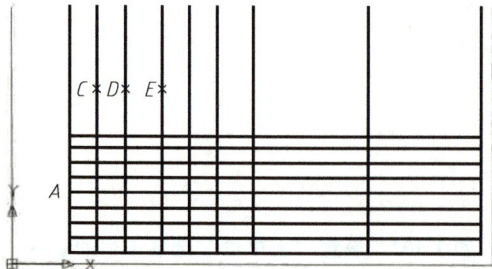

图1-105　利用偏移命令复制对象

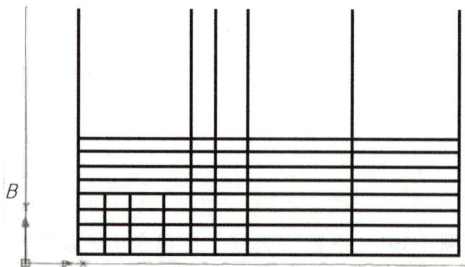

图1-106　利用修剪命令修剪对象

提示：修剪命令（TRIM）用于修剪图形，该命令要求用户首先定义修剪边界，然后再选择希望修剪的对象。

步骤4　参照图1-5a，利用相同的方法偏移和修剪其他直线，最终结果如图1-107所示。

步骤5　依次单击选中需要变换为细实线的直线（图1-108），然后单击图层名称显示框右侧的下

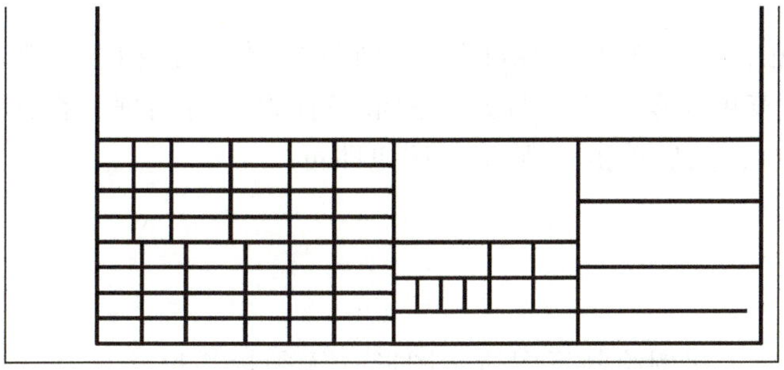

图 1-107 利用偏移和修剪命令补画其他线条

拉按钮，接着单击图层下拉列表中的"0"图层（图 1-109），此时选中的直线变为了细实线，最后按〈Esc〉键退出。

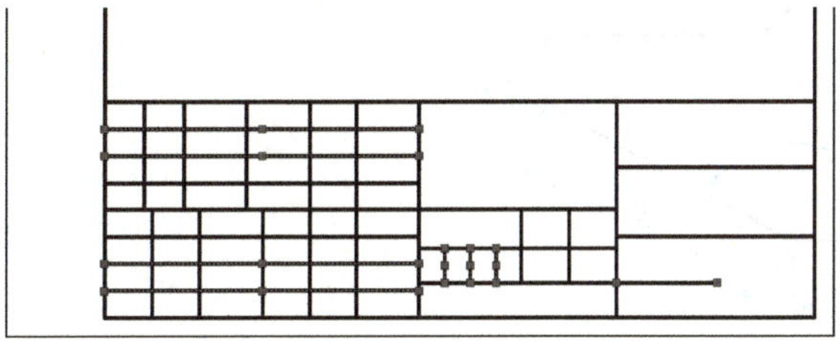

图 1-108 选择内部需要变换为细实线的直线

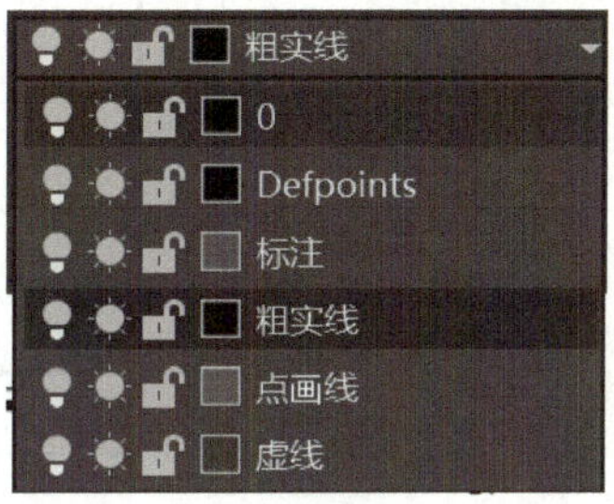

图 1-109 将所选图层置于"0"图层

8. 输入文字

要在标题栏中输入简短的文字，可选择"注释"→"文字"→"单行文字"菜单命令，或者执行"TEXT"命令。

步骤 1 将"0"图层设置为当前图层，向上滚动鼠标滚轮适当放大图形。

步骤 2 选择"注释"→"文字"→"单行文字"菜单命令，在标题栏左下角的方框中单击鼠标，确定文字的起点。接着系统会要求用户输入文字的高度，用户可直接输入具体数值，也可通过单击两点设置文字的高度。在此，用户可输入"3.5"并按〈Enter〉键，以确定文字的高度。

步骤 3 系统提示输入文字的旋转角度。同样，可以直接输入具体数值，也可以通过单击两点设置文字的旋转角度。在此直接按〈Enter〉键，确定文字的旋转角度为 0。

步骤 4 输入文字"工艺"，按两次〈Enter〉键结束文字输入。

步骤 5 如果需要移动输入文字的位置，可单击"修改"工具栏中的移动按钮，然后单击选中要移动的文字并按〈Enter〉键，确定移动的对象。接着关闭状态栏中的正交按钮，然后在该文字的任意处单击，确定移动的起点，在合适的位置单击，确定移动的终点。

步骤 6 按照相同的方法输入其他文字，结果如图 1-110 所示。

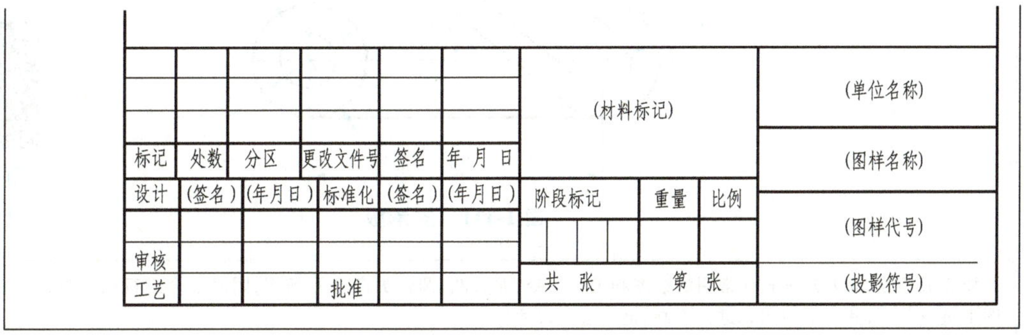

图 1-110 输入文字

9. 保存样板图

保存图形文件的方法很简单，单击"标准"工具栏中的保存按钮，或者按〈Ctrl+S〉组合键，或者选择"文件"→"保存"菜单命令，均可打开"图形另存为"对话框。在其中选择保存文件的文件夹并输入文件名（如"A4"），然后单击"保存"按钮即可。

巩固练习

作图题

在 A4 样板图上按照 1∶1 比例绘制下图所示图形（无须标注尺寸）。

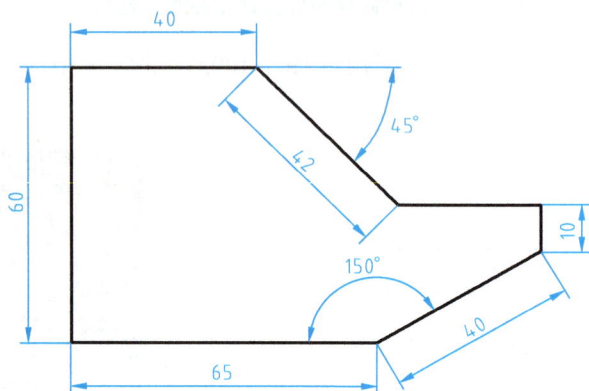

任务三 应用 AutoCAD 绘制平面图形

学习任务单

任务目标	知识点： 1）掌握圆、圆弧等基本绘图命令的使用 2）掌握尺寸标注命令的使用 技能点： 1）能够熟练使用 AutoCAD 软件的基本绘图、编辑及尺寸标注命令 2）能够使用 AutoCAD 绘图软件完成简单平面图形的绘制
任务内容	在 A4 样板图上按照 1∶1 绘制图 1-111 所示支承板  图 1-111 支承板 应用 AutoCAD 绘制平面图形
任务分析	要完成任务，需要熟悉软件常用的绘图和编辑命令，尤其圆、圆弧类命令的操作，同时学会进行尺寸标注。首先需要对图形进行分析，然后对各图元进行绘制，最后进行尺寸标注
成果评定	各组成员独立完成支承板的绘制，进行自评、互评和教师评价后给定综合评定成绩

相关知识

一、基本绘图命令——绘制圆与圆弧

圆与圆弧是工程图样中常见的曲线元素，AutoCAD 2023 提供了多种绘制圆与圆弧的方法，下面详细介绍绘制圆与圆弧的命令及其操作方法。

1. 绘制圆

启用绘制圆的命令有三种方法。

◆ 选择<绘图>→<圆>菜单命令。

◆ 单击"绘图"工具栏中的"圆"按钮 ⊘。

◆ 输入命令：C（CIRCLE）。

启用圆命令后，命令行提示如下信息。

命令：_circle 指定圆的圆心或［三点（3P）/两点（2P）/切点、切点、半径（T）］：

1）圆心和半径画圆：AutoCAD 2023 中默认的方法是确定圆心和半径画圆。用户在"指定圆的圆心"提示下，输入圆心坐标后，命令行提示：

指定圆的半径或［直径（D）］：直接输入半径，按〈Enter〉键结束命令。如果输入直径 D，命令行继续进行提示：

指定圆的直径<50>：输入圆的直径，按〈Enter〉键结束命令。

【例 1-16】 绘制图 1-112 所示的半径为 50 的圆。

操作步骤如下：

启用绘制圆的命令 ⊘。

在绘图窗口中选定圆心位置，命令行提示：

命令：_circle 指定圆的圆心或［三点（3P）/两点（2P）/切点、切点、半径（T）］：

指定圆的半径或［直径（D）］：输入半径值 50，按〈Enter〉键结束命令。

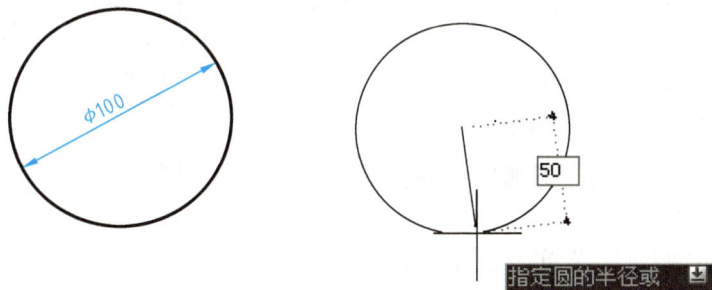

图 1-112 以圆心和半径画圆

2）三点法画圆（3P）：选择"三点"命令，通过指定的三个点绘制圆。

【例 1-17】 如图 1-113 所示，通过指定的三个点 *A*、*B*、*C* 画圆。

3）两点法画圆（2P）：选择"两点"命令，通过指定的两个点绘制圆。

4）切点、切点、半径画圆（T）：选择"相切、相切、半径"命令，通过选择两个与圆相切的对象，并输入圆的半径画圆。

【例 1-18】 如图 1-114 所示，绘制与直线 *OA* 和 *OB* 相切、半径为 20 的圆。

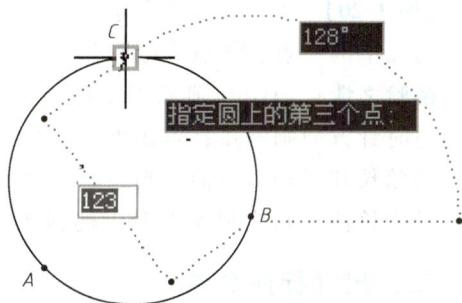

图 1-113 三点法画圆

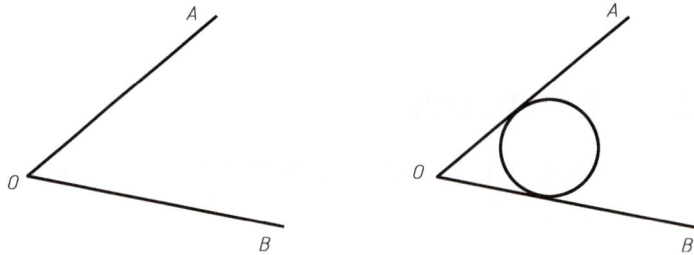

图 1-114 相切、相切、半径画圆

5）相切、相切、相切画圆（A）：选择"相切、相切、相切"命令，通过选择三个与圆相切的对象画圆。此命令必须从菜单栏中调出，如图 1-115 所示。

【例 1-19】 如图 1-116 所示，绘制与三角形 ABC 都相切的圆。

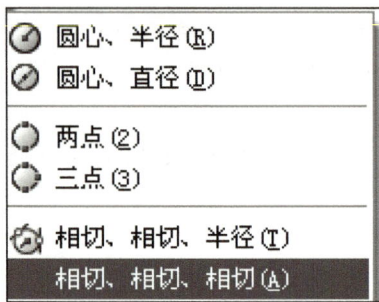

图 1-115 相切、相切、相切命令

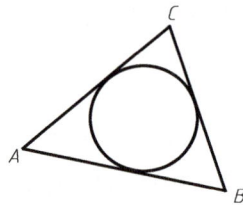

图 1-116 相切、相切、相切画圆

2. 绘制圆弧

使用 AutoCAD 2023 绘制圆弧共有 10 种方法，其中默认状态下是通过确定三点来绘制圆弧。绘制圆弧时，可以通过设置起点、方向、中点、角度、终点、弦长等参数来进行绘制。在绘图过程中用户可以采用不同的办法进行绘制。

启用绘制"圆弧"的命令有三种方法。

◆ 选择"绘图"→"圆弧"菜单命令。

◆ 单击"绘图"工具栏上的"圆弧"按钮 。

◆ 输入命令：A（ARC）

通过选择"绘图"→"圆弧"菜单命令后，系统将显示图 1-117 所示的"圆弧"下拉菜单，在子菜单中提供了 10 种绘制圆弧的方法，用户可根据自己的需要选择相应的命令来进行圆弧的绘制。

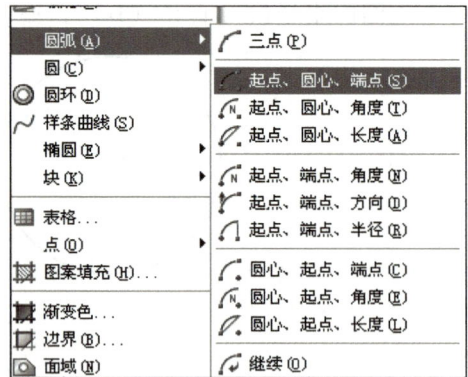

图 1-117 "圆弧"下拉菜单

【例 1-20】 如图 1-118 所示，绘制圆弧 ABC。三点画圆弧（P）：默认的绘制方法，给出圆弧的起点、圆弧上的一点、终点来画圆弧。

经验之谈：当绘制圆弧需要输入圆弧的角度时，若角度为正值，则沿逆时针方向画圆弧；若角度为负值，则沿顺时针方向画圆弧。若输入的弦长和半径为正值，则绘制 180°范围内的圆弧；若输入的弦长和半径为负值，则绘制大于 180°的圆弧。

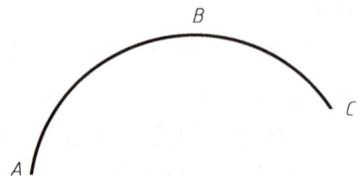

图 1-118 三点画圆弧

二、尺寸标注命令

AutoCAD 的尺寸标注命令集中在"标注"菜单中。

1. 线性尺寸标注

线性尺寸是应用最多的尺寸标注形式，包括水平尺寸标注、垂直尺寸标注。该命令会依据尺寸拉伸方向自动判断和标注水平尺寸或垂直尺寸。

命令：_dimlinear

指定第一个尺寸界线原点或［选择对象］：（指定尺寸的起点或直接选择对象。如果直接选择对象，那么系统将自动测量该对象的线性长度）

指定第二个尺寸界线原点：（指定尺寸的终点）

指定尺寸线位置或

［多行文字（M）/文字（T）/角度（A）/水平（H）/垂直（V）/旋转（R）］：（确定尺寸线的位置）

标注文字=157（显示自动测量的尺寸值）

> **注意**：在使用两点定义尺寸的起始、终止位置时，一定要打开对象捕捉，以保证尺寸标注的准确性。

2. 对齐尺寸标注

对齐尺寸标注用于标注平行于轮廓线的尺寸，如图 1-119 中的尺寸值为 127 的尺寸标注，其标注过程和线性尺寸标注类似。

3. 基线标注和连续标注

在标注尺寸时，有时需要标注系列尺寸。基线标注是从同一基线开始的多个尺寸标注，如图 1-120 所示。连续标注是首尾相连的多个连续标注，如图 1-121 所示。在创建基线标注或连续标注之前，必须先创建线性、对齐或角度标注。

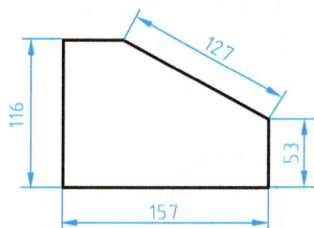

图 1-119　线性尺寸标注和对齐尺寸标注

命令：_dimbaseline（基线标注）

指定第二个尺寸界线原点或［选择（S）/放弃（U）］<选择>：（如果系统自动找到尺寸的基线，就可以直接选择要标注的第二个尺寸界线位置，否则需选择基准标注）

标注尺寸=161（显示自动测量的尺寸值）

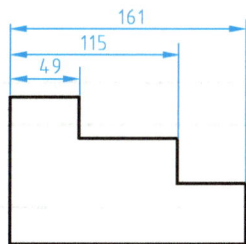

图 1-120　基线标注

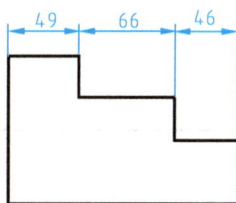

图 1-121　连续标注

4. 径向尺寸标注

径向尺寸标注包括直径标注和半径标注，用来标注圆或圆弧的直径和半径。

命令：_dimradius（半径标注）

选择圆弧或圆：

标注文字=57（显示自动测量的半径值）

指定尺寸线位置或［多行文字（M）/文字（T）/角度（A）］：（指定尺寸线的位置）

在非圆视图上标注直径尺寸时，需先用线性尺寸标注，然后在尺寸文本前添加"<⌀/>"。

5. 角度标注

角度标注是标注不平行且共面的两直线间夹角或圆弧的圆心角，如图 1-122 所示。

命令：_dimangular

选择圆弧、圆、直线或［指定顶点］：（选择圆弧、圆、直线，或按〈Enter〉键通过指定三个点来创建角度标注）

定义要标注的角度之后，将显示下列提示：

指定标注弧线位置或［多行文字（M）/文字（T）/角度（A）/象限点（Q）］：

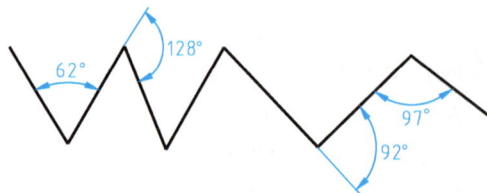

图 1-122　角度标注

任务实施

绘图步骤：

步骤 1　打开"A4.dwg"文件，将"粗实线"图层设置为当前图层，确认状态栏中的正交、对象捕捉、对象捕捉追踪、动态输入和线宽按钮处于打开状态。

步骤 2　单击"绘图"工具栏中的"圆"按钮 ⊙，分别绘制两个间距为 30，半径值均为 5 的圆，如图 1-123 所示。

步骤 3　单击"绘图"工具栏中的"直线"按钮 ╱，然后捕捉并单击图 1-123 中的象限点 A，接着捕捉并单击图 1-123 中的象限点 B，最后按〈Enter〉键，绘制两圆的切线。按照相同的方法绘制另一条切线，结果如图 1-124 所示。

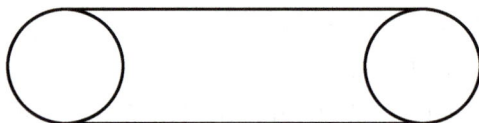

图 1-123　绘制圆　　　　　　　　　图 1-124　绘制两圆的切线

步骤 4　单击"修改"工具栏中的"修剪"按钮 ✂，接着单击需修剪的图形后按〈Enter〉键，结果如图 1-125 所示。

步骤 5　单击"修改"工具栏中的"偏移"按钮 ⊂，将图 1-125 中的图形整体向外偏移 5 个绘图单位，结果如图 1-126 所示。

图 1-125　修剪图形　　　　　　　　　图 1-126　偏移复制图形

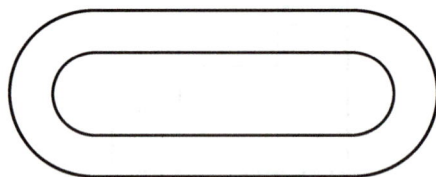

步骤 6　将"点画线"图层设置为当前图层，然后单击"绘图"工具栏中的"直线"按钮 ╱，绘制图 1-127 中的三条对称中心线。

步骤 7　单击"修改"工具栏中的"旋转"按钮 ↻，执行旋转命令。选中图 1-127 的全部图形后按〈Enter〉键，确定旋转对象；然后单击图 1-127 中的中心线的交点 A，确定旋转的基点；接着输入"40"并按〈Enter〉键，确定旋转的角度，结果如图 1-128 所示。

> **提示：** 使用旋转命令（ROTATE）可以精确地旋转一个或一组对象。旋转对象时，旋转角度是基于当前用户坐标系的。若输入正值，则表示沿逆时针方向旋转对象；若输入负值，则表示沿顺时针方向旋转对象。另外，如果在命令提示下选择"复制（C）"，则可以旋转复制对象。

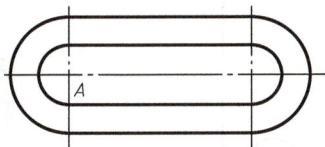

图 1-127　绘制对称中心线

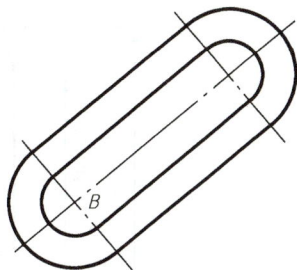

图 1-128　旋转图形

步骤 8　将"粗实线"图层设置为当前图层。然后单击"绘图"工具栏中的"圆"按钮 ，捕捉图 1-128 中的对称中心线的交点 B，水平向右移动光标，待出现追踪线后输入"50"并按〈Enter〉键，然后输入"5"并按〈Enter〉键绘制圆。

步骤 9　按〈Enter〉键，绘制半径为 10 的圆，结果如图 1-129a 所示；继续按〈Enter〉键，执行圆命令；输入"T"并按〈Enter〉键，确定用"相切、相切、半径"的方法绘制圆。将光标移到图 1-129a 中的点 A 附近，待出现"递延切点"时单击，确定圆的第一个切点。然后将光标移到点 B 附近，待出现"递延切点"时单击，确定圆的第二个切点；接着输入半径"40"并按〈Enter〉键，结果如图 1-129b 所示。

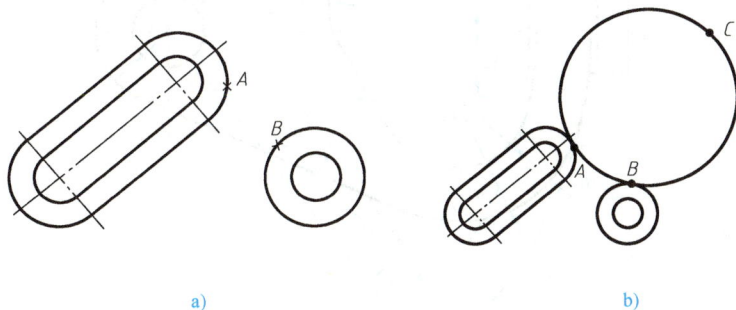

a)

b)

图 1-129　绘制相切圆

步骤 10　单击"修改"工具栏中的"修剪"按钮 ，然后单击图 1-129b 中的优弧 $\overset{\frown}{ACB}$ 后按〈Enter〉键，结果如图 1-130 所示。

步骤 11　单击"绘图"工具栏中的"直线"按钮 ，利用"对象捕捉"工具栏中的"捕捉到切点"按钮绘制切线，结果如图 1-131 所示。

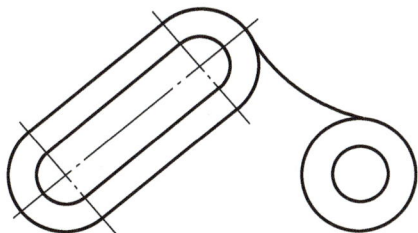

图 1-130　修剪图形

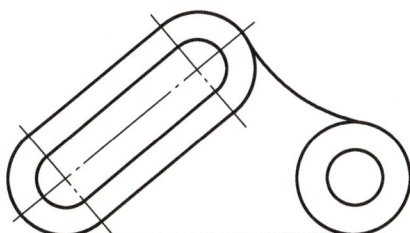

图 1-131　绘制切线

巩固练习

作图题

1. 使用 AutoCAD 2023 软件在 A4 样板图上按照 1∶1 比例绘制下图所示方垫片，并标注尺寸。

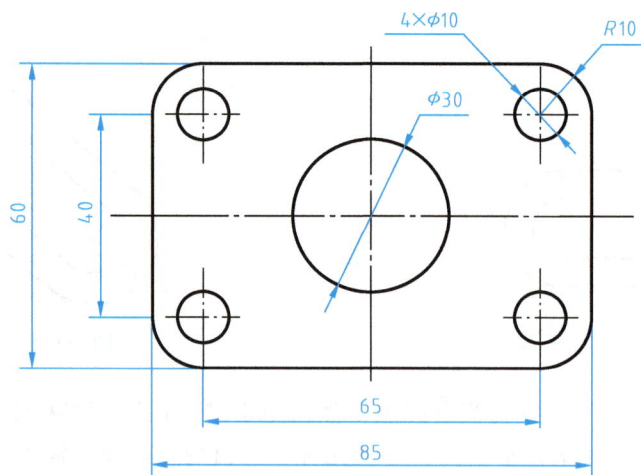

方垫片 AR

2. 使用 AutoCAD 2023 软件在 A4 样板图上按照 1∶1 的比例绘制下图所示图形，并标注尺寸。

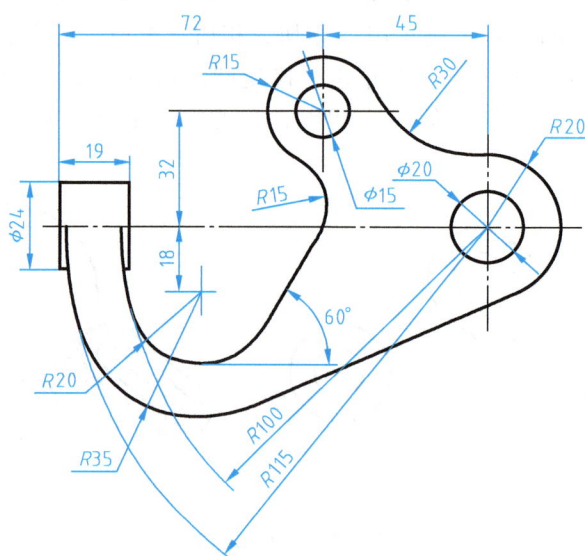

基本体三视图的绘制

正投影作图原理和方法是将空间物体转换成平面图形的基础。物体的形状表达往往需要多个方向的投影，通常从物体的前面、上面和左面进行投射，进而绘制物体的三视图。

项目目标

1. 熟悉常见几何体的形成方法。
2. 掌握正投影的基本性质及三视图的画法。
3. 熟悉点、线、面的投影规律及投影特性。
4. 能用 AutoCAD 绘制基本体三视图。

任务一　绘制物体的三视图

学习任务单

任务目标	知识点： 1）了解投影法的基本概念 2）熟悉三视图的形成及对应关系 3）掌握正投影的基本原理和基本性质 技能点： 1）能建立投影法的基本概念 2）能绘制简单物体的三视图
任务内容	已知一凹形块，如图 2-1 所示，建立三投影面体系并完成其三视图的绘制  图 2-1　凹形块
任务分析	要完成物体的三视图，首先要熟悉正投影法及正投影的基本性质，熟知三视图的形成和对应关系。本任务中需要先建立三投影面体系，然后基于特征完成三面投影
成果评定	各组成员独立完成物体三视图的绘制，保留作图痕迹，进行自评、互评和教师评价后给定综合评定成绩

相关知识

一、投影法

工程式样、工程技术等问题一般都采用工程图样来表示。工程图样根据使用要求和使用场合的不同，获得的方法也不同。在绘制工程图样时，通常采用投影法。所谓投影法，就是用投射的方法获得图样。在日常生活中，当物体受到光线照射时，物体背光一面的地上或墙上就会投下该物体的影子，这就是投影。这样的影子只能反映该物体的轮廓形状，不能反映物体内、外各部分的具体形状，在工程上没有实用价值。经过人们长期研究，工程人员对日常生活中的投影加以提炼，对物体内、外各部分的所有空间几何元素（点、线、面）用各种不同的线型加以具体化，从而形成工程上实用的、完整的投影法。

投影法一般分为两类：中心投影法和平行投影法。

（一）中心投影法

如图 2-2 所示，投射线都自投射中心 S 出发，将空间中的 $\triangle ABC$ 投射到投影面 P 上，所得 abc 就是 ABC 的投影。这种投射线都从投射中心出发的投影法称为中心投影法，所得的投影称为中心投影。

中心投影法主要用于绘制建筑物或产品富有逼真感的立体图（也称为透视图）。

（二）平行投影法

如图 2-3 所示，若将投射中心 S 沿一不平行于投影面的方向移到无穷远处，则所有投射线将趋于相互平行。这种投射线相互平行的投影法称为平行投影法。平行投影法的投射中心位于无穷远处射，该投影法得到的投影称为平行投影。投射线的方向称为投射方向。

在平行投影法中，平行移动空间物体，即改变物体与投影面的距离，物体投影的形状和大小都不会改变。

平行投影法按照投射线与投影面倾角的不同又分为正投影法和斜投影法两种。当投射方向（即投射线的方向）垂直于投影面时称为正投影法，如图 2-3a 所示；当投射方向倾斜于投影面时称为斜投影法，如图 2-3b 所示。正投影法得到的投影称为正投影，斜投影法得到的投影称为斜投影。正投影法能够表达物体的真实形状和大小，作图方法也较简单，所以广泛用于绘制工程图样。

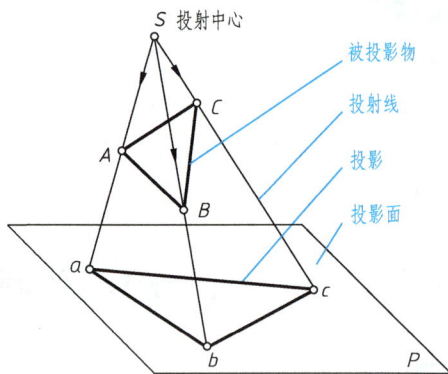

图 2-2 中心投影法

a) 正投影法   b) 斜投影法

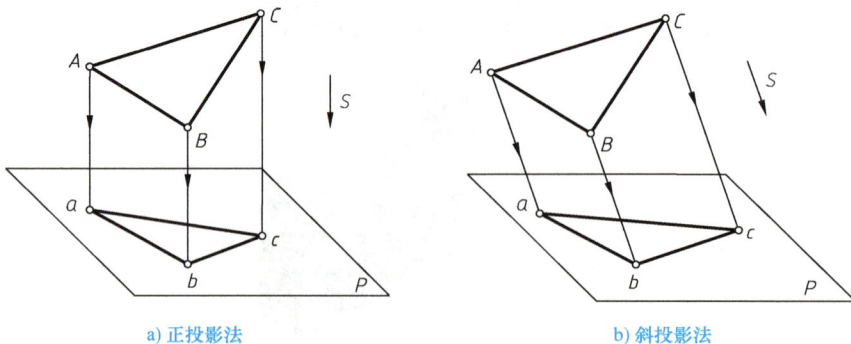

图 2-3 平行投影法

（三）正投影法的主要特性

点在任何情况下的投影都是点。为了充分反映正投影法的投影特性，下面对直线和平面的投影进行阐述。

1. 真实性

平行于投影面的直线段或平面图形，在该投影面上的投影反映了该直线段或者平面图形的实长或实形，这种投影特性称为真实性，如图 2-4 所示。这种投影直观，便于度量。

2. 积聚性

垂直于投影面的直线段或平面图形，在该投影面上的投影积聚成为一点或一条直线，这种投影特性称为积聚性，如图 2-5 所示。这种投影简单，便于作图。

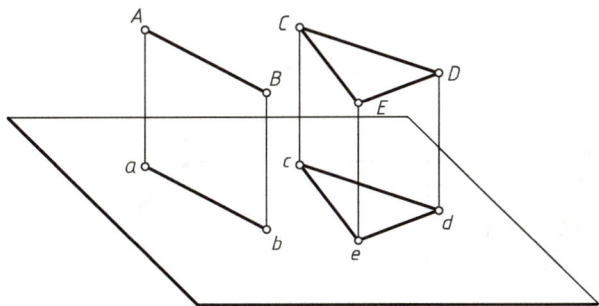

图 2-4　投影的真实性

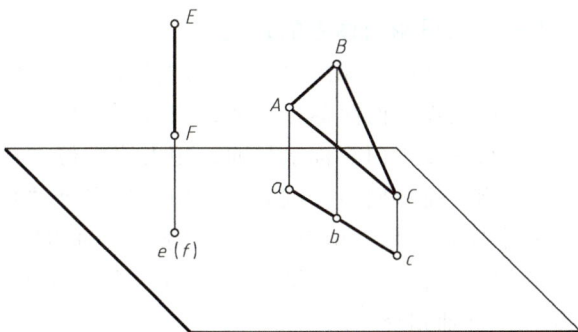

图 2-5　投影的积聚性

3. 类似性

倾斜于投影面的直线段或平面图形，在该投影面上的投影长度变短或是一个比真实图形小，但形状相似、边数相等的图形，这种投影特性称为类似性，如图 2-6 所示。这种投影便于检查错误。

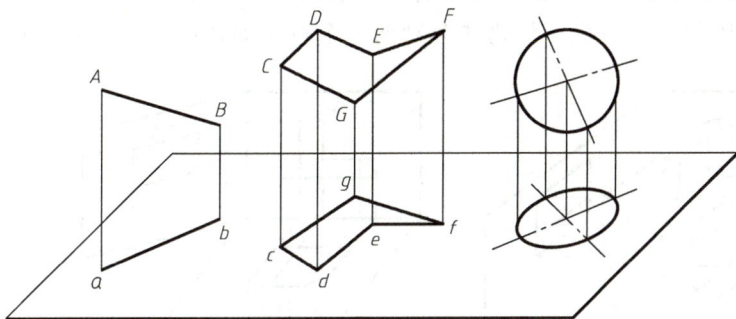

图 2-6　投影的类似性

真实性、积聚性、类似性满足了工程上经济、实用的原则，正因为这种优越性，所以国家标准规定所有机械图样一律采用正投影法绘制。

二、三视图的形成及投影规律

在绘制机械图样时，将物体放置在投影面和观察者之间，通常假定人的视线为一组平行且垂直于投影面的投射线，把看到的物体用图形在投影面上表达出来，这样把投影面上所得到的正投影图称为视图。

一个视图一般是不能完整和确切地表达物体的形状和大小的，如图 2-7 所示。要想完整表达物体上下、左右、前后各部分的形状和大小，必须将物体朝几个方向进行投射，也就是多方向观察物体。常用的方法是向三个方向投射，得到三个投影，简称三视图。

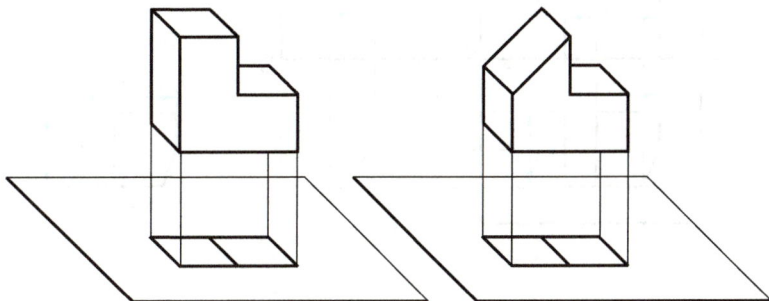

图 2-7　一个视图不能唯一确定物体的形状和大小

（一）三投影面体系的建立

三投影面体系是由三个相互垂直的投影面组成，如图 2-8 所示。其名称解释如下：

1）正立投影面简称正立面，用大写字母"V"标记。

2）水平投影面简称水平面，用大写字母"H"标记。

3）侧立投影面简称侧立面，用大写字母"W"标记。

三个投影面垂直相交，得到三条投影轴 OX、OY 和 OZ。OX 轴表示物体的长度；OY 轴表示物体的宽度；OZ 轴表示物体的高度。三个轴相交于原点 O。

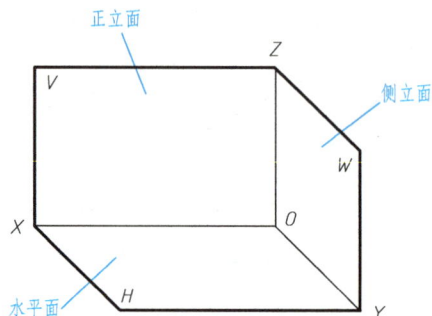

图 2-8　三投影面体系

（二）三视图的形成

1. 物体在三投影面体系中的投影

如图 2-9a 所示，将被投影的物体置于三投影面体系中，并尽可能使物体的几个主要表面平行或垂直于其中的一个或几个投影面（使物体的底面平行于"H"面，物体的前、后端面平行于"V"面，物体的左、右端面平行于"W"面）。保持物体的位置不变，将物体分别向三个投影面作投射，得到物体的三视图。

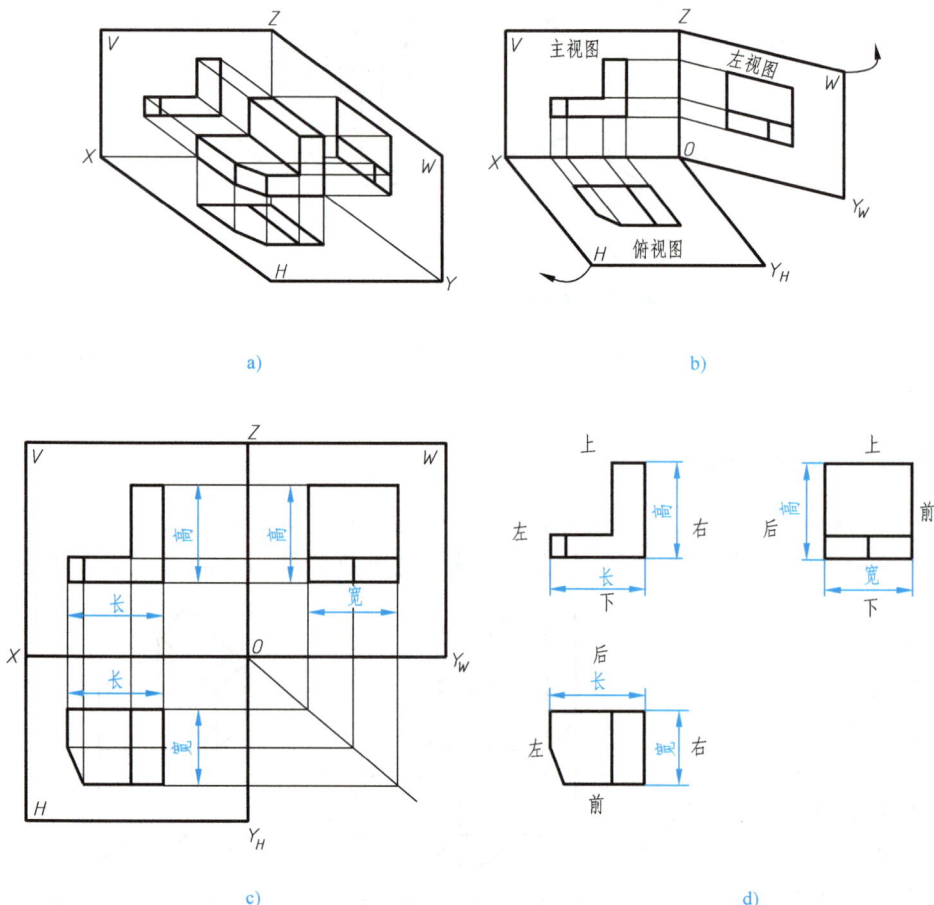

a)

b)

c)

d)

图 2-9　物体三视图的形成和投影规律

物体三视图的形成和投影规律

主视图：物体在正立面上的投影，即从前向后投射所得的视图。

俯视图：物体在水平面上的投影，即从上向下投射所得的视图。

左视图：物体在侧立面上的投影，即从左向右投射所得的视图。

2．三投影面的展开

工程中的三视图是在平面图纸上绘制的，因此需要将三投影面体系展开，如图 2-9b 所示。V 面保持不动，H 面绕 OX 轴向下旋转 $90°$，W 面绕 OZ 轴向右旋转 $90°$，三面展成一个平面。OY 轴一分为二，H 面的标记为 OY_H，W 面的标记为 OY_W，所以物体的"宽"在俯视图上是竖向度量的，在左视图上是横向度量的，如图 2-9c 所示。

展开后的三视图按规定不画投影面边框，也不画投影轴，无须标明视图名称，如图 2-9d 所示。

（三）三视图的对应关系

1．三视图之间的位置关系

根据三个视图的相对位置及其展开的规定，三个视图的位置关系为：以主视图为准，俯视图在其正下方，左视图在其正右方，当三个视图按此位置配置时，国家标准规定一律不标注视图的名称。

2．三视图之间的尺寸关系

从三视图的形成过程中可以看出，三视图是在物体安放位置不变的情况下，从三个不同的方向投射所得，它们共同表达一个物体，并且每两个视图中就有一个共同尺寸，所以三视图之间存在如下的"三等"关系：

主视图和俯视图"长对正"，即长度相等，并且左右对正。

主视图和左视图"高平齐"，即高度相等，并且上下平齐。

俯视图和左视图"宽相等"，即在作图中俯视图的竖直方向与左视图的水平方向对应相等。

"长对正、高平齐、宽相等"，是三视图之间的投影规律，如图 2-9d 所示。这是画图和读图的基本规律，无论是物体的整体还是局部，都必须符合这个规律。

3．三视图之间的方位关系

在三投影面体系中，规定 X 轴方向表示物体的长度方向，Y 轴方向表示物体的宽度方向，Z 轴方向表示物体的高度方向。长度方向反映物体的左右关系，宽度方向反映物体的前后关系，高度方向反映物体的上下关系，如图 2-9d 所示。

主视图：反映物体的长、高尺寸和上下、左右位置。

俯视图：反映物体的长、宽尺寸和左右、前后位置。

左视图：反映物体的高、宽尺寸和前后、上下位置。

任务实施单

绘图步骤	图示
1）建立三投影面体系并展开	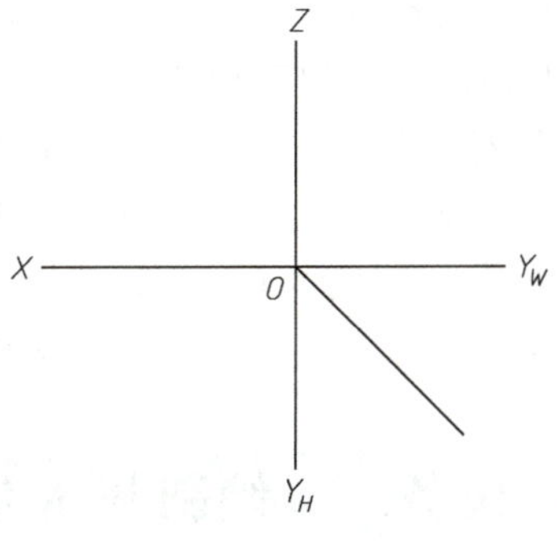

（续）

绘图步骤	图示
2）根据三视图投影规律依次完成长方体的主视图、俯视图和左视图	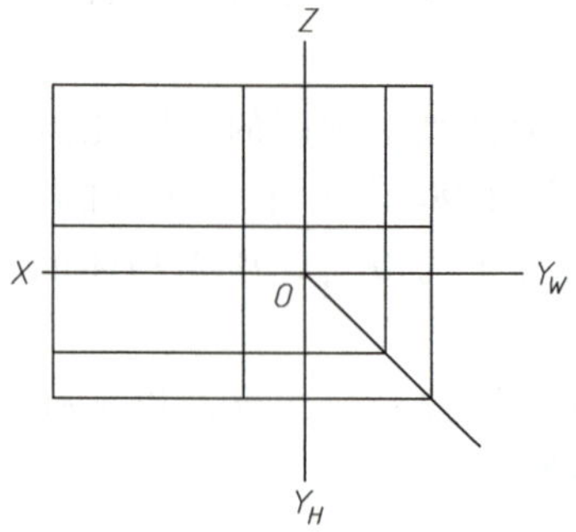
3）依次完成长方体凹槽三视图的绘制	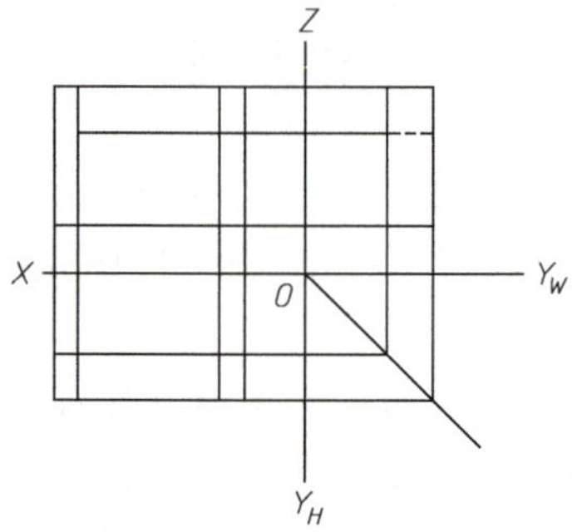
4）擦去多余的图线，加粗可见轮廓线	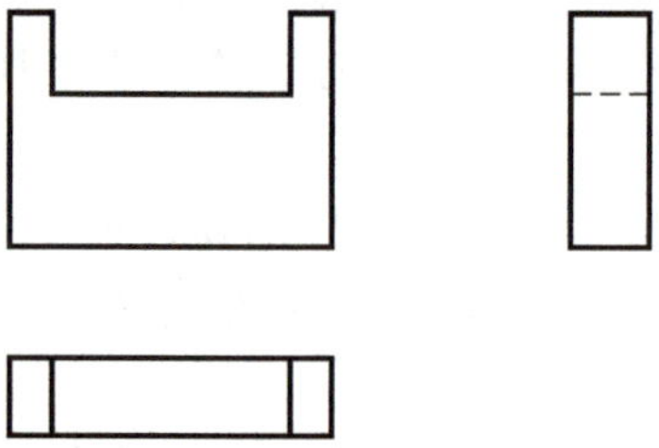

巩固练习

选择题

1. 为了将物体的外部形状表达清楚，一般采用（　　　）个视图来表达。

A. 三　　　　　　　　B. 四　　　　　　　　C. 五

2. 下列投影法中不属于平行投影法的是（　　　）。

A. 中心投影法　　　　B. 正投影法　　　　　C. 斜投影法

3. 主视图、俯视图和左视图存在如下规律：（　　　）。

A. 主视图和俯视图"长对正"　　　　　　B. 主视图和左视图"长对正"

C. 俯视图和左视图"高平齐"　　　　　　D. 主视图和左视图"宽相等"

4. 在三视图中，主视图反映物体的（　　　）。

A. 长和宽　　　　　　B. 长和高　　　　　　C. 宽和高

任务二　绘制基本几何元素的投影

任何物体都是由点、线、面组成的，点、线、面的投影是空间基本体三视图绘制的基础。

学习任务单

任务目标	知识点： 1）掌握点、线、面的分类和定义 2）掌握点、线、面的投影特性
	技能点： 能够绘制点、线、面的三面投影
任务内容	已知一般位置平面△ABC的两面投影以及直线ab上点d，如图2-10所示，绘制△ABC的第三面投影及点D在其他两面的投影 <center>图 2-10　点、线、面投影图</center>
任务分析	任何物体的表面都由点、线、面组合而成，要完成平面及平面上点的投影，须掌握点、线、面的投影规律和作图方法。首先要建立三投影面体系，明确作图步骤，其次依据投影规律作出平面的第三面投影，最后作出点的其他两面投影
成果评定	各组成员独立完成投影的绘制，保留作图痕迹，进行自评、互评和教师评价后给定综合评定成绩

相关知识

一、点的投影

　　机件根据使用场合和使用功能的不同，其形状有简单、有复杂。但不管机件的形状多复杂，它们都是由空间几何元素点、线、面组成的，为了顺利画出各种机件（尤其是复杂机件）的视图，研究组成机件的几何元素的投影是必需的。

（一）点在三投影面体系中的投影

　　如图2-11所示，已知投影面P和空间点A，过点A作平面P的垂线（投射线），得唯一投影a。反之，若已知点的投影a，则不能唯一确定点A的空间位置。也就是说，点的一个投影不能确定点的空间位置，即单面投影不具有"可逆性"。因此，常将几何体放置在相互垂直的三个投影面之间，然后向这些投影面作投影，形成三面正投影。

　　如图2-12a所示，在三投影面体系中，三个投影面之间两两相交产生三条交线，即三条投影轴 OX、OY、OZ，它们相互垂直并交于 O 点，形成三投影面体系。设有一空间点 A（用大写字母表示），从点 A 分别向 H 面、V 面、W 面作垂线（投射线），其垂足分别是点 A 的水平投影 a、正面投影 a'、侧面投影 a''（用小写字母表示）。

　　点的投影连线分别与三投影轴 OX、OY、OZ 交于点 a_X、a_Y、a_Z。

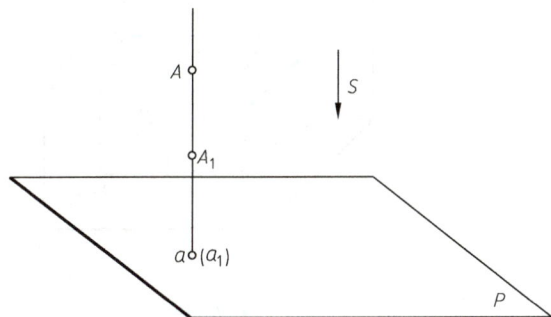

图 2-11　点的单面投影及其空间位置关系

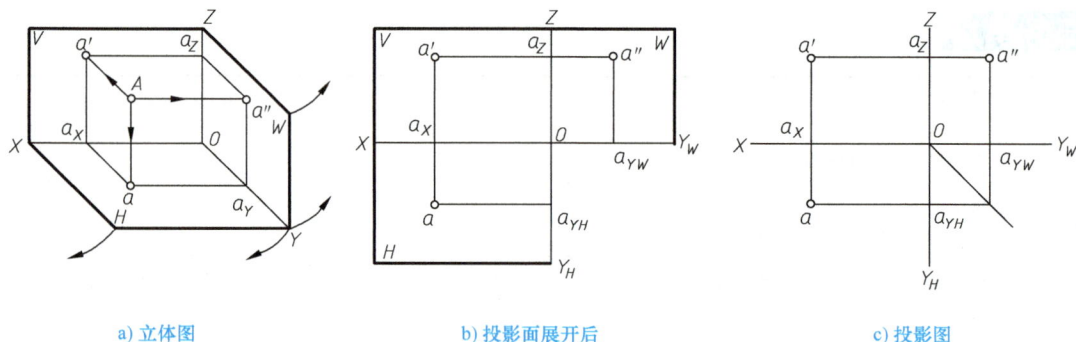

a) 立体图　　　　　　　　　　b) 投影面展开后　　　　　　　　　c) 投影图

图 2-12　点在 V、H、W 三面体系中的投影

为了将三个投影 a、a'、a'' 表示在一个平面上，根据国家制图标准规定：V 面不动，H 面、W 面按图 2-12a 中箭头所示方向分别绕 OX 轴自前向下旋转 90°、绕 OZ 轴自前向右旋转 90°。这样，H 面、W 面与 V 面就重合成一个平面。这里投影轴 OY 被分成 OY_H、OY_W 两支，随 H 面旋转的 OY 轴用 OY_H 表示，随 W 面旋转的 OY 轴用 OY_W 表示，且 OY 轴上的 a_Y 点也相应地用 a_{YH}、a_{YW} 表示，如图 2-12b 所示。投影图上不画边框线，得到空间点 A 在三投影面体系中的投影图如图 2-12c 所示。为了方便作图，可以过 O 点作一条 45° 的辅助线，aa_{YH}、$a''a_{YW}$ 的延长线必与该辅助线相交于一点。

由图 2-12a、c 和立体几何知识可知：展开后 $a'a''$ 形成一条投影连线并与 OZ 轴交于点 a_Z，且 $a'a''$ $\perp OZ$ 轴。同时，$a'a_X = a''a_{YW} = Aa$，反映了点 A 到 H 面的距离；$a'a_Z = aa_{YH} = Aa''$，反映了点 A 到 W 面的距离；$a''a_Z = aa_X = Aa'$，反映了点 A 到 V 面的距离。

从上述内容可以概括出点的三面投影特性：

1）点的正面投影和水平投影的连线垂直于 OX 轴，即 $aa' \perp OX$（长对正）。

2）点的正面投影和侧面投影的连线垂直于 OZ 轴，即 $a'a'' \perp OZ$（高平齐）。

3）点的水平投影到 OX 轴距离等于点的侧面投影到 OZ 轴距离，即 $aa_X = a''a_Z$（宽相等）。实际作图中常以过 O 点作 45° 的辅助线来实现。

利用点在三投影面体系中的投影特性，只要知道空间一点的任意两个投影，就能求出该点的第三面投影（简称二求三）。

（二）点的三面投影与直角坐标的关系

如图 2-13a 所示，若将三投影面当作三个坐标平面，三投影轴当作三坐标轴，三轴的交点 O 作为坐标原点，则三投影面体系便是一个笛卡儿空间直角坐标系。因此，空间点 A 到三个投影面的距离也就是点 A 的三个直角坐标 X、Y、Z。即点的投影与坐标有如下关系：

1）点 A 到 W 面的距离：$Aa'' = a'a_Z = aa_{YH} = Oa_X = X_A$。

2）点 A 到 V 面的距离：$Aa' = a''a_Z = aa_X = Oa_Y = Y_A$。

3）点 A 到 H 面的距离：$Aa = a'a_X = a''a_{YW} = Oa_Z = Z_A$。

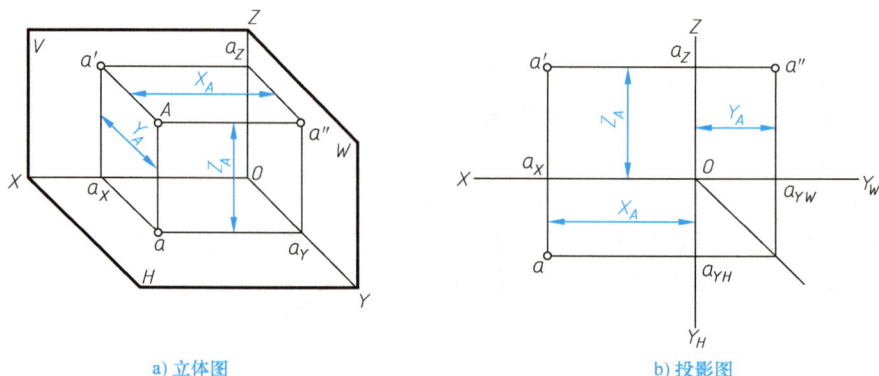

a) 立体图　　　　　　　　　　　　　　　b) 投影图

图 2-13　点的三面投影与直角坐标

由此可见，若已知点 A 的投影（a、a'、a''），即可确定该点的坐标，也就是确定了该点的空间位置；反之亦然。由图 2-13b 可知，点的每个投影包含点的两个坐标，点的任意两个投影包含了点的三个坐标，所以根据点的任意两个投影也可确定点的空间位置。

【例 2-1】　已知点 A 的直角坐标为（15，10，20），求点 A 的三面投影（图样中的尺寸单位为 mm 时，不需标注计量单位）。

解：1）作相互垂直的两条细直线为投影轴，并且过原点 O 作一条 45° 辅助线平分 $\angle Y_H O Y_W$。依据 $X_A = Oa_X$，沿 OX 轴取 $Oa_X = 15\text{mm}$，得到点 a_X，如图 2-14a 所示。

2）过点 a_X 作 OX 轴的垂线，在此垂线上，依据 $Z_A = a'a_X$，从 a_X 向上取 $a'a_X = 20\text{mm}$，得到点 A 的正面投影 a'；依据 $Y_A = aa_X$，从 a_X 向下取 $a_Xa = 10\text{mm}$，得到点 A 的水平投影 a，如图 2-14b 所示。

3）现已知点 A 的两面投影 a'、a，可求第三投影。即过 a 作直线垂直于 OY_H 并与 45° 辅助线交于一点，过此点作垂直于 OY_W 的直线，并与过 a' 所作 OZ 轴的垂线 $a'a_Z$ 的延长线交于 a''，a'' 即为点 A 的侧面投影，如图 2-14c 所示（也可不作辅助角平分线，而在 $a'a_Z$ 的延长线上直接量取 $a_Za'' = aa_X$ 来确定 a''）。

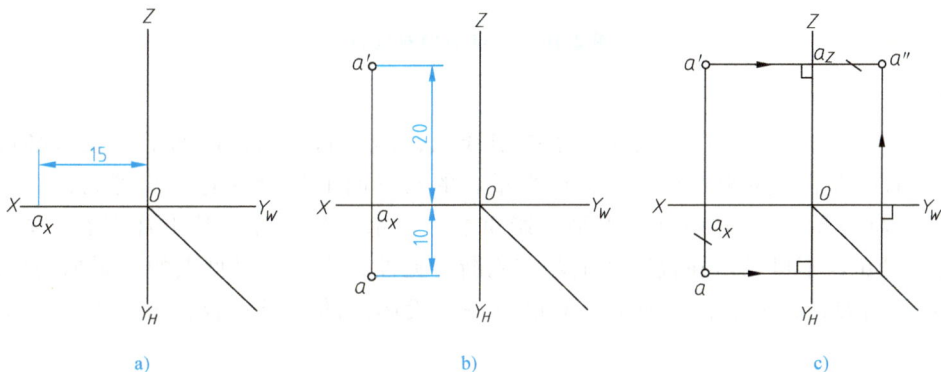

图 2-14　由点的坐标求其投影

【例 2-2】　如图 2-15a 所示，已知点 A 的两个投影 a 和 a'，求 a''。

解：由于点的两个投影反映了该点的三个坐标，可以确定该点的空间位置，因而应用点的投影规律，可以根据点的任意两个投影求出第三个投影。

1）过 a' 向右作水平线，过 O 点作 45° 辅助线平分 $\angle Y_H O Y_W$，如图 2-15b 所示。

2）过 a 作水平线与 45° 辅助线相交，并由交点向上引铅垂线，与过 a' 的水平线的交点即为所求点 a''，如图 2-15c 所示。

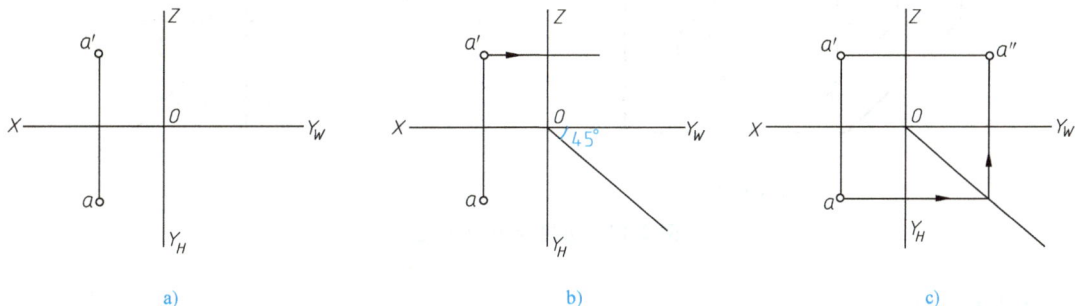

图 2-15　已知点的两面投影求第三面投影

（三）两点之间的相对位置关系

1. 两点的相对位置

空间两点的相对位置，是指它们之间的左右、前后、上下的位置关系，可以根据两点的各同面投影之间的坐标关系来判别。其左右关系由两点的 X 坐标差来确定，X 值大者在左方；其前后关系由两

点的 Y 坐标差来确定，Y 值大者在前方；其上下关系由两点的 Z 坐标差来确定，Z 值大者在上方。

在图 2-16a 中，可以直观地看出 A 点在 B 点的左方、后方、下方。在图 2-16b 中，也可从坐标值的大小判别出同样的结论。

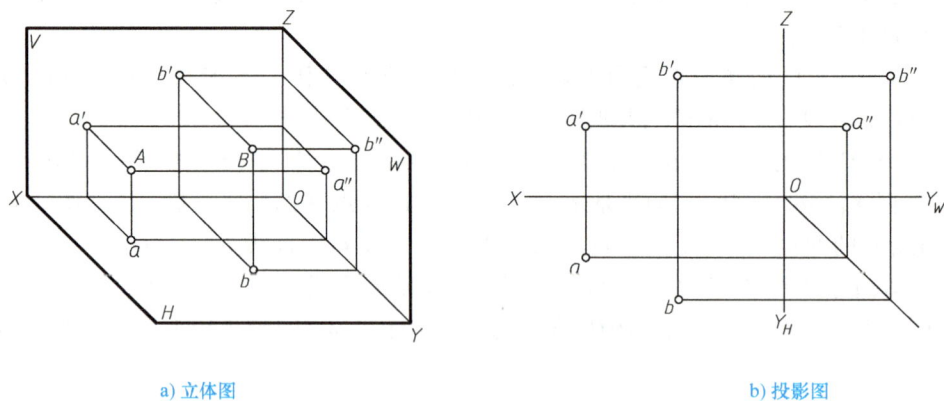

a) 立体图　　　　　　　　　　　　b) 投影图

图 2-16　两点的相对位置

2. 重影点

若空间的两点位于某一个投影面的同一条投射线上，则它们在该投影面上的投影必重合，这两点称为对该投影面的重影点。重影点存在着在投影重合的投影面上的投影有一个可见，而另一个不可见的问题。如图 2-17a 所示，A、B 两点的水平投影重合，沿水平投影方向从上往下看，先看见 A 点，B 点被 A 点遮住，则 B 点不可见。在投影图上若需判断可见性，应将不可见点的投影加圆括号以示区别，如图 2-17b 所示。需要指出的是，空间两点只能有一个投影面的投影重合，重影点的可见性判断方法如下：

1）若两点的水平投影重合，称为对 H 面的重影点，且 Z 坐标值大者可见。

2）若两点的正面投影重合，称为对 V 面的重影点，且 Y 坐标值大者可见。

3）若两点的侧面投影重合，称为对 W 面的重影点，且 X 坐标值大者可见。

上述三原则也可概括为前遮后，上遮下，左遮右。

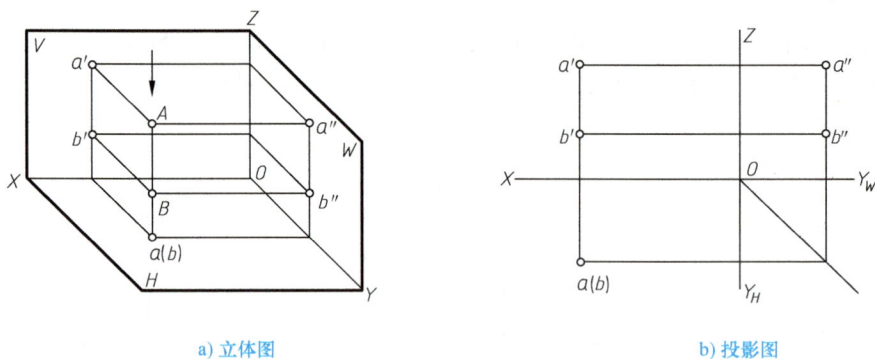

a) 立体图　　　　　　　　　　　　b) 投影图

图 2-17　重影点及可见性

二、直线的投影

空间任意两点确定一条直线，因此，直线的投影就是直线上两点的同面投影（同一投影面上的投影）的连线。需要注意的是，直线的投影线（空间直线在某个投影面上的投影）规定用粗实线画。

如图 2-18 所示，直线的投影一般仍为直线（如图中直线 CE），但在特殊情况下，当直线垂直于投影面时，其投影积聚为一点（如图中直线 AB）。此外，点相对于直线具有从属性，如图中 D 点属于 CE，则同面投影中，d 属于 ce。

（一）各种位置的直线

在三投影面体系中，直线相对于投影面的位置有三种：投影面的平行线、投影面的垂直线、一般位置直线。前两种又统称为特殊位置直线。

另外，根据国家标准规定：空间直线与投影面的夹角称为直线对投影面的倾角，且直线与 H、V、W 三个投影面的夹角依次用 α、β、γ 表示。

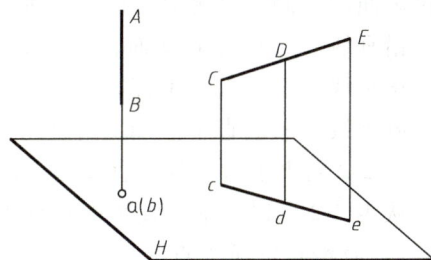

图 2-18　直线的投影

1. 投影面的平行线

平行于某一投影面而倾斜于另两投影面的直线，称为投影面的平行线。根据直线所平行投影面的不同，又可分为以下三种。

水平线——平行于 H 面，倾斜于 V、W 面的直线。

正平线——平行于 V 面，倾斜于 H、W 面的直线。

侧平线——平行于 W 面，倾斜于 V、H 面的直线。

表 2-1 列出了这三种平行线的立体图、投影图及投影特性。

从表 2-1 可以概括出投影面平行线的投影特性如下。

1）直线平行于某投影面，则直线在该投影面的投影反映实长，且该投影与投影轴的夹角分别反映直线对另外两投影面的真实倾角。

2）直线在另两个投影面的投影平行于相应的投影轴，且不反映实长，比实长短。

表 2-1　投影面的平行线

直线的位置	立体图	投影图	投影特性
水平线			1）$c'd' \parallel OX$ 　　$c''d'' \parallel OY_W$ 2）$cd = CD$ 3）cd 反映 CD 的倾角 β、γ
正平线			1）$ab \parallel OX$ 　　$a''b'' \parallel OZ$ 2）$a'b' = AB$ 3）$a'b'$ 反映 AB 的倾角 α、γ
侧平线			1）$ef \parallel OY_H$ 　　$e'f' \parallel OZ$ 2）$e''f'' = EF$ 3）$e''f''$ 反映 EF 的倾角 α、β

2. 投影面的垂直线

垂直于某一投影面（必与另外两个投影面平行）的直线，称为投影面的垂直线。根据直线所垂直的投影面的不同，又可分为以下三种。

铅垂线——垂直于 H 面，平行于 V、W 面的直线。

正垂线——垂直于 V 面，平行于 H、W 面的直线。

侧垂线——垂直于 W 面，平行于 V、H 面的直线。

表 2-2 列出了这三种垂直线的立体图、投影图及投影特性。

从表 2-2 可以概括出投影面垂直线的投影特性如下。

1）直线在它所垂直的投影面上的投影积聚为一点。

2）直线在另两个投影面的投影垂直于相应的投影轴，并反映实长。

表 2-2 投影面的垂直线

直线的位置	立体图	投影图	投影特性
铅垂线	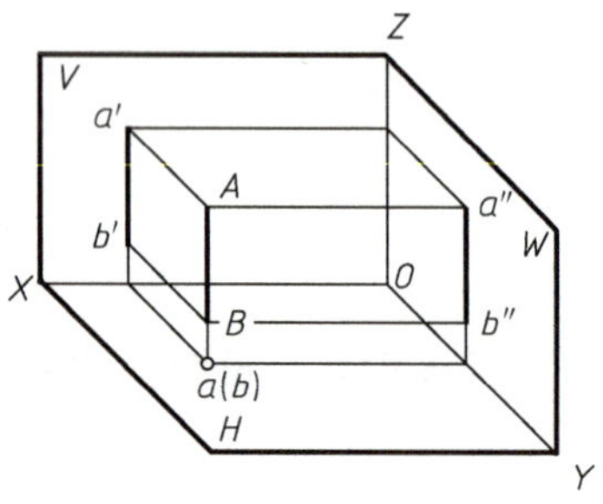	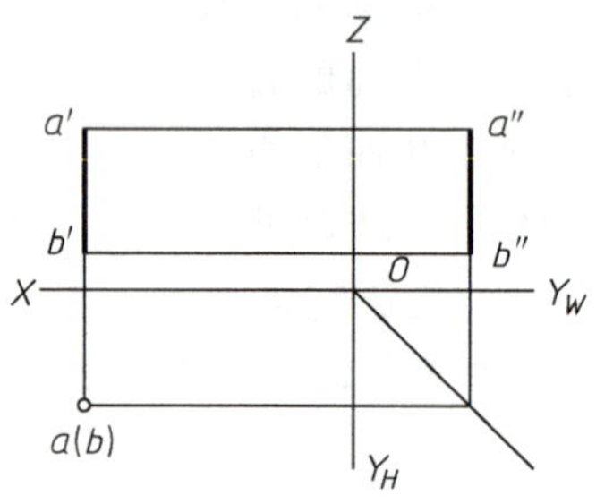	1）ab 积聚为一点 2）$a'b' \perp OX$ $a''b'' \perp OY_W$ 3）$a'b' = a''b'' = AB$
正垂线	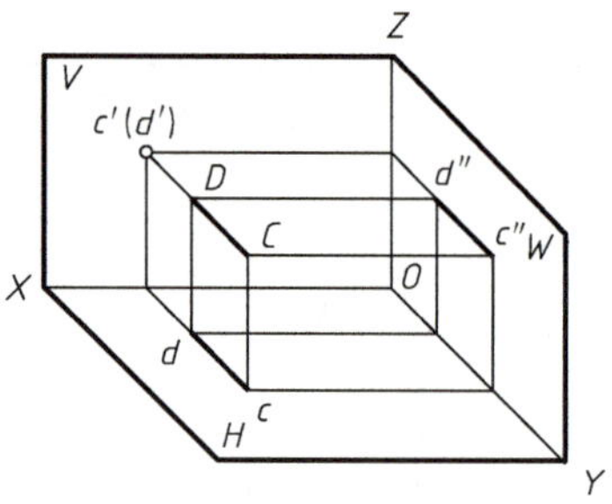	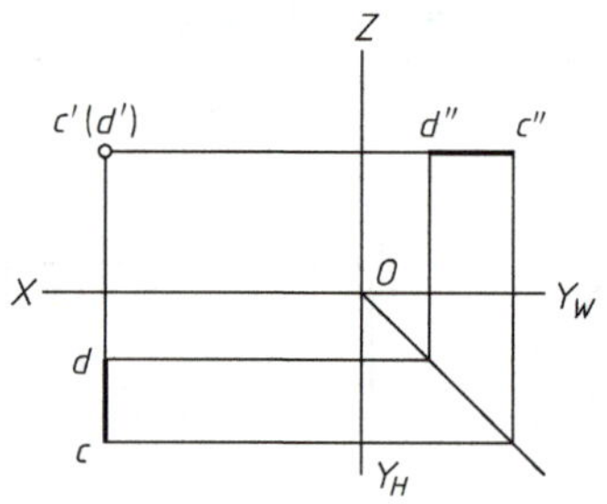	1）$c'd'$ 积聚为一点 2）$cd \perp OX$ $c''d'' \perp OZ$ 3）$cd = c''d'' = CD$
侧垂线	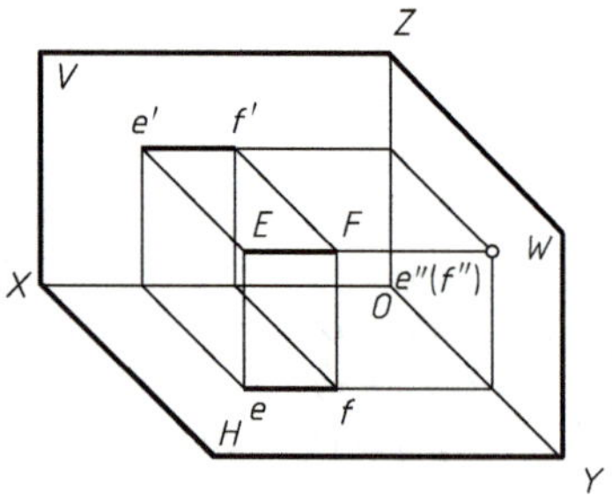	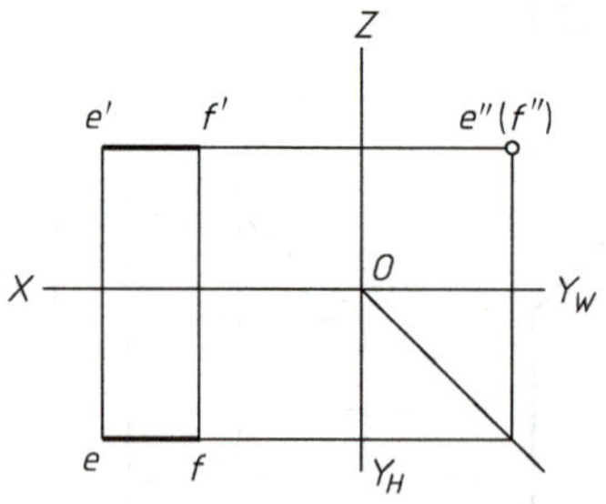	1）$e''f''$ 积聚为一点 2）$ef \perp OY_H$ $e'f' \perp OZ$ 3）$ef = e'f' = EF$

3. 一般位置直线

倾斜于各投影面的直线，称为一般位置直线。如图 2-19a 所示，空间直线 AB 对三个投影面都是倾斜关系，则直线的三面投影分别为 $ab = AB\cos\alpha$，$a'b' = AB\cos\beta$，$a''b'' = AB\cos\gamma$，均小于实长 AB。

图 2-19b 所示为直线 AB 的三面投影图，其投影特性如下。

1）三面投影都倾斜于投影轴，且投影长度小于空间直线的实长。

2）投影与投影轴的夹角不反映空间直线对投影面的倾角。

（二）直线上的点

直线上点的投影特性如下。

1. 从属性

直线上点的投影必在该直线的同面投影上，该特性称为点的从属性。如图 2-20 所示，C 点在直线

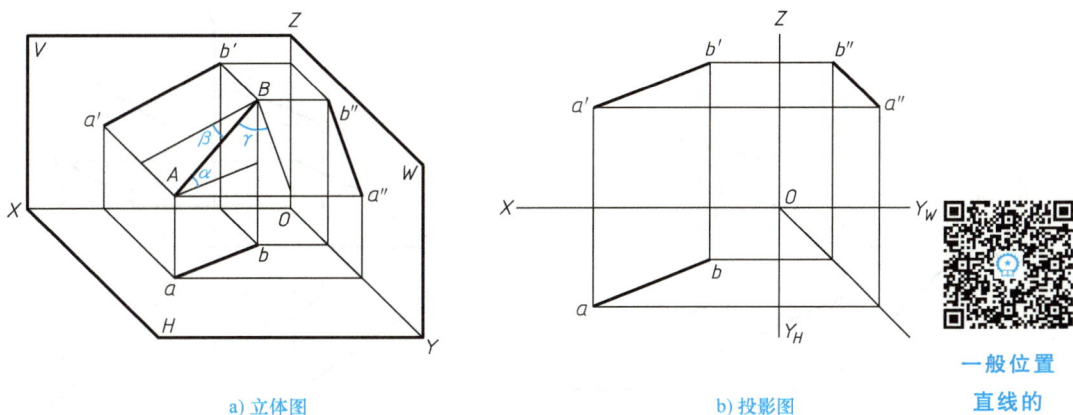

a) 立体图　　　　　　　　　　b) 投影图

一般位置
直线的
投影

图 2-19 一般位置直线的投影

AB 上，根据点在直线上投影的从属性和点的三面投影规律，可知 C 点的三面投影 c、c'、c'' 分别在直线的同面投影 ab、$a'b'$、$a''b''$ 上，并且三面投影符合点的投影规律。

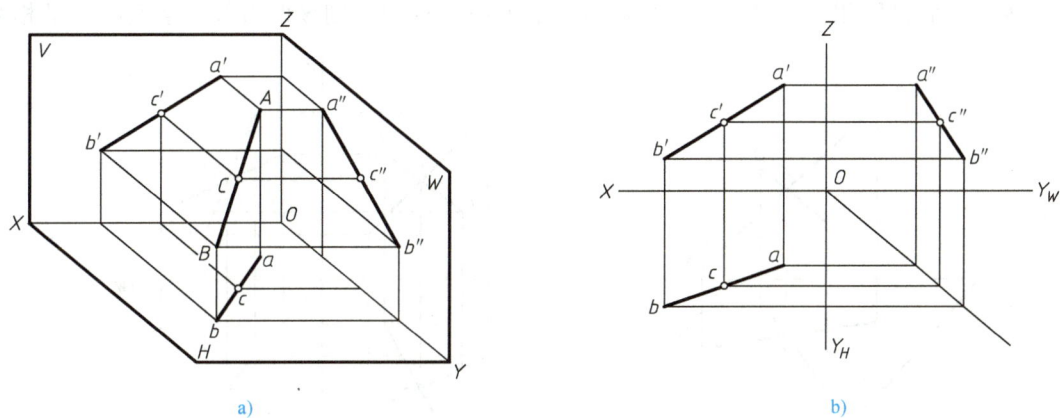

a)　　　　　　　　　　b)

图 2-20 点的从属性

2. 定比性

直线上的点分割直线之比在投影后保持不变，这个特性称为定比性，如图 2-21 所示。

（三）两直线的相对位置

空间两直线的相对位置关系有三种：平行、相交和交叉。其中平行和相交属于共面直线，交叉是异面直线。

1. 平行两直线

若空间两直线相互平行，则它们的同面投影必相互平行。如图 2-22a 所示，空间两直线 $AB/\!/CD$，因为两投射平面 $ABba/\!/CDdc$，所以在 H 面上的投影 $ab/\!/cd$。同理，可以得到 $a'b'/\!/c'd'$，$a''b''/\!/c''d''$，如图 2-22b 所示。反之，若两空间直线的同面投影是相互平行的，则该两直线在空间是平行关系。

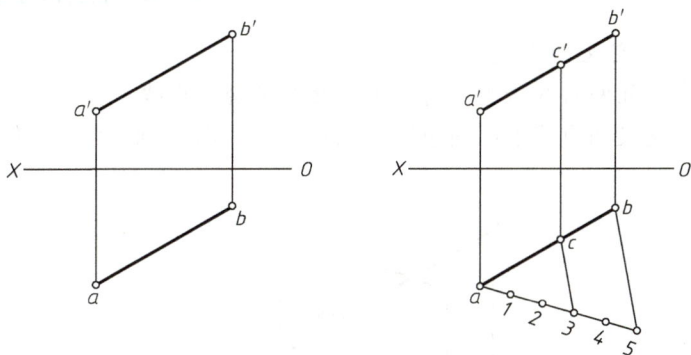

图 2-21 定比性

2. 相交两直线

若空间两直线相交，则它们的同面投影必相交，且其交点符合点的投影规律。如图 2-23a 所示，空间两直线 AB、CD 相交于点 K，因交点 K 在两直线上，故其投影也应在两直线的同面投影线上。因此，空间相交两直线的同面投影一定相交，且交点的投影符合点的投影规律，如图 2-23b 所示。反之，

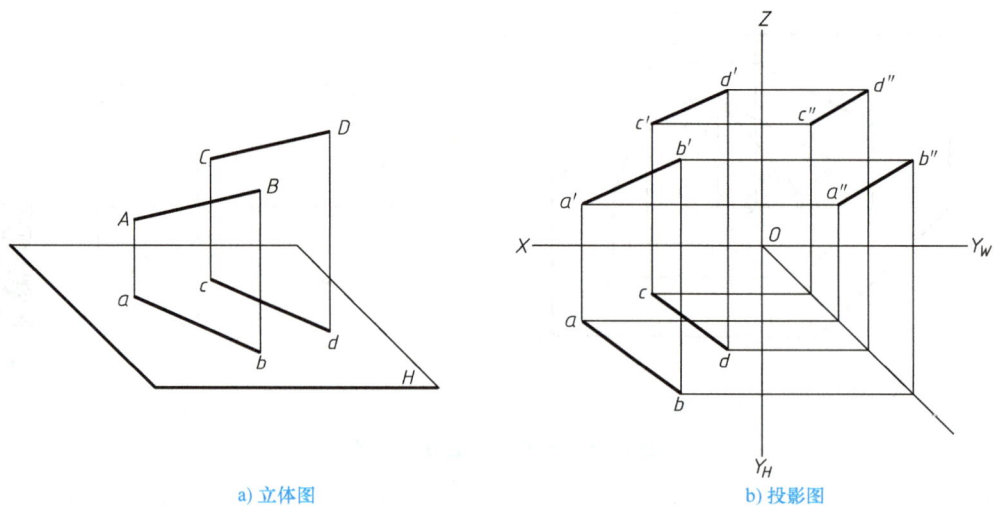

a) 立体图　　　　　　　　　　　　　　b) 投影图

图 2-22　平行两直线

若空间两直线的同面投影相交，且交点的投影符合点的投影规律，则该两直线在空间必定是相交关系。

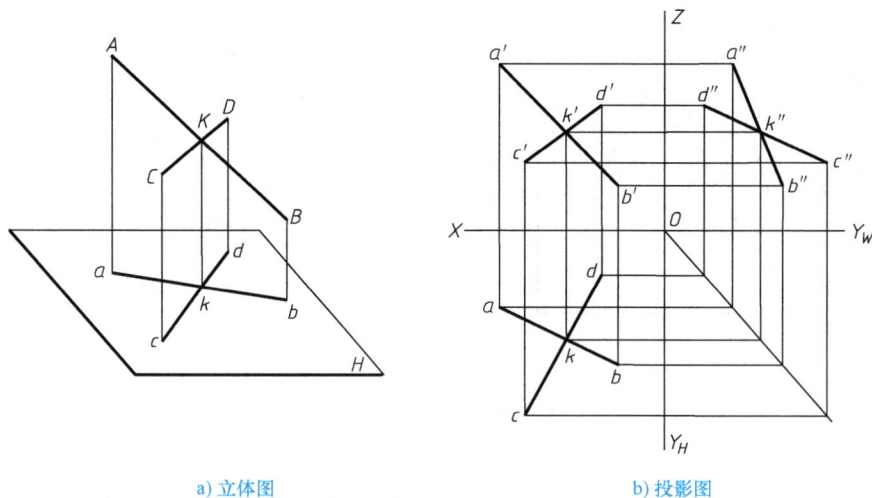

a) 立体图　　　　　　　　　　　　　　b) 投影图

图 2-23　相交两直线

3. 交叉两直线

空间两直线既不平行又不相交的是交叉直线。

交叉两直线的同面投影可能相交，如图 2-24a 所示，但投影交点是两直线对该投影面的一对重影

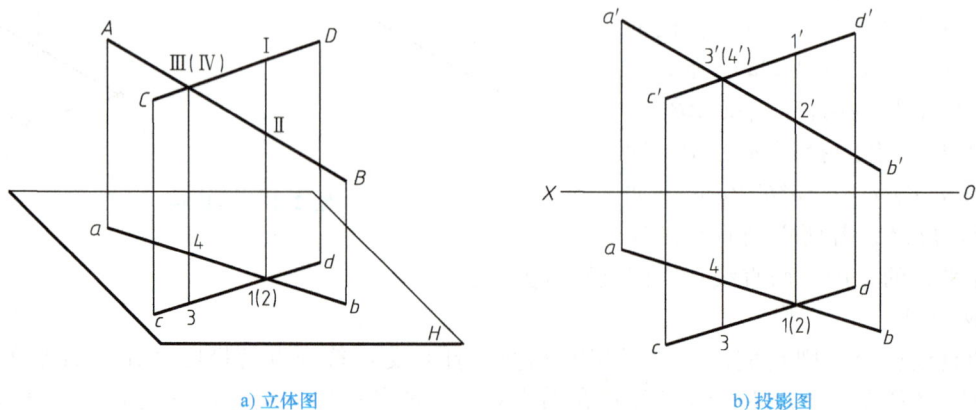

a) 立体图　　　　　　　　　　　　　　b) 投影图

图 2-24　交叉两直线

点，图中 ab 与 cd 的交点，分别对应 AB 上的 Ⅰ 点和 CD 上的 Ⅱ 点，按重影点可见性的判别规定，对于不可见点的投影加括号表示。交叉两直线同面投影的交点不符合点的投影规律，如图 2-24b 所示。

【例 2-3】　已知图 2-25a 所示两侧平线，判断其是否平行。

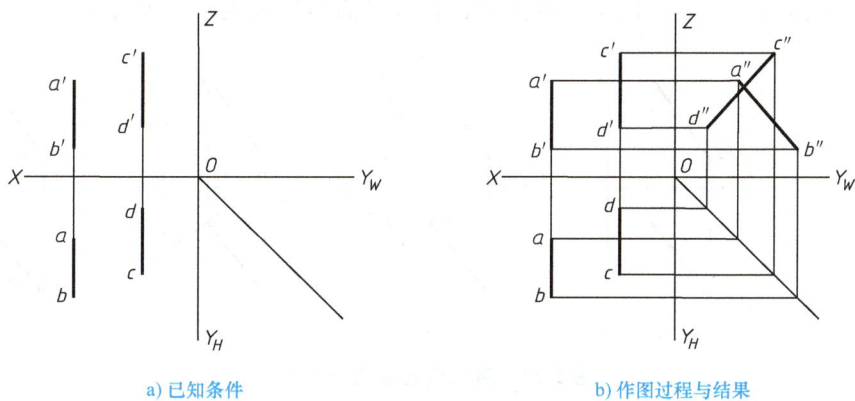

a) 已知条件　　　　　b) 作图过程与结果

图 2-25　判断两直线是否平行

分析：两直线处于一般位置时，只要其任意两面投影相互平行，即可判断空间两直线相互平行。但是，当两直线同时平行于某一投影面时，则要检验两直线在所平行的投影面上的投影是否平行，才可判断空间两直线是否平行。如图 2-25b 所示，虽然 ab//cd、a'b'//c'd'，但是，a"b"不平行于 c"d"，因此，空间直线 AB 与 CD 不平行，是交叉两直线。

【例 2-4】　已知图 2-26a 所示一般位置直线 AB 与侧平线 CD，判断其是否相交。

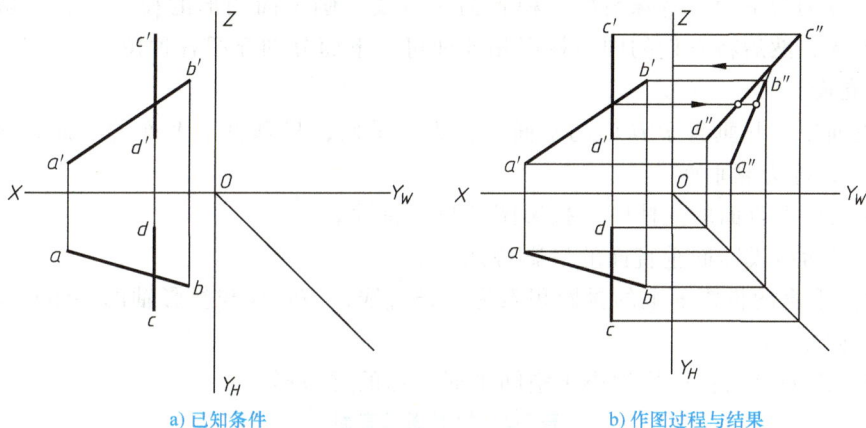

a) 已知条件　　　　　b) 作图过程与结果

图 2-26　判断两直线是否相交

分析：对于两条一般位置直线，通常只要其任意两面投影分别相交，且交点符合点的投影规律，则可判断空间两直线相交。但是，当两直线中有投影面平行线时，则要检验它所平行的那个投影面上的投影，才能判断是否相交。如图 2-26b 所示，a"b"与 c"d"虽然相交，但该交点与两直线正面投影交点的连线与 Z 轴不垂直，即交点不符合点的投影规律，因此，两直线不相交，为交叉两直线。

三、平面的投影

（一）平面的表示法
在投影图上表示空间平面可以用下列几种方法来确定。
1）不在同一直线的三点，如图 2-27a 所示。
2）一直线和该直线外一点，如图 2-27b 所示。

3）两条平行直线，如图 2-27c 所示。

4）两条相交直线，如图 2-27d 所示。

5）任意的平面图形（如三角形、四边形、圆等），如图 2-27e 所示。

以上几种确定平面的方法是可以相互转换的，且以平面图形来表示最为常见。

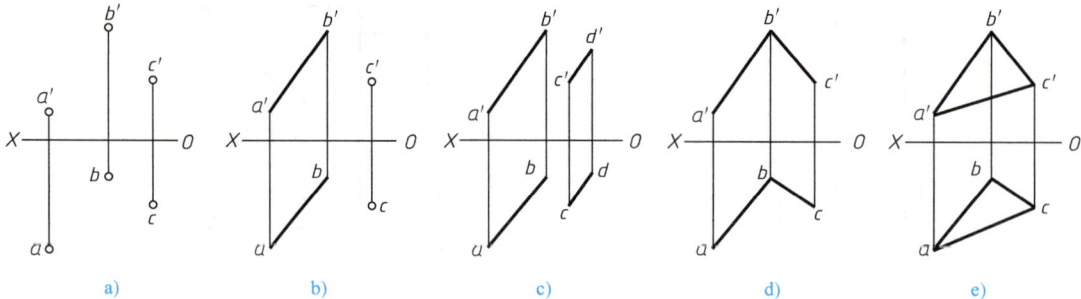

图 2-27　用几何元素表示平面

（二）各种位置平面及其投影特性

在三投影面体系中，平面相对于投影面有以下三种不同的位置。

1）投影面垂直面——垂直于某一个投影面而与另外两个投影面倾斜的平面。

2）投影面平行面——平行于某一个投影面的平面。

3）一般位置平面——与三个投影面都倾斜的平面。

通常我们将前两种统称为特殊位置平面。

平面对 H、V、W 三投影面的倾角，依次用 α、β、γ 表示。

平面的投影一般仍为平面，特殊情况下积聚为一直线。画平面图形的投影时，一般先画出组成平面图形各顶点的投影，然后将它们的同面投影相连即可。下面分别介绍各种位置平面的投影及其特性。

1. 投影面垂直面

在投影面垂直面中，只垂直于 H 面的平面，称为铅垂面；只垂直于 V 面的平面，称为正垂面；只垂直于 W 面的平面，称为侧垂面。

表 2-3 列出了三种垂直面的立体图、投影图及投影特性。

由表 2-3 可以概括出投影面垂直面的投影特性如下。

1）平面在它所垂直的投影面上的投影积聚为一条直线，该直线与投影轴的夹角反映该平面对另外两个投影面的真实倾角。

2）另外两个投影面上的投影均为小于空间平面图形的类似形。

表 2-3　投影面垂直面

平面的位置	立体图	投影图	投影特性
铅垂面			1）水平投影积聚成一条直线，并反映真实倾角 β、γ 2）正面投影、侧面投影不反映实形，为空间平面的类似形

（续）

平面的位置	立体图	投影图	投影特性
正垂面	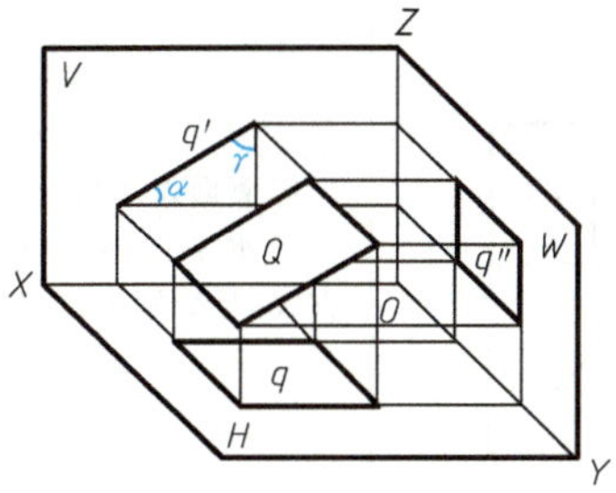	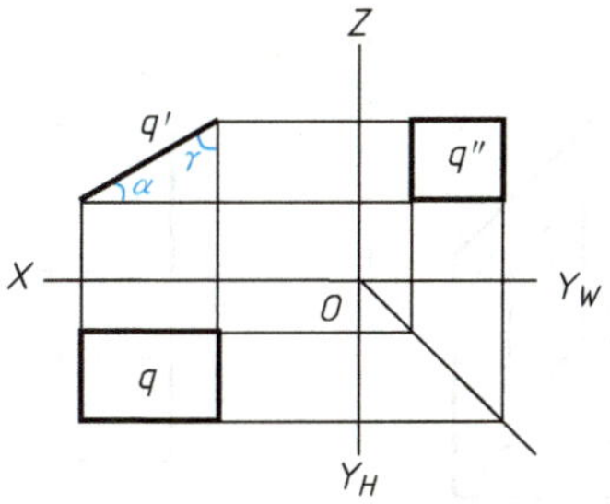	1）正面投影积聚成一条直线，并反映真实倾角 α、γ 2）水平投影、侧面投影不反映实形，为空间平面的类似形
侧垂面	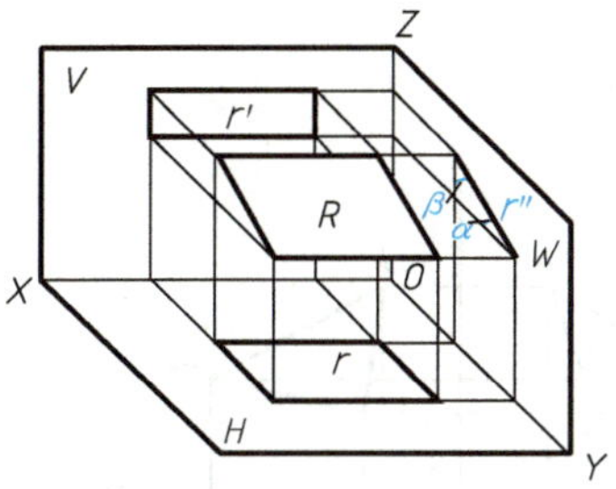	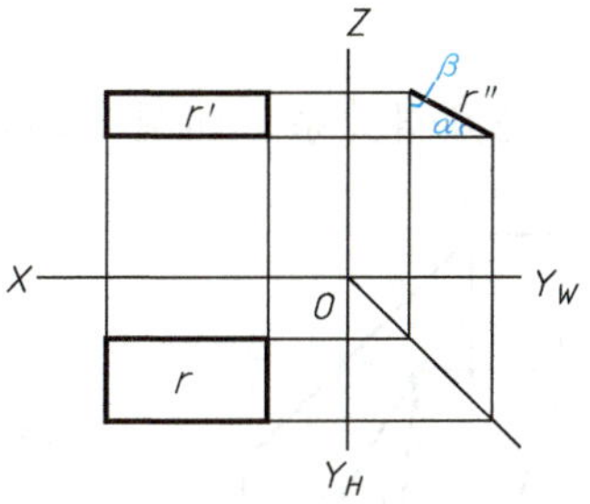	1）侧面投影积聚成一条直线，并反映真实倾角 α、β 2）水平投影、正面投影不反映实形，为空间平面的类似形

2. 投影面平行面

在投影面的平行面中，平行于 H 面的平面，称为水平面；平行于 V 面的平面，称为正平面；平行于 W 面的平面，称为侧平面。

表 2-4 列出了三种平行面的立体图、投影图及投影特性。

由表 2-4 可以概括出投影面平行面的投影特性如下。

1）在所平行的投影面上的投影反映实形。

2）另外两个投影面上的投影均积聚为平行于相应投影轴的直线。

表 2-4　投影面平行面

平面的位置	立体图	投影图	投影特性
水平面	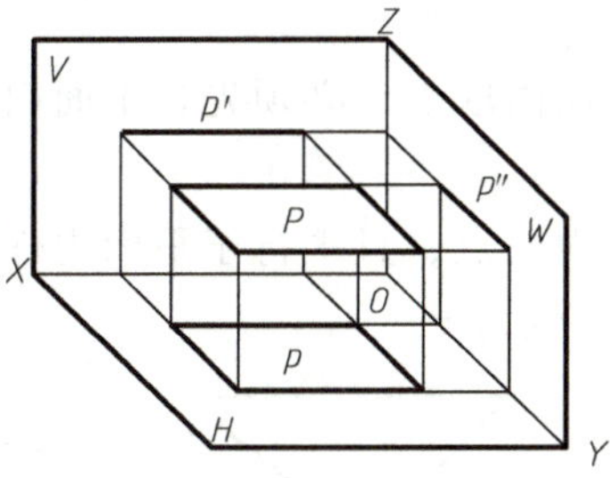	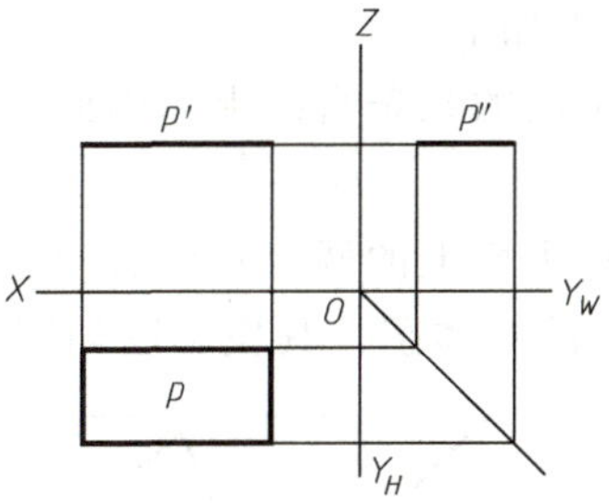	1）水平投影反映实形 2）正面投影、侧面投影均积聚为直线，且分别平行于 OX、OY_W 轴
正平面	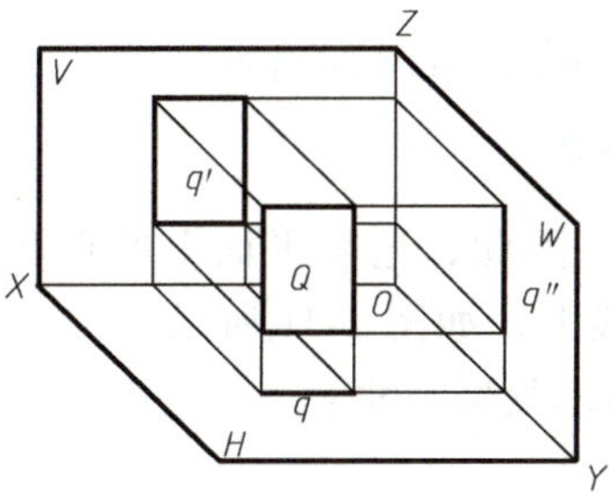	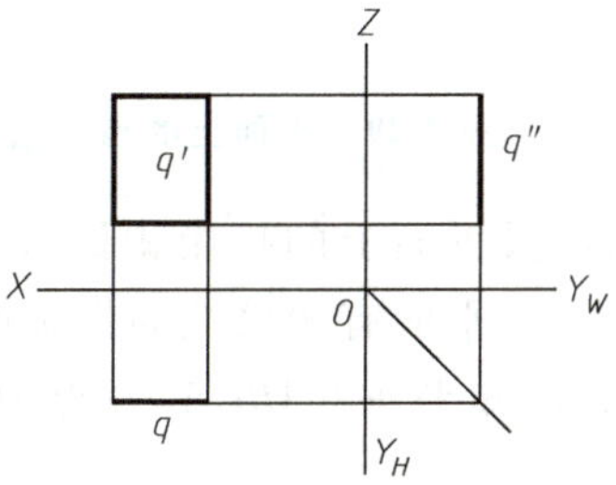	1）正面投影反映实形 2）水平投影、侧面投影均积聚为直线，且分别平行于 OX、OZ 轴

（续）

平面的位置	立体图	投影图	投影特性
侧平面			1）侧面投影反映实形 2）水平投影、正面投影均积聚为直线，且分别平行于 OY_H、OZ 轴

3．一般位置平面

一般位置平面与三个投影面都是倾斜关系，如图 2-28a 所示。

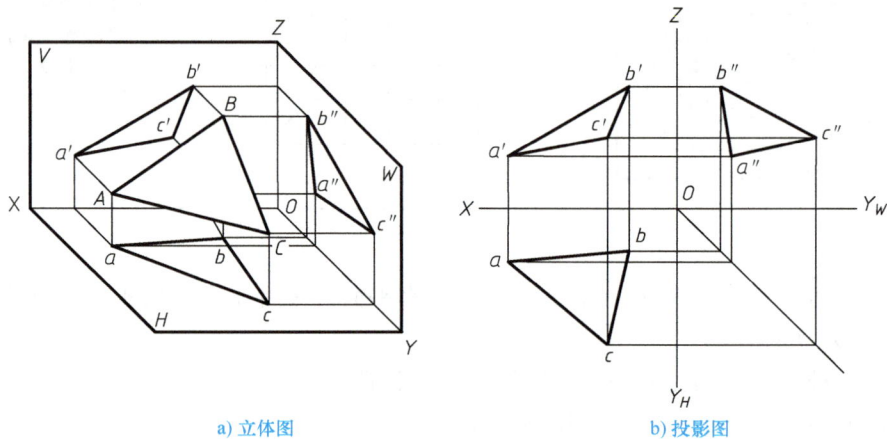

a) 立体图　　　　　　　　　b) 投影图

图 2-28　一般位置平面

一般位置平面的投影特性：三面投影均是小于空间平面图形的类似形，不反映实形，也不反映空间平面对投影面的倾角真实大小，如图 2-28b 所示。

（三）平面上的点和直线

点和直线在平面上的几何条件如下。

1）平面上的点，必定在该平面的某条直线上。因此，在平面内取点，必须先在平面内取直线，然后在此直线上取点。

2）平面上的直线，必定通过平面上的两点；或者通过平面内一点，且平行于平面内任一条直线。

图 2-29 给出了上述几何条件的立体图，其投影图如图 2-30 所示。

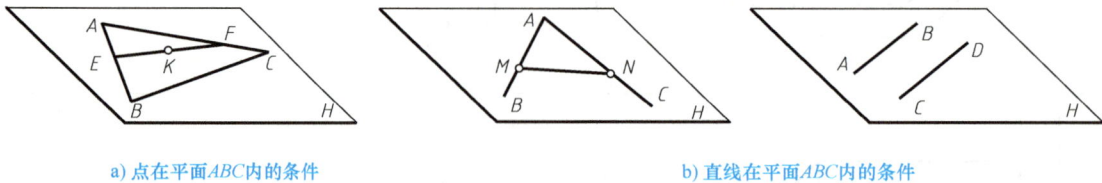

a) 点在平面ABC内的条件　　　　　　　　　b) 直线在平面ABC内的条件

图 2-29　平面上的点和直线立体图

特殊位置平面由于其所垂直的投影面上的投影积聚成直线，因此，这类平面上的点和直线，在该平面所垂直的投影面上的投影，位于平面有积聚性的投影或迹线上，如图 2-31 所示。

【例 2-5】　如图 2-32a 所示，已知平面△ABC 以及点 D 的两面投影，求：

1）判断点 D 是否在平面上。

2）在平面上作一条正平线 EF，使 EF 到 V 面距离为 20mm。

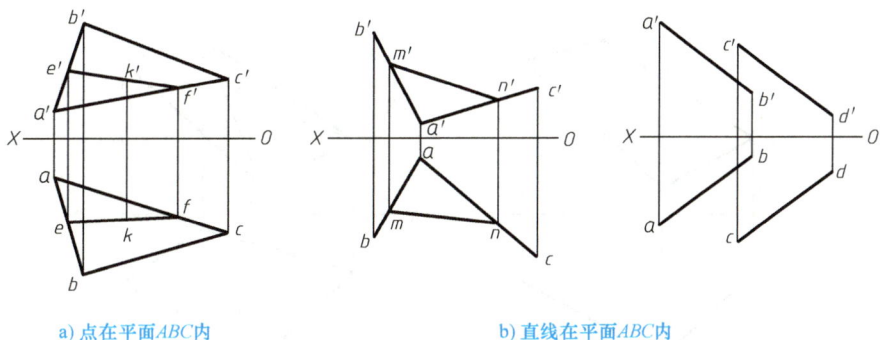

a) 点在平面ABC内　　　　　　　　　b) 直线在平面ABC内

图 2-30　一般位置平面内取点和直线投影图

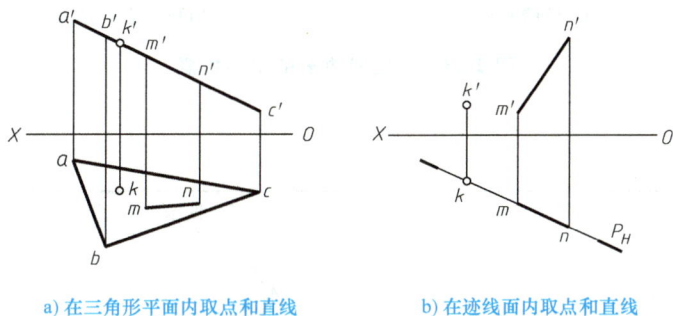

a) 在三角形平面内取点和直线　　　　b) 在迹线面内取点和直线

图 2-31　特殊位置平面内取点和直线投影图

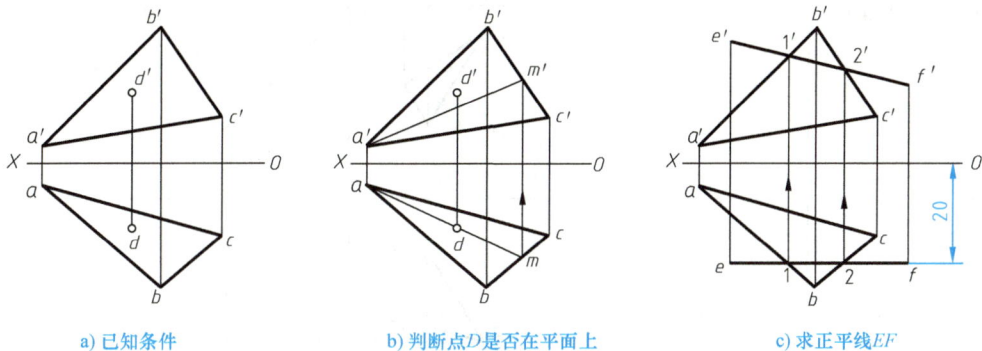

a) 已知条件　　　　b) 判断点D是否在平面上　　　　c) 求正平线EF

图 2-32　判断点是否在平面上及平面上取线

解：分析与作图。

1) 点 *D* 若在平面△*ABC* 内的某条直线上，则点 *D* 在平面上，否则就不在平面上。判断方法如图 2-32b 所示：连接 *ad* 并延长交 *bc* 于点 *m*，在 *b'c'* 上作出 *m* 对应的正面投影点 *m'*，连接 *a'm'*，则 *AM* 必在平面△*ABC* 上，但 *d'* 不在 *a'm'* 上，故点 *D* 不在平面上。

2) 因为 *EF* 是正平线，根据正平线的投影特性，*EF* 的水平投影应平行于 *OX* 轴，且到 *OX* 轴的距离为 *EF* 到 *V* 面的距离。因此，先从水平投影开始作图。如图 2-32c 所示，作 *ef* 平行于 *OX* 轴，且到 *OX* 轴的距离为 20mm。*ef* 分别交 *ab*、*bc* 于点 1、2，分别在 *a'b'*、*b'c'* 上作出其对应点 1'、2'，连接 1'、2' 即得 *e'f'*。*ef*、*e'f'* 即为直线 *EF* 的两面投影。

【例 2-6】　如图 2-33a 所示，已知平面四边形 *ABCD* 的正面投影和 *AB*、*BC* 的水平投影，试完成该四边形的水平投影。

解：分析与作图。平行四边形的四个顶点在同一平面内，已知 *A*、*B*、*C* 三点的投影。因此，本题实际上是已知平面 *ABC* 上一点 *D* 的正面投影 *d'*，求其水平投影 *d*。如图 2-33b 所示，可以先连接 *ac* 和 *a'c'*，再连接 *b'd'* 交 *a'c'* 于 *e'*，在 *ac* 上作出 *e'* 的对应点 *e*，连接 *be* 并在其延长线上作出 *d'* 的对应点 *d*。最后，连接 *ad* 和 *cd* 即完成四边形的水平投影。

a) 已知条件　　　　b) 作图过程与结果

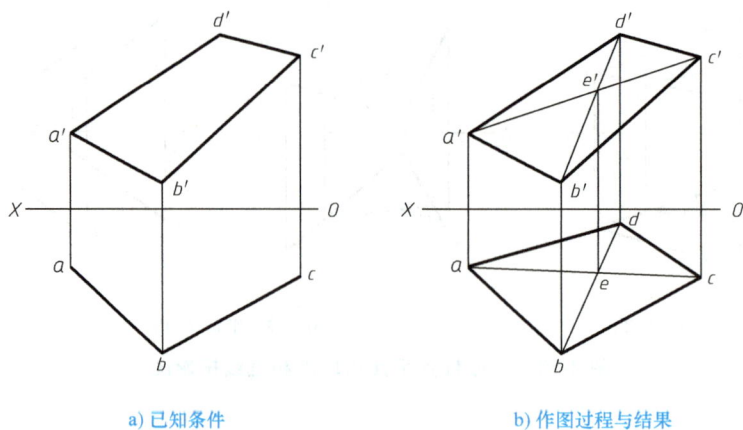

图 2-33　完成四边形的水平投影

任务实施单

绘图步骤	图示
1）建立三投影面体系并展开	
2）根据"三等"关系作点 A、B、C 的第三面投影	
3）连线并加粗，完成△ABC 的第三面投影	

（续）

绘图步骤	图示
4）依据"长对正、宽相等"确定点 D 的其他两投影面	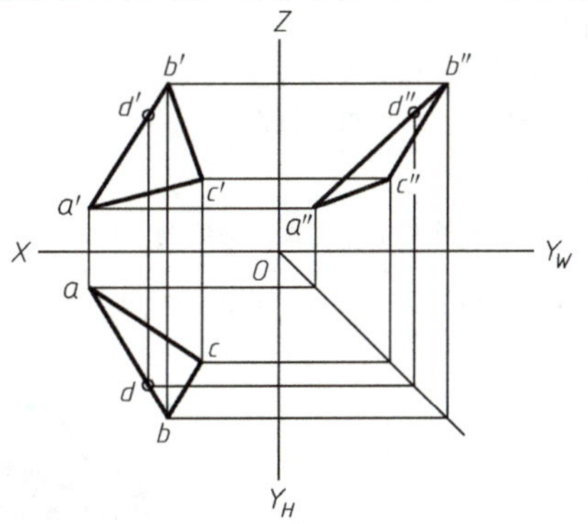

巩固练习

一、选择题

1. 一条线段的三个投影都不反映实长，则该线段为（　　）。

A. 投影面垂直线 　　　　　　　　　B. 投影面平行线

C. 一般位置直线 　　　　　　　　　D. 条件不够，不能确定

2. 一条线段的 V 面投影呈一点，则该线段为（　　）。

A. 正平线 　　　　B. 正垂线 　　　　C. 铅垂线 　　　　D. 侧垂线

3. 空间互相平行的两条线段，向投影面作正投影之后（　　）。

A. 仍然平行 　　　　B. 相互垂直 　　　　C. 仍然平行或重合 　　D. 交叉

4. 一个点的三个投影中有两个在坐标轴上，则该点（　　）。

A. 在坐标轴上 　　　　　　　　　　B. 在投影面上

C. 在坐标轴上或在投影面上 　　　　D. 条件不够，不能确定

5. 一条线段的三个投影中有一个投影反映实长，则该线段为（　　）。

A. 投影面垂直线 　　　　　　　　　B. 投影面平行线

C. 一般位置直线 　　　　　　　　　D. 条件不够，不能确定

二、作图题

已知平面的两个投影，求第三面投影。

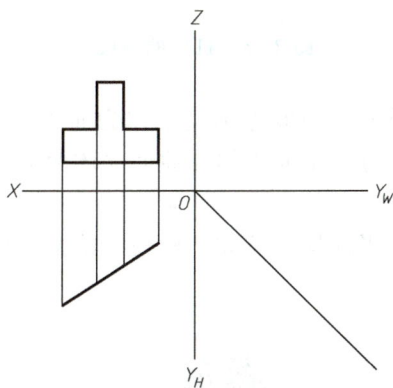

任务三　绘制基本体的三视图

为了看懂图样及能绘制工程图样，首先必须掌握制图的国家标准、基本知识和基本技能。

学习任务单

任务目标	知识点： 1）掌握平面立体的投影特性 2）掌握曲面立体的投影特性
	技能点： 能够完成常见基本体三视图的绘制
任务内容	完成图 2-34 所示螺栓坯三视图的绘制 图 2-34　螺栓坯
任务分析	螺栓坯由螺栓头和螺栓柄组成，其中螺栓头是正六棱柱，而螺栓柄是圆柱，因此要绘制该零件的三视图，就必须掌握平面立体和曲面立体的投影特性
成果评定	各组成员独立完成螺栓坯三视图的绘制，进行自评、互评和教师评价后给定综合评定成绩

相关知识

在生产实践中，会接触到各种形状的机件，如图 2-35 所示。这些机件的形状虽然复杂多样，但都是由一些简单的立体经过叠加、切割或相交等形式组合而成的。把这些形状简单且规则的立体称为基本几何体，简称为基本体。

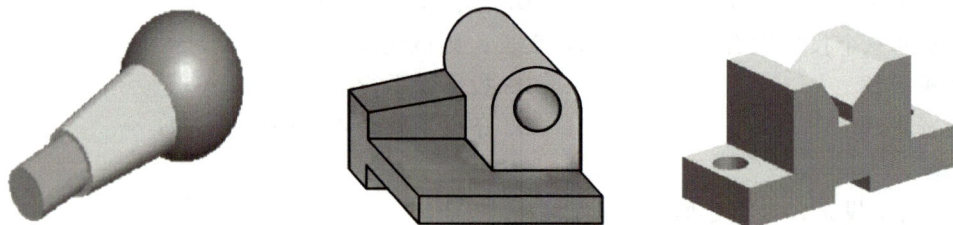

图 2-35　机件的组成

基本体是构成复杂物体的基本单元，一般也称基本体为简单形体。基本体的大小、形状是由其表面限定的。按其表面性质的不同，可分为平面立体和曲面立体两类。

1. 平面立体

表面是由平面围成的立体，简称平面体。例如，棱柱、棱锥、棱台等，如图 2-36 所示。

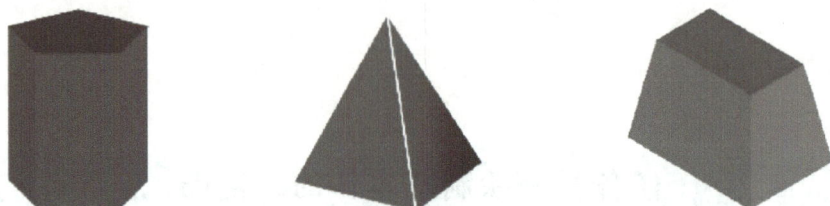

图 2-36　平面立体

2. 曲面立体

表面是由曲面和平面或曲面围成的立体，又称为回转体。例如，圆柱、球、圆锥、圆环、圆台等，如图 2-37 所示。

图 2-37　曲面立体

由于平面立体的表面均为平面，各表面相交形成棱线，故可将绘制平面立体的投影归结为绘制其各表面的投影，或者归结为绘制各棱线及各顶点的投影。

一、平面立体的投影

1. 棱柱

棱柱分为直棱柱（侧棱与底面垂直）和斜棱柱（侧棱和底面倾斜）两类。棱柱上下底面是两个形状相同且互相平行的多边形，各个侧面都是矩形或平行四边形。上下底面是正多边形的直棱柱称为正棱柱。下面以正六棱柱为例。

（1）安放位置　安放形体时要考虑两个因素：一要使形体处于稳定状态；二要考虑形体的工作状况。为了作图方便，应尽量使形体的表面平行或垂直于投影面，以便于选择正确的主视图。为此，将图 2-38a 所示的正六棱柱的上下底面平行于 H 面放置，并使其前后两个侧面平行于 V 面，则可得正六棱柱的三面投影图。

（2）投影分析　图 2-38b 所示为正六棱柱的三面投影图。因为上下两底面是水平面，前后两个棱面为正平面，其余 4 个棱面是铅垂面，所以它的水平投影是一个正六边形，它是上下底面的投影，反映了实形，正六边形的 6 个边即为 6 个棱面的积聚投影，正六边形的 6 个顶点分别是 6 条棱线的水平积聚投影。正六棱柱的前后棱面是正平面，它的正面投影反映实形，其余 4 个棱面是铅垂面，因而正面投影是其类似形。合在一起，其正面投影是 3 个并排的矩形线框。中间的矩形线框为前后棱面反映实形的重合投影，左右两侧的矩形线框为其余 4 个棱面的重合投影。此线框的上下两边即为上下两底面的积聚投影。正六棱柱的侧面投影是两个并排的矩形线框，是 4 个铅垂棱面的重合投影。

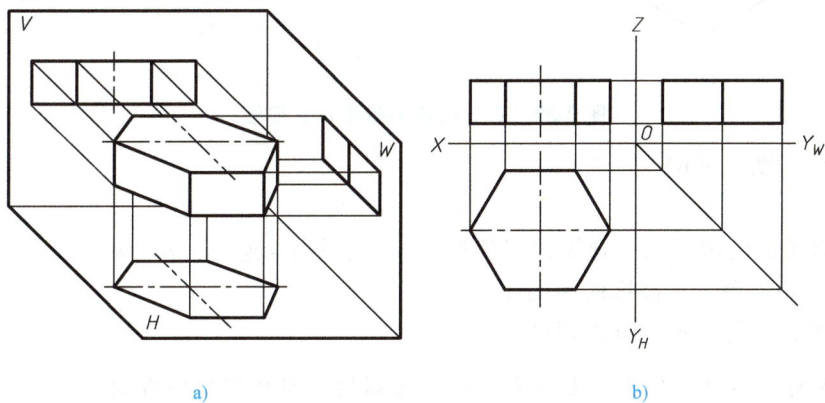

a)　　　　　　　　　　　　b)

图 2-38　正六棱柱的投影及三视图

（3）作图步骤

1）布置图面，画中心线、对称线等作图基准线。

2）画水平投影，即反映上下两底面实形的正六边形。

3）根据正六棱柱的高，按投影关系画正面投影。

4）根据正面投影和水平投影，按投影关系画铅垂面（即侧面）投影。

2. 棱锥

棱锥的底面为多边形，各侧面为若干个具有公共顶点的三角形。当棱锥的底面是正多边形，各侧面是全等的等腰三角形时，称为正棱锥。下面以正三棱锥为例，如图 2-39 所示。正三棱锥的底面为正三角形，三个棱面为全等的等腰三角形，轴线通过底面重心并与底面垂直，三条棱线交汇于锥顶点。

（1）安放位置　使正三棱锥的底面与水平面平行，后面的棱面与侧面相互垂直，其底面边线为侧垂线。

（2）投影分析

1）俯视图：由于底面平行于水平面，其水平投影 △abc 反映底面的实形。正三棱锥的顶点 S 的水平投影 s 在 △abc 的重心上，三个棱面均与水平面倾斜，其水平投影分别为 △sab、△sbc、△sca，反映棱面的类似形。

2）主视图（正面投影）：为由两个小三角形线框组成的大三角形线框，底面垂直于正面，其投影积聚为一条直线 a'b'c'，锥顶点 S 的正面投影位于直线 a'b'c' 的垂直平分线上，s' 到直线 a'b'c' 的距离等于正三棱锥的高。左右两个棱面倾斜于正面，其正面投影为左右两个小三角形线框，为棱面的类似形，后棱面也倾斜于正面，其正面投影为类似形，为外轮廓大三角形线框，其投影 △s'a'c' 为不可见。

3）左视图：为一斜三角形线框，底面垂直于侧面，其投影积聚为一条直线 a"b"（c"b"），为左视图三角形的底边，后棱面垂直于侧面，其投影积聚为一条直线 s"a"（s"c"），左右两个棱面倾斜于侧面，其投影为两两重影的三角形线框，为棱面的类似形。

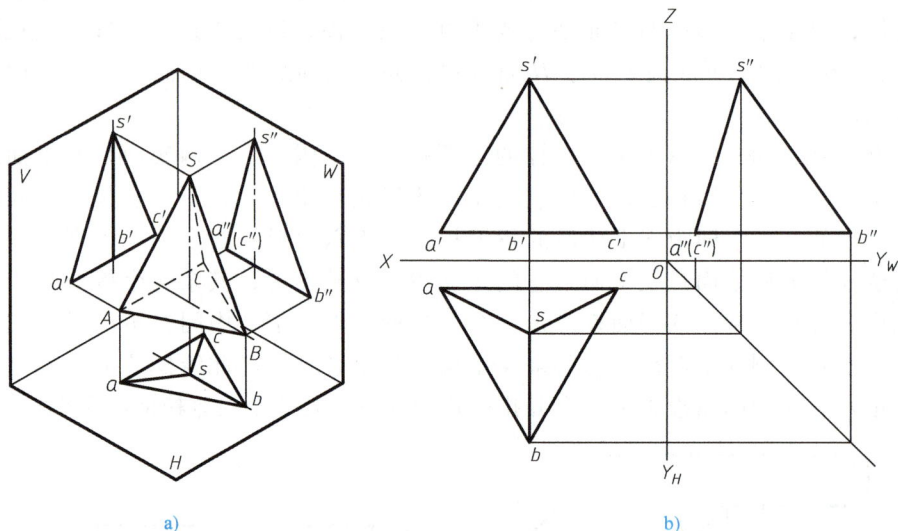

a)　　　　　　　　　　　　　　　b)

图 2-39　正三棱锥的投影及三视图

（3）作图步骤　（图 2-39b）

1）画投影轴。

2）画反映底面实形的俯视图。画等边三角形 abc，由重心 s 连 sa、sb、sc。

3）根据"长对正"和正三棱锥的高画正视图。

4）根据"宽相等、高平齐"画左视图。

> **注意**：锥顶点的侧面投影位置，由正面及水平投影按投影规律作图得到。

5）检查后加深。

二、平面立体上点的投影

平面立体的表面都是平面多边形，在其表面上取点的作图问题，实质上就是平面上取点作图的应用。其作图的基本原理是：平面立体上的点和直线一定在立体表面上。由于平面立体的各表面存在着相对位置的差异，必然会出现表面投影的相互重叠，从而产生各表面投影的可见与不可见问题，因此，对于表面上的点和线还应考虑它们的可见性。判断立体表面上点和线可见与否的原则是：如果点、线所在的表面投影可见，那么，点、线的同面投影一定可见；否则不可见。

立体表面取点的求解问题一般是指已知立体的三面投影和它表面上某一点的一面投影，要求该点的另两面投影，解决问题的基本思路如下。

1. 从属性法

当点位于立体表面的某条棱线上时，点的投影必定在棱线的投影上，即可利用线上点的"从属性"求解。

2. 积聚性法

当点所在的立体表面对某投影面的投影具有积聚性时，那么，点的投影必定在该表面对这个投影面的积聚投影上。

如图 2-40a 所示，在五棱柱后棱面上给出了 A 点的正面投影（a'），在上底面上给出了 B 点的水平投影 b，可利用棱面和底面投影的积聚性直接作出 A 点的水平投影和 B 点正面投影，再进一步作出另外一面投影，如图 2-40b 所示。

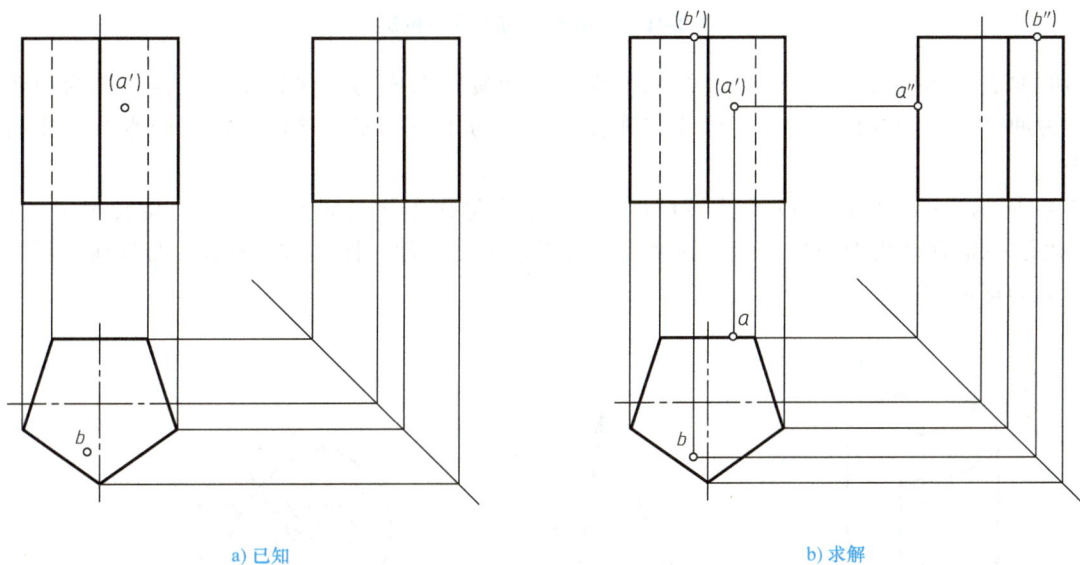

a) 已知　　　　　　　　　　　　　b) 求解

图 2-40　在五棱柱的表面定点

3. 辅助线法

当点所在的立体表面无积聚性投影时，必须利用作辅助线的方法来帮助求解。这种方法是先过已知点在立体表面作一辅助直线，求出辅助直线的另两面投影，再依据点的"从属性"求出点的各面投影。

如图 2-41a 所示，在三棱锥的 SEG 棱面上给出了点 A 的正面投影 a'，又在 SFG 棱面上给出了点 B 的水平投影 b，为了作出点 A 的水平投影 a 和点 B 的正面投影 b'，可运用前面讲过的在平面上定点的方法，即首先在平面上画一条辅助线，然后在此辅助线上定点。

如图 2-41b 所示说明了这两个投影的画法，图中过 A 点作一条平行于底边的辅助线，而过 B 点作一条通过锥顶的辅助线，所求的投影 a、b' 都是可见的，再依据投影原理作出整个立体及表面点的侧面投影。

三、回转体的投影

表面全由曲面或由曲面和平面共同围成的形体称为曲面立体。常见曲面立体有圆柱、圆锥、圆球

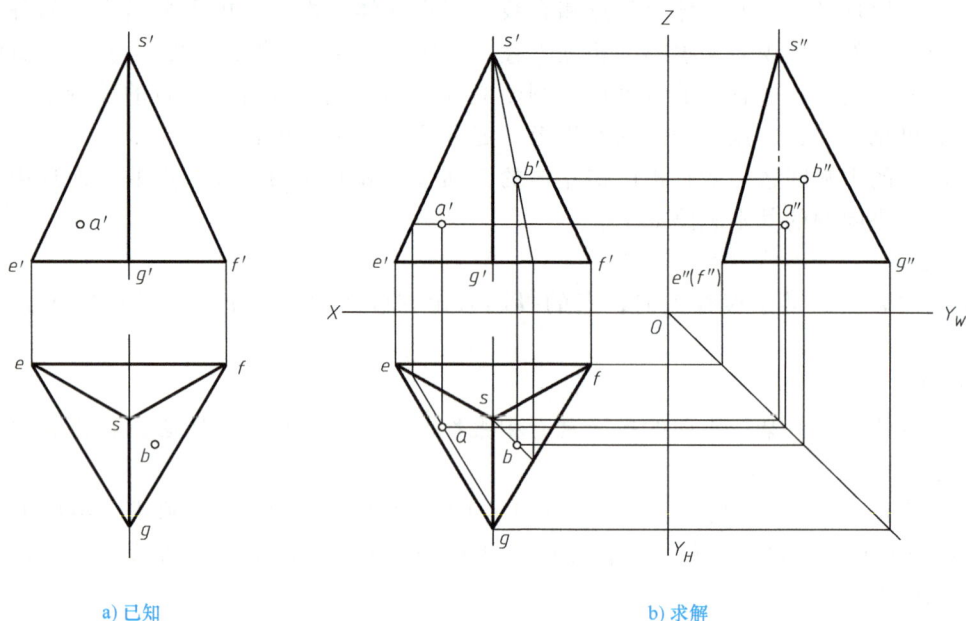

a) 已知　　　　　　　　　　　　b) 求解

图 2-41　三棱锥表面上点的投影

等。它们的曲表面均可看作是由一条动线绕某固定轴线旋转而成的，这类曲面立体又称为回转体，其曲表面称为回转面。动线称为母线，母线在旋转过程中的任一具体位置称为曲面的素线。曲面上有无数条素线。

图 2-42 所示为回转面的形成。图 2-42a 表示一条直母线围绕与它平行的轴线旋转形成的圆柱面；图 2-42b 表示一条直母线围绕与它相交的轴线旋转形成的圆锥面；图 2-42c 表示一曲母线圆围绕其直径旋转而形成的球面。

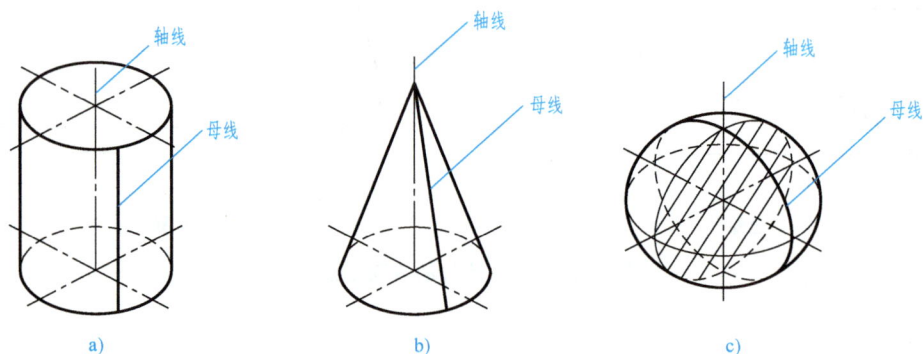

a)　　　　　　　　b)　　　　　　　　c)

图 2-42　回转面的形成

1. 圆柱

（1）形体分析　圆柱由圆柱面和两个底面组成。圆柱的上下两个底面为直径相同而且相互平行的两个圆面，轴线与底面垂直。

（2）投影位置　使圆柱的轴线垂直于水平面，如图 2-43a 所示。

（3）投影分析

1）俯视图：由于上下两个底面平行于水平面，其投影反映底面的实形且重影为一圆，圆柱面垂直于水平面，其投影积聚在圆周上。

2）主视图：圆柱正面投影为一矩形，其上下边线为圆柱两底面的积聚投影，左右两条边线是圆柱面上最左、最右两条轮廓素线 AA_1、CC_1 的正面投影，且反映实长。这两条素线从正面投影方向看，是圆柱面前后两部分可见与不可见的分界线，故称为正向轮廓素线。

3）左视图：圆柱侧面投影是与正面投影全等的一个矩形。此矩形的前后两条边线是圆柱面上最前、最后两条侧向轮廓素线 BB_1、DD_1 的侧面投影。

圆柱的正面投影与侧面投影是两个全等的矩形，但其表达的空间意义是不相同的。正面投影矩形线框表示前半个圆柱面，后半个圆柱面与其重影为不可见，侧面投影矩形线框表示左半个圆柱面，右半个圆柱面与其重影为不可见。

画回转体的视图时，在圆视图上应用点画线画出中心线，在非圆视图上应防止漏画轴线或画错轴线方向，应特别重视。

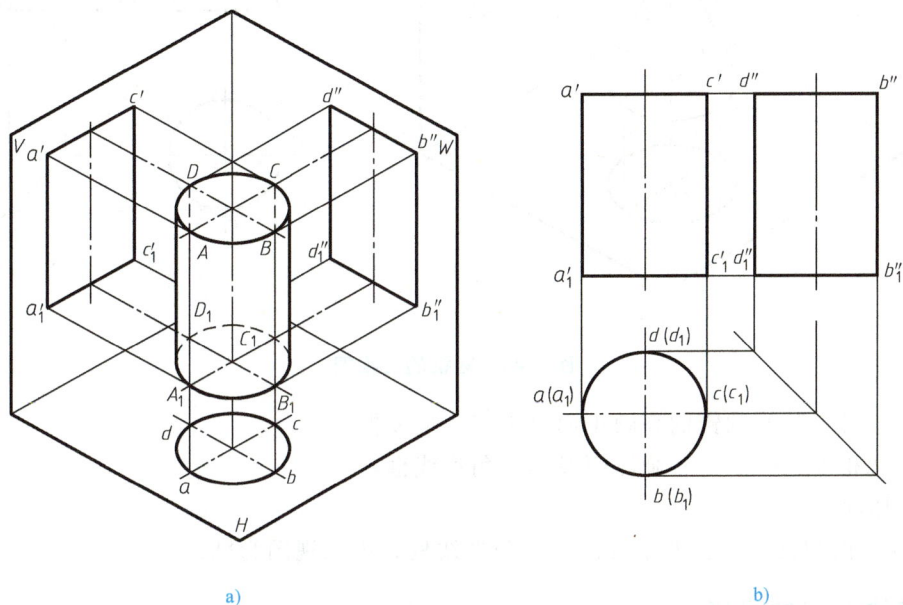

a)　　　　　　　　　　　　b)

图 2-43　圆柱的三视图

（4）作图步骤　（图 2-43b）

1）定中心线、轴线位置。

2）画水平投影，画出反映底面实形的圆。

3）根据"长对正"和圆柱的高画正面投影矩形线框。

4）根据"宽相等、高平齐"画侧面投影矩形线框。

5）检查后加深。

圆柱体三视图的视图特征是：两个视图为矩形线框，第三视图为圆。

2. 圆锥

（1）形体分析　圆锥由圆锥面和底面圆组成，轴线通过底面圆心并与底面垂直。

（2）投影位置　使圆锥轴线与水平面垂直，如图 2-44a 所示。

（3）投影分析

1）俯视图：圆锥的水平投影为一个圆，此圆反映底面圆的实形，也反映圆锥面的水平投影。圆锥顶点的水平投影落在圆心上，圆锥面水平投影可见，底面不可见。

2）主视图和左视图：为全等的两个等腰三角形线框，其两腰表示圆锥面上不同位置轮廓素线的投影。正面投影中 $s'a'$ 和 $s'c'$ 是圆锥面上最左、最右两条正向轮廓素线 SA 和 SC 的正面投影，侧面投影中 $s''b''$ 和 $s''d''$ 是圆锥面上最前、最后两条侧向轮廓素线 SB 和 SD 的侧面投影。这些素线对于其他投射方向不是轮廓素线，所以不必画出。

（4）作图步骤　（图 2-44b）

1）定中心线、轴线位置。

2）画水平投影，作反映底面实形的圆。

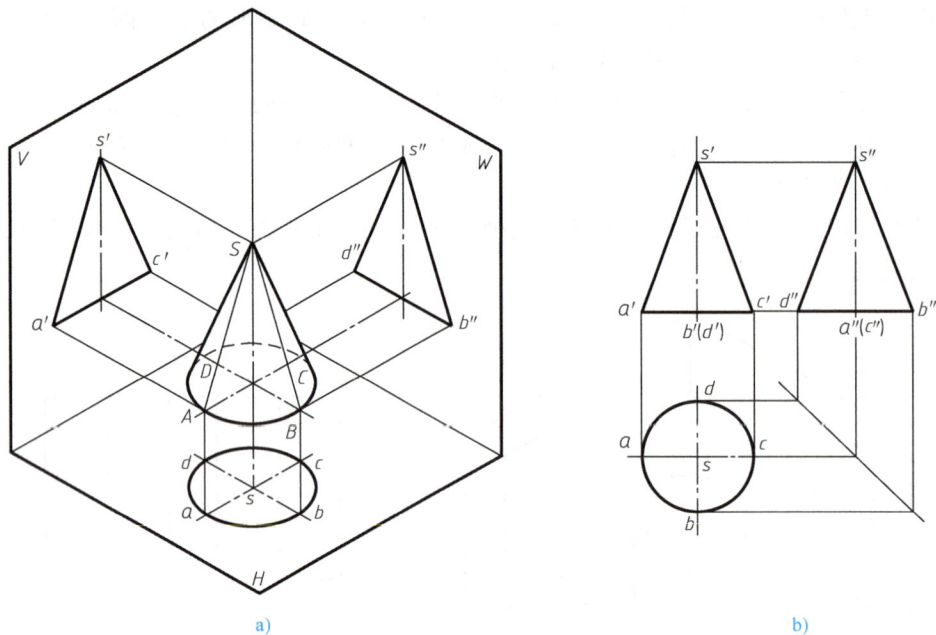

a)   b)

图 2-44 圆锥的三视图

3）根据"长对正"和圆锥的高画正面投影三角形线框。

4）根据"宽相等、高平齐"画侧面投影三角形线框。

5）检查后加深。

圆锥体三视图的视图特征：两个视图为三角形线框，第三视图为圆。

四、回转体上点的投影

曲面立体表面上点的投影作图，与在平面上取点的原理一样。

1. 圆柱面上的点

圆柱面上的点必定在圆柱面的一条素线或一个纬圆上。当圆柱面具有积聚投影时，圆柱面上点的投影必在同面积聚投影上。

【例 2-7】 如图 2-45 所示，已知圆柱面上的点 M、N 的正面投影，求另两面的投影。

分析：点 M 的正面投影可见，又在点画线的左面，由此判断 M 点在左、前半圆柱面上，侧面投影可见。N 点的正面投影不可见，又在点画线的右面，由此判断 N 点在右、后半圆柱面上，侧面投影不可见。

作图：

1）求点 m、m''。因圆柱面的水平投影具有积聚性，故 m 必在前半圆周的左部，m'' 可由 m 和 m' 求得，m'' 为可见点。

2）求 n、n''，其作图方法与点 M 相同，其侧面投影不可见。

2. 圆锥面上的点

圆锥体的投影没有积聚性，在其表面上取点的方法有以下两种。

（1）素线法 圆锥面是由许多素线组成的。圆锥面上任一点必定在经过该点的素线上，因此，只要求出过该点素线的投影，即可求出该点的投影。

【例 2-8】 如图 2-46 所示，已知圆锥面上一点 A 的正面投影 a'，求 a、a''。

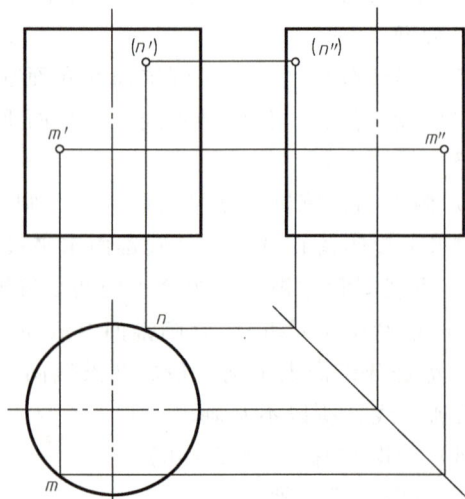

图 2-45 圆柱面上的点

分析：

1）点 A 在圆锥面上，一定在圆锥的一条素线上，故过 A 点与锥顶 S 相连，并延长交底面圆周于Ⅰ点，SⅠ即为圆锥面上的一条素线，求出此素线的各投影。

2）根据点线的从属关系，求出点的各投影。

作图（图 2-46b）：

1）过 a'作素线 SⅠ的正立投影 s'1'。

2）求 s1。在水平投影上求出 1 点，连接 s1 即为素线 SⅠ的水平投影。

或先求出 SⅠ的侧面投影，根据从属关系求出 A 点的侧面投影 a"。

3）由 a'求出 a，由 a 及 a'求出 a"。

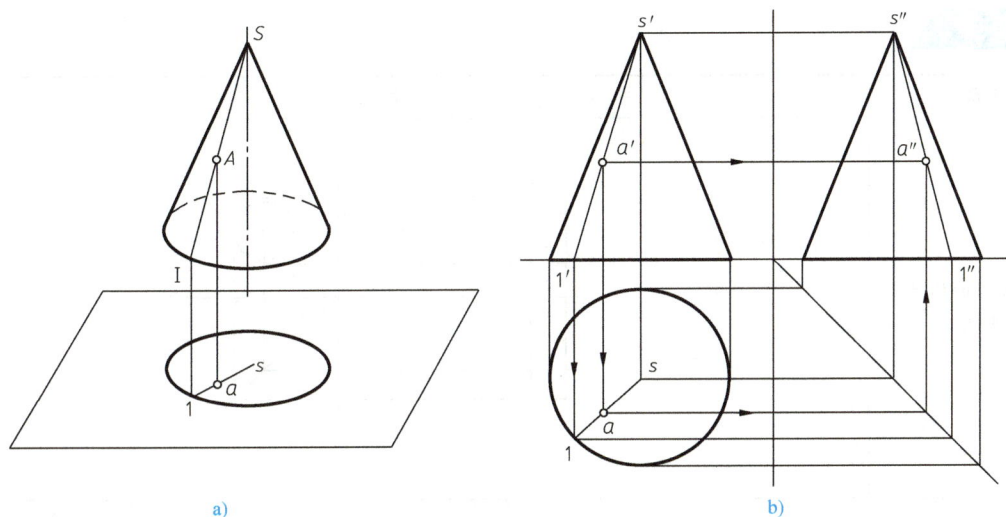

图 2-46　素线法求圆锥表面上的点

（2）纬圆法　由回转面的形成可知，母线上任意一点的运动轨迹为圆，该圆垂直于旋转轴线，把这样的圆称为纬圆。圆锥面上任一点必然在与其高度相同的纬圆上，因此，只要求出过该点的纬圆的投影，即可求出该点的投影。

【例 2-9】　如图 2-47 所示，已知圆锥表面上一点 A 的投影 a'，求 a、a"。

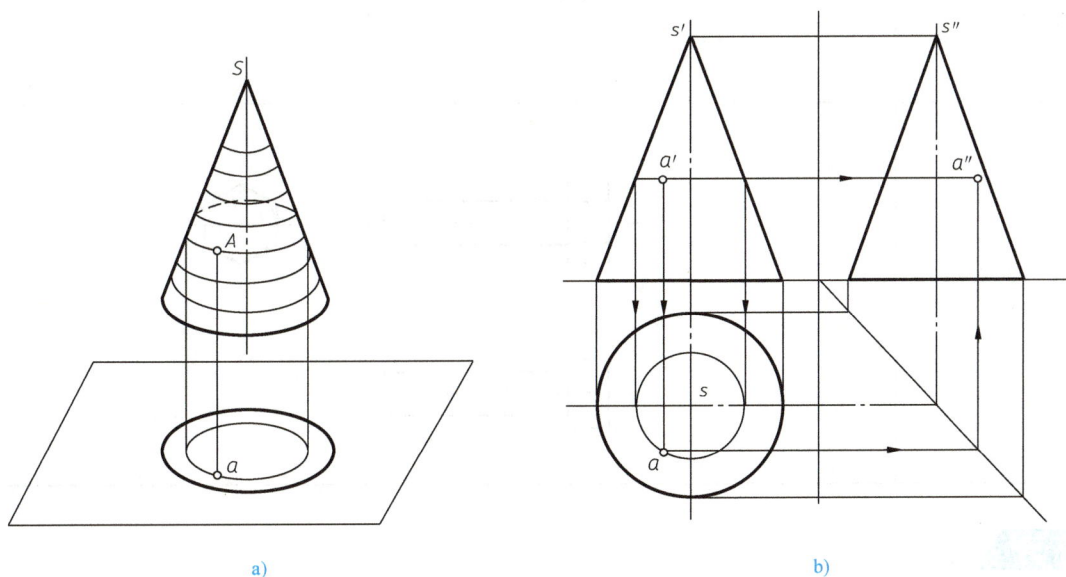

图 2-47　纬圆法求圆锥表面上的点

分析： 过 A 点作一纬圆，该圆的水平投影为圆，正面投影、侧面投影均为直线，点 A 的投影一定在该圆的投影上。

作图（图 2-47b）：

1）过 a' 作纬圆的正面投影，此投影为一直线。

2）画出纬圆的水平投影。

3）由 a' 求出 a，由 a 及 a' 求出 a''。

4）判别可见性，两投影均可见。

由上述两种作图方法可知，当点 A 的任意投影为已知时，均可用素线法或纬圆法求出它的其余两面投影。

任务实施单

绘图步骤	图示
1）建立三投影面体系并绘制螺栓头三视图	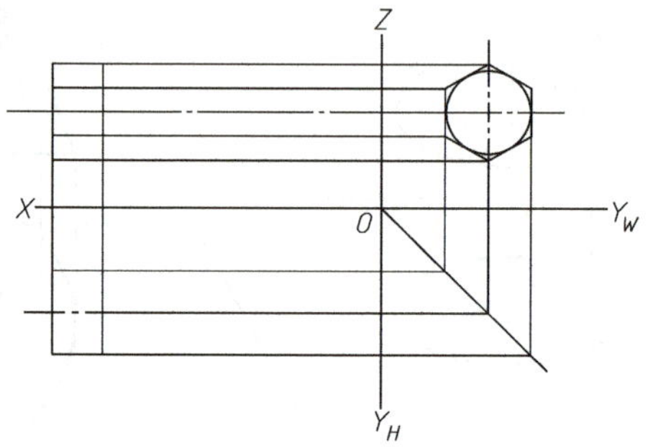
2）绘制螺栓柄三视图	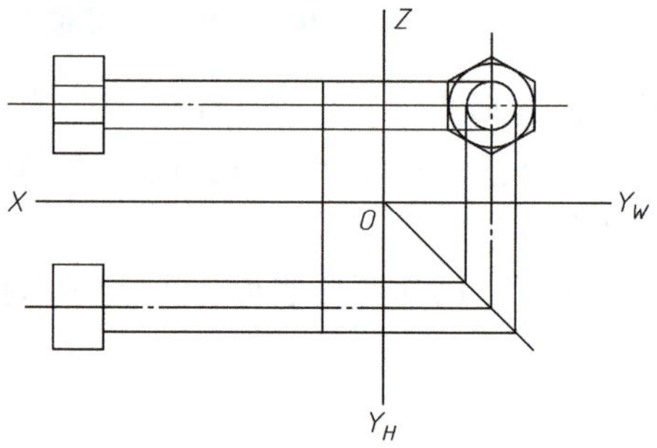
3）擦去多余的图线并将可见轮廓线加粗	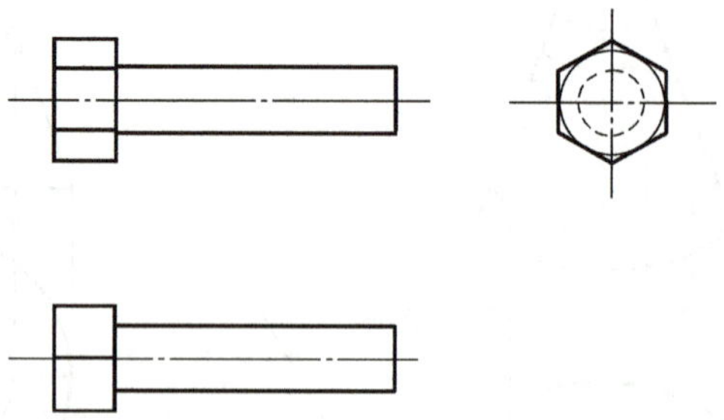

巩固练习

在三视图的右下角填上与其对应的立体图图号。

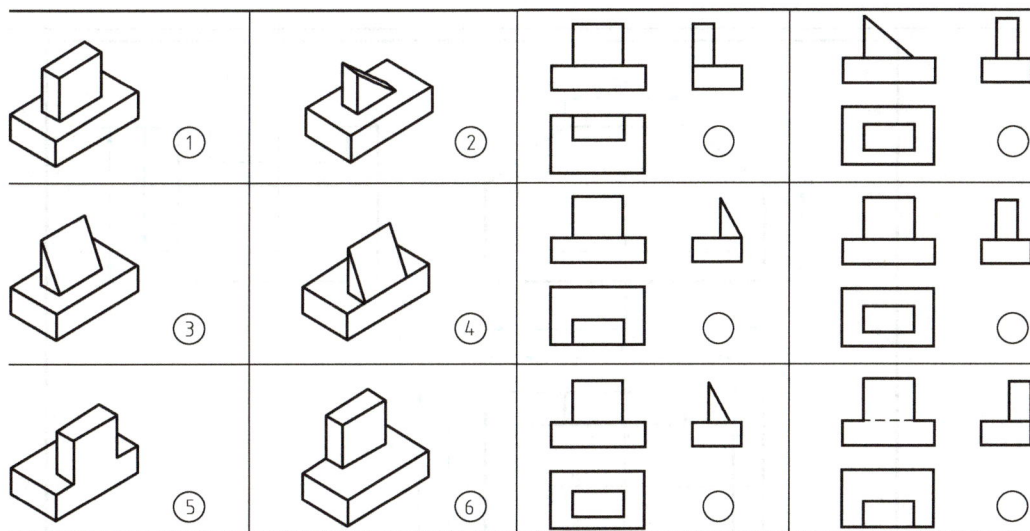

任务四　应用 AutoCAD 绘制基本体三视图

除了使用前一任务所讲解的尺规作图外，还可以使用 AutoCAD 绘图软件绘制三视图。在使用该软件绘图时，"长对正、高平齐"的投影规律可通过"对象捕捉""极轴追踪"和"对象捕捉追踪"等功能来实现，而"宽相等"可通过尺寸或其他方法来实现。

学习任务单

任务目标	知识点： 1）掌握三视图"三等"关系 2）熟悉 AutoCAD 绘图软件常用绘图和编辑命令的使用 技能点： 1）能对 AutoCAD 绘图软件进行绘图前的基本设置 2）能正确使用绘图和编辑命令绘制基本体三视图
任务内容	根据工件三维图（图 2-48）和工作样图（图 2-49），使用 1：1 的比例在 AutoCAD 中绘制三视图，并标注尺寸 图 2-48　工件三维图 应用 AutoCAD 绘制基本体三视图 三维图 AR

（续）

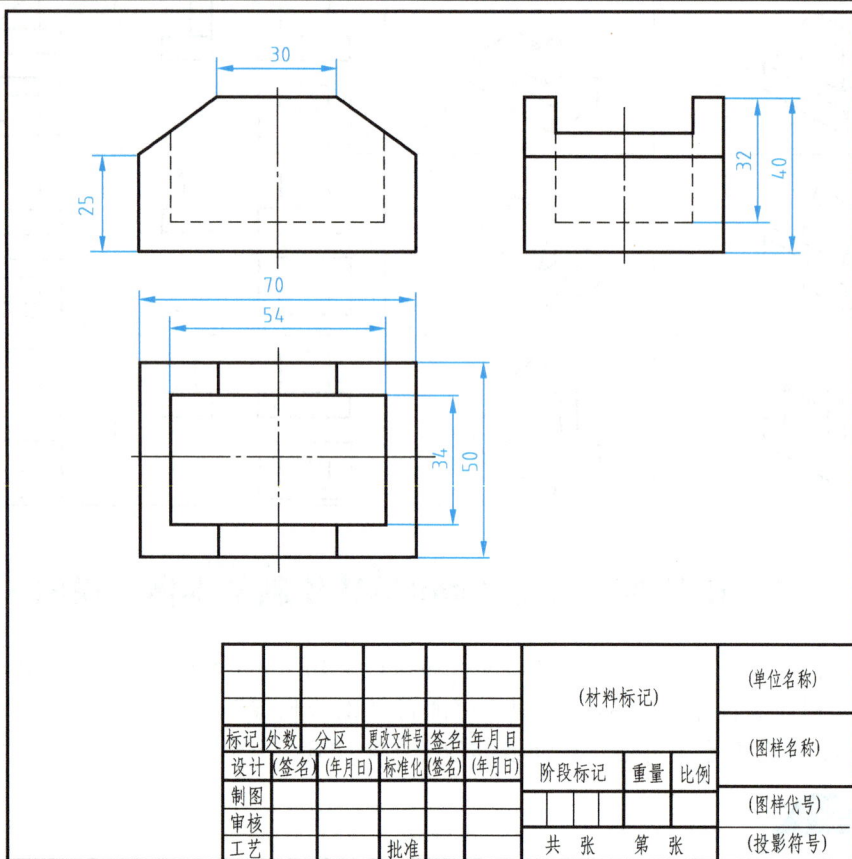

图 2-49 工作样图

任务内容	
任务分析	要在 AutoCAD 中绘制三视图,首先要进行绘图前的相关设置,绘图过程中同样遵循"三等"投影规律,最后进行尺寸标注
成果评定	各组成员独立完成工件三视图的绘制,保存提交,进行自评、互评和教师评价后给定综合评定成绩

任务实施

1. 设置样板图

步骤 1 单击快速访问工具栏中的打开按钮,或按〈Ctrl+O〉组合键,打开"选择文件"对话框,然后在该对话框的"搜索"列表框中单击,找到前面定制的"A4.dwg"文件,最后单击"打开"按钮打开该文件。

步骤 2 确认状态栏中的"极轴追踪""对象捕捉""对象捕捉追踪""动态输入"和"线宽"按钮均处于打开状态。然后右击"极轴追踪"按钮,在弹出的快捷菜单中选择"正在追踪设置"命令,在弹出的"草图设置"对话框中将极轴增量角设置为"30"。

步骤 3 单击"修改"工具栏中的"旋转"按钮 ↻,采用交叉矩形窗口方式选取整个图形并按〈Enter〉键,确定旋转对象,然后捕捉并单击图幅边框的左下角点作为旋转基点,接着输入旋转角度值"90"并按〈Enter〉键,结果如图 2-50 所示。

步骤 4 选择"工具"→"新建 UCS"→"原点"菜单命令,然后捕捉并单击图 2-50 所示的图幅边框的左下角点 A,将坐标系原点移到此处,各坐标轴的方向与图 2-50 相同。

步骤 5 在命令行中输入"LIMITS",按〈Enter〉键可重新设置绘图界限。根据命令行提示依次单击图 2-50 所示的端点 A 和 B,以指定图形界限的左下角点和右上角点。

图 2-50　旋转图框及标题栏

2. 绘制方向符号和对中符号

步骤 1　将"0"图层设置为当前图层。单击"绘图"工具栏中的"直线"按钮，按照国家标准绘制高为 6 的倒置等边三角形，结果如图 2-51 所示。

步骤 2　单击"修改"工具栏中的"移动"按钮，然后选取所绘制的三角形并按〈Enter〉键，接着捕捉图 2-52a 所示三角形上边线的中点并竖直向下移动光标，待出现竖直极轴追踪线时输入位移值"3"，按〈Enter〉键以指定移动基准，最后捕捉下面图框线的中点并单击，结果如图 2-52b 所示。

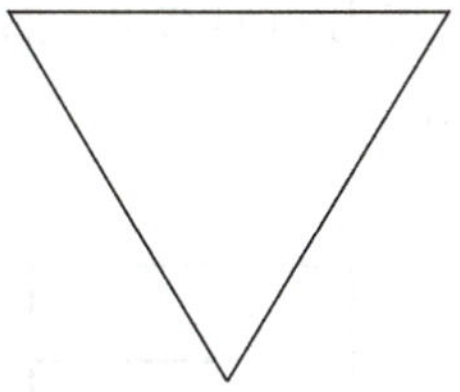

a)　　　　　　　　　　　　　　　b)

图 2-51　绘制方向符号　　　　　　　　图 2-52　移动方向符号

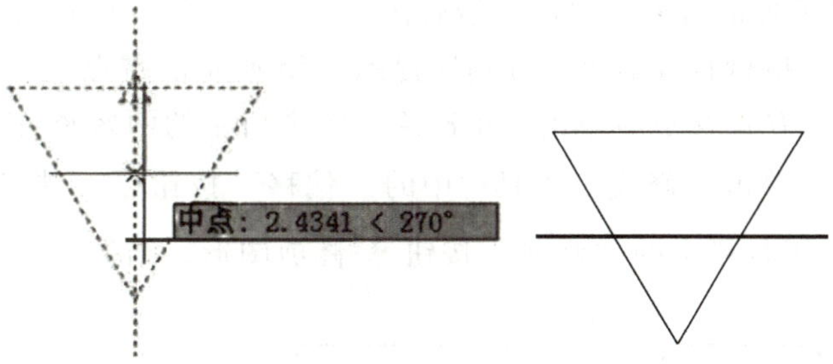

步骤 3　将"粗实线"图层设置为当前图层。执行直线命令，捕捉图框线的中点并向上移动光标，待出现竖直极轴追踪线时输入值"5"并按〈Enter〉键，接着向下移动光标，捕捉图幅边框线的中点并单击，最后按〈Enter〉键结束命令。

步骤 4　按〈Enter〉键重复执行直线命令，分别为其余三条图幅边框线绘制对中符号。

3. 绘制三视图

在绘制完图样的方向符号和对中符号后，接下来应绘制三视图。在使用 AutoCAD 绘制三视图时，无须绘制基准线，只须按照投影关系绘制各视图即可。

提示：在使用 AutoCAD 绘制三视图时，需根据物体的形成过程进行三个视图配合着画，切忌不可一个视图画完再画另一个视图。本例按照先绘制基本体（长方体）的投影，再绘制切角，接着绘制长方体槽，最后标注尺寸。

步骤 1　单击"绘图"工具栏中的"矩形"按钮▭，在绘图区合适位置单击，以指定俯视图中矩形的左下角点，输入"@70，50"，按〈Enter〉键指定矩形的右上角点。

步骤 2　按〈Enter〉键重复执行矩形命令，捕捉图 2-53a 所示的端点并竖直向上移动光标，在合适位置单击后输入"@70，40"，按〈Enter〉键以指定主视图中矩形线框的右上角点。

步骤 3　重复执行矩形命令，采用同样的方法捕捉上一步所绘矩形的右下角点并水平向右移动光标，采用同样的方法绘制长为 50、宽为 40 的矩形，结果如图 2-53b 所示。

步骤 4　执行直线命令，捕捉图 2-54 所示的端点 A 并向上移动光标，待出现竖直极轴追踪线时输入值"25"并按〈Enter〉键，然后绘制图中所示的水平直线 EN。

步骤 5　按〈Enter〉键重复执行直线命令，捕捉水平直线 BC 的中点并向左移动光标，待出现水平极轴追踪线时输入值"15"并按〈Enter〉键，接着捕捉并单击端点 E，以绘制图 2-54 所示的直线 EF。采用同样的方法绘制另外一条倾斜直线 MN。

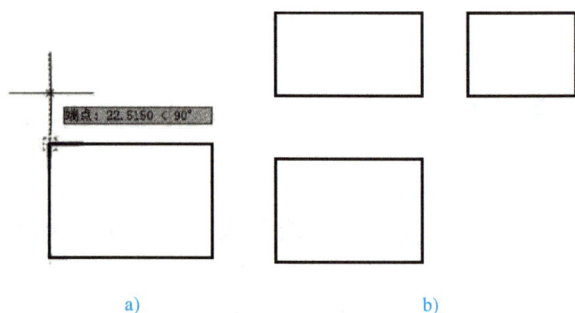

图 2-53　绘制基本体（长方体）的三视图

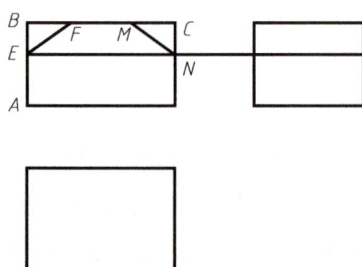

图 2-54　绘制切角（一）

步骤 6　单击"修改"工具栏中的"修剪"按钮✂，按〈Enter〉键将所有对象作为修剪边界，然后在要修剪掉的对象上单击，最后按〈Enter〉键结束命令，结果如图 2-55 所示的主视图。

步骤 7　执行直线命令，分别捕捉图 2-55 所示的端点 A、B 并向下移动光标，待出现的竖直极轴追踪线与直线 CD 的交点时单击，依次绘制图中所示的两条竖直直线。

步骤 8　单击"修改"工具栏中的"偏移"按钮⊏，将俯视图中的矩形向其内侧偏移 8。然后单击"修改"工具栏中的"修剪"按钮✂修剪图形，结果如图 2-56 所示的俯视图。

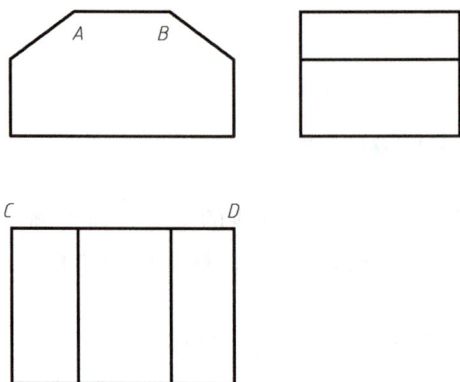

图 2-55　绘制切角（二）

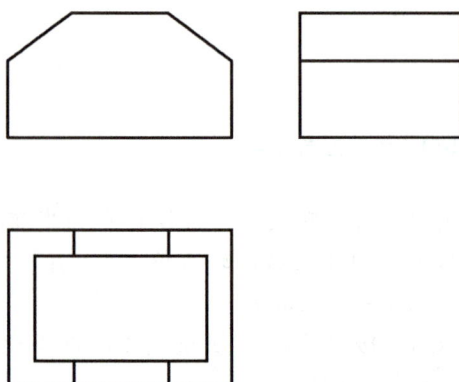

图 2-56　绘制长方体槽（一）

步骤9　将"虚线"图层设置为当前图层。执行直线命令，捕捉图2-57a所示直线AB的中点并向上移动光标，待出现竖直极轴追踪线时输入值"8"并按〈Enter〉键，接着捕捉端点C并向上移动光标，待出现两条垂直相交的极轴追踪线时单击。继续向上移动光标，找到极轴与主视图左侧斜线的交点时单击，最后按〈Enter〉键结束画线命令，图中两条虚线就画好了。

步骤10　单击"修改"工具栏中的"镜像"按钮 △，选取上一步所绘制的两条虚线为镜像对象，并以水平虚线的右端点和主视图中任一水平直线的中点连线为镜像线进行镜像复制，结果如图2-57b所示的主视图。

步骤11　执行直线命令，捕捉图2-57a所示直线EF的中点并向左移动光标，待出现水平极轴追踪线时输入值"17"并按〈Enter〉键，接着向下移动光标并捕捉主视图中竖直虚线与倾斜直线的交点，待出现两条垂直相交的极轴追踪线时单击，然后水平向右移动光标，绘制长度为34的水平直线，接着向上移动光标绘制第三条虚线，结果如图2-57b所示的左视图。

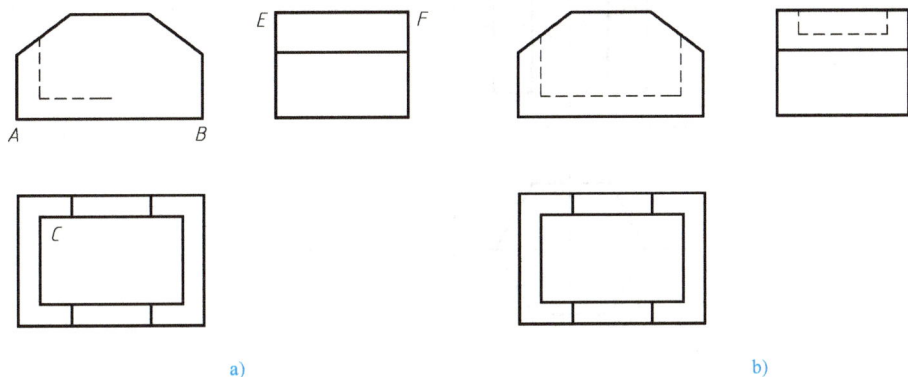

a)　　　　　　　　　　　　　　　　　　b)

图 2-57　绘制长方体槽（二）

步骤12　选取左视图中的三条细虚线，将其置于"粗实线"图层。然后单击"修改"工具栏中的"修剪"按钮 ✂，修剪左视图上边线的中间部分，如图2-58所示。

步骤13　执行直线命令，利用"对象捕捉"和"对象捕捉追踪"功能绘制左视图中的其他虚线，结果如图2-58所示。

4. 标注尺寸

绘制完图形后，须认真检查各视图（主要检查线型是否正确，是否有多线或漏线情况），确认无误后便可开始标注尺寸。

步骤1　将"标注"图层设置为当前图层。在任一工具栏上右击，从弹出的快捷菜单中选择"标注"命令，打开"标注"工具栏。

步骤2　单击"标注"工具栏中的"线性"按钮 ⊢⊣，分别捕捉并单击图2-58所示的端点A、B，然后向左移动光标并在合适的位置单击，确定放置尺寸线的位置，结果如图2-59所示。

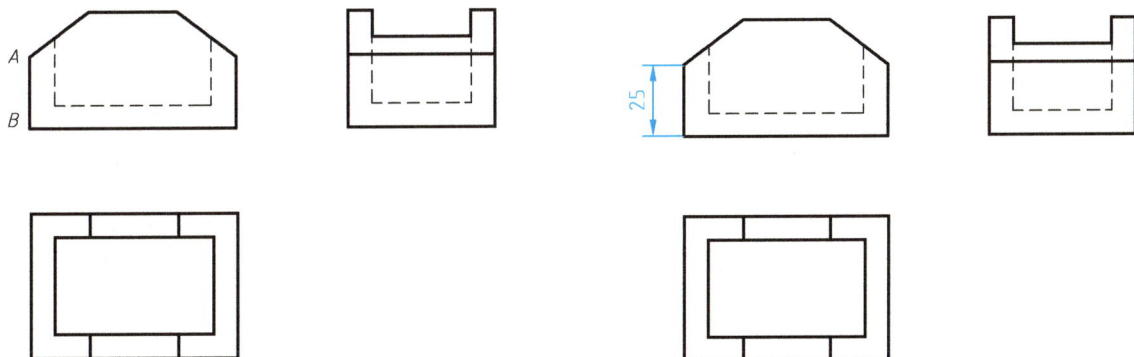

图 2-58　绘制长方体槽（三）　　　　　　　　**图 2-59　标注线性尺寸**

步骤 3　参照工作样图中的标注，在"标注"工具栏中选择所需命令标注其他尺寸。

> **提示：** 标注尺寸时，若所标注的尺寸数字和箭头的大小不合适，可选择"格式"→"标注样式"菜单命令，然后在打开的对话框中选择要修改的标注样式并单击"修改"按钮，接着在打开的"修改标注样式"对话框的"符号和箭头"和"文字"选项卡中设置其大小。本例将其设置为7。

巩固练习

作图题

应用 AutoCAD 绘制如下正六棱柱视图，补画左视图，并完成已知点 A 在其余两个视图的投影。

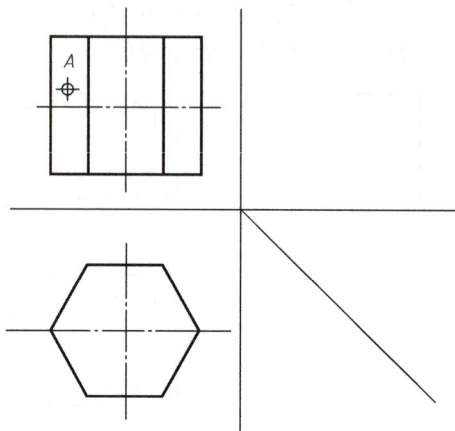

立体表面交线的绘制

机械零件大多数是由一些基本体根据不同的要求组合而成的，基本体之间的相交或相切在立体表面会出现一些交线。常见的交线可分为两类：一类是平面与立体表面相交产生的交线；另一类是两立体表面相交产生的交线。

🔄 项目目标

1. 了解截交线和相贯线的基本概念及投影特性。
2. 掌握截交线和相贯线的投影画法。
3. 熟练掌握使用 AutoCAD 绘制截交线和相贯线的基本方法。

任务一　绘制立体表面的截交线

零件往往是由一些简单的形体经过叠加、挖切等形式组合而成的。在组合的过程中，一个立体被平面截切时会产生交线，该交线称为截交线。本任务就来学习截交线的性质及投影画法。

学习任务单

任务目标	知识点： 1）熟悉立体表面截交线的概念 2）熟悉立体表面截交线的基本性质 3）掌握求作常见截交线的基本方法 技能点： 1）能够熟练使用绘图工具绘制简单截交线 2）能够具备一定的空间想象能力
任务内容	如图 3-1 所示，画出圆锥被正垂面切割后的投影  图 3-1　正垂面切割圆锥
任务分析	要绘制立体表面的截交线，首先要分析截交线的形状，明确截交线在各投影面上的投影特性，其次要掌握截交线的性质及画法
成果评定	各组成员独立完成正垂面切割圆锥的投影绘制，进行自评、互评和教师评价后给定综合评定成绩

相关知识

在机件上常有平面与立体相交（平面截切立体）而形成的交线，平面与立体表面相交的交线称为截交线。这个平面称为截平面，形体上截交线所围成的平面图形称为截断面被截切后的形体称为截断体，如图3-2所示。

从图3-2中可知，截交线既在截平面上，又在形体表面上，它具有以下性质：

1）立体表面的截交线为立体表面与截平面的共有线；立体表面的截交线上的点为立体表面与截平面上的共有点。

2）因为截交线属于截平面上的线，所以截交线一般是封闭的平面折线或带有曲线的平面图形。

3）截交线的形状取决于被截立体的形状及截平面与立体的相对位置。

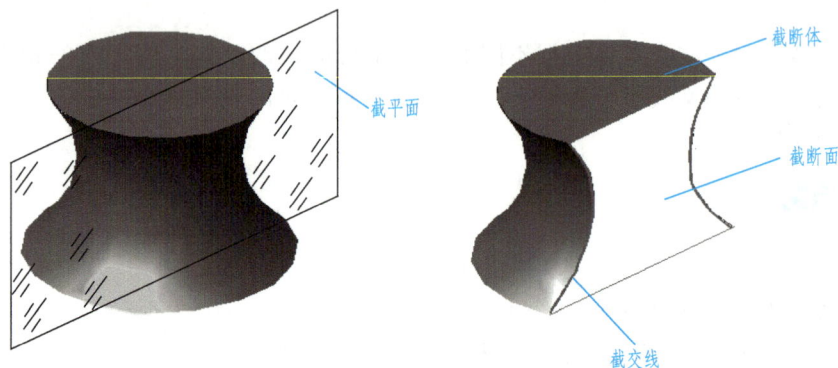

图 3-2　截交线的概念

一、截交线

1. 作截交线的方法

由于截交线是截平面与立体表面的共有线，截交线上的点即是截平面与立体表面的共有点。所以，求截交线的基本问题是求一系列共有点的投影，其实质是在立体的表面上取点并求其投影的问题。

当平面与回转体相交时，截交线一般为平面曲线，有时为曲线与直线围成的平面图形（椭圆、三角形、矩形等），但当截平面与回转面的轴线垂直时，任何回转面的截交线都是圆。求作截交线上共有点的方法有以下三种。

（1）积聚性法　利用截平面和圆柱的积聚投影及共有点的性质求出截交线的另一投影。

（2）辅助素线法　在曲面立体表面取若干素线，并求出这些素线与截平面的交点，即是截交线上的点。

（3）辅助圆法　在曲面立体表面取若干个纬圆，并求出这些纬圆与截平面的交点，将其依次光滑连接即得出截交线。

2. 截交线上的特殊点

特殊点是指绘制曲线时有影响的各种点，具体有以下4种。

（1）极限点　确定曲线范围的最高、最低、最前、最后、最左和最右点。

（2）转向点　曲线上处于曲面投影转向线上的点，它们是区分曲线可见与不可见部分的分界点。

（3）特征点　曲线本身具有特征的点，如椭圆长短轴上4个端点。

（4）接合点　截交线由几部分不同线段（曲线、直线）组成时接合处的那些点。

3. 截交线的作图步骤

1）分析截平面与立体的相对位置，从而了解截交线的类型和形状。

2）分析截平面与投影面的相对位置，以便充分利用投影特性，如积聚性、实形性等。

3）求作特殊点。

4）根据需要求出若干中间点，并且判断其可见性。

5）依次光滑连接各点。

6）整理可见与不可见部分的轮廓线。

注意：作图时，应特别留意轮廓线的投影；当截交线的投影为直线或圆时，可直接作图。

二、平面立体的截交线

平面立体的截交线是一封闭的平面多边形。多边形的各边是截平面与立体表面的共有线，而多边形的顶点是截平面与立体棱线的共有点。因此，求平面立体的截交线，实质就是求截平面与被截各棱线共有点的投影问题。

【例 3-1】　试求四棱锥的截交线。

分析：如图 3-3 所示，四棱锥被截切，截交线为四边形，其顶点分别是 4 条棱线与截平面的交点。因此，只要求出截交线四个顶点在各投影面上的投影，然后依次连接各点的同面投影，即得截交线的投影。因为截交线的正面投影具有积聚性（已知），所以只需求出截交线的水平投影和侧面投影。

作图步骤如图 3-3 所示。

1）作特殊点。以正面投影图轮廓线上的 1′、2′、3′、（4′）为特殊点，由 Ⅰ、Ⅱ、Ⅲ、Ⅳ 这 4 点的正面投影和水平投影可作出它们的侧面投影，并且其点 1 是最高点，点 3 是最低点，主视图中点 2′可见，点 4′不可见。根据对四棱锥截交线的分析，截平面是任意四边形。

2）依次用直线连接点 1″、2″、3″、4″，即得截交线的侧面投影。

3）加粗轮廓线。

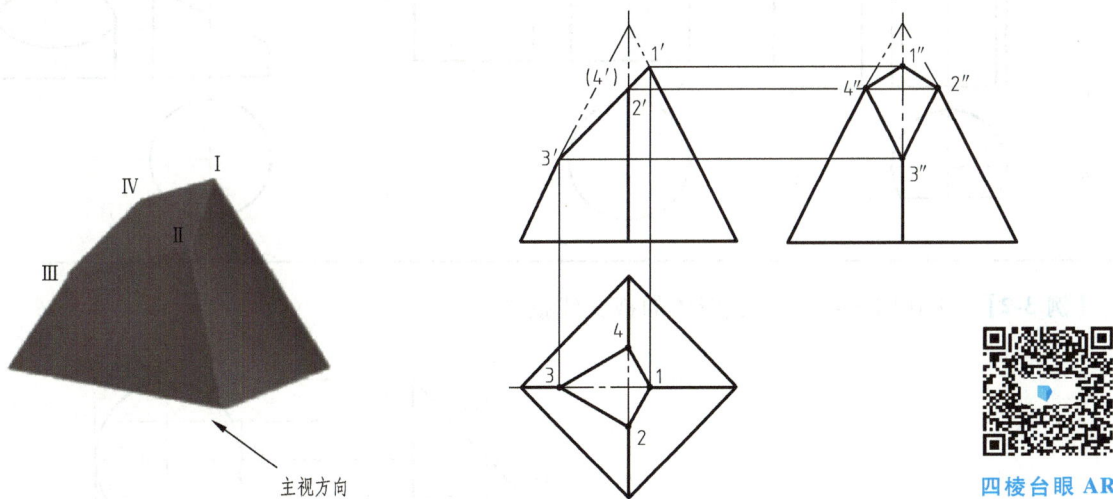

四棱台眼 AR

图 3-3　四棱锥截切为四棱台

三、回转体的截交线

1. 截交线的画法

当平面与回转体相交时，所得的截交线是闭合的平面图形，截交线的形状取决于回转面的形状和截平面与回转面轴线的相对位置。一般为平面曲线，有时为曲线与直线围成的平面图形、椭圆、三角形、矩形等，但当截平面与回转面的轴线垂直时，任何回转面的截交线都是圆。求回转面截交线投影的一般步骤如下。

1）分析截平面与回转体的相对位置，从而了解截交线的形状。

2）分析截平面与投影面的相对位置，以便充分利用投影特性，如积聚性、实形性等。

3）当截交线的形状为非圆曲线时，应求出一系列共有点。先求出特殊点（大多数在回转体的转向轮廓线上），再求一般点，对回转体表面上的一般点则采用辅助线的方法求得，然后光滑连接共有点，求得截交线投影。

2. 圆柱的截交线

根据截平面对圆柱体轴线的位置不同，其截交线有三种情形：圆、椭圆、矩形。圆柱体截交线的形式见表3-1。当截交线为平面曲线时，应先作出所有特殊点的投影，再作出一定数量的一般点的投影，最后光滑连线并判断可见性，可见的线画成粗实线，不可见的线画成虚线。其中，应以圆柱截切产生圆和矩形为主，熟悉求取直线位置和长度的方法。

表 3-1　圆柱体截交线的形式

截平面的位置	与轴线平行	与轴线垂直	与轴线倾斜
轴测图			
投影图			

【例 3-2】　求作图 3-4a 所示截断体的截交线投影。

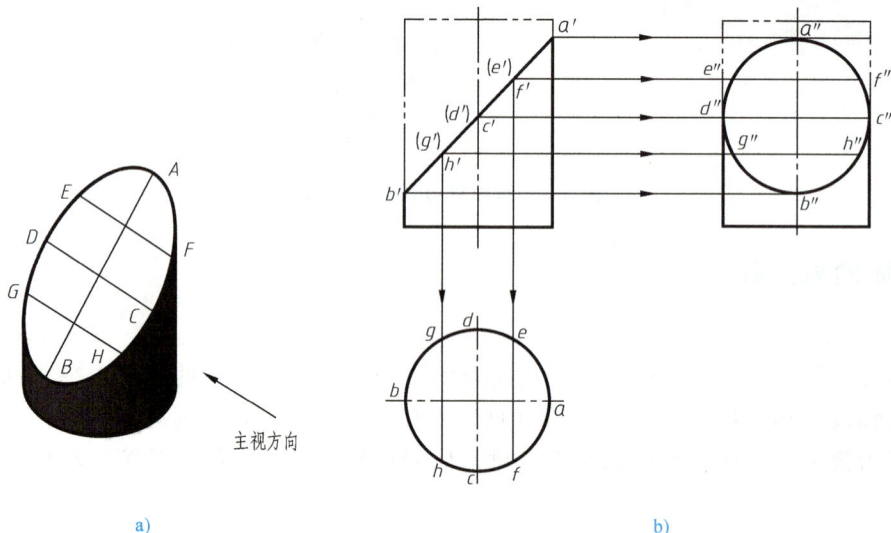

a)

b)

图 3-4　圆柱截切为椭圆

圆柱被正垂面
截断的画图
步骤

解： 作图步骤如图 3-4b 所示。

1）作特殊点。以正面投影图上各转向轮廓线上的 a'、b'、c'、（d'）为特殊点，由 A、B、C、D 四点的正面投影和水平投影可作出它们的侧面投影 a''、b''、c''、d''，并且其中点 A 是最高点，点 B 是最低点。根据对圆柱截交线椭圆的长、短轴分析，可以看出垂直于正面的 CD 是短轴，而与它垂直的直径 AB 是椭圆的长轴，长、短轴的侧面投影 $a''b''$、$c''d''$ 仍应互相垂直。

2）作一般点。在主视图上取 f'（e'）、h'（g'）点，其水平投影 f、e、h、g 在圆柱面积聚性的投影上。因此，可求出侧面投影 f''、e''、h''、g''。一般取点的多少可根据作图准确程度的要求而定。

3）依次光滑连接 a''、e''、d''、g''、b''、h''、c''、f''、a''，即得截交线的侧面投影。

常见圆柱体的截交线三视图见表 3-2。

表 3-2　常见圆柱体的截交线三视图

截平面的位置	圆柱体切槽	圆柱孔切槽	方形通孔
轴测图			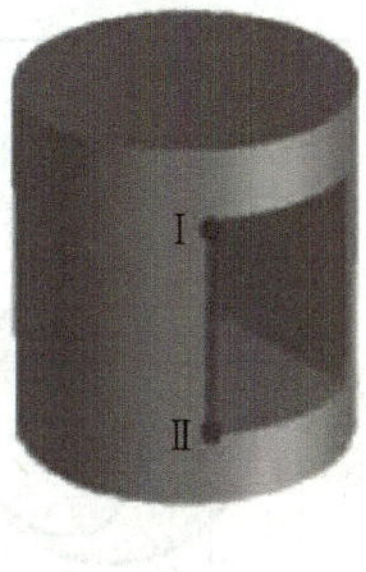
投影图	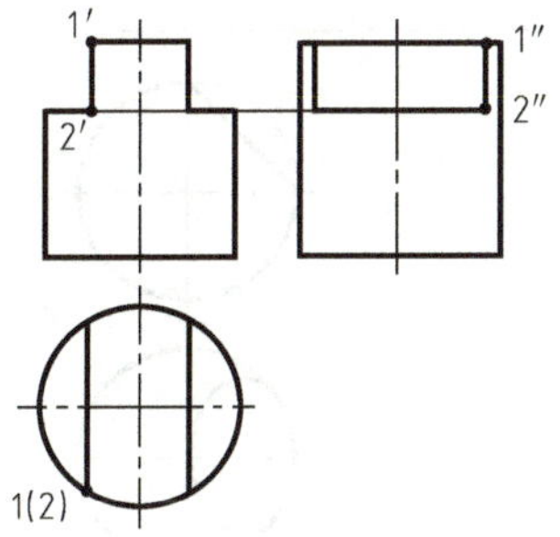	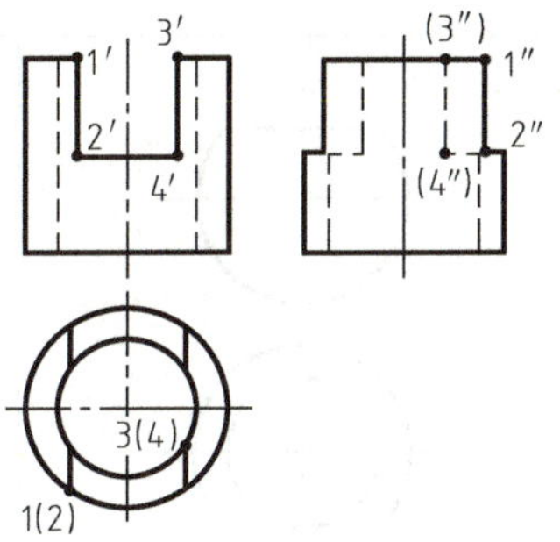	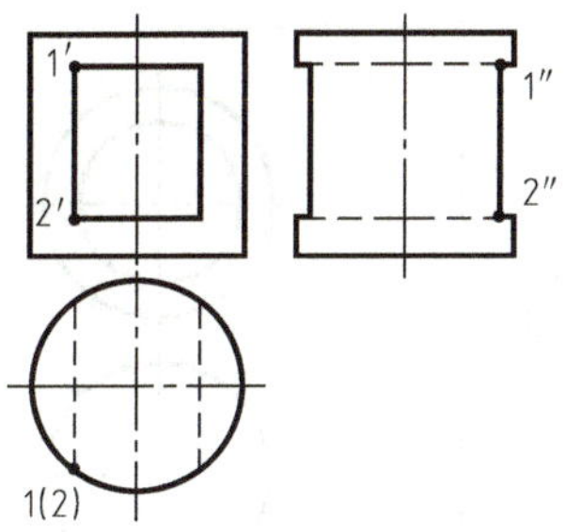

3. 圆锥的截交线

根据截平面对圆锥轴线位置的不同，其截交线有 5 种情形：圆、椭圆、抛物线（截平面平行任一素线）、双曲线（截平面平行轴线）及三角形（截平面过锥顶）。

圆锥体的截交线形式见表 3-3。

4. 圆球的截交线

平面与球的截交线均为圆。当截平面平行投影面时，截交线在该投影面上的投影反映真实大小的圆，而另两投影则分别积聚成直线。

（1）截平面与圆球的交线　截平面与圆球的交线见表 3-4。

表 3-3　圆锥体的截交线形式

截平面的位置	与轴线垂直	过圆锥顶点	平行于任一素线	与轴线倾斜	与轴线平行
轴测图	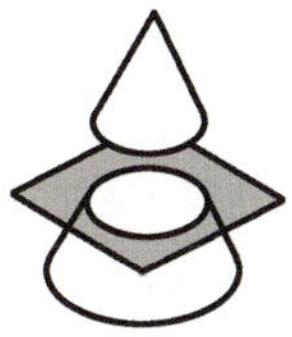	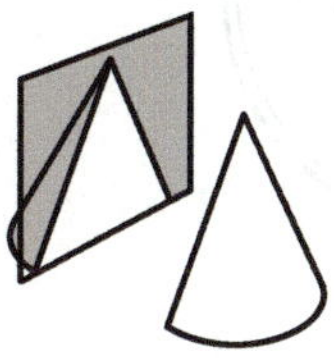			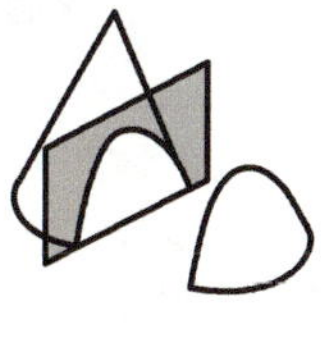

（续）

截平面的位置	与轴线垂直	过圆锥顶点	平行于任一素线	与轴线倾斜	与轴线平行
投影图					
截交线的形状	圆	等腰三角形	抛物线加直线	椭圆	双曲线加直线

表 3-4 截平面与圆球的交线

截平面的位置	与 V 面平行	与 H 面平行	与 V 面垂直
轴测图			
投影图			

（2）圆球的截交线作图步骤 作图步骤如图 3-5 所示。

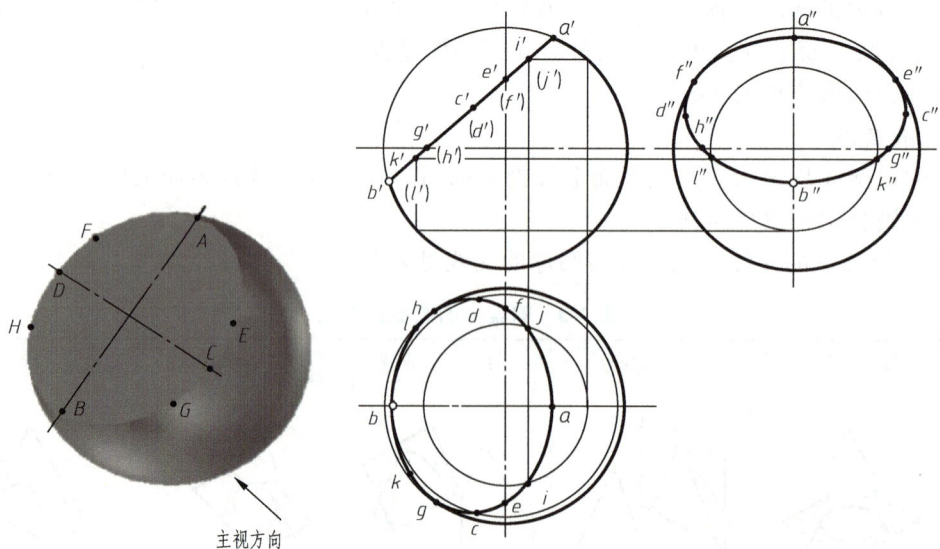

图 3-5 圆球的截交线

1）分析。该截平面垂直于 V 面，其截交线的正面投影积聚为一直线，水平和侧面投影需要求出。

2）作特殊点。以正面投影图上各转向轮廓线上的 a'、b'、c'、(d')、e'、(f')、g'、(h') 为特殊点，并且其中点 a' 是最高点，点 b' 是最低点，点 c'（d'）是中点，点 e'（f'）、g'（h'）是球体转向轮廓素线与截平面的交点。根据以上分析找出特殊点在三个视图中的投影。

3）作一般点。点 i'（j'）、k'（l'）是一般点，根据辅助圆法作出其三面投影。

4）依次光滑连接各点，即得截交线的三面投影。

思政拓展：用联系的观点看问题

由空间的点、线、面做出其投影，到由投影想象点、线、面的空间位置，这是一个互逆的过程，但是难度差别很大，应理解基础知识的重要性；可通过点到投影面的距离、点的方位等进行综合训练，通过引入三段论、个体与全局的观点，培养学生逻辑思维能力和辩证思维能力，培养学生正确的方法论和世界观，同时引入宏观世界和微观世界的联系。

任务实施单

绘图步骤	图示
1）投影分析:圆锥被正垂面截切,截平面与圆锥相交,截交线为椭圆	
2）定中心线、轴线位置	
3）画圆锥基本体的投影	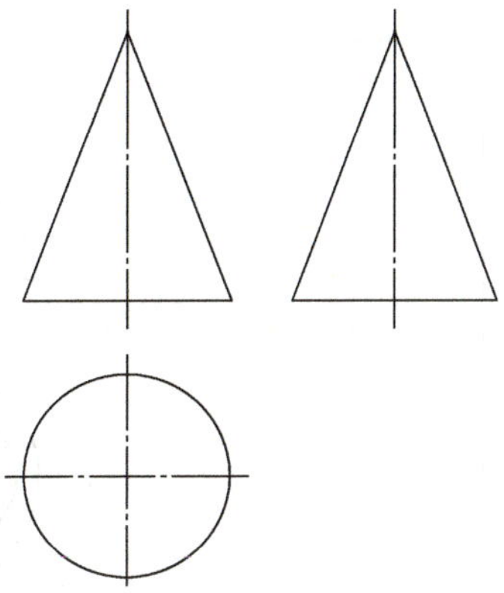

（续）

绘图步骤	图示
4）画截交线的正面投影	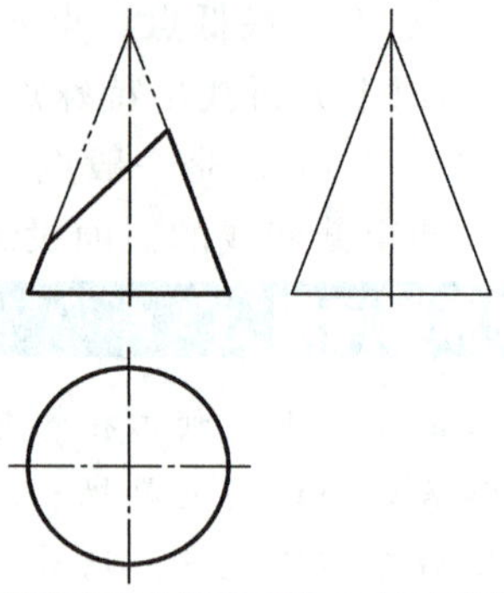
5）作特殊点	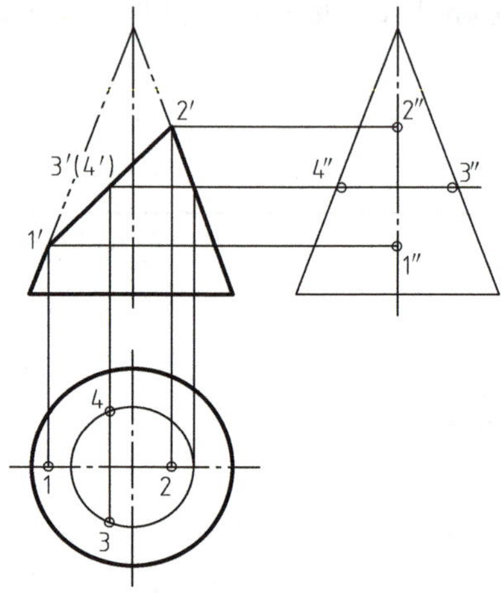
6）作中间点	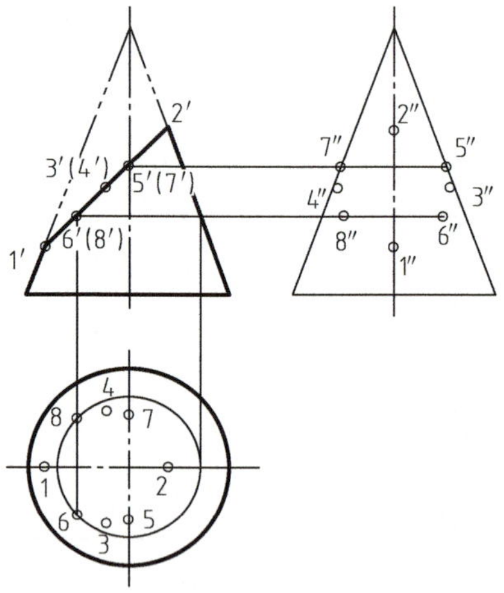
7）依次光滑连接水平投影和侧面投影中的各点即得截交线的投影	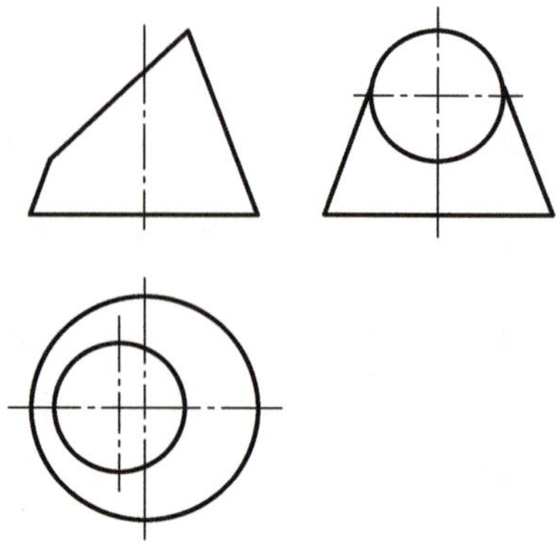

巩固练习

作图题

分析立体的截交线，补画第三视图。

1)

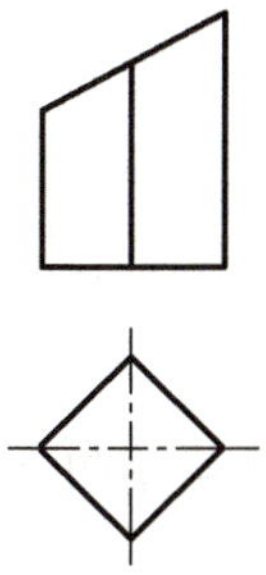

2)

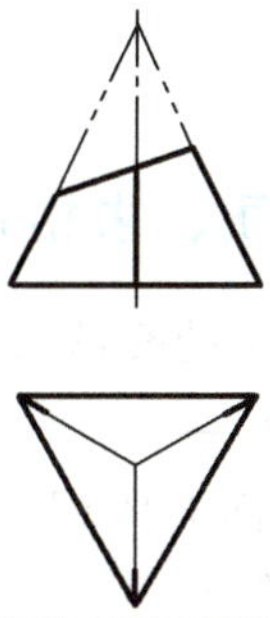

3)

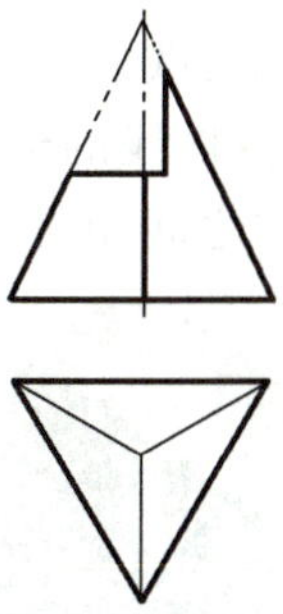

4)

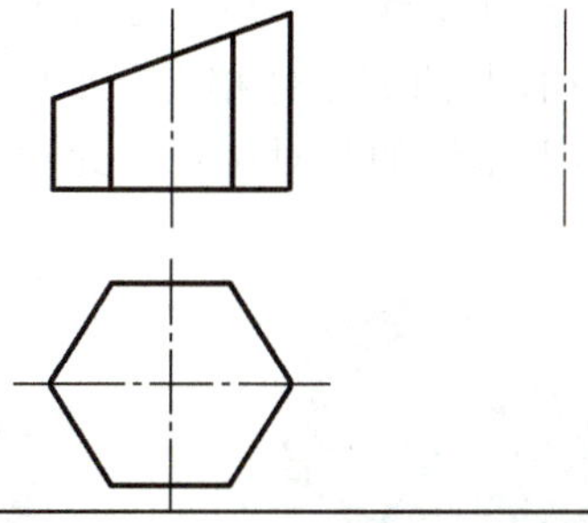

任务二　绘制立体表面的相贯线

机件大多数是由一些基本体根据不同的要求组合而成的，在组合过程中，立体与立体相交时表面会出现相贯线，因此需要掌握相贯线的性质及投影画法。

学习任务单

任务目标	知识点： 1) 熟悉立体表面相贯线的概念 2) 熟悉立体表面相贯线的基本性质 3) 掌握求作常见相贯线的基本方法
	技能点： 1) 能够熟练使用绘图工具绘制简单相贯线 2) 具备一定的空间想象能力
任务内容	如图 3-6 所示，画出正交圆柱相贯线的投影 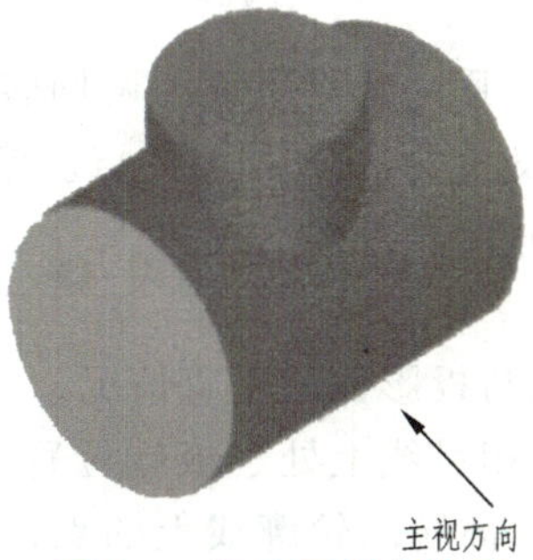 主视方向 图 3-6　正交圆柱立体图

（续）

任务分析	要绘制立体表面的相贯线,首先要分析相贯线的形状,明确相贯线在各投影面上的投影特性,其次要掌握相贯线的性质及画法
成果评定	各组成员独立完成正交圆柱相贯线投影的绘制,进行自评、互评和教师评价后给定综合评定成绩

相关知识

一、相贯线的性质、求相贯线的方法和作图步骤

两立体相交表面产生的交线称为相贯线。

1. 两立体相贯的分类

（1）平面立体与平面立体相交 平面立体与平面立体相交所得的交线是一条闭合空间曲线。求这些交线实质就是求各棱线与另一立体表面交点的问题。

（2）平面立体与曲面立体相交 平面立体与曲面立体相交所得的交线是由若干段平面曲线所组成的封闭曲线。求这些交线的实质就是求平面立体各平面与曲面立体相交的截交线。

（3）曲面立体与曲面立体相交 如图 3-7 所示,当两回转体相交时,相贯线的形状取决于回转体的形状、大小以及轴线的相对位置。此次任务主要介绍较为复杂的两回转体之间相贯线的作法。

图 3-7 曲面立体与曲面立体相交

2. 相贯线的性质

1）相贯线是两立体表面的共有线,是两立体表面共有点的集合。

2）相贯线是两相交立体表面的分界线。

3）一般情况下,相贯线是封闭的空间曲线,特殊情况下可以是平面曲线或直线段。

根据上述性质可知,求相贯线就是求两回转体表面的共有点,将这些点光滑地连接起来,即得相贯线。

3. 求相贯线的常用方法

（1）用积聚性求相贯线 利用面上取点的方法求相贯线。在相交的两回转体中,只要有一个是圆柱且其轴线垂直于某投影面时,圆柱面在这个投影面上的投影具有积聚性,因此,相贯线在这个投影面上的投影就是已知的。这时,根据相贯线共有线的性质,利用面上取点的方法求得相贯线的其他投影。

（2）用辅助平面法求相贯线 用一辅助平面与两回转体同时相交,辅助平面分别与两回转体相交得两组截交线,这两组截交线的交点为相贯线上的点。常用的辅助平面为投影面的平行面或垂直面,以使辅助平面与两立体表面交线的投影为直线或圆。

4. 求相贯线的作图步骤

1）首先,分析回转体的轴线与投影面的垂直情况,找出回转体的积聚性投影。

2）作特殊点。特殊点一般是相贯线上处于极端位置的点,有最高点、最低点、最前点、最后点、最左点、最右点,这些点通常是曲面转向轮廓线上的点,求出相贯线上的特殊点,便于确定相贯线的范围和变化趋势。

3）作一般点。为准确作图，需要在特殊点之间插入若干一般点。

4）判别可见性。相贯线只有同时位于两个回转体的可见表面上时，其投影才是可见的。

5）光滑连接。只有相邻两素线上的点才能相连，连接要光滑，注意轮廓线要到位。

5. 利用积聚性求相贯线

在对其进行投影分析的基础上，应先作出特殊点，再作一般点，最后用光滑曲线连接，具体作图步骤见任务实施单。

6. 利用辅助平面法求相贯线

圆柱与圆锥的相贯线画法如图 3-8 所示。

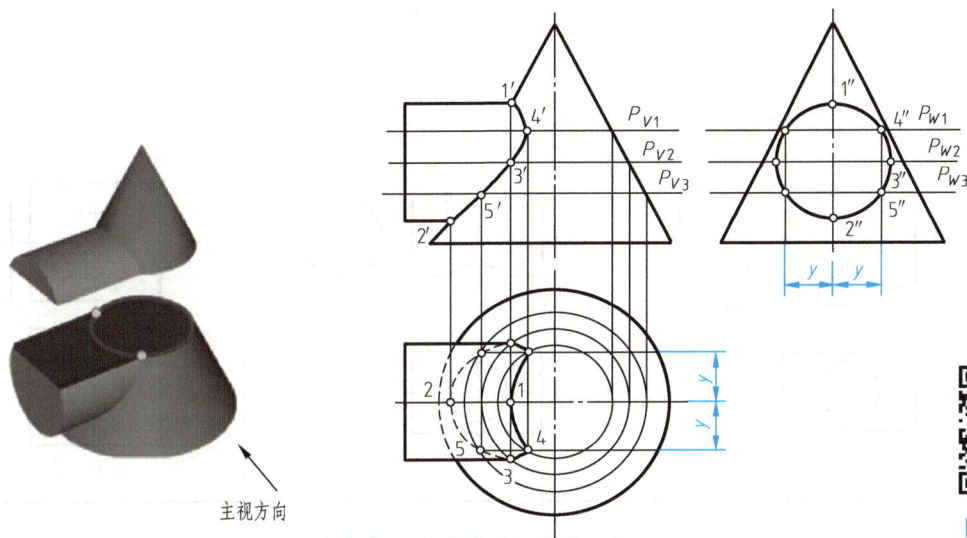

图 3-8　圆柱与圆锥的相贯线画法

圆柱与圆锥相交 AR

1）分析。圆柱与圆锥垂直相交，利用辅助平面法求共有点画图。选取水平面为辅助平面。圆柱在侧面投影有积聚性，是一个圆；圆锥在正面投影和侧面投影中显示原形，容易画出。

2）作特殊点。由侧面投影可知 1″、2″是相贯线上最高点和最低点的投影，它们是两回转体正面投影外形轮廓线的交点，可直接定出 1′、2′，并由此投影确定水平投影 1、2；而 3″是相贯线上最前点的投影，它在圆柱水平投影外形轮廓线上。过圆柱轴线作水平面 P_2 为辅助平面，求出平面 P_2 与圆锥面截交线圆的正面投影 P_{V2}，利用辅助圆法可求出相贯线最前点的水平投影 3，并由此求出正面投影 3′。

3）作一般点。在最高点 1 和最低点 2 之间作水平面 P_1 为辅助平面，并作出 P_1 与圆锥截交线的正面投影 P_{V1}、侧面投影 P_{W1} 及水平投影（圆），P_{W1} 与水平圆柱的侧面投影的前交点即为一般点 4 的侧面投影 4″，根据"宽相等"求出一般点 4 的水平投影，并由此求出正面投影 4′；同理，再作一水平辅助平面 P_3，可求出一般点 5 的三面投影 5″、5、5′。

4）依次光滑连接各点，即得相贯线的正面投影和水平投影。

二、相贯线的产生

1. 两圆柱正交的相贯线

两圆柱正交的相贯线在机械零件上是常见的，它可能在立体的外表面，也可能在立体的内表面，具体见表 3-5。

2. 两圆柱直径变化的相贯线

两圆柱直径变化的相贯线见表 3-6，它表明了当两圆柱相贯时，两圆柱面的直径大小变化对相贯线空间形状和投影形状变化的影响。这里要特别指出的是，当轴线相交的两圆柱面公切于一个球面时，两圆柱面直径相等，相贯线是平面曲线（椭圆），且椭圆所在的平面垂直于两条轴线所决定的平面。

表 3-5　两圆柱正交的相贯线

两圆柱相交	外表面相交	外表面与内表面相交	内表面相交
轴测图	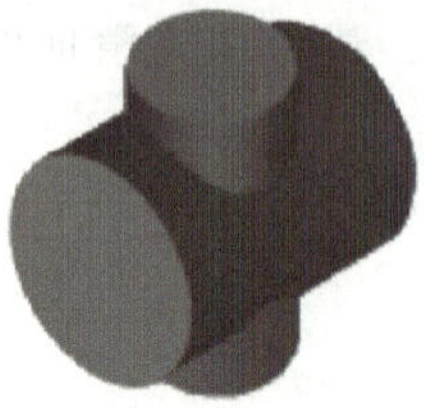	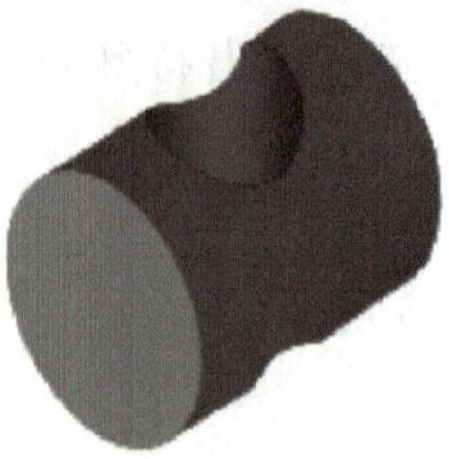	
投影图	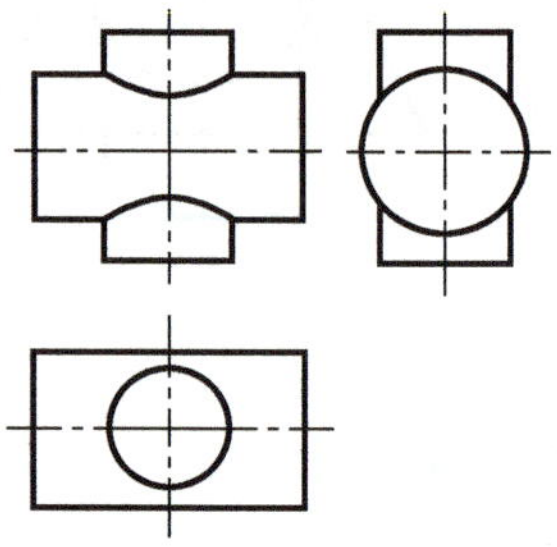	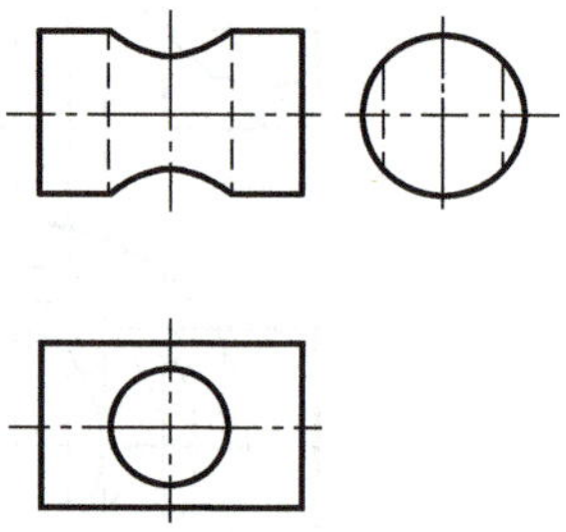	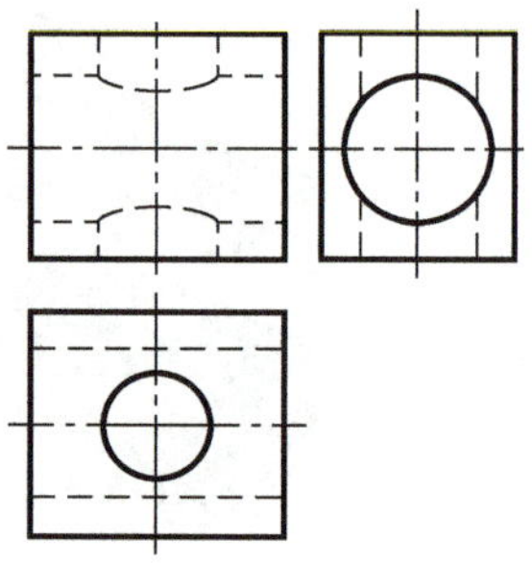

表 3-6　两圆柱直径变化的相贯线

两圆柱直径变化	垂直圆柱直径小于水平圆柱直径	两圆柱直径相等	垂直圆柱直径大于水平圆柱直径
轴测图	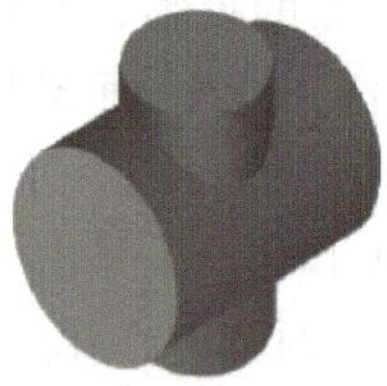	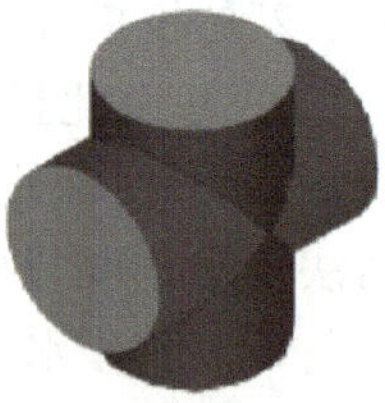	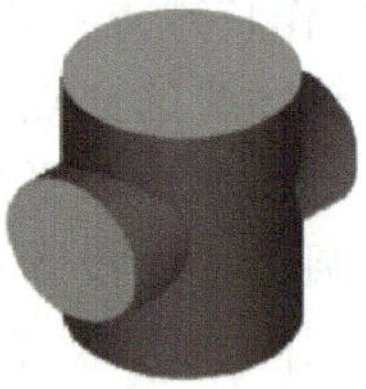
投影图	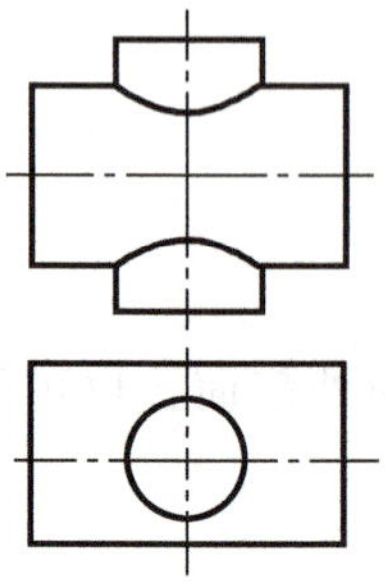	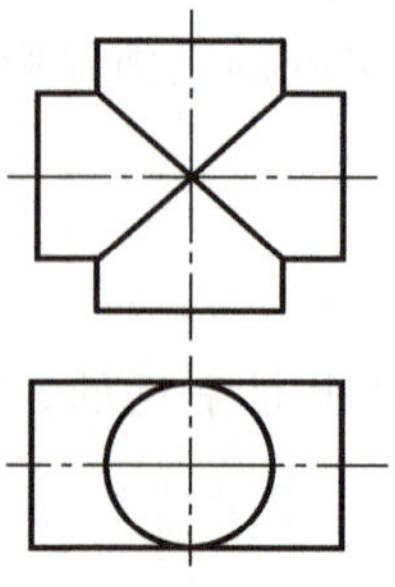	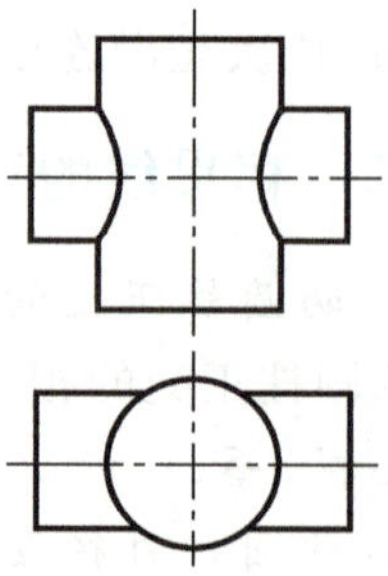

3. 两圆柱位置变化的相贯线

垂直圆柱向前运动得到不同的相贯线形状。两圆柱位置变化的相贯线见表 3-7。

表 3-7　两圆柱位置变化的相贯线

两圆柱位置变化	垂直圆柱向前运动			
轴测图	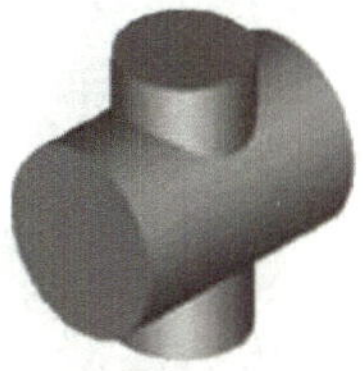	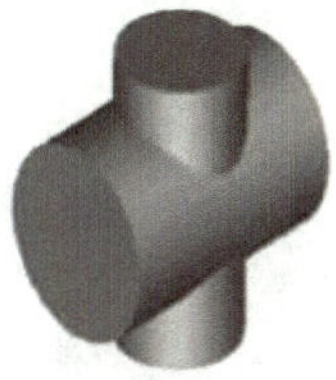	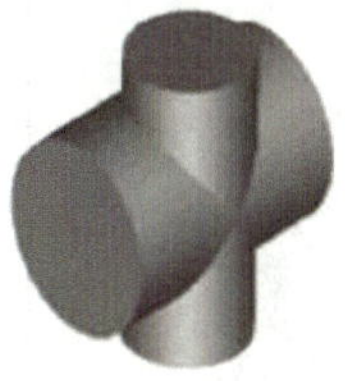	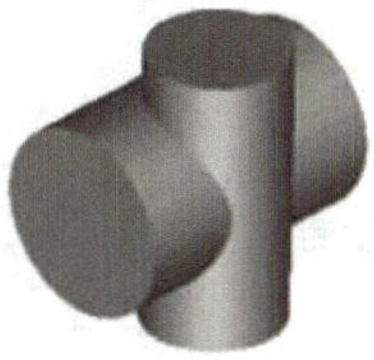
投影图	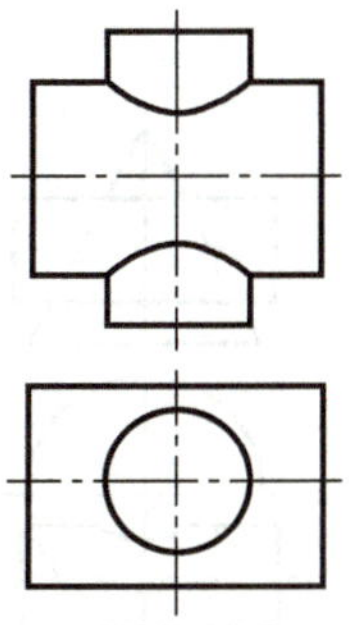	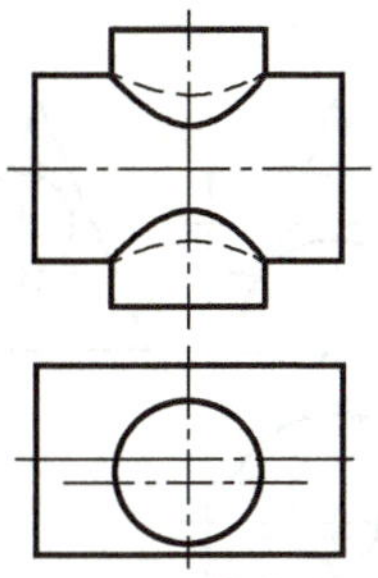	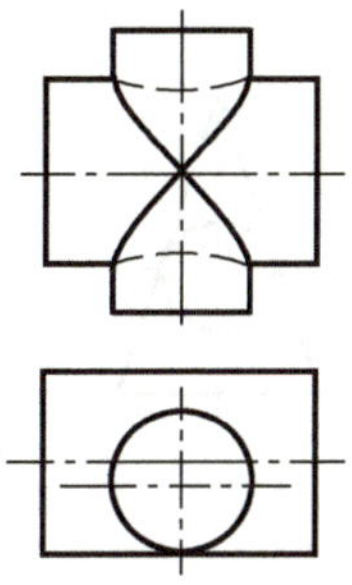	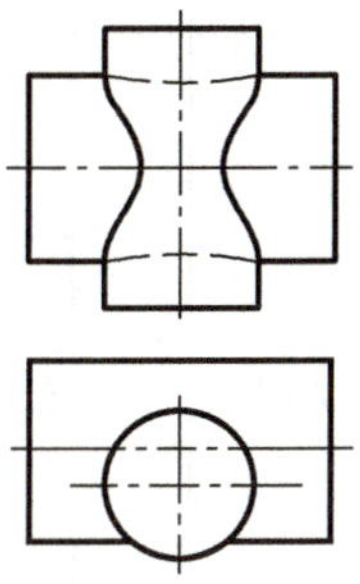

4. 圆柱与圆锥相交直径变化的相贯线

正交的圆柱与圆锥相对大小和位置的变化将引起相贯线的变化。当圆柱直径增大时，相贯线的形状见表 3-8，当水平圆柱向前运动时，相贯线的形状见表 3-9。

表 3-8　不同直径的圆柱与圆锥相交

圆柱直径变化	圆柱穿过圆锥	圆柱与圆锥公切于球面	圆锥穿过圆柱
轴测图			
投影图	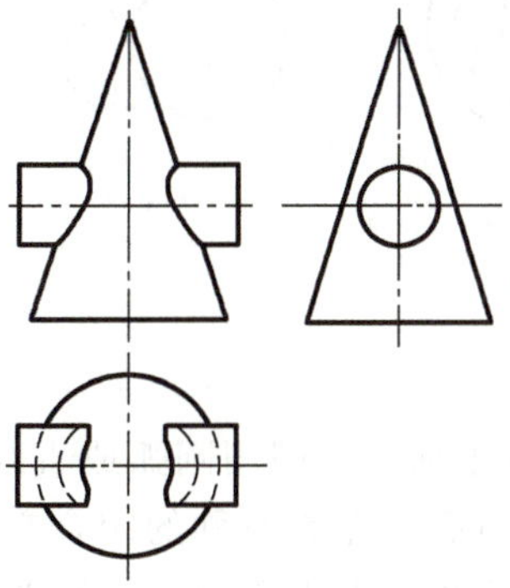	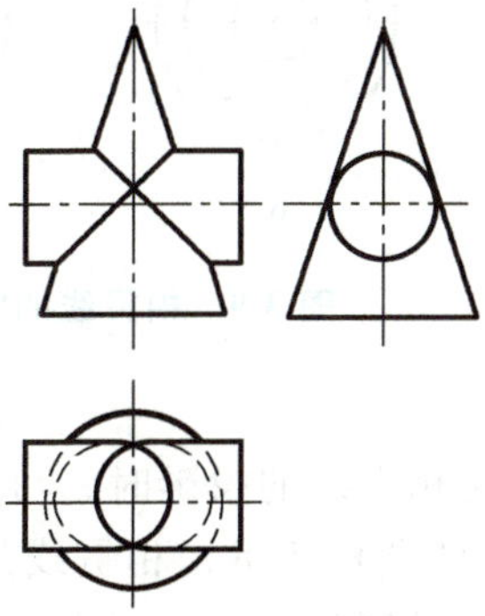	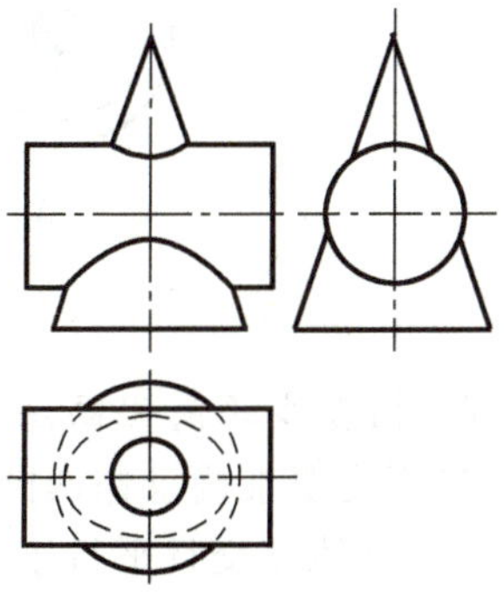

表 3-9　圆柱与圆锥位置变化的相贯线

圆柱位置变化	水平圆柱向前运动		
轴测图			
投影图			

5. 相贯线的特殊情况

1）当相交两回转体具有公共轴线时，相贯线为圆，在与轴线平行的投影面上相贯线的投影为一直线段，在与轴线垂直的投影面上相贯线的投影为圆的实形，如图 3-9a、b、c 所示。

2）当圆柱与圆柱相交时，若两圆柱轴线平行，则其相贯线为直线，如图 3-9d 所示。

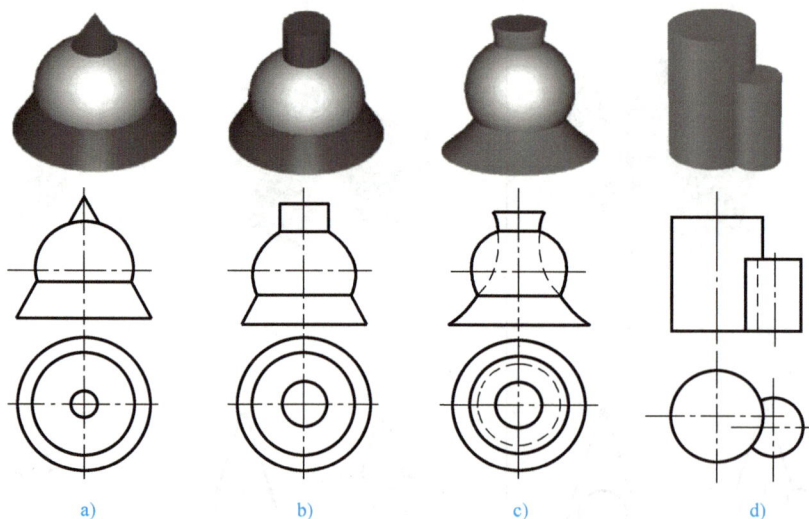

图 3-9　相贯线的特殊情况

6. 相贯线的简化画法

当不需要准确求作两圆柱正交相贯线的投影时，可采用简化画法，即用圆弧或直线代替相贯线。

1）轴线正交且平行于 V 面的两圆柱相贯，相贯线是一条前后、左右对称的闭合空间曲线，小圆柱轴线垂直于水平面，相贯线的水平投影为圆（与小圆柱面的积聚性投影重合），大圆柱面的轴线垂直于侧面，相贯线侧面投影为圆（与大圆柱面的积聚性投影重合），只需补画相贯线的正面投影。相贯线的正面投影可用与大圆柱半径相等的圆弧来代替。圆弧的圆心在小圆柱的轴线上，圆弧通过 V 面转向线的两个交点，并凸向大圆柱的轴线，如图 3-10 所示。

2）对于轴线垂直偏交且平行于 V 面的两圆柱相贯，非圆曲线的相贯线可简化为直线，如图 3-11a、b 所示。

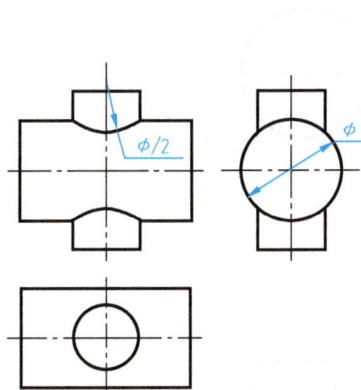

a) 简化前　　　　　　　　　　b) 简化后

图 3-10　相贯线的简化画法（一）　　　　图 3-11　相贯线的简化画法（二）

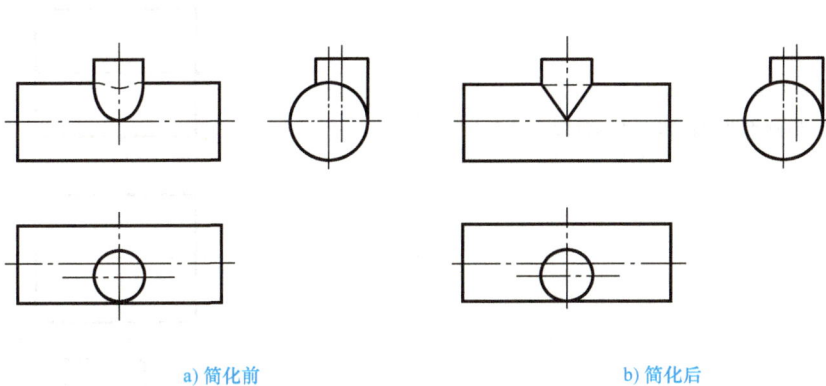

任务实施单

绘图步骤	图示
1）投影分析：两个不等直径的圆柱正交，相贯线为一条闭合的空间曲线。大圆柱的轴线垂直于侧面，相贯线的侧面投影积聚在大圆周上；同理，小圆柱的轴线垂直于水平面，相贯线的水平投影积聚在小圆周上。因此可根据水平投影和侧面投影求作相贯线的正面投影	主视方向 两圆柱正交 AR
2）定中心线、轴线位置	

（续）

绘图步骤	图示
3）画水平圆柱基本体的投影	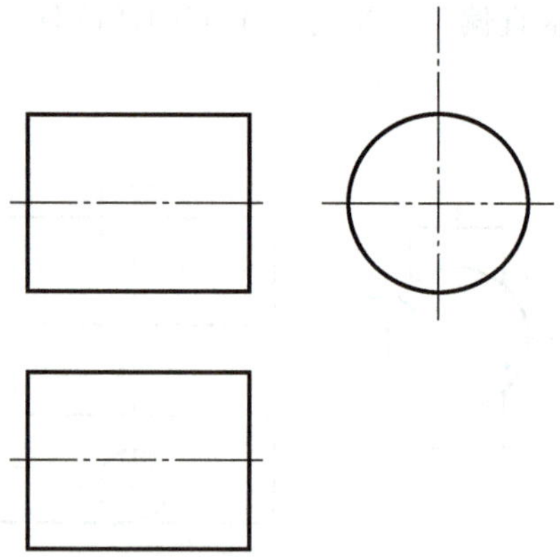
4）画垂直圆柱基本体的投影	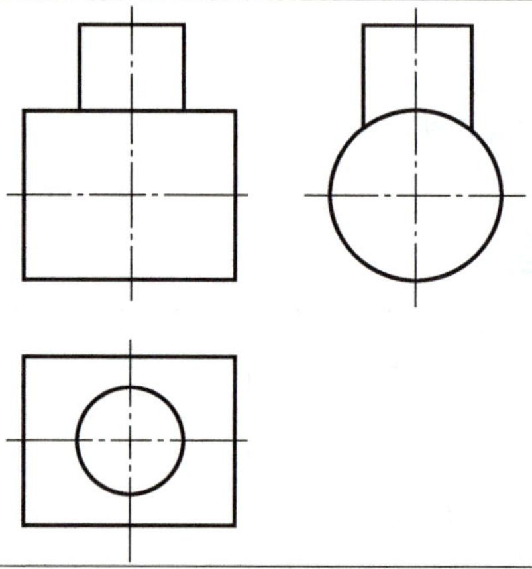
5）作特殊点	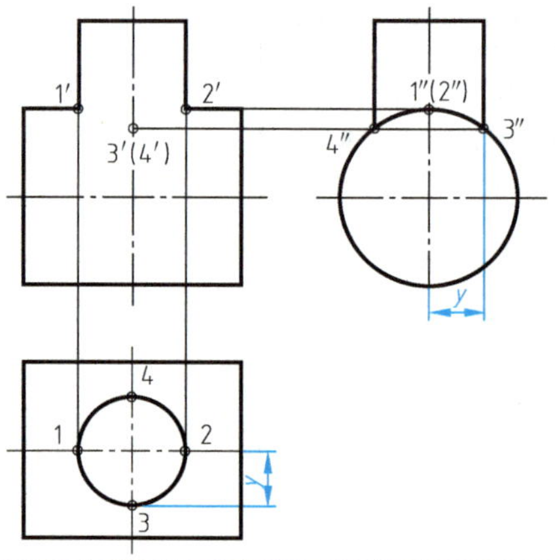
6）作中间点	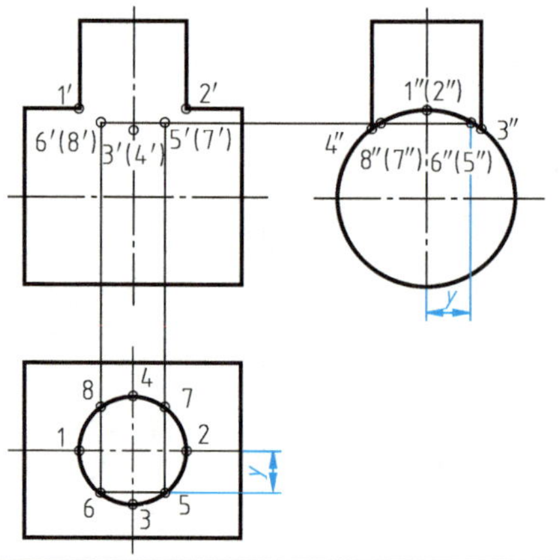

（续）

绘图步骤	图示
7）依次光滑连接各点即得相贯线的正面投影	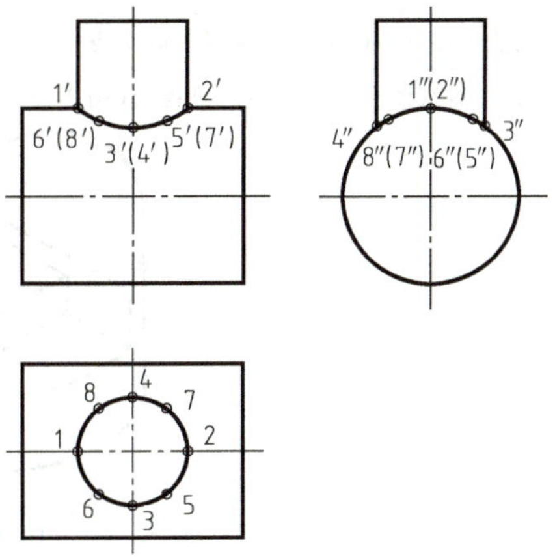

巩固练习

一、选择题

1. 直径相等的两个圆柱体正交时，产生的相贯线空间形状是（   ）。

A. 两个椭圆　　　B. 两个圆　　　C. 两条直线段　　　D. 两条双曲线

2. 圆锥体的轴线垂直于 H 面，则圆锥面上点的 H 面投影（   ）。

A. 在轮廓线内或轮廓线上　　　B. 一定可见

C. 在圆锥体的轮廓线上　　　D. 和圆锥体轴线的投影重合

3. 圆柱体的轴线垂直于 H 面，圆柱体被倾斜于轴线的正垂面切割，圆柱面和截平面交线的 V 面投影是（   ）。

A. 直线　　　B. 圆　　　C. 椭圆　　　D. 圆弧

二、作图题

分析立体的相贯线，补全主视图。

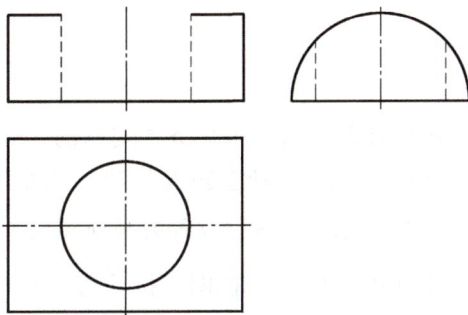

任务三　应用 AutoCAD 绘制截交线

除了可使用尺规作图法绘制基本体截交线外，还可以使用 AutoCAD 绘图软件绘制截交线。在使用该软件绘图时，对于截交线为曲面的平面图形，可通过"样条曲线"功能来实现投影点之间的光滑连接。

学习任务单

任务目标	知识点:掌握 AutoCAD 绘图软件常用绘图和编辑命令的使用方法
	技能点:能够在 AutoCAD 中绘制简单截交线

任务内容	根据零件三维视图(图 3-12)及二维视图(图 3-13),在 AutoCAD 中绘制其工作图样,并标注尺寸

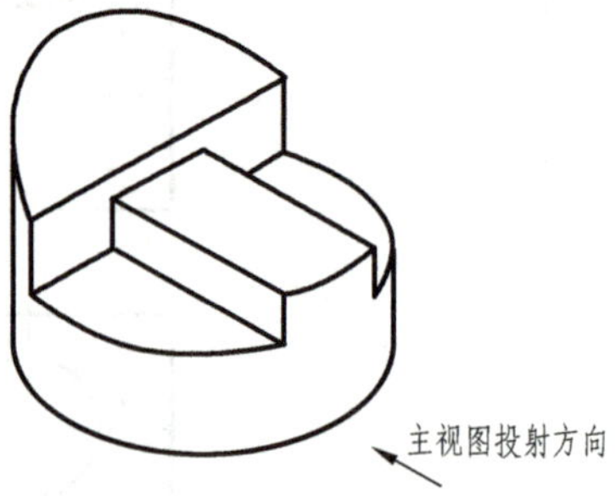

主视图投射方向

图 3-12　三维视图

三维视图 1
AR

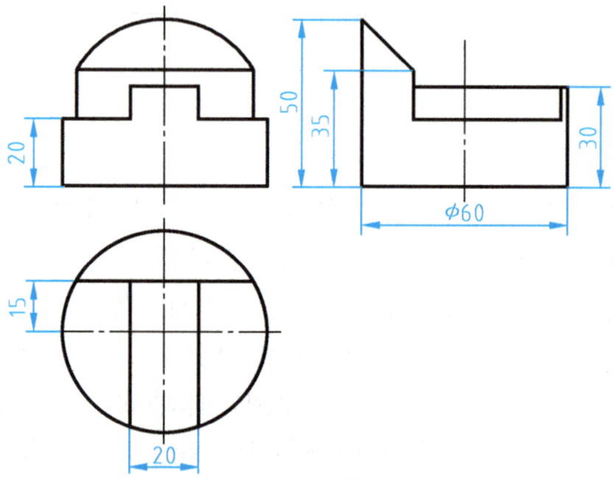

图 3-13　二维视图

应用 AutoCAD
绘制截交线

任务分析	要在 AutoCAD 中绘制截交线,首先要进行绘图前的相关设置,其次要分析截交线的形状,三个投影图配合着画,以满足投影图之间的"三等关系"
成果评定	各组成员独立完成简单截交线的绘制,进行自评、互评和教师评价后给定综合评定成绩

任务实施

1. 绘制基本体（圆柱体）

步骤 1　启动 AutoCAD 软件,然后打开项目一中任务二定制的"A4.dwg"文件,并确认状态栏中的"极轴追踪""对象捕捉""对象捕捉追踪""动态输入"和"线宽"按钮均处于打开状态。

步骤 2　绘制基本体三视图。将"粗实线"图层设置为当前图层,并分别单击"矩形"按钮和"圆"按钮在合适位置绘制基本体（圆柱体）三视图,接着将"点画线"图层设置为当前图层,并绘制其对称中心线。

提示:若对称中心线的比例不合适,可选择"格式"→"线型"菜单命令,在弹出的"线型管理器"对话框中设置非连续线型的比例因子,本例设置值为0.4。

2. 绘制第一切角

步骤 1　将"粗实线"图层设置为当前图层,单击"直线"按钮,在左视图中绘制图 3-14a 所示的两条直线。其中,水平直线的尺寸为40,竖直直线的尺寸为20;单击"偏移"按钮,将俯视图中的水平对称中心线向其上方偏移15，以绘制截交线 *AB*；参照图中的提示，单击"直线"按钮 ⁄ ，利用"对象捕捉追踪"功能绘制主视图中的两条截交线。

步骤2 单击"直线"按钮 ⁄ ，捕捉左视图中的端点 *C* 并水平向左移动光标，当其与圆柱右素线相交时单击，然后水平向左移动光标，当水平极轴追踪线与圆柱左素线相交时单击，绘制直线 *FG*。

步骤3 选择截交线 *AB*，将其置于"粗实线"图层，以修改其线型。单击"修改"工具栏中的"修剪"按钮 ✂ 修剪图形，结果如图 3-14b 所示。

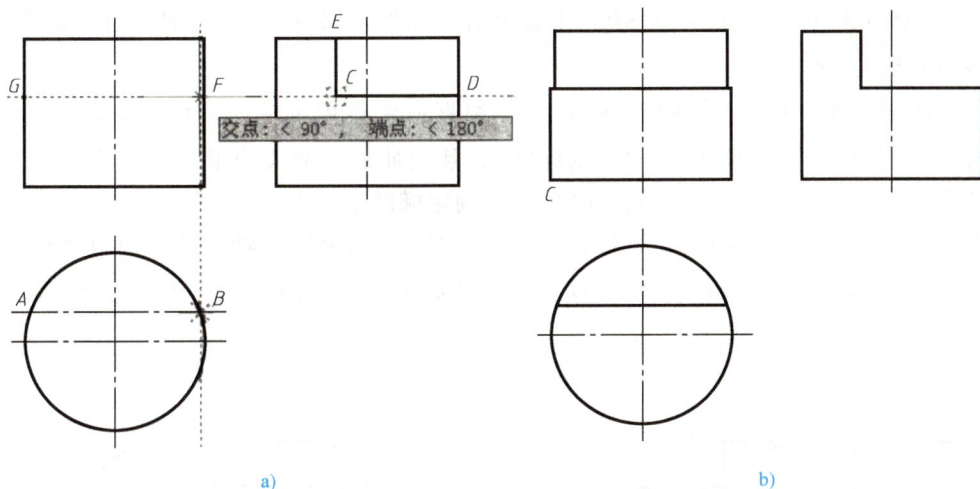

图 3-14 绘制第一切角

3. 绘制左右对称切角

步骤1 绘制俯视图。单击"偏移"按钮 ⊆ ，将俯视图中的竖直对称中心线向其左、右侧各偏移10，然后单击"修剪"按钮 ✂ ，修剪掉多余线条，并将其置于"粗实线"图层，其俯视图结果如图 3-15a 所示。

步骤2 绘制主视图。单击"直线"按钮 ⁄ ，捕捉图 3-14b 所示的端点 *C* 并竖直向上移动光标，待出现竖直极轴追踪线时输入值"20"并按〈Enter〉键，接着水平向右移动光标，绘制图 3-15a 所示的直线 *AB*。重复单击"直线"按钮 ⁄ ，利用"对象捕捉追踪"功能绘制主视图中的两条竖直直线 *CD* 和 *EF*。

步骤3 单击"延伸"按钮 ⇥ ，选择直线 *AB* 并按〈Enter〉键，接着单击直线 *IJ*、*KL* 及 *MN* 的下端点，将其延伸至直线 *AB*。最后单击"修剪"按钮 ✂ 修剪图形，主视图如图 3-15b 所示。

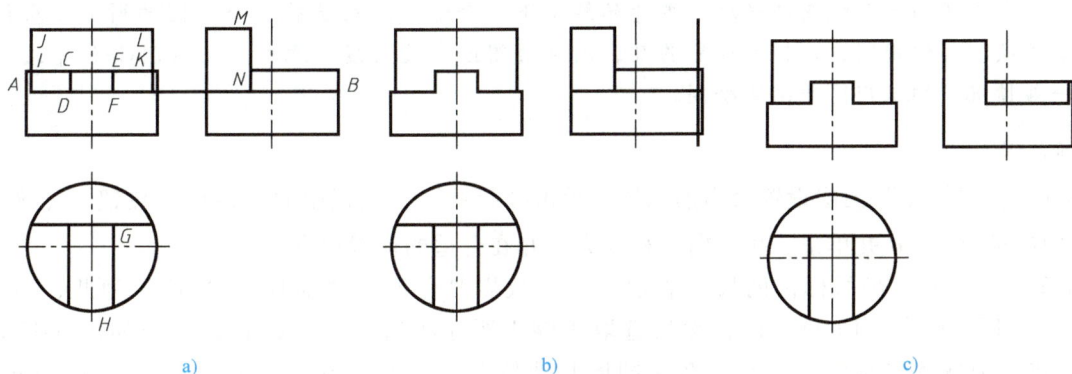

图 3-15 绘制左右对称切角

步骤 4　单击"偏移"按钮 ⊑，依次单击图 3-15a 所示的交点 G 和端点 H，设置偏移距离，接着选择左视图中竖直对称中心线，并在其右侧单击，最后将偏移所得的直线置于"粗实线"图层，如图 3-15b 所示。

步骤 5　单击"修改"工具栏中的修剪按钮 ✂ 修剪左视图，结果如图 3-15c 所示。

4. 绘制侧垂面切去的角

步骤 1　绘制左视图。单击"偏移"按钮 ⊑，将左视图中凸台上表面向下偏移 5，然后单击"直线"按钮 ⁄，绘制图 3-16a 所示的直线 AB。接着单击"延伸"按钮 →⁝，选取竖直对称中心线为延伸边界，将直线 AB 进行延伸。

步骤 2　绘制主视图。单击"椭圆"按钮 ◯，根据命令行提示输入"C"并按〈Enter〉键（表示通过指定椭圆中心点及两半轴长度方式绘制椭圆），然后捕捉延伸线的下端点并水平向左移动光标，待极轴追踪线与主视图中的竖直中心线相交时单击，确定椭圆中心点；接着移动光标，待出现图 3-16a 所示的提示时单击，确定椭圆长轴半径；最后单击交点 C，确定椭圆短轴半径，绘制出椭圆。

步骤 3　单击"修剪"按钮 ✂ 修剪图形，并按〈Delete〉键删除不需要的线条，最后单击"直线"按钮 ⁄ 绘制图 3-16b 所示的直线 EF。

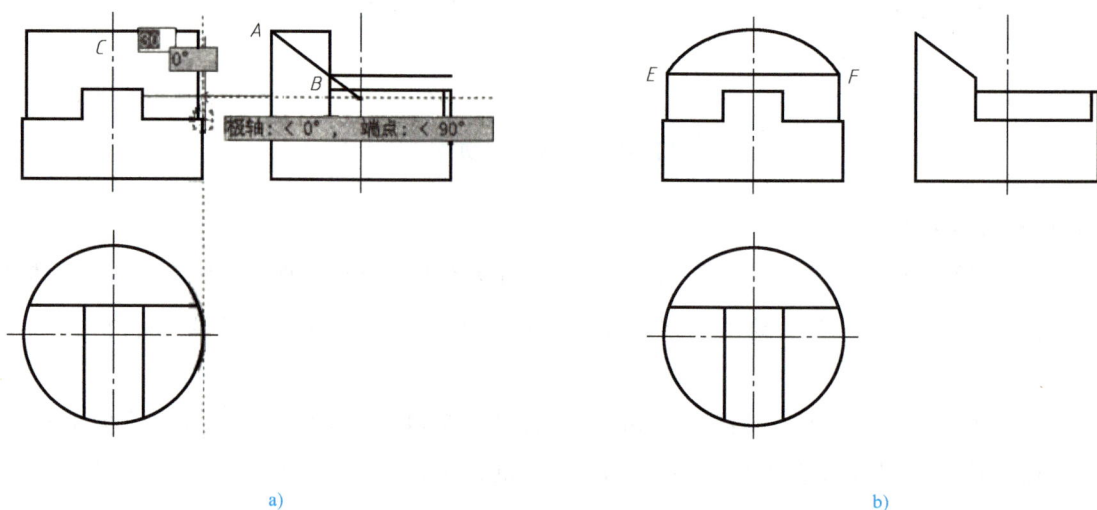

a)　　　　　　　　　　　　　　　　b)

图 3-16　绘制侧垂面切去的角

> **提示**：无论手工绘图还是使用软件绘图，一定要按该图形的形成过程（形体分析）绘制三视图，即将一个形体的三个视图画完后，再开始绘制下一个形体。切忌将一个视图的所有轮廓线全都画出来后再绘制其他视图，这样不仅容易乱，而且绘图速度反而慢。此外，在 AutoCAD 中绘制相贯线时，一般情况下均采用简化画法绘制。

5. 标注尺寸

步骤 1　将"标注"图层设置为当前图层。单击"标注"工具栏中的"线性"按钮 ⊢⁀，然后捕捉图 3-17a 中的端点 A、B 并单击，接着向下移动光标并在合适的位置单击。

步骤 2　由于上一步所标注的尺寸表示圆柱，故需要在该尺寸前加上"φ"。为此，可在命令行中输入"ED"并按〈Enter〉键，然后选取步骤 1 所标注的尺寸，此时文本框如图 3-17a 所示。在该尺寸数字前输入"%%c"，然后在绘图区其他位置单击退出该文本编辑，最后按〈Enter〉键结束命令。

步骤3 采用同样的方法，利用"标注"工具栏中的相关命令标注其他尺寸，结果如图 3-17b 所示。

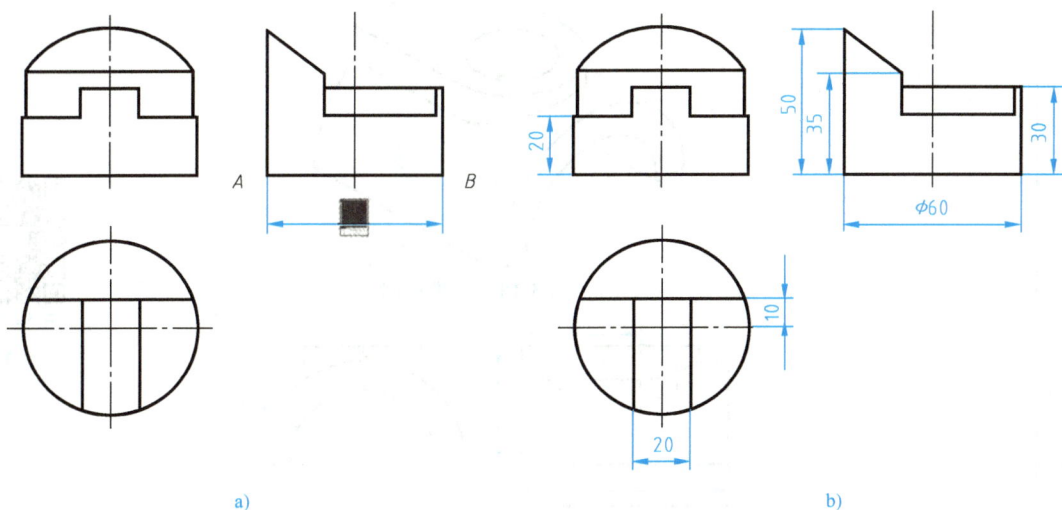

a)　　　　　　　　　　　　　　b)

图 3-17 标注尺寸

提示：标注尺寸时，若所标注的尺寸数字和箭头的大小不合适，可选择"格式"→"标注样式"菜单命令，在打开的对话框中选择标注样式进行修改。本例中将文字和箭头大小均设为7。

巩固练习

作图题

在 AutoCAD 中补画所缺的第三视图。

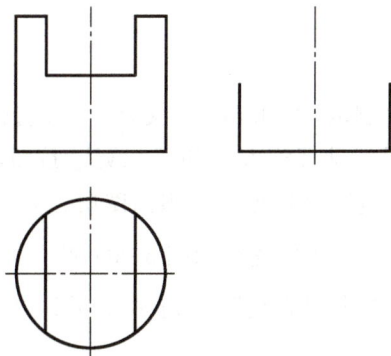

任务四　应用 AutoCAD 绘制相贯线

在使用 AutoCAD 绘图软件绘制相贯线时，一定要按该相贯线的形成过程绘制其投影，即将一个形体的三个投影画完后，再开始绘制下一个形体。

学习任务单

任务目标	知识点：掌握 AutoCAD 绘图软件常用绘图和编辑命令的使用方法
	技能点：能够在 AutoCAD 中绘制简单相贯线

（续）

任务内容	根据零件三维视图（图3-18）及二维视图（图3-19）在AutoCAD中绘制其工作图样，并标注尺寸

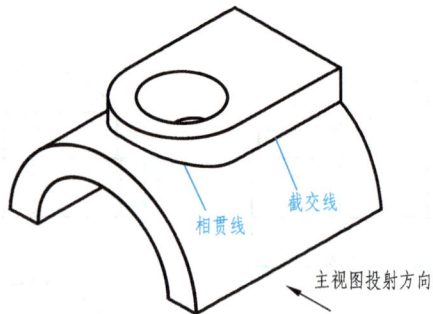

图3-18 三维视图

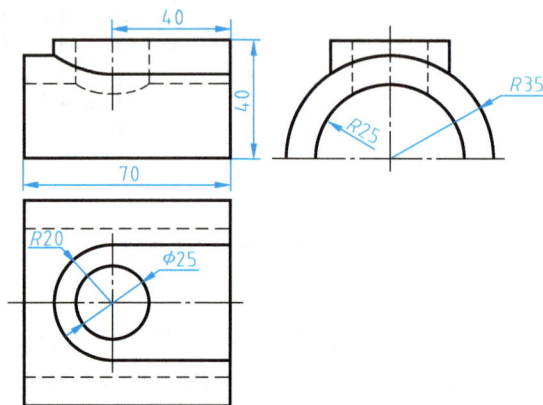

三维视图2 AR

图3-19 二维视图

任务分析	要在AutoCAD中绘制相贯线，首先要进行绘图前的相关设置，其次要分析相贯线的形状，三个投影图配合着画，以及要满足投影图之间的"三等关系"
成果评定	各组成员独立完成简单相贯线的绘制，进行自评、互评和教师评价后给定综合评定成绩

任务实施

1. 绘制基本体（半圆筒）

步骤1 打开项目一中任务二定制的"A4.dwg"文件，并确认状态栏中的"极轴追踪""对象捕捉""对象捕捉追踪""动态输入"和"线宽"按钮均处于打开状态。

应用AutoCAD绘制相贯线

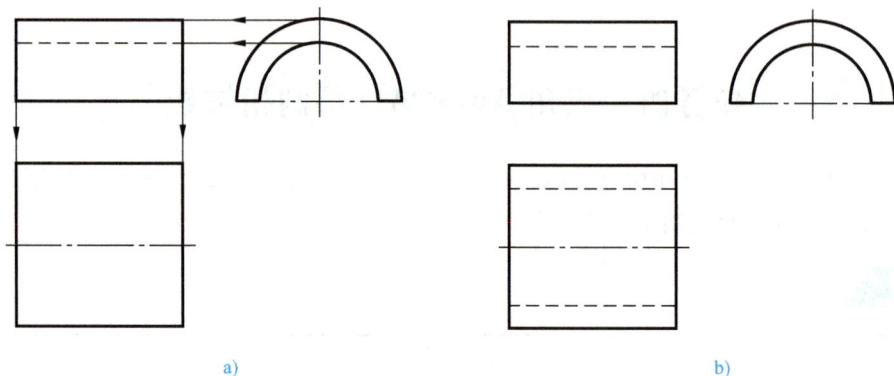

步骤2 绘制左视图。将"粗实线"图层设置为当前图层，并单击"圆"按钮，"直线"按钮和"修剪"按钮在合适位置绘制图3-20a所示的左视图。

步骤3 绘制主视图和俯视图。单击"直线"按钮，并结合"对象捕捉追踪"功能依次绘制主

a)   b)

图3-20 绘制基本体

视图和俯视图中圆筒的外轮廓线，然后绘制对称中心线和主视图中的虚线，如图 3-20a 所示。

步骤 4　单击"偏移"按钮，设置偏移距离为 10，然后依次选择并复制俯视图中的上下边线并将其置于"虚线"图层，结果如图 3-20b 所示。

2. 绘制凸台

步骤 1　绘制俯视图。单击"偏移"按钮，将半圆筒右端面向左偏移 40，然后将偏移所得到的直线置于"点画线"图层。单击"圆"按钮，以两条对称中心线的交点为圆心绘制半径为 20 的圆，接着单击"直线"按钮分别绘制凸台前、后面的轮廓线，最后单击修剪按钮修剪图形，结果如图 3-21a 所示。

步骤 2　绘制左视图。单击"直线"按钮，捕捉两条对称中心线的交点并竖直向上移动光标，待出现竖直极轴追踪线时输入值"40"，接着绘制图 3-21a 所示的两条直线 AB 和 BC，最后单击"镜像"按钮将这两条直线进行镜像，结果如图 3-21b 所示。

步骤 3　绘制主视图。单击"直线"按钮，并利用"长对正、高平齐"绘制凸台主视图上的轮廓线及对称中心线，如图 3-21b 所示。

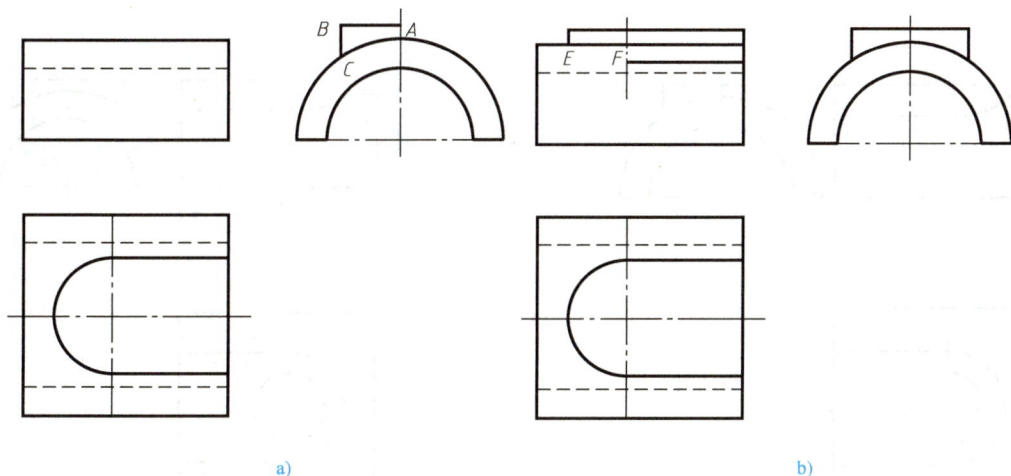

a)　　　　　　　　　　　　　　　　　　b)

图 3-21　绘制凸台（一）

步骤 4　绘制主视图中的相贯线。单击"圆弧"按钮，然后单击图 3-21b 所示的端点 E，根据命令行提示输入"E"并按〈Enter〉键，接着单击端点 F，以指定圆弧的端点，输入"R"，按〈Enter〉键后输入圆弧半径值"35"，按〈Enter〉键结束命令。最后，单击"修剪"按钮修剪图形，结果如图 3-22 所示。

3. 绘制凸台上的通孔

步骤 1　绘制俯视图和左视图。单击"圆"按钮，以两条对称中心线的交点为圆心绘制直径为 25 的圆，然后将左视图中的竖直对称中心线分别向其左、右侧偏移 12.5，并将偏移得到的直线置于"虚线"图层，最后对其进行修剪，结果如图 3-23 所示。

步骤 2　绘制主视图。将主视图中的竖直对称中心线向其左、右侧各偏移 12.5，然后单击"圆弧"按钮，分别以图 3-23 所示的交点 A 为圆弧的起点，以交点 B 为圆弧的终点，绘制半径为 25 的圆弧。

步骤 3　单击"修剪"按钮修剪掉多余线条，并将步骤 2 所绘制的圆弧和偏移所得到的对称中心线置于"虚线"图层，结果如图 3-24 所示。

4. 标注尺寸

步骤 1　将"标注"图层设置为当前图层。单击"标注"工具栏中的"直径"按钮，然后在要标注直径的圆上单击，移动光标并在合适位置单击即可标注其直径尺寸。

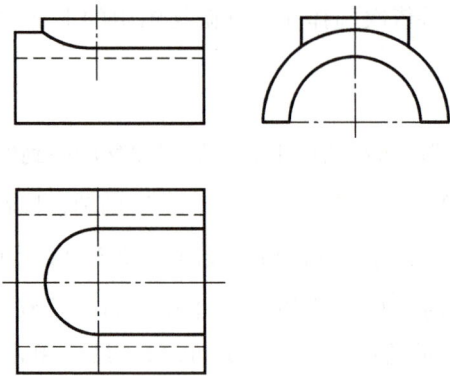

图 3-22 绘制凸台（二）

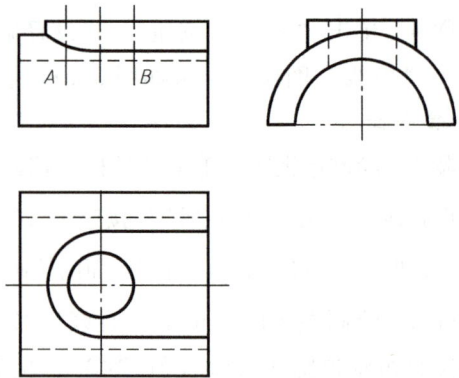

图 3-23 绘制凸台上的通孔（一）

步骤 2 采用同样的方法，分别单击"标注"工具栏中的"线性"按钮⊢⊣和"半径"按钮╳标注图 3-25 所示的其他尺寸。

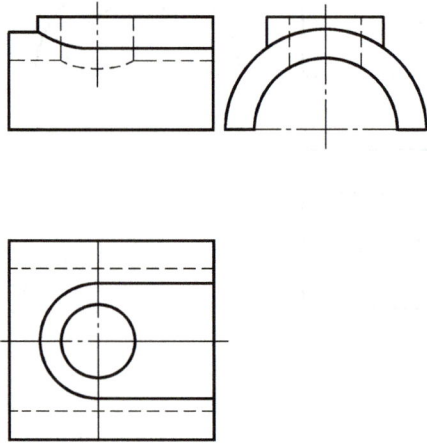

图 3-24 绘制凸台上的通孔（二）

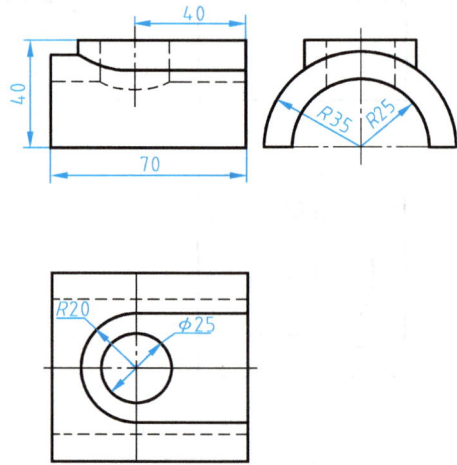

图 3-25 标注尺寸

巩固练习

作图题

在 AutoCAD 中补全主视图。

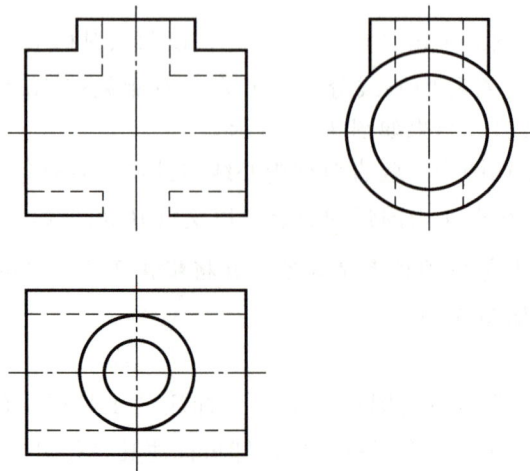

项目四

组合体三视图的绘制与识读

工程上常见的机器零件，从形体的角度分析，都可以看成是由若干个基本形体按一定方式组合而成的组合体。组合体是制图模型与实际零件联系的桥梁，作为工程技术人员，必须掌握组合体的读图与画图方法及尺寸标注方法。

项目目标

1. 熟练掌握组合体的形体分析法，熟悉组合体的组合形式。
2. 掌握组合体三视图的绘图和尺寸标注的方法。
3. 掌握组合体的读图方法和步骤，具备看懂组合体视图的能力。
4. 掌握用 AutoCAD 绘制组合体三视图及正确标注尺寸的方法。

任务一　绘制组合体三视图

多数机械零件都可看成是由若干基本形体组合而成的。由两个或两个以上的基本形体组成的物体，称为组合体。

组成组合体的基本形体一般都是不完整的，它们被以各种方式叠加或切割以后，往往只是基本形体的一部分，这些不完整的基本形体在三个投影面上形成了各种各样的投影，因此必须掌握组合体三视图的绘制与尺寸标注方法。

学习任务单

任务目标	知识点： 1）掌握组合体的形体分析方法 2）掌握组合体三视图的画法 3）熟悉组合体的标注方法
	技能点： 1）能够熟练使用绘图工具绘制组合体三视图 2）能够具备更高层次的空间想象能力
任务内容	如图 4-1 所示的支座，用 A4 图纸按照 1∶1 的比例绘制其三视图  图 4-1　支座

（续）

任务分析	要正确绘制组合体的三视图,首先要运用形体分析法将组合体合理地分解为若干个基本形体,并分析各基本形体的形状、组合形式、形体间的相对位置和表面连接关系,其次要掌握组合体的绘图方法及步骤
成果评定	各组成员独立完成组合体三视图的绘制,进行自评、互评和教师评价后给定综合评定成绩

相关知识

一、组合体的形体分析

（一）形体分析法

假想将一个复杂的组合体分解成若干个基本形体,分析这些基本形体的形状、组合形式以及它们的相对位置关系,以便于进行画图、读图和尺寸标注,那么这种分析组合体的方法称为形体分析法。

任何复杂的物体都可看成是由若干个基本形体组合而成的,这些基本形体可以是完整的,也可以是经过钻孔、切槽等加工而成的。如图4-2所示的轴承座,可看成由套筒、底板、肋板、支承板及凸台组合而成。在绘制组合体视图时,应首先将组合体分解成若干简单的基本形体,并按各部分的位置关系和组合形式画出各基本形体的投影,综合起来,即得到整个组合体视图。

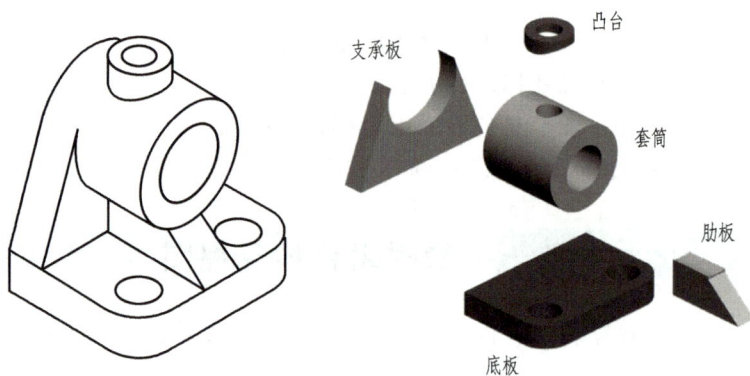

图4-2 轴承座的形体分析

思政拓展：化繁为简

在绘制与解读组合体的视图时,常常将其分解成若干个简单的基本形体,并从整体出发处理好各形体之间的组成方式及表面关系,使复杂的绘图与读图问题变得简单。同样,我们在解决疑难问题时要善于从大局出发,将复杂的问题简单化,这样才能站得高、看得远。

（二）组合体的组合形式

按组合体中各基本形体组合时的相对位置关系以及形状特征,组合体的组合形式可分为叠加、切割和综合三种形式。

1. 叠加

叠加式组合体是各基本形体相互堆积、叠加而成的组合体,如图4-3a所示。

2. 切割

切割式组合体是从较大基本形体中挖切出较小形体而形成的组合体,如图4-3b所示。

3. 综合

既有叠加又有切割的组合体称为综合式组合体,如图4-3c所示。

（三）组合体的表面连接关系

组合体的表面连接关系有平齐和不平齐、相切和相交三种形式。弄清组合体的表面连接关系,对画图和读图都很重要。

a) 叠加式组合体　　　　　b) 切割式组合体　　　　　c) 综合式组合体

图 4-3　组合体的组合形式

1. 平齐和不平齐

当两基本形体叠加时，若同一方向上的表面处在同一个平面上，则称该表面平齐（又称为共面），此时两平齐表面之间无分界线，如图 4-4a 所示；若同一方向上的表面处在不同的平面上，则称该表面不平齐（又称为相错），此时不平齐表面之间有分界线，如图 4-4b 所示。

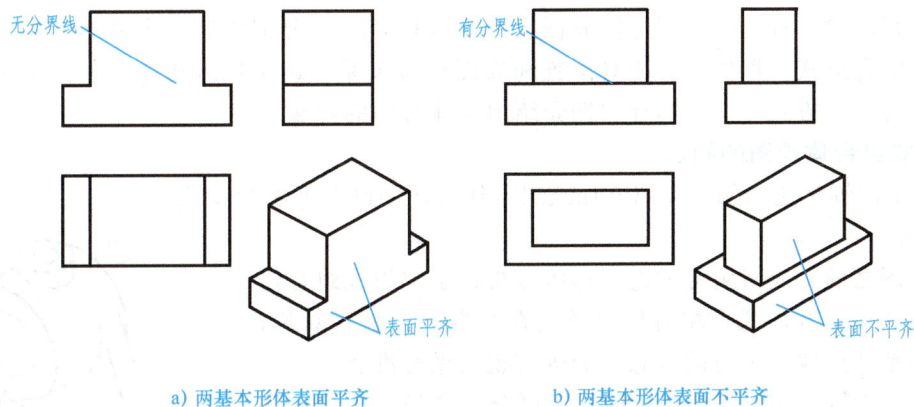

a) 两基本形体表面平齐　　　　　b) 两基本形体表面不平齐

图 4-4　两基本形体表面平齐与不平齐

2. 相切

当两基本形体表面相切时，两相邻表面形成光滑过渡，其结合处不存在分界线，因此在视图上一般不画出分界线，如图 4-5 所示。

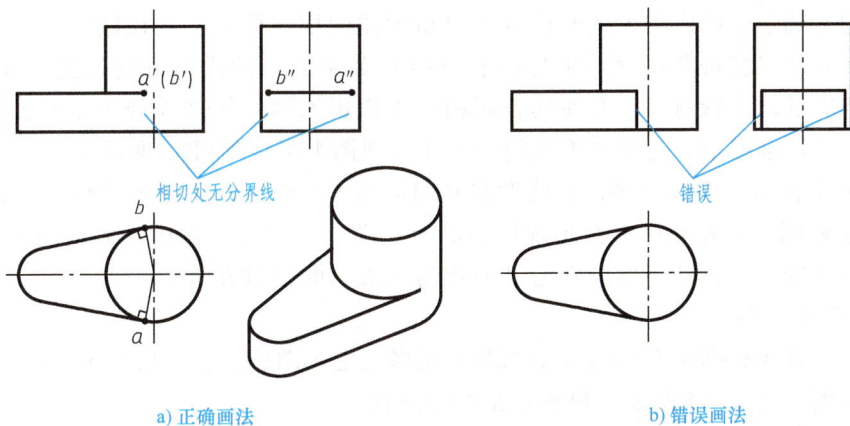

a) 正确画法　　　　　b) 错误画法

图 4-5　两基本形体表面相切

3. 相交

当两基本形体表面相交时，其结合处产生交线，该交线应在视图中画出，如图 4-6 所示。

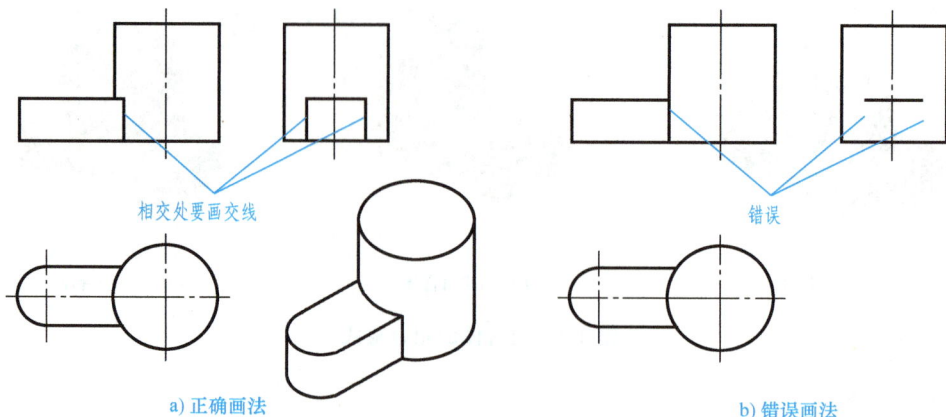

相交处要画交线　　　　　　　　　　　　　　错误

a) 正确画法　　　　　　　　　　　　　　b) 错误画法

图 4-6　两基本形体表面相交

二、组合体三视图的画法

画组合体的视图时，首先要运用形体分析法将组合体合理地分解为若干个基本形体，并按照各基本形体的形状、组合形式、形体间的相对位置和表面连接关系，逐步地进行作图。实际上就是将复杂物体简单化的一种思维方式。下面结合实例介绍组合体视图的画法。

（一）叠加式组合体视图的画法

以图 4-7 所示的轴承座为例，介绍叠加式组合体视图的画图方法和步骤。

1. 形体分析

画组合体视图之前，应对组合体进行形体分析，了解组成组合体各基本形体的形状、组合形式、相对位置及其在某方向上是否对称，以便对组合体的整体形状有个总的概念，为画其视图做好准备。

如图 4-7 所示的轴承座，按它的结构特点可分为套筒、底板、肋板、支承板及凸台 5 部分。底板、肋板、支承板以平面的形式相叠加组合，并且底板与支承板的后表面平齐；套筒与支承板相切，不需要画轮廓线；肋板与套筒的外圆柱面相交，其交线为两条素线；套筒与凸台相贯，但两者直径不相等，其相贯线是圆弧。

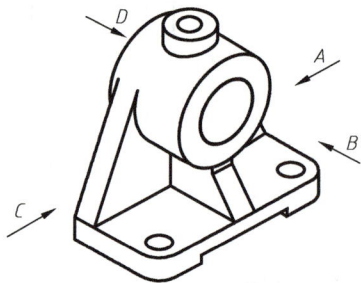

图 4-7　轴承座的形体分析

2. 主视图选择

在形体分析的基础上，确定主视图的投射方向和物体的摆放位置。三视图中主视图是最主要的视图，一般选择反映其形状特征最明显、形体间相互位置关系最多的投射方向作为主视图的投射方向；主视图的摆放位置应反映位置特征，并使其表面相对于投影面尽可能多地处于平行或垂直位置，也可选择其自然位置。在此前提下，还应考虑使俯视图和左视图上虚线尽可能地减少。

若以 D 向作为主视图，虚线较多，显然没有 B 向清晰；C 向与 A 向视图虽然虚、实线的情况相同，但若以 C 向作为主视图，则左视图上会出现较多虚晰，没有 A 向好；再比较 B 向与 A 向视图，B 向更能反映轴承座各部分的形状特征，所以确定 B 向作为主视图的投射方向。

3. 定比例、布置视图

视图选择好后，首先根据组合体的大小和图幅规格选定画图比例；然后考虑标注尺寸所需的位置，力求匀称地布置视图。选取 A3 图幅，视图画在中间位置。

4. 画图方法和步骤

轴承座三视图的画图方法和步骤如图 4-8 所示。

（1）画各个视图的作图基准线　通常选组合体中投影有积聚性的对称面、底面（上或下）、端面（左右、前后）或回转轴线、对称中心线作为画各视图的基准线。

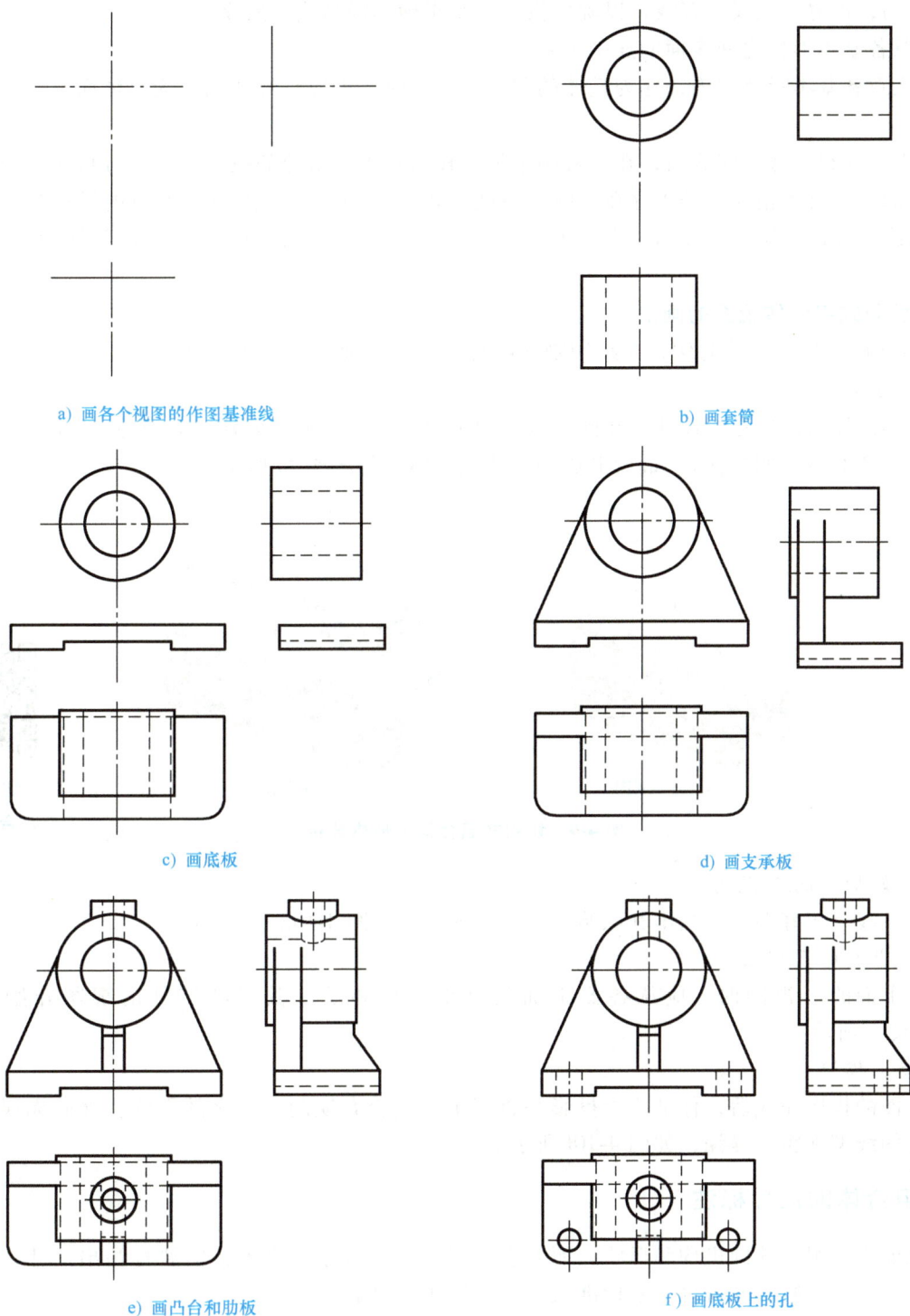

a) 画各个视图的作图基准线

b) 画套筒

c) 画底板

d) 画支承板

e) 画凸台和肋板

f) 画底板上的孔

图 4-8 轴承座三视图的画图方法和步骤

（2）按形体分析画各个基本形体的三视图 为了快速而准确地画出组合体的三视图，画底稿时还应注意以下几点。

1）画图时，一般先从形状特征明显的部分入手，先画主要部分，后画次要部分；先画看得见的部分，后画看不见的部分；先画圆或圆弧，后画直线。这样有利于保持投影关系，提高作图的准确性。很明显，轴承座的主要部分是套筒，因此要先画。套筒与底板之间具有直接相对的位置关系，其次画底板。

2）每个基本形体应先从具有积聚性或反映实形的视图开始，然后画其他投影，并且三个视图最好同时进行绘制，可避免漏线、多线，以确保投影关系正确和提高绘图效率。

3）注意各基本形体之间表面的连接关系。

4）要注意各基本形体间内部融为整体的部分。绘图时，不应将形体间融为整体而不存在的轮廓线画出。

5）检查、加粗。底稿完成后，在三视图中依次核对各组成部分的投影关系；分析相邻两基本形体表面连接处的画线有无错误，是否存在多线、漏线；再以实物或轴测图与三视图进行对照，确认无误后，加粗图线。加深步骤为：先曲后直，先上后下，先左后右，最后加深斜线，同类线型应一起加深，完成绘图。

（二）切割式组合体视图的画法

以图4-9a所示的组合体为例，介绍切割式组合体视图的画图方法和步骤。

1. 形体分析

该组合体的原始形体是四棱柱，在此基础上用不同位置的截平面分别切去形体1（四棱柱）、形体2（三棱柱）、形体3（四棱柱），最后形成切割式组合体，如图4-9b所示。

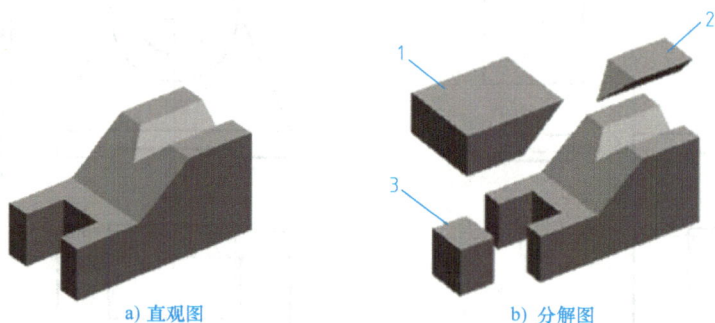

a) 直观图   b) 分解图   切割式组
合体 AR

图4-9 切割式组合体的形体分析

2. 画原始形体的三视图

先画基准线，布好图，再画出其原始形体的三视图，如图4-10a、b所示。

3. 画截平面的三视图

画各截平面的三视图时，应从各截平面具有积聚性和反映其形状特征的视图开始画起，如图4-10c、d、e所示。

4. 检查、描深

各截平面的投影完成后，仔细检查投影是否正确，是否有缺漏和多余的图线，准确无误后，按国家标准规定的线型加粗、描深，如图4-10f所示。

三、组合体的尺寸标注

视图只能表达组合体的机构和形状，而要表达组合体的大小，则不但需要标注出尺寸，而且标注的尺寸必须完整、清晰，并符合国家标准关于尺寸标注的规定。

（一）尺寸标注的基本要求

1. 正确

标注的尺寸数值应准确无误，标注方法要符合国家标准中有关尺寸注法的基本规定。

2. 完整

标注尺寸必须能唯一确定组合体及各基本形体的大小和相对位置，做到无遗漏、不重复。

3. 清晰

尺寸的布局要整齐、清晰，便于查找和看图。

（二）尺寸基准

尺寸基准是确定尺寸位置的几何元素。组合体的尺寸基准，常选用其底面、重要的端（侧）面、

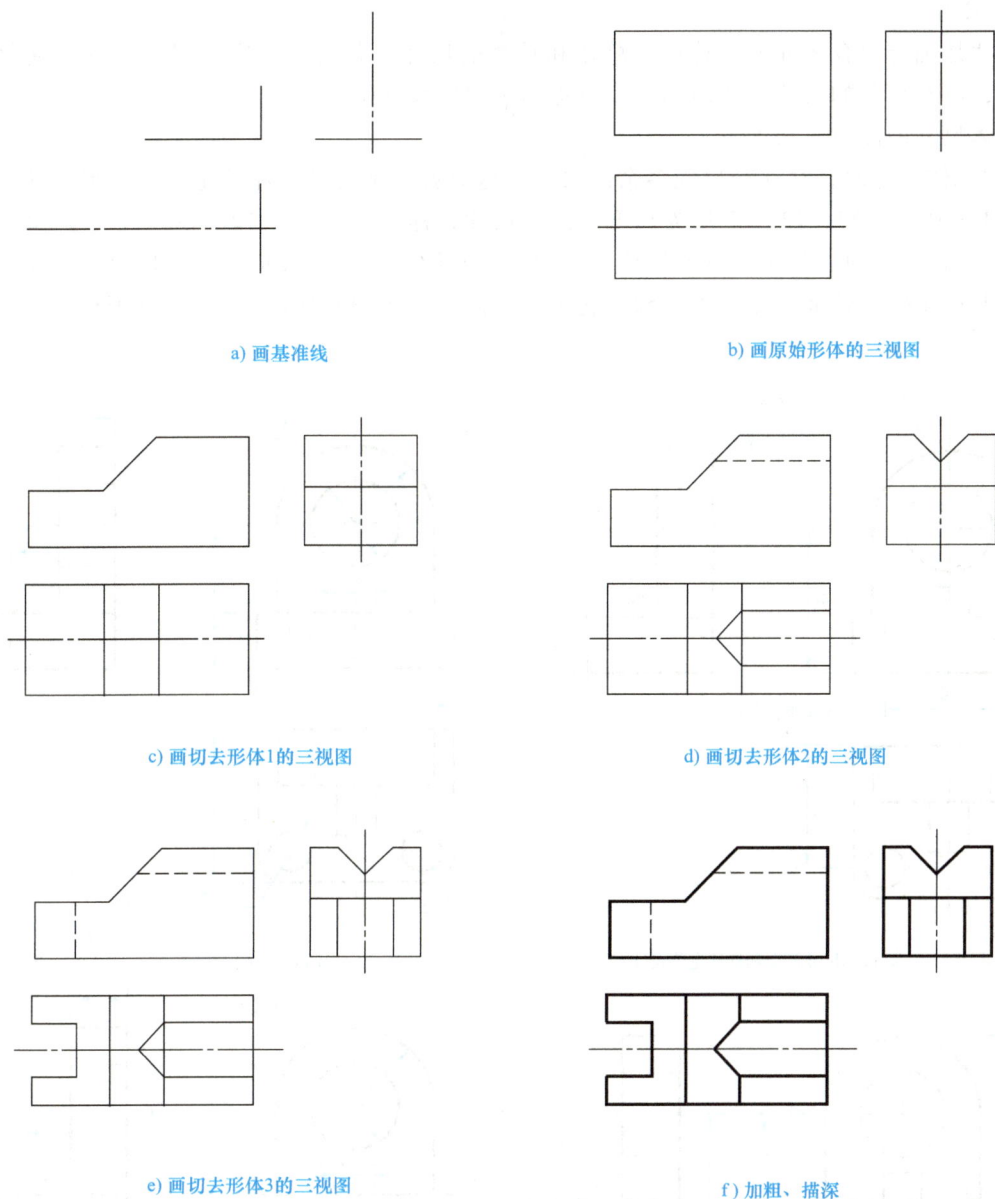

a) 画基准线

b) 画原始形体的三视图

c) 画切去形体1的三视图

d) 画切去形体2的三视图

e) 画切去形体3的三视图

f) 加粗、描深

图 4-10　切割式组合体视图的画图方法和步骤

对称平面、回转体的轴线以及圆的对称中心线等作为尺寸基准。有时，为了加工和测量方便，除了主要基准外，还可有附加的基准，这种基准称为辅助基准。辅助基准与主要基准间必须有直接的联系。

在组合体的长、宽、高三个方向中，每个方向至少要有一个尺寸基准。当形体复杂时，允许有一个或几个辅助基准。如图 4-11a 所示，该组合体左右对称，以通过圆柱体轴线的侧平面作为长度方向的尺寸基准，由此标注出底板上两个圆柱孔长度方向的尺寸 30；该组合体后面平齐，以后面作为宽度方向的尺寸基准，标注出后面到圆柱孔宽度方向的尺寸 28；以底板的底面作为高度方向的尺寸基准，标注出高度方向的尺寸 34。

（三）组合体的尺寸种类

1. 定位尺寸

定位尺寸是确定组合体中各组成部分相对位置的尺寸，图 4-11a 所示的 34、30、28 属于定位尺寸。

2. 定形尺寸

定形尺寸是确定组合体中各基本形体的形状和大小的尺寸，图 4-11b 所示的 $R18$、$\phi20$、$R8$、$2\times\phi8$ 等尺寸属于定形尺寸。

3. 总体尺寸

总体尺寸是确定组合体外形的总长、总宽和总高的尺寸。若定形、定位尺寸已标注完整，在加注总体尺寸时，应对相关的尺寸作适当调整，避免出现封闭尺寸链。

标注总体尺寸的注意事项如下。

1）标注总体尺寸时，往往会出现多余的尺寸，这时就必须对已标注的定位和定形尺寸进行适当调整。如图 4-11c 所示，34、12、22 均为高度方向的尺寸，标注尺寸 34、12，不标注尺寸 22。

2）标注总体尺寸时，如果遇到回转体，一般不以轮廓线为界直接标注其总体尺寸，而是标注中心高。如图 4-11c 所示，不标注尺寸总高 52，它由中心高尺寸 34 和 R18 决定，其合理标注全部尺寸如图 4-11d 所示。

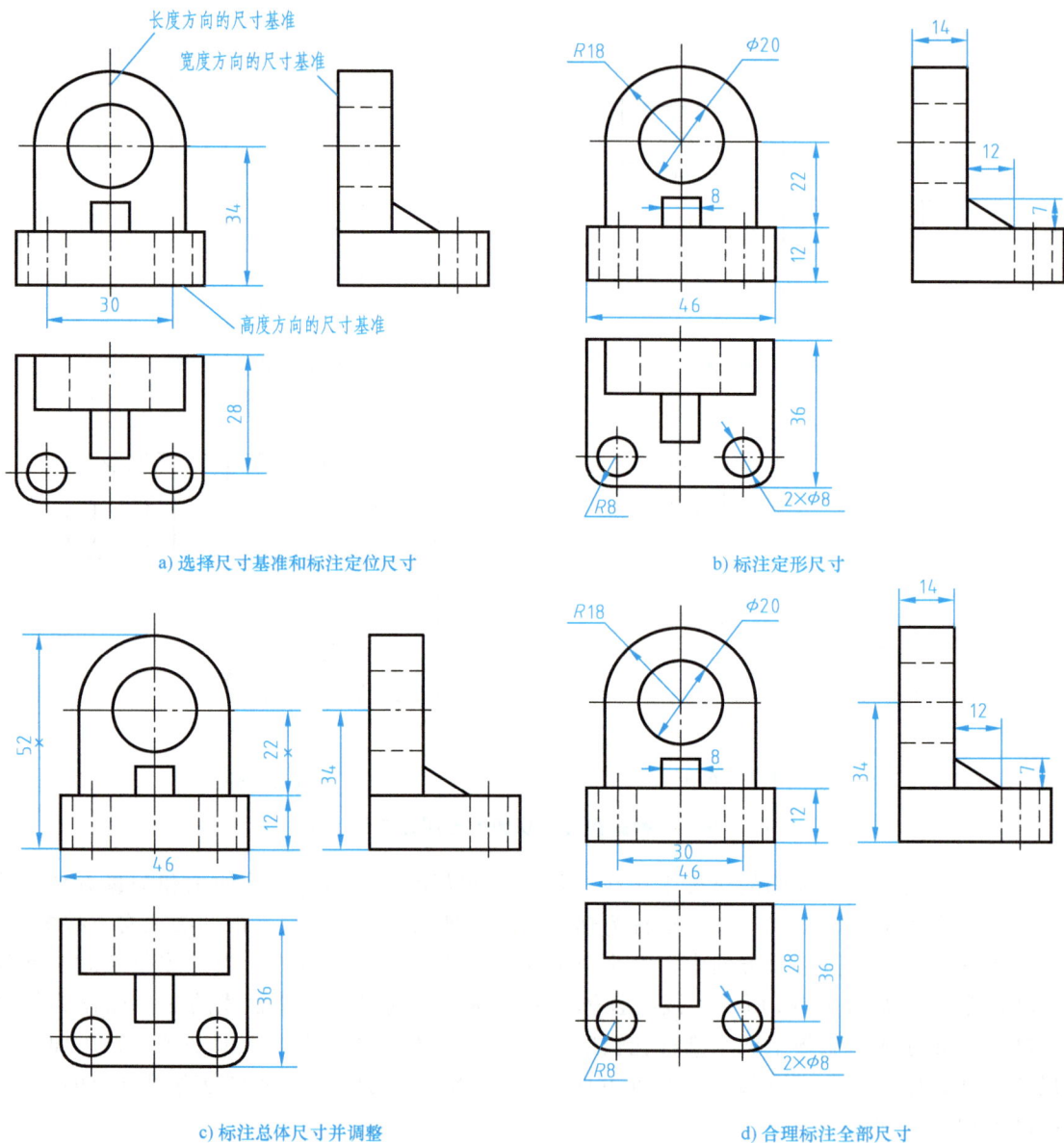

a) 选择尺寸基准和标注定位尺寸

b) 标注定形尺寸

c) 标注总体尺寸并调整

d) 合理标注全部尺寸

图 4-11　组合体的尺寸种类

4. 机件上常见端盖、底板和法兰盘的标注

图 4-12 列出了机件上常见端盖、底板和法兰盘的标注。由图 4-12 可知，板上用作穿螺钉的孔、槽等的中心定位尺寸都应注出，而且由于板的基本形状和孔、槽的分布形式不同，其中心定位尺寸的标注形式也不一样。如在类似长方形上按长、宽两个方向分布的孔、槽，其中心定位尺寸按长、宽两个

方向进行标注；在类似圆形板上按圆周分布的孔、槽，其中心定位尺寸往往是用标注定位圆（用细点画线画出）直径的方法标注。

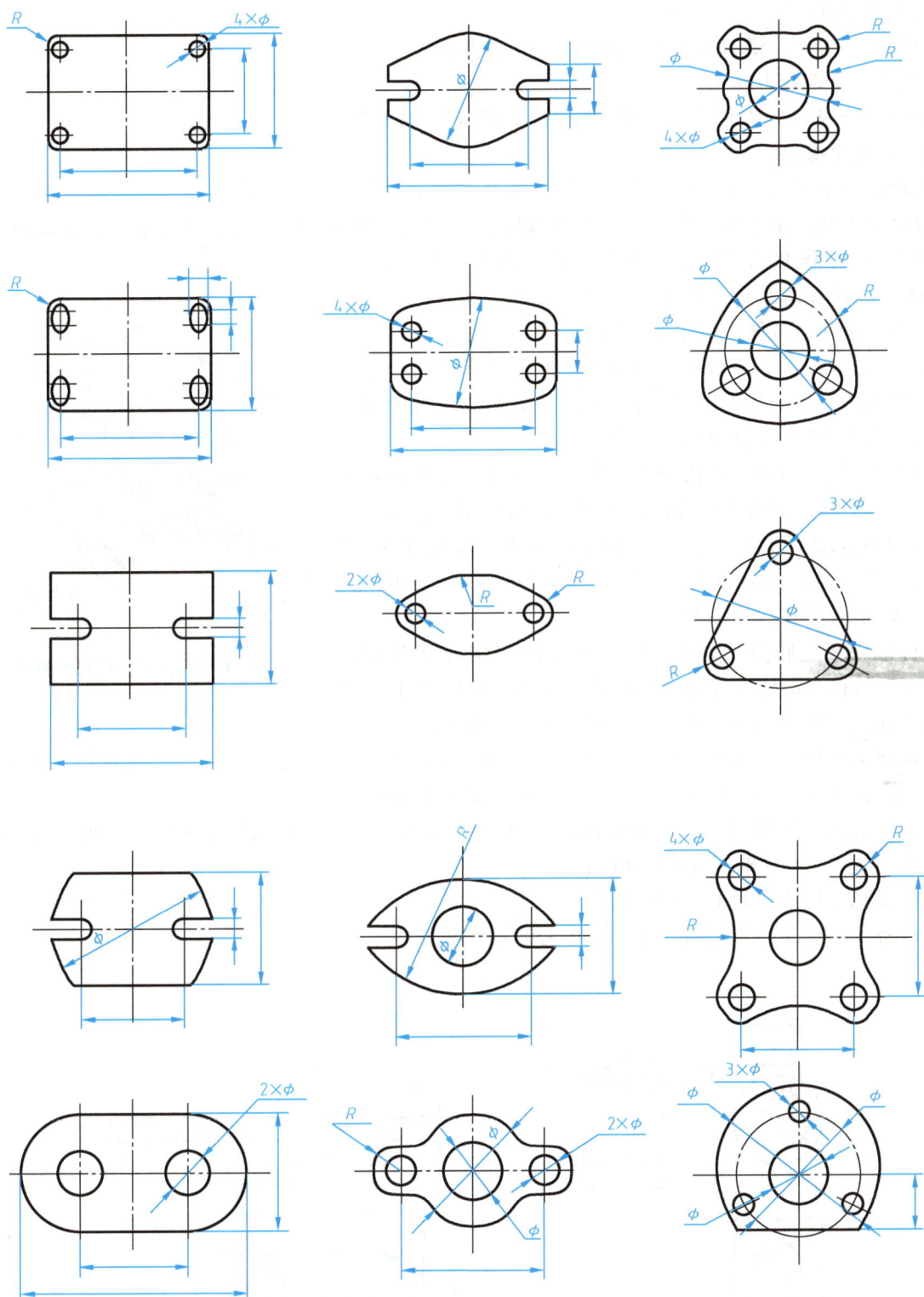

图 4-12　机件上常见端盖、底板和法兰盘的标注

（四）组合体尺寸标注的步骤

标注组合体的尺寸时，首先应运用形体分析法分析形体，找出该组合体长、宽、高三个方向的主要基准。分别注出各基本形体之间的定位尺寸和各基本形体的定形尺寸，然后标注总体尺寸并进行调整，最后校对全部尺寸。

现以轴承座为例，说明标注组合体尺寸的具体步骤。

1. 对组合体进行形体分析

将轴承座分成五个基本形体，初步考虑每个基本形体的定形尺寸。

2. 选定尺寸基准

依次确定轴承座长、宽、高三个方向的主要基准：通过套筒轴线的侧平面作为长度方向的主要基准，通过套筒轴线的正平面（后端面）作为宽度方向的主要基准，底板的底面可作为高度方向的主要基准，凸台顶面为高度方向的辅助尺寸基准，如图 4-13 所示。

3. 逐个标注各基本形体的定形尺寸和定位尺寸

通常首先标注组合体中最主要的基本形体的尺寸，在这个轴承座中是套筒（轴承），然后在留下的基本形体中标注与尺寸基准有直接联系的基本形体的尺寸，最后标注在已标注尺寸的基本形体旁边且与它有尺寸联系的基本形体。

1）标注套筒与凸台。套筒与凸台相贯，所以高度方向定位尺寸相同，是底板高度与支承板高度之和（5+20＝25），确定套筒与凸台相对于底板的上下位置；宽度方向的定位尺寸 18 和 10，确定套筒与凸台前后位置；定形尺寸 φ20、φ14、φ10、φ6 确定其形状大小，如图 4-14a 所示。

2）标注底板。底板长、宽、高三个方向定位尺寸分别是 40、20、5；圆孔的定位尺寸是 30 和 12；凹槽的定形尺寸是 22 和 2；圆孔的定形尺寸是 R5 和 2×φ4，如图 4-14b 所示。

3）标注支承板。支承板长度 40，凹圆弧 φ20，高度 20 省略不标，由套筒和底板的尺寸来确定。标注宽度方向定形尺寸 4，确定支承板前后位置，如图 4-14c 所示。

4）标注肋板。肋板高 20，凹圆弧 φ20，省略不标，由套筒和底板的尺寸来确定。肋板长、宽、高 3 个定形尺寸是 4、10、8，如图 4-14d 所示。

5）标注总体尺寸，如图 4-14e 所示。

6）检查尺寸标注是否正确、完整，有无重复、遗漏。

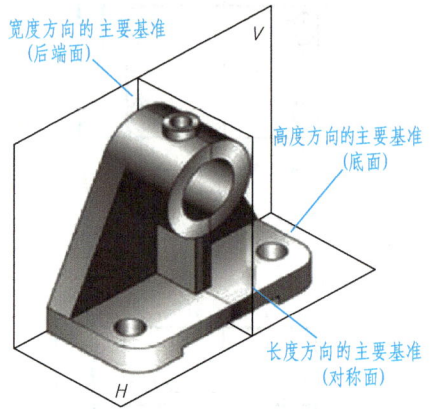

图 4-13　轴承座的尺寸基准

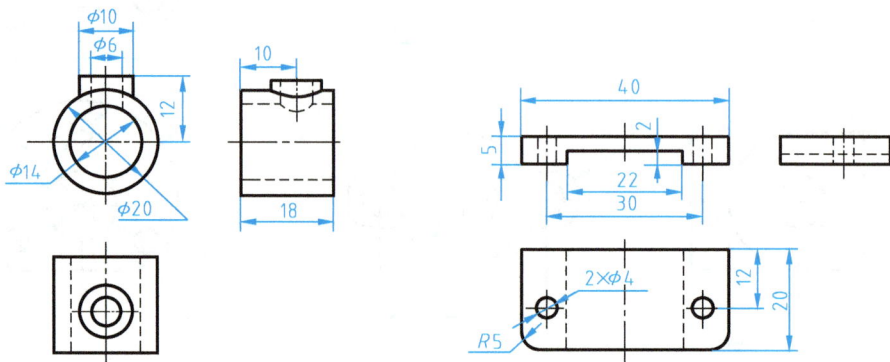

a）套筒和凸台的尺寸标注　　　　　　　　b）底板的尺寸标注

图 4-14　轴承座的尺寸标注

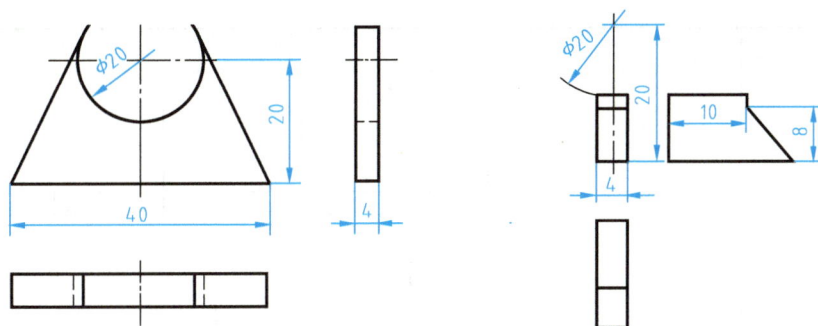

c) 支承板的尺寸标注　　　　　　　　d) 肋板的尺寸标注

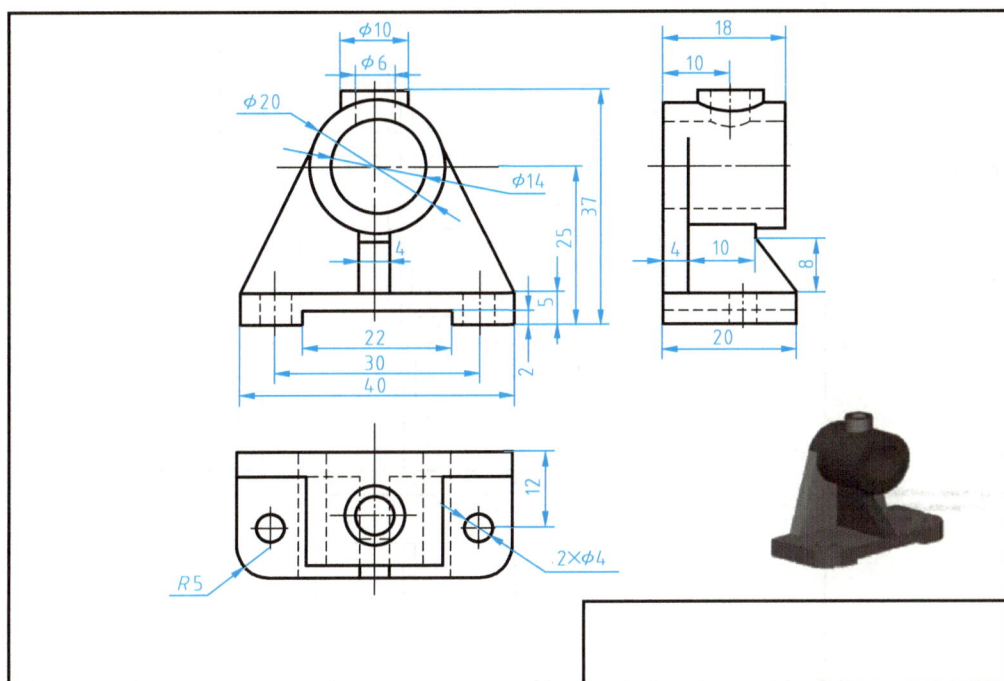

e) 总体尺寸标注

图 4-14　轴承座的尺寸标注（续）

任务实施单

绘图步骤	图示
1）形体分析：该支座由底板、立板和三角肋板三部分组成。其中在底板上有圆孔，立板上有长槽。底板平放，立板竖放，两者后面平齐；肋板竖放在底板上，下表面和后表面分别与底板的上表面和立板的前表面相贴	
2）绘制底板的投影	

（续）

绘图步骤	图示
3）绘制立板的投影	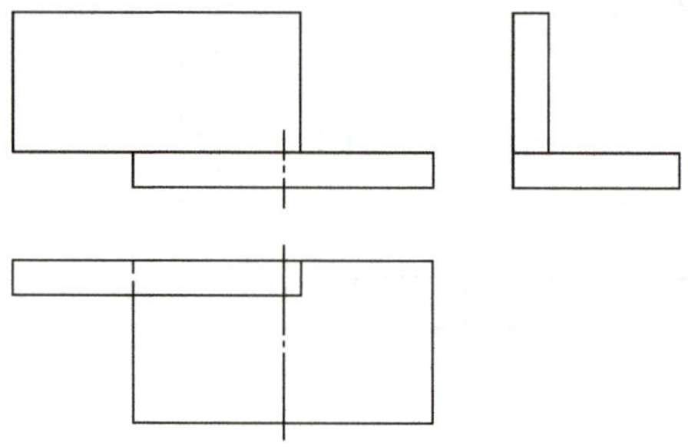
4）绘制三角肋板的投影	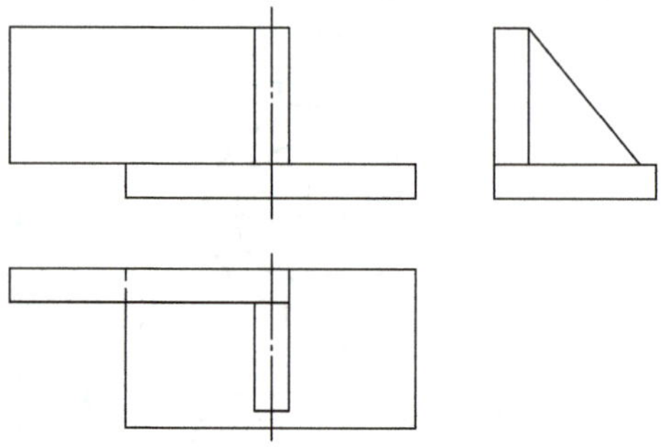
5）画出底板和立板上圆角的投影	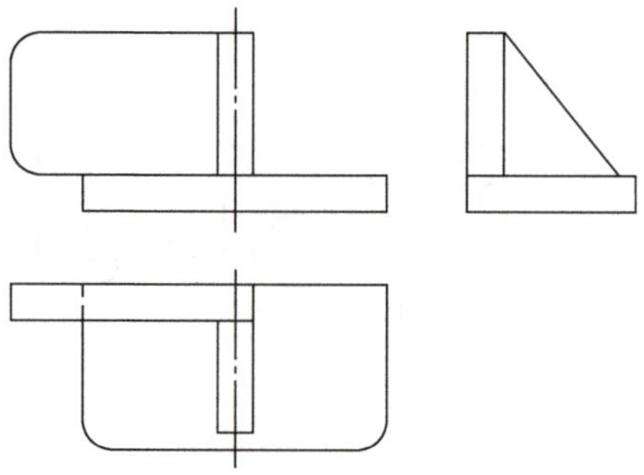
6）画出底板和立板上圆孔和槽的投影	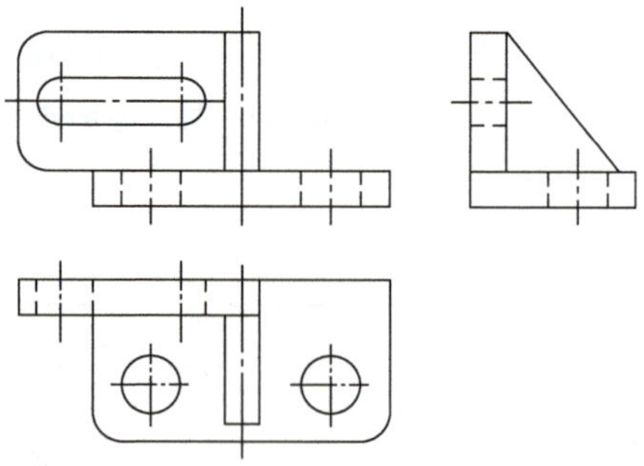
7）检查后按规定线型加深图线	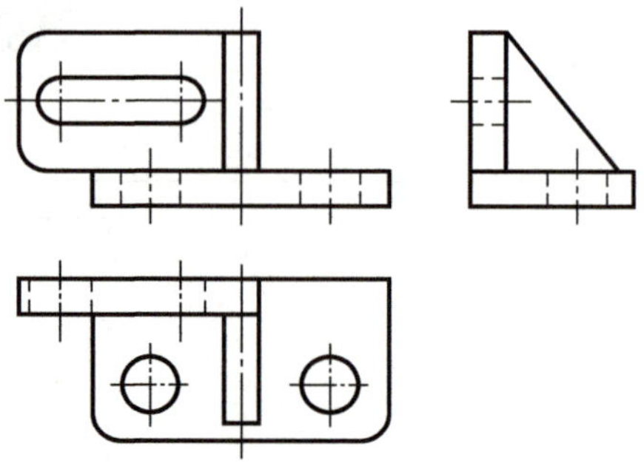

（续）

绘图步骤	图示
8）形体分析,确定尺寸基准	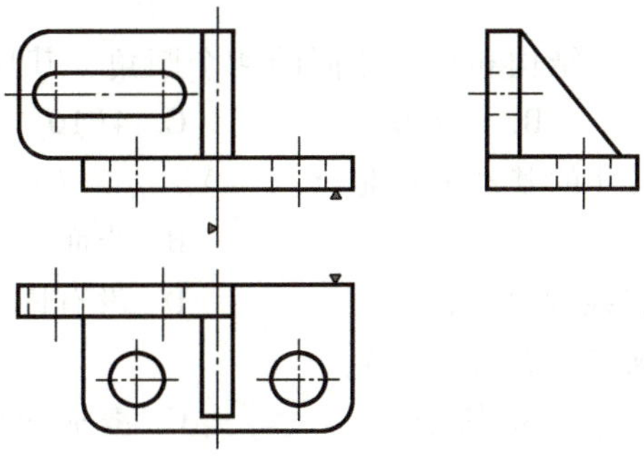
9）标注底板的定形、定位尺寸	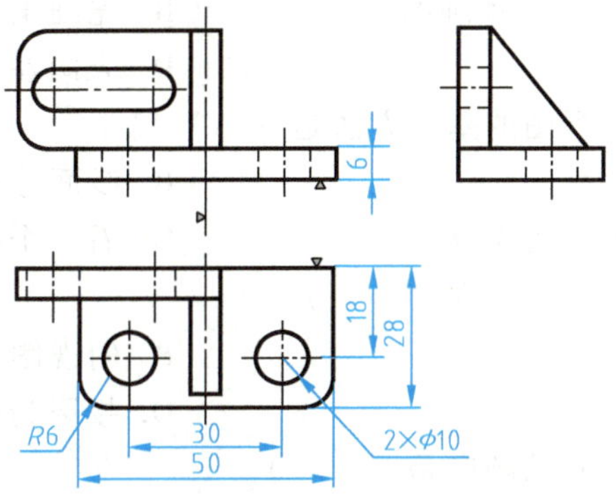
10）标注立板的定形、定位尺寸	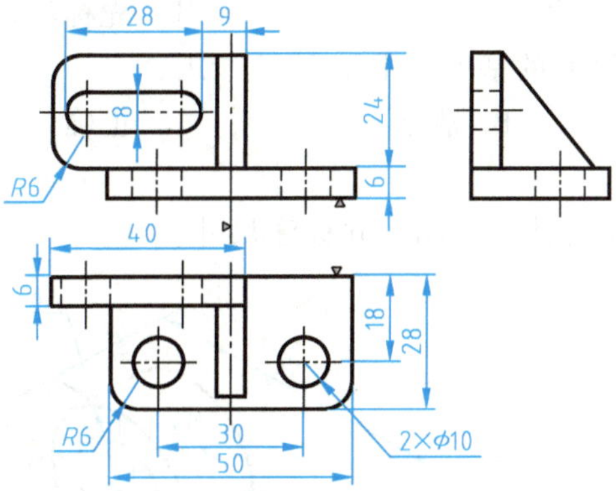
11）标注三角肋板的定形、定位尺寸,检查完成尺寸标注	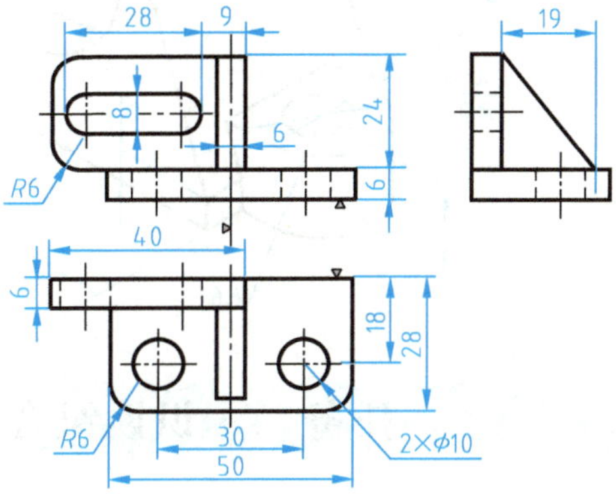

巩固练习

一、选择题

1. 同一个平面内，结构和尺寸相同的 4 个圆角，其尺寸标注正确的是（　　）。

A. 4×R10　　　　　B. 4-R10　　　　　C. 4R10　　　　　D. R10

2. 标注组合体尺寸的基本方法是（　　）。

A. 形体分析法　　　　　　　　　　B. 线面分析法

C. 形体分析法和线面分析法　　　　D. 没有固定的方法

3. 组合体的生成方法有（　　）。

A. 叠加　　　　　B. 切割　　　　　C. 叠加和切割　　　D. 相切

4. 形体分析法的基本原理是（　　）。

A. 按组合体的生成过程画图　　　　B. 先画主视图

C. 先画俯视图　　　　　　　　　　D. 先画左视图

5. 绘制组合体三视图的基本方法是（　　）。

A. 形体分析法　　　　　　　　　　B. 线面分析法

C. 形体分析法和线面分析法　　　　D. 看一个棱，画一条线

6. 圆弧的尺寸一般标注在（　　）。

A. 主视图上　　　　　　　　　　　B. 俯视图上

C. 左视图上　　　　　　　　　　　D. 投影为圆弧的视图上

7. 标注组合体尺寸的顺序是（　　）。

A. 先标注定形尺寸　　　　　　　　B. 先标注定位尺寸

C. 先标注总体尺寸　　　　　　　　D. 先标注定形尺寸或定位尺寸，再标注总体尺寸

8. 标注组合体尺寸的基本要求是（　　）。

A. 完整　　　　　B. 清晰　　　　　C. 正确　　　　　D. 以上三个都对

二、作图题

根据轴测图画组合体三视图，并标注尺寸。

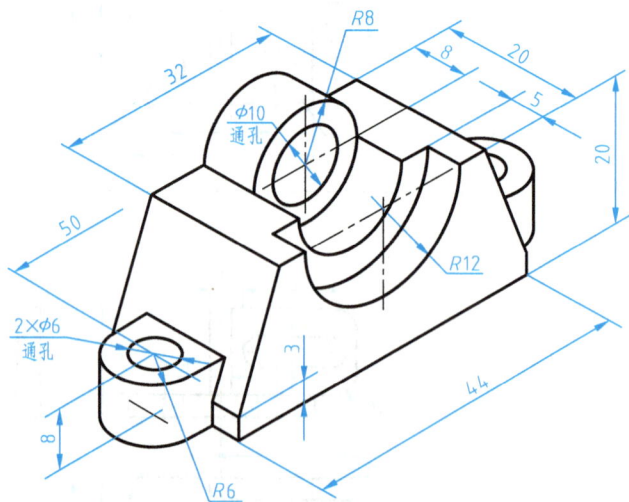

任务二　识读组合体三视图

画组合体的视图是将三维形体用正投影的方法表示成二维图形，而读组合体的视图，则立足于将二维图形依据它们之间的投影关系，想象出三维形体。可以说，读图是画图的逆过程。因此，读图同

样也要运用形体分析法。但对于复杂的形体，还要对局部的结构进行线面分析，想象出局部结构的形状，从而想象出组合体的空间形状。

学习任务单

任务目标	知识点： 1）掌握组合体的形体分析方法 2）掌握组合体三视图的读图方法
	技能点： 1）能够熟练识读组合体三视图 2）能够具备更高层次的空间想象能力
任务内容	如图 4-15 所示，已知轴承座的主、左视图，请想象出轴承座的形状，补画俯视图 图 4-15　轴承座的主、左视图
任务分析	要根据已知的两视图补画第三视图，需要根据投影分析、看懂组合体的视图，并想象出物体的形状。为了能顺利看懂组合体的视图，必须掌握读图的相关要领和方法
成果评定	各组成员独立完成组合体三视图的识读，进行自评、互评和教师评价后给定综合评定成绩

相关知识

一、读图基本要领

1. 要把几个视图联系起来进行分析

一般情况下，一个视图不能完全确定组合体的形状，如图 4-16 所示的 4 组视图中，主视图相同，但 4 组视图表达的组合体形状却完全不相同；有时，两个视图也不能完全确定组合体的形状，如图 4-17 所示的两组三视图中，主、俯视图相同，但两组三视图表达的组合体形状并不相同。由此可知，看图时不能只看一个或两个视图，且表达组合体必须要有反映形状特征的视图，即主视图。看图时，一般应以主视图为中心，将几个视图联系起来进行分析，才能想象出组合体的形状。

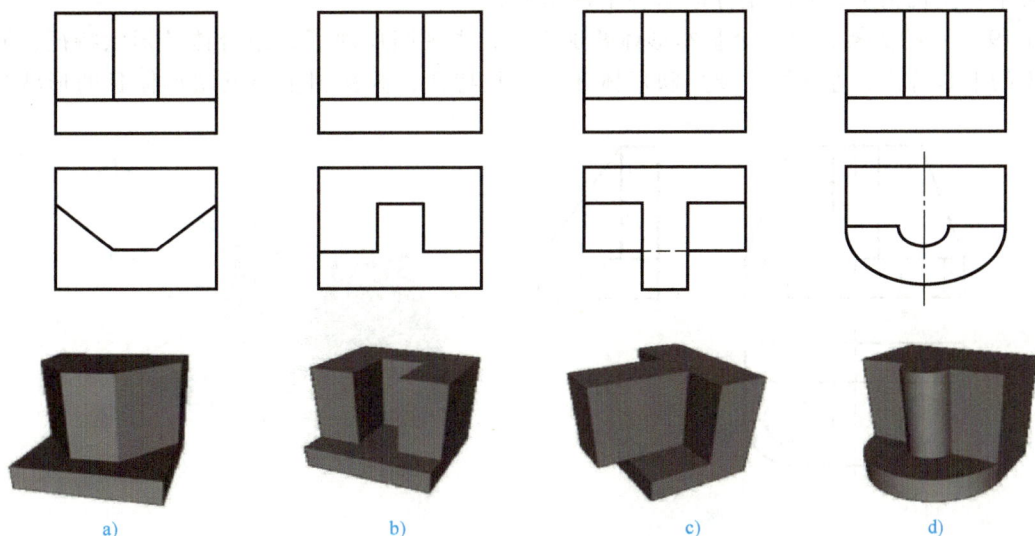

a)　　　　　　　　b)　　　　　　　　c)　　　　　　　　d)

图 4-16　一个视图不能完全确定组合体的形状

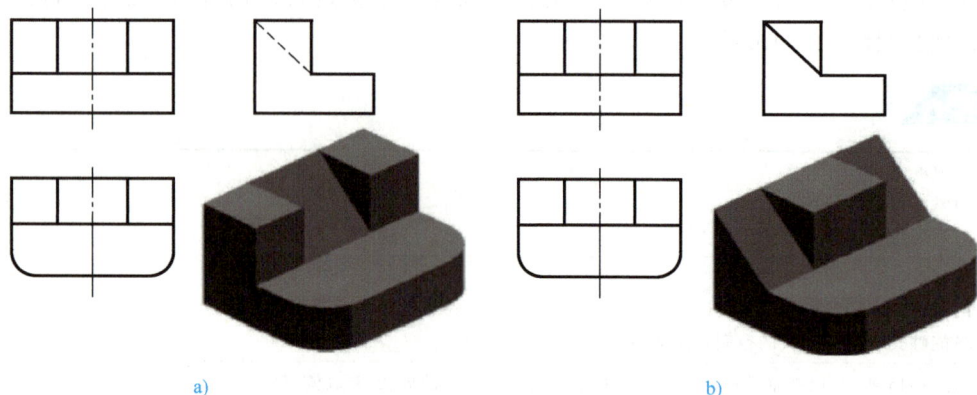

图 4-17　两个视图不能完全确定组合体的形状

2. 寻找特征视图

把物体的形状特征及相对位置反映得最充分的那个视图称为特征视图。

从最能反映组合体形状和位置特征的视图看起。如图 4-18a、b 所示的两组三视图中，主、俯视图完全相同，与左视图结合起来才能看清楚物体。因为主视图是反映主要形状特征的投影，左视图是最能反映位置特征的投影，看图时应先看主视图、左视图。

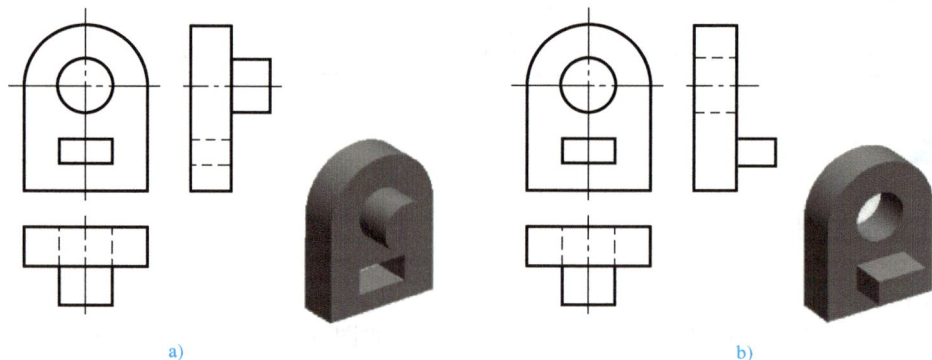

图 4-18　从反映形状和位置特征的视图看起

主视图是反映组合体整体主要形状和位置特征的视图。但组合体各组成部分的形状和位置特征不一定全部集中在主视图上，有时是分散于各个视图上。

如图 4-19 所示的支架，由三个基本形体叠加而成，主视图反映了该组合体的形状特征，同时也反映了形体Ⅰ的形状特征；左视图主要反映形体Ⅱ的形状特征；俯视图主要反映形体Ⅲ的形状特征。看

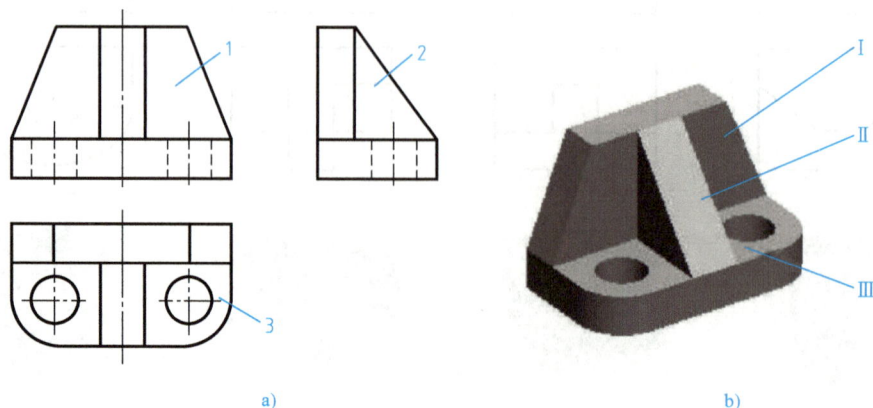

图 4-19　支架的形体分析

图时，应当抓住有形状和位置特征的视图，如分析形体Ⅰ时，应从主视图看起；分析形体Ⅱ时，应从左视图看起；分析形体Ⅲ时，应从俯视图看起。

看图时要善于抓住反映组合体各组成部分形状与位置特征较多的视图，并从它入手，就能较快地将其分解成若干个基本形体，再根据投影关系，找到各基本形体所对应的其他视图，并经分析、判断后，想象出组合体各基本形体的形状，最后达到看懂组合体视图的目的。

3. 弄清视图中线条与线框的含义

（1）视图中的每一条图线（直线或曲线）　表示具有积聚性的面（平面或柱面）的投影；表示表面与表面（两平面、两曲面或一平面与一曲面）交线的投影；表示曲面轮廓线在某方向上的投影，如图 4-20 所示。

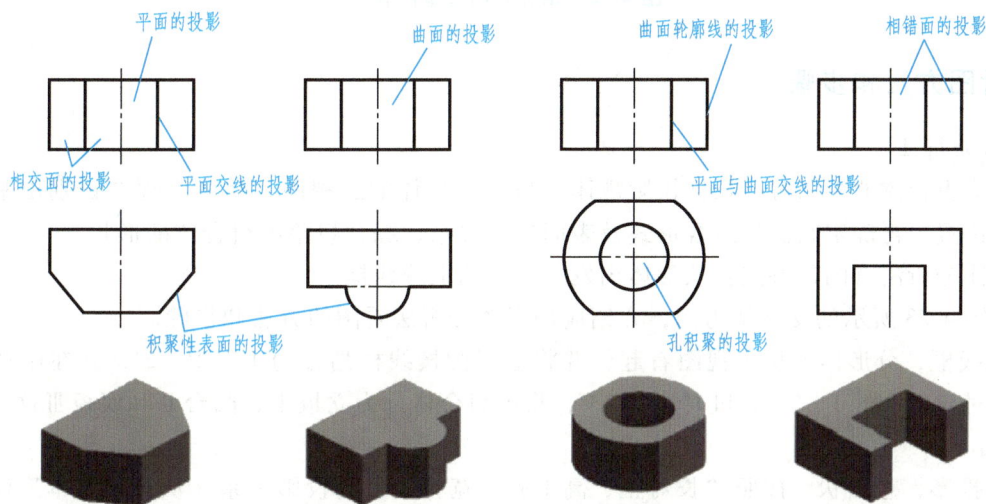

图 4-20　视图中线条和线框的含义

（2）视图中的封闭线框　表示平面、曲面、孔积聚的投影；一个面（平面或曲面）的投影；表示曲面及其相切的组合面（平面或曲面）的投影，如图 4-21 所示。

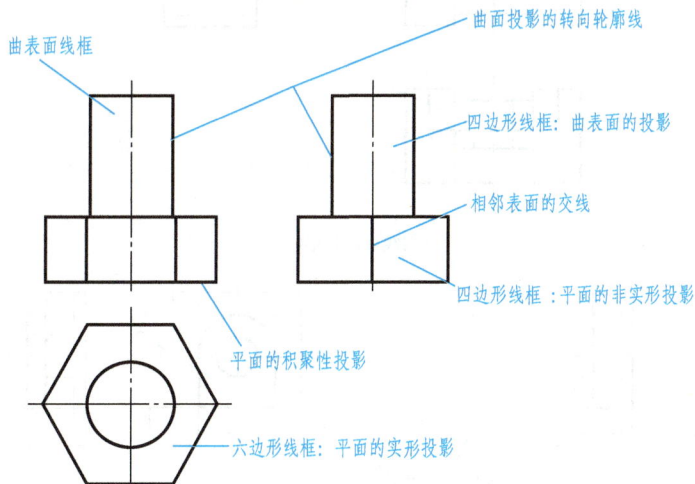

图 4-21　封闭线框的含义

（3）相邻的封闭线框　表示不共面、不相切的两不同位置的表面，如图 4-22a、b 所示；线框里有另一线框，可表示凸起或凹下的表面，如图 4-22c 所示；线框边上有开口线框和闭口线框，分别表示通槽和不通槽，如图 4-22d、e 所示。

a) b) c) d) e)

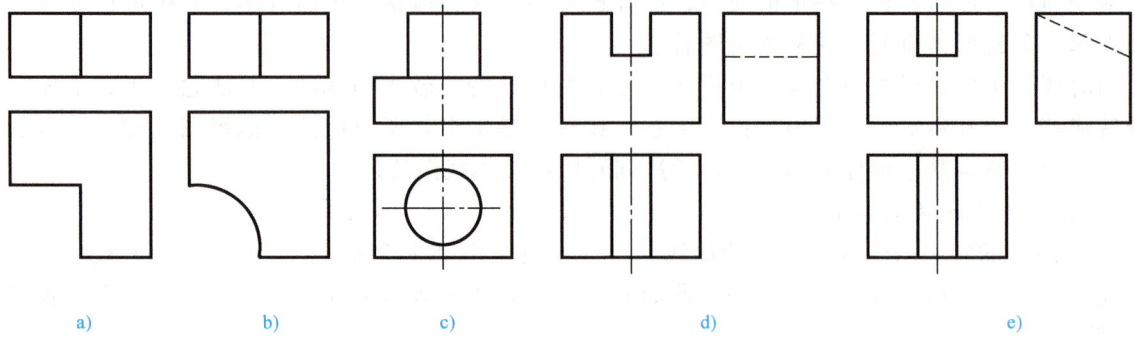

图 4-22 相邻封闭线框的含义

二、看图方法和步骤

1. 形体分析法

看叠加式组合体的视图时，根据投影规律分析基本形体的三视图，从图上逐个识别出基本形体的形状和相互位置，再确定它们的组合形式及表面连接关系，综合想象出组合体的形状。

应用形体分析法看图的特点：从形体出发，在视图上分线框。

下面以图 4-23 所示的支承架为例，介绍应用形体分析法看图的方法和步骤。

（1）划线框，分形体 从主视图看起，并将主视图按线框划分为 1′、2′、3′，并在俯视图和左视图上找出其对应的线框 1、2、3 和 1″、2″、3″，将该组合体分为立板 I、凸台 II 和底板 III 这三部分，如图 4-23a 所示。

（2）对投影，想形状 按照"长对正、高平齐、宽相等"的投影关系，从每一基本形体的特征视图开始，找出另外两个投影，想象出每一基本形体的形状，如图 4-23b、c、d 所示。

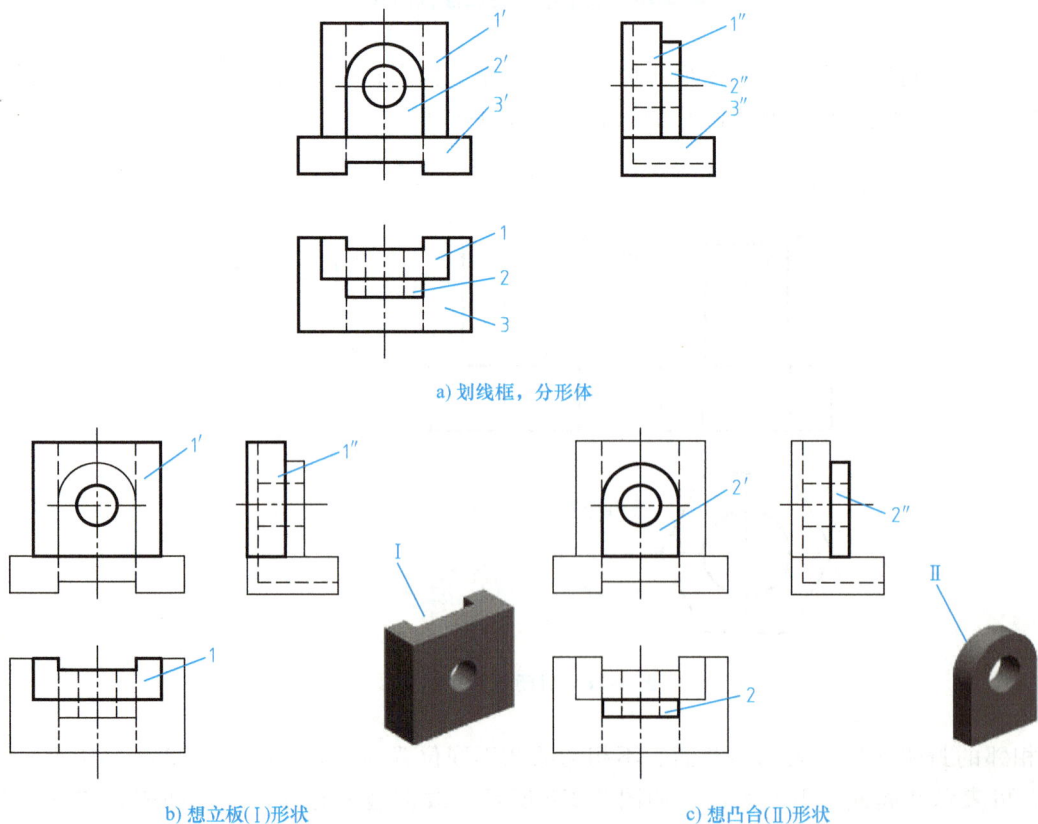

a) 划线框，分形体

b) 想立板(I)形状　　　　c) 想凸台(II)形状

图 4-23 用形体分析法看支承架视图的方法和步骤

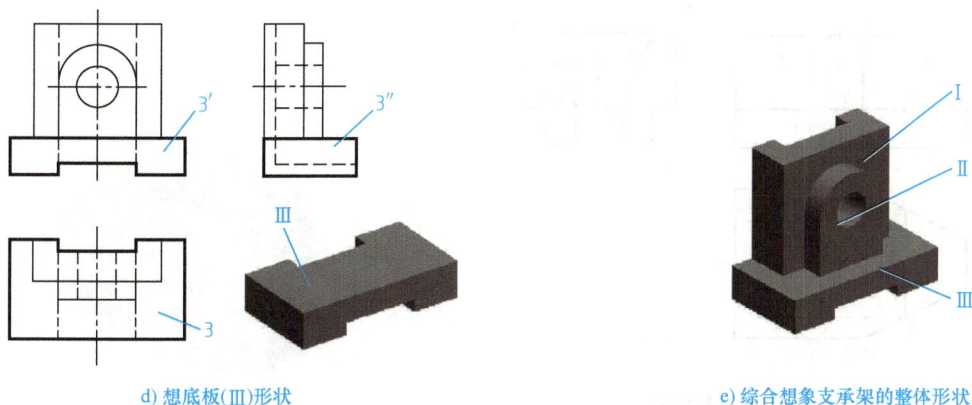

d) 想底板(Ⅲ)形状

e) 综合想象支承架的整体形状

图 4-23　用形体分析法看支承架视图的方法和步骤（续）

（3）合起来，想整体　根据各基本形体所在的方位确定各部分之间的相互位置及组合形式，从而想象出支承架的整体形状，如图 4-23e 所示。

2. 线面分析法

看图时，在应用形体分析法的基础上，对一些较难看懂的部分，特别是对切割式组合体的被切割部位，还要根据线面的投影特性，分析视图中线和线框的含义，弄清组合体表面的形状和相对位置，综合起来想象出组合体的形状。这种看图方法称为线面分析法。线面分析法的看图的特点：从面出发，在视图上分线框。

现以图 4-24 所示的压块为例，介绍用线面分析法看图的方法和步骤。

先分析整体形状，压块三个视图的轮廓基本上都是矩形，所以它的原始形体是个长方体。再分析细节部分，压块的右上方有一阶梯孔，其左上方和前后面分别被切掉一角。

从某一视图上划分线框，并根据投影关系，在另外两个视图上找出与其对应的线框或图线，确定线框所表示的面的空间形状和对投影面的相对位置。

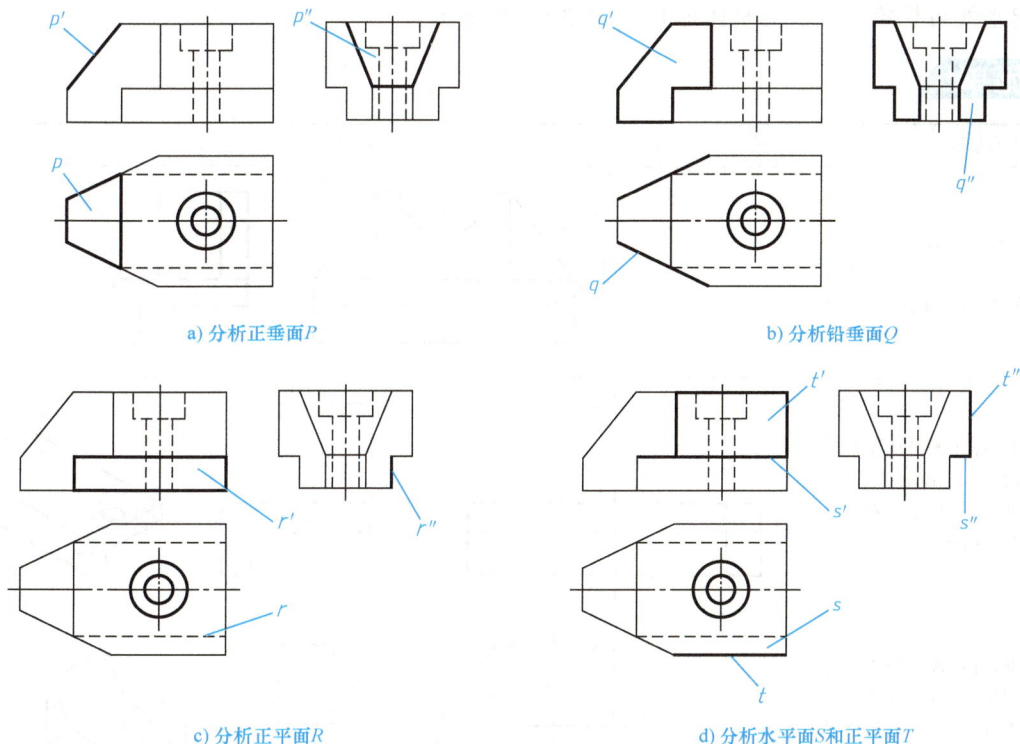

a) 分析正垂面 P

b) 分析铅垂面 Q

c) 分析正平面 R

d) 分析水平面 S 和正平面 T

图 4-24　用线面分析法看压块视图的方法和步骤

e) 分析交线　　　　　　　　　　　　f) 直观图

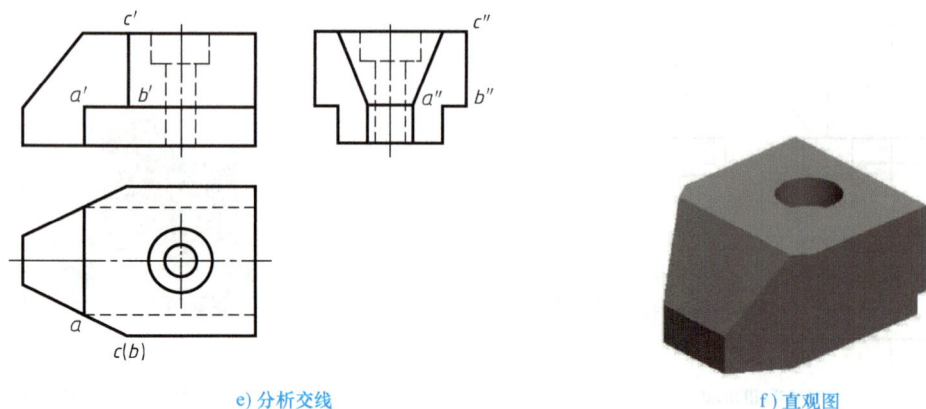

图 4-24　用线面分析法看压块视图的方法和步骤（续）

（1）压块左上方的缺角　如图 4-24a 所示，俯、左视图上相对应的等腰梯形线框 p 和 p'' 在主视图上对应的投影是一倾斜的直线 p'。由正垂面的投影特性可知，P 平面是梯形的正垂面。

（2）压块左方前后对称的缺角　如图 4-24b 所示，在主、左视图上方对应的投影七边形线框 q' 和 q''，在俯视图上对应的投影为一倾斜直线 q。由铅垂面的投影特性可知，Q 平面是七边形铅垂面。同理，处于后方与之对称的位置也是七边形铅垂面。

（3）压块下方前后对称的缺块　如 4-24c、d 所示，它们是由两个平面切割而成。其中，一个平面 R 主视图上为一可见的矩形线框 r'，在俯视图上的对应投影为水平线 r（虚线），在左视图上的对应投影为垂直线 r''。另一个平面 S 在俯视图上是有一边为虚线的直角梯形 s，在主、左视图上的对应投影分别为水平线 s' 和 s''。由投影面平行面的投影特性可知，R 平面和 T 平面是长方形的正平面，S 平面是直角梯形的水平面。压块下方后面的缺块与前面的缺块对称，不再赘述。

在图 4-24e 中，$a'b'$ 不是平面的投影，而是 R 面和 Q 面的交线，同理 $b'c'$ 是长方体前方面 T 和 Q 面的交线，其余线框及其投影读者自行分析。这样，既从形体上，又从线面的投影上弄清了压块的三视图，综合起来便可想象出压块的整体形状，如图 4-24f 所示。

任务实施单

绘图步骤	图示
1）分形体，从主视图看起，联系其他视图，可将主视图划分为四个基本部分 Ⅰ、Ⅱ、Ⅲ、Ⅳ	
2）看线框 Ⅰ，特征视图是左视图，结合主视图可以看出，该部分的形状为倒 L 形，并在其水平板上挖了两个圆柱孔	
3）看线框 Ⅲ，特征视图是主视图，结合左视图可以看出，基本形体为长方体，在此基础上顶面挖了一个半圆槽	

（续）

绘图步骤	图示
4）看线框Ⅱ、Ⅳ，特征视图为主视图，结合左视图可知，形体均为三棱柱	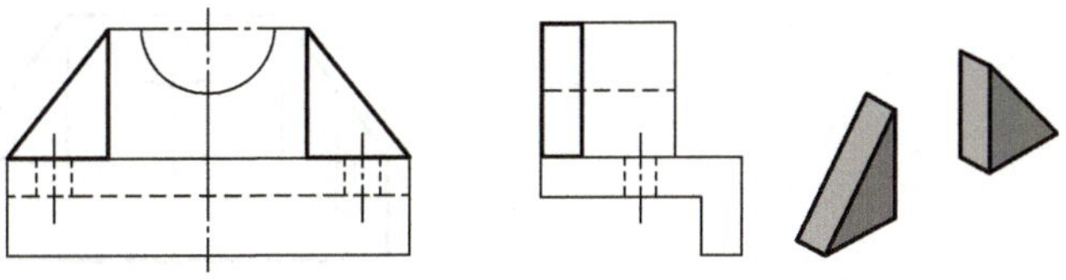
5）综合想象，根据各形体的相对位置排列，得出立体形状：形体Ⅰ在下，形体Ⅲ在上，并与形体Ⅰ后表面平齐，形体Ⅱ、Ⅳ分别在形体Ⅲ两侧并与其后表面平齐	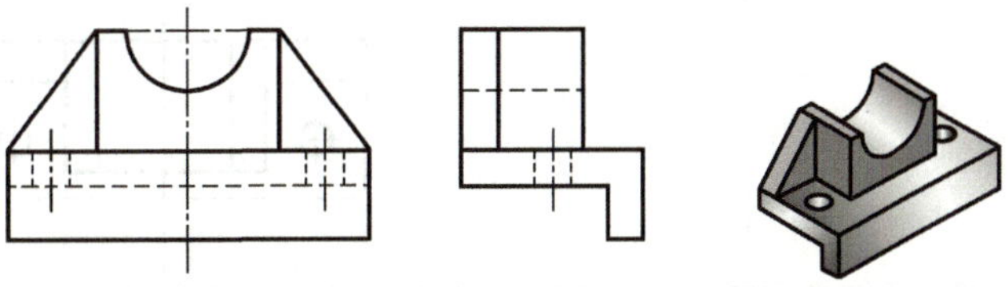
6）画形体Ⅰ部分的俯视图	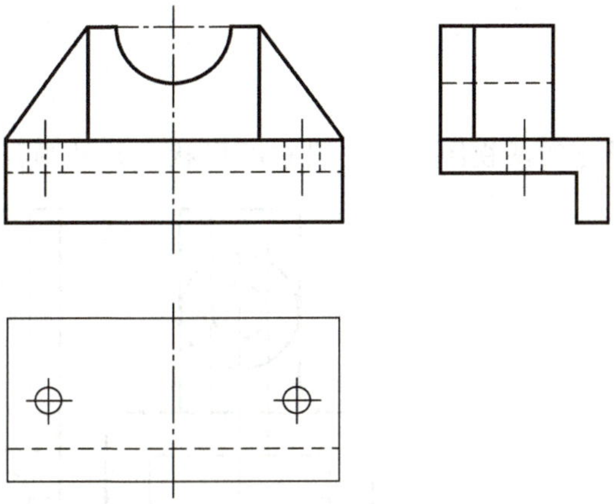
7）画形体Ⅲ部分的俯视图	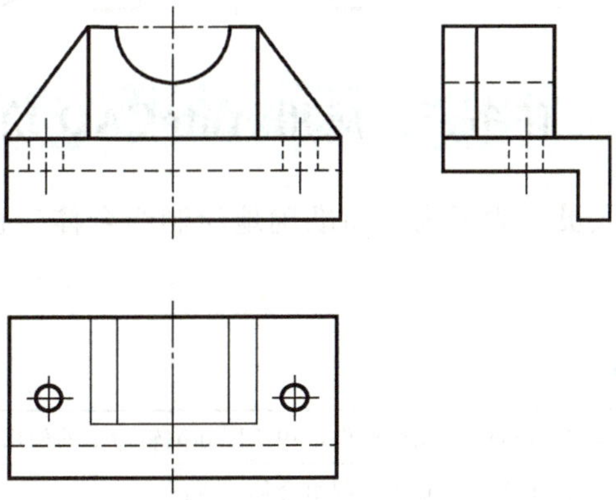
8）画形体Ⅱ、Ⅳ部分的俯视图	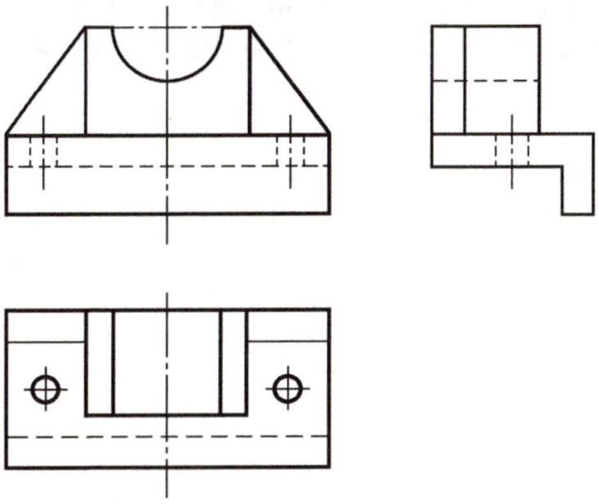

（续）

（续）

绘图步骤	图示
9）完成轴承座俯视图	

巩固练习

作图题

根据下图支承座的两视图，想象出它的形状，并补画其俯视图。

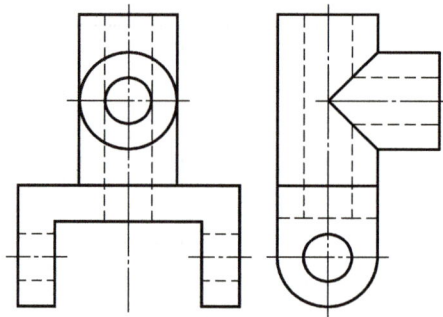

任务三　应用 AutoCAD 绘制组合体三视图

作为工程技术人员，为了高效而准确地绘制组合体三视图并进行尺寸标注，必须要熟练应用 Auto-CAD 绘制三视图。

学习任务单

任务目标	知识点：掌握 AutoCAD 绘图软件常用绘图和编辑命令的使用方法
	技能点：能够在 AutoCAD 中绘制组合体三视图
任务内容	根据滑动轴承座图样，在 AutoCAD 中绘制其三视图，并标注尺寸。滑动轴承座三维图及三视图分别如图 4-25 和图 4-26 所示

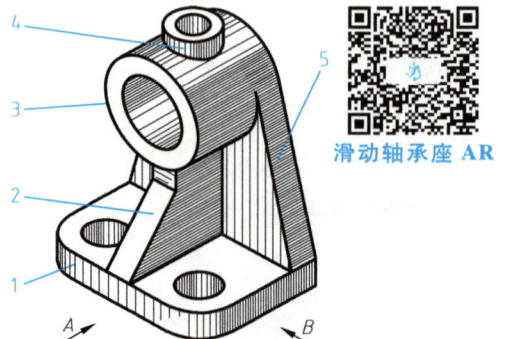

滑动轴承座 AR

图 4-25　滑动轴承座三维图

1—底板　2,5—肋板　3—圆柱筒　4—凸台

（续）

图 4-26　滑动轴承座三视图

任务内容	
任务分析	用 AutoCAD 绘制组合体的视图时，首先要运用形体分析法将组合体合理地分解为若干个基本形体，并按照各基本形体的形状、组合形式、形体间的相对位置和表面连接关系，逐步进行作图
成果评定	各组成员独立完成滑动轴承座三视图的绘制，进行自评、互评和教师评价后给定综合评定成绩

任务实施

1. 绘制底板 1

步骤 1　启动 AutoCAD 软件，然后打开项目一中任务二定制的 "A4. dwg" 文件，并确定状态栏中的极轴追踪、对象捕捉、动态输入和线宽按钮处于打开状态。

应用 AutoCAD 绘制组合体三视图

步骤 2　将 "粗实线" 图层设置为当前图层，然后单击 "矩形" 按钮 □ 绘制底板长方体的三视图，接着单击 "圆角" 按钮 ⌐，将圆角半径设置为 8，输入 "T" 后按〈Enter〉键，接着输入 "T"，按〈Enter〉键后采用修剪模式，输入 "M" 后按〈Enter〉键，最后依次选择要修圆角的对象进行修圆角。

步骤 3　单击 "圆" 按钮 ⊙，然后单击 "对象捕捉" 工具栏中的 "临时追踪点" 按钮 ⊸，接着捕捉图 4-27a 所示直线 AB 的中点并向下移动光标，待出现竖直极轴追踪线时输入值 "33" 并按〈Enter〉键，接着捕捉出现的临时点并水平向右移动光标，待出现水平极轴追踪线时输入值 "20" 并按〈Enter〉键，接着根据命令行提示绘制半径为 5 的圆。

步骤 4　在主视图中依次绘制步骤 3 所绘圆在主视图中的投影线（对称中心线和两条虚线），并将各线置于相应图层。将 "点画线" 图层设置为当前图层，为俯视图中的圆添加对称中心线，结果如图 4-27a 所示。

步骤 5　依次选择俯视图中的圆、圆上的对称中心线以及主视图中该圆的投影线，然后单击 "镜像"

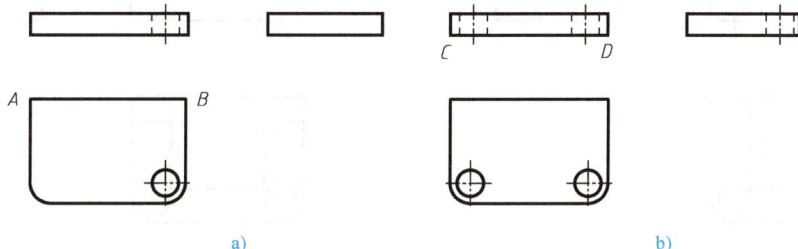

a)　　　　　　　　　　　　　　　　　　b)

图 4-27　绘制底板 1

按钮 ⚠，分别将所选对象以主视图中两条水平直线的中点连线为镜像线复制镜像，结果如图 4-27b 所示主视图和俯视图。

步骤6　单击"复制"按钮 ⟲ 或"直线"按钮 ∕ 绘制左视图中圆的投影线，结果如图 4-27b 所示左视图。

2. 绘制圆柱筒 3

步骤1　单击"圆"按钮 ⊙，然后捕捉图 4-27b 所示直线 CD 的中点并向上移动光标，待出现竖直极轴追踪线时输入值"43"并按〈Enter〉键，依次绘制图 4-28a 所示的同心圆。

步骤2　单击"直线"按钮 ∕，然后依次捕捉图 4-28a 所示的中点和象限点，待出现图中所示的极轴追踪线时单击，依次绘制该圆柱筒在左视图中的投影。

步骤3　采用同样的方法绘制该圆柱筒在俯视图中的投影，并根据投影的可见性将相关图线置于相应图层中，结果如图 4-28b 所示。

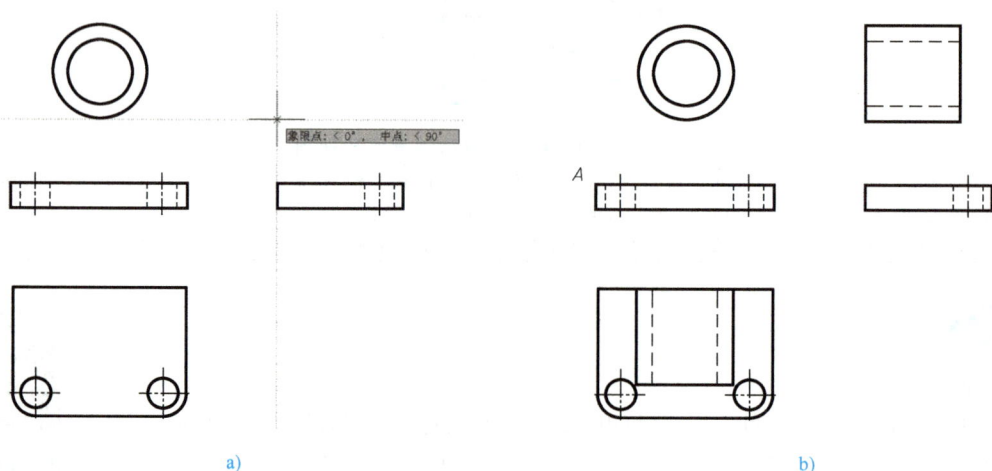

图 4-28　绘制圆柱筒 3

3. 绘制肋板 5

步骤1　单击"直线"按钮 ∕，接着单击图 4-28b 所示的端点 A，然后在绘图区右击，在弹出的快捷菜单中选择"切点"命令，绘制图 4-29a 所示的切线 AB。采用同样的方法绘制另一条切线 CD。

步骤2　重复单击"直线"按钮捕捉俯视图左上角端点并向下移动光标，输入值"8"后按〈Enter〉键，然后捕捉切线的端点，待出现图 4-29a 所示的极轴追踪线时单击，最后按〈Enter〉键结束命令。采用同样的方法绘制其右侧直线，结果如图 4-29b 所示。

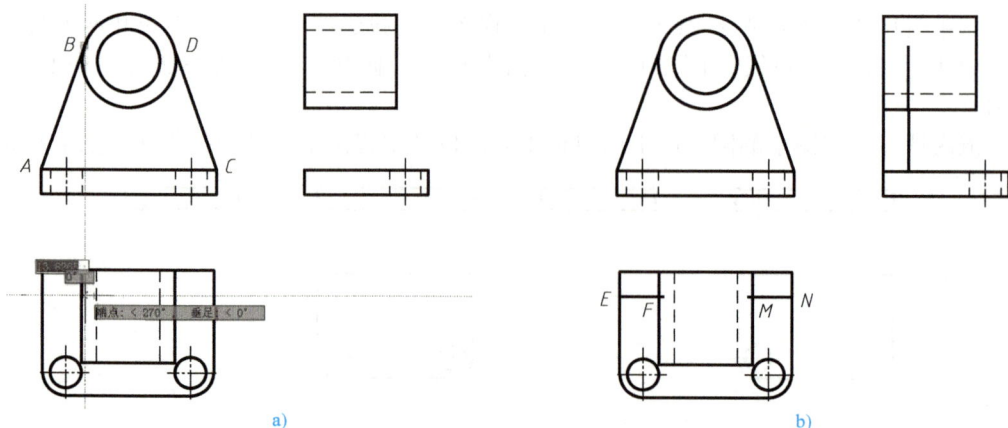

图 4-29　绘制肋板 5（一）

步骤 3　重复单击直线按钮，采用同样的方法绘制肋板 5 在左视图中的投影直线，结果如图 4-29b 所示。

步骤 4　单击"修剪"按钮 ✂，修剪俯视图和左视图中多余的线条，然后单击直线按钮绘制肋板 5 在俯视图中不可见的线条，结果如图 4-30 所示。

4．绘制肋板 2

步骤 1　将"点画线"图层置于当前图层，然后单击"直线"按钮 ⟋ 依次绘制中心线。

步骤 2　单击"偏移"按钮 ⊆ 分别将主视图和俯视图中的竖直中心线向左、右侧各偏移 4。将左视图中的直线 AB 向其右侧偏移 20，然后单击"直线"按钮 ⟋，捕捉图 4-31 中的交点并向右移动光标，待其与直线 AB 相交时单击，接着水平向右移动光标，待与直线 CD 相交时单击，最后按〈Enter〉键结束命令。

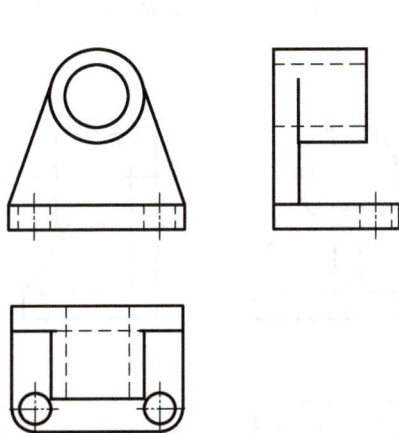

图 4-30　绘制肋板 5（二）

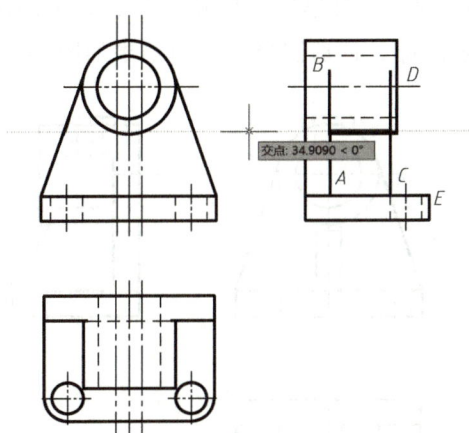

图 4-31　绘制肋板 2（一）

步骤 3　单击"修剪"按钮 ✂，修剪左视图中多余的线条，然后单击"直线"按钮 ⟋，捕捉图 4-31 所示的端点 E 并单击，然后输入"@ -12，18"并按〈Enter〉键，结果如图 4-32a 所示。

步骤 4　单击"修剪"按钮 ✂，修剪左视图和俯视图中多余的线条，然后将俯视图中偏移所得到的直线置于"虚线"图层。接着单击"直线"按钮 ⟋，分别以两条虚线的下端点为起点绘制两条竖直直线，结果如图 4-32b 所示。

步骤 5　将主视图中偏移所得的两条直线置于"粗实线"图层，然后单击"修剪"按钮 ✂，修剪多余线条，最后单击"直线"按钮 ⟋ 绘制图 4-32b 所示的直线 AB。

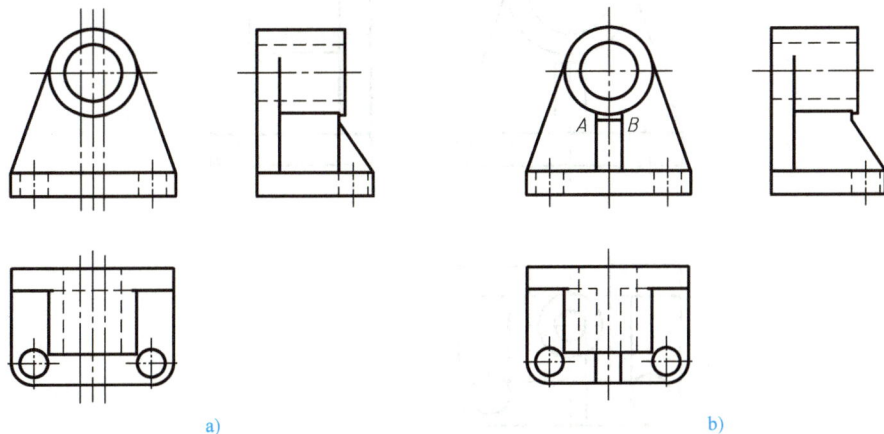

a)　　　　　　　　　　　　　　　　　　b)

图 4-32　绘制肋板 2（二）

5. 绘制凸台 4

步骤 1 单击"偏移"按钮 ⊆，将主视图中的竖直中心线向其左、右两侧各偏移 4、7.5，将水平中心线向上偏移 17，然后单击"修剪"按钮 ✂，修剪多余的线条，并将其置于所需图层，结果如图 4-33a 所示。

步骤 2 单击"偏移"按钮 ⊆，将左视图中最左端竖直直线向其右侧偏移 15，将水平中心线向上偏移 17，然后单击"复制"按钮 ⊗，将主视图中所绘制的四条直线复制至左视图中，最后利用夹点调整左视图中偏移的直线，并将其置于"点画线"图层，结果如图 4-33a 所示。

步骤 3 单击"圆弧"按钮 ⌒，单击图 4-33a 所示的交点 E，然后根据命令行提示输入"E"并按〈Enter〉键，接着单击交点 F，以指定圆弧的端点，输入"R"，按〈Enter〉键后输入圆弧半径"10"，按〈Enter〉键结束命令。

步骤 4 重复单击"圆弧"按钮，采用同样的方法绘制另一条圆弧，其半径为 15。最后单击"修剪"按钮 ✂，修剪图形，修剪结果如图 4-33b 所示。

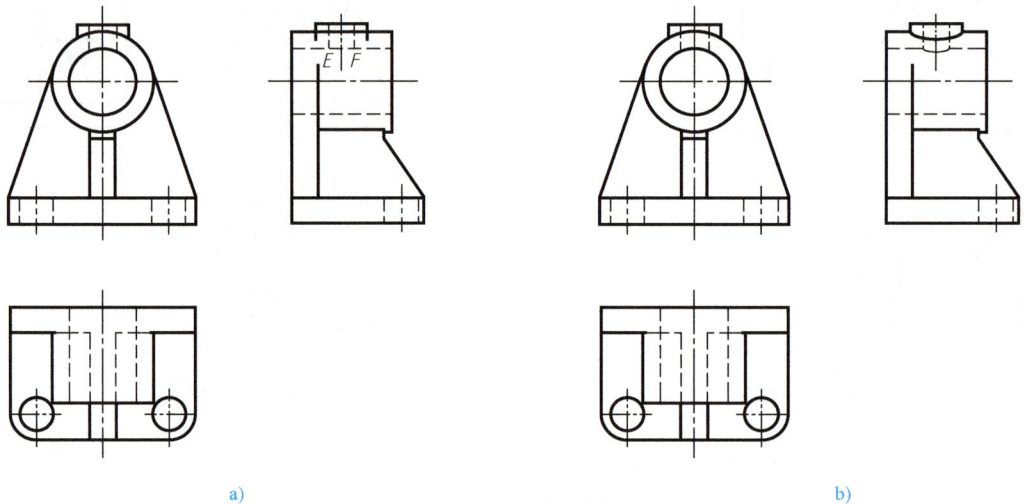

a)   b)

图 4-33 绘制凸台 4（一）

步骤 5 单击"直线"按钮 ✏ 和"圆"按钮 ⊙，分别绘制俯视图中的水平中心线和同心圆，结果如图 4-34 所示。

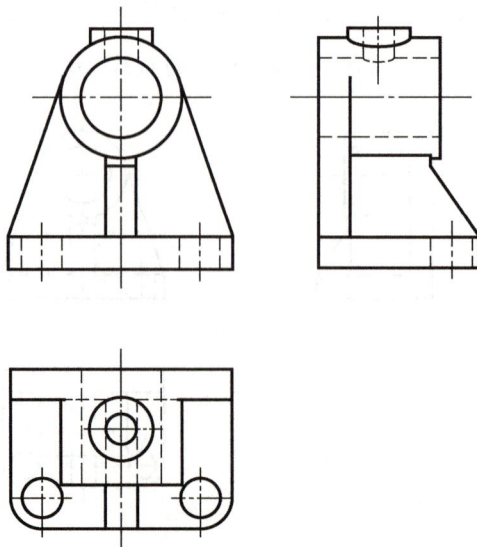

图 4-34 绘制凸台 4（二）

6. 标注尺寸

步骤1　将"标注"图层设置为当前图层。按照绘图顺序依次选择"标注"工具栏中的"线性"按钮，、"直径"按钮或"半径"按钮等逐个标注形体尺寸。

步骤2　对于线性尺寸前需要添加"φ"符号的尺寸标注，可在命令行中输入"DIMEDIT"并按〈Enter〉键，然后选取要进行编辑的所有尺寸并按〈Enter〉键即可，其标注结果如图4-35所示。

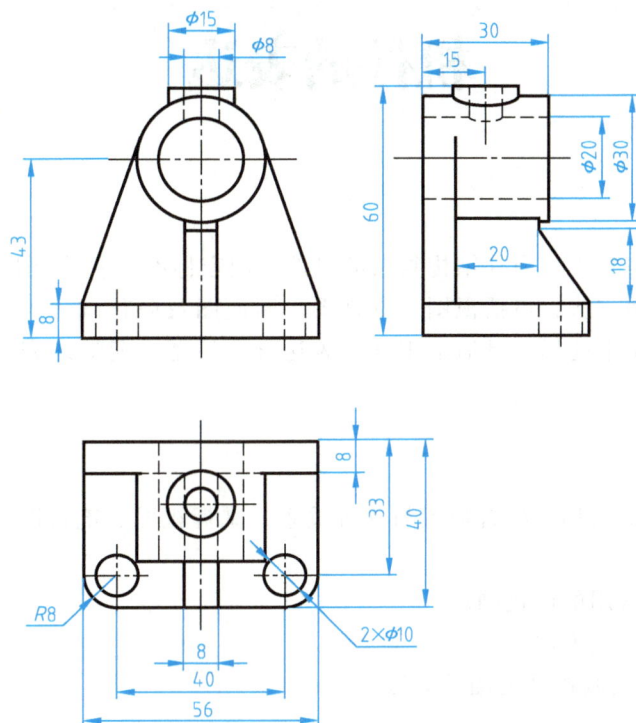

图 4-35　标注尺寸

巩固练习

作图题

应用 AutoCAD 按照 1∶1 比例抄画形体的主、左视图，补画其俯视图（保留虚线，不注尺寸）。

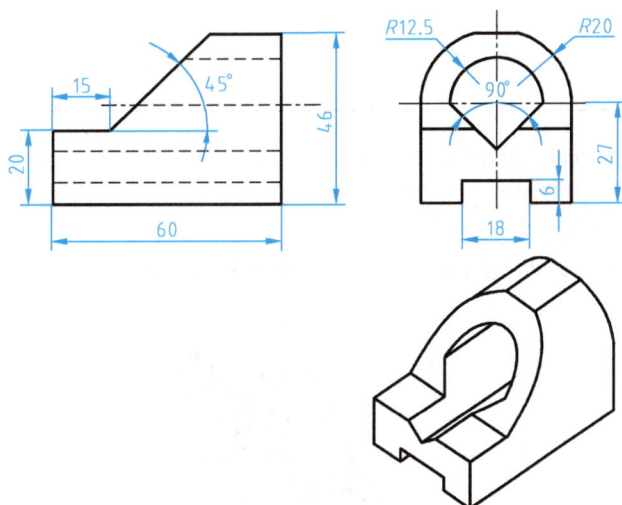

机件的表达

在工程实际中，为了清楚表达内外结构复杂的机件，国家标准《技术制图》和《机械制图》规定了绘制物体技术图样的基本方法，包括视图、剖视图、断面图及简化画法等。掌握这些表达方法是正确绘制和阅读机械图样的基本前提。灵活运用这些表达方法清楚、简洁地表达机件是绘制机械图样的基本原则。

项目目标

1. 掌握六个基本视图的名称、配置位置与三等关系，掌握视图、剖视图、断面图的基本概念、画法及标注方法。
2. 熟悉局部放大图及常用的简化画法。
3. 能合理选用机件的表达方法。
4. 掌握应用 AutoCAD 绘制机件视图的方法。

任务一　绘制机件视图

视图是根据有关国家标准和规定用正投影法原理将机件向投影面投影所得的图形。在机械图样中，主要用来表达机件外部结构和形状，一般只画出可见的部分，必要时才用细虚线画出不可见的部分。视图分为基本视图、向视图、局部视图和斜视图四种。视图的画法应遵循 GB/T 17451—1998 和 GB/T 4458.1—2002 的规定。

学习任务单

任务目标	知识点： 1）掌握六个基本视图的名称、配置位置与"三等"关系 2）掌握斜视图和局部视图的画法及标注方法
	技能点：能绘制各种视图，并能正确标注
任务内容	分析图 5-1 所示压紧杆的结构形状，用一组适当的视图将其外形表达清楚  　斜视图 AR 图 5-1　压紧杆

（续）

任务分析	由于压紧杆存在倾斜结构,若采用三视图表达,则倾斜部分在俯视图和左视图上的投影都不具有真实性,这将给画图和看图带来不便。对于这种情况,常采用斜视图和局部视图来表达
成果评定	各组成员相互讨论并绘制压紧杆的一组视图,进行自评、互评和教师评价后给定综合评定成绩

相关知识

一、基本视图

为了分别表达物体上下、左右、前后六个方向的结构形状,国家标准中规定:用正六面体的六个面作为六个投影面,称为基本投影面。将物体置于六面体中间,如图 5-2a 所示,分别向各投影面投射,可得到以下六个基本视图。

主视图——由物体的前方向后投射得到的视图。

俯视图——由物体的上方向下投射得到的视图。

左视图——由物体的左方向右投射得到的视图。

右视图——由物体的右方向左投射得到的视图。

仰视图——由物体的下方向上投射得到的视图。

后视图——由物体的后方向前投射得到的视图。

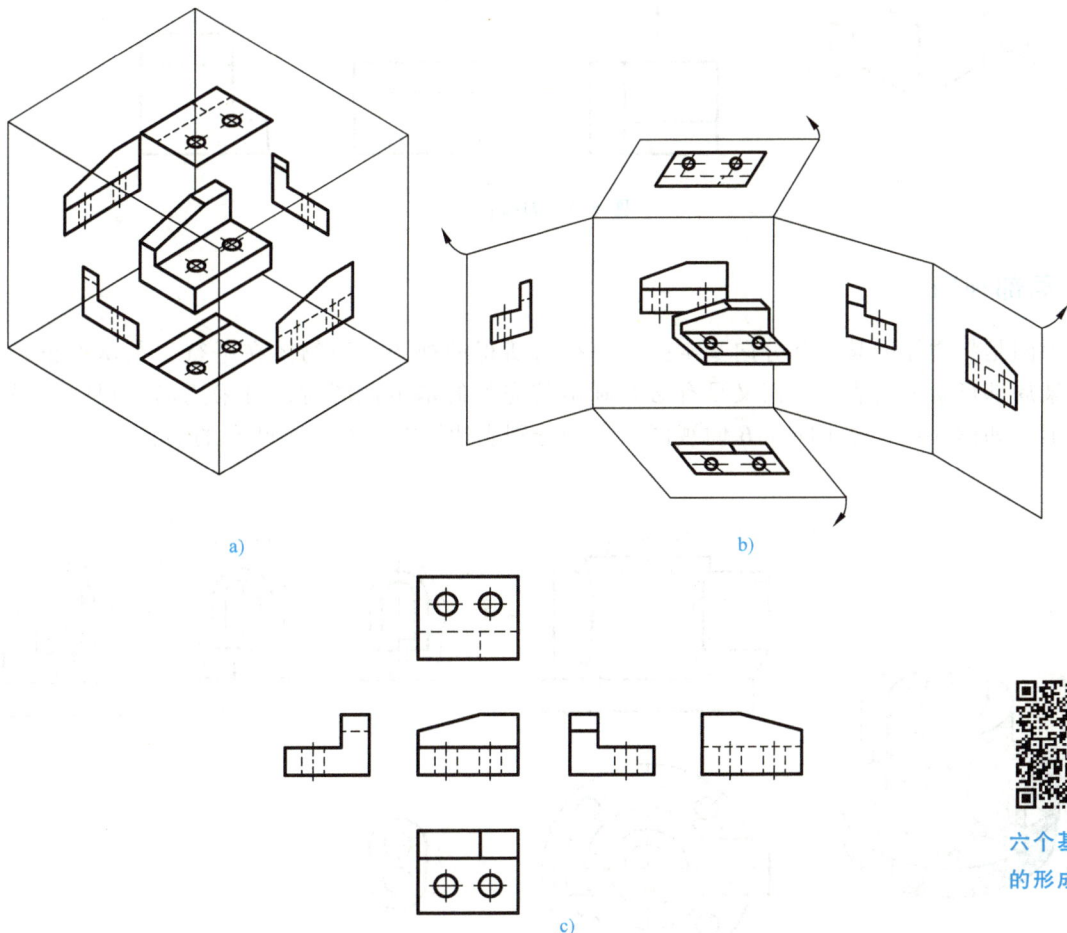

a)

b)

c)

图 5-2 六个基本视图的形成及展开

六个基本视图
的形成及展开

为了在同一平面上表示物体,必须将六个投影面展开到一个平面。展开时,规定正立投影面不动,其余各投影面按图 5-2b 所示展开到正立投影面所在的平面上。

投影面展开后，六面基本视图的位置如图 5-2c 所示，一旦物体的主视图被确定后，其他基本视图与主视图的位置关系也随之确定，此时，可不标注视图的名称。

六个基本视图在度量上满足"三等"对应关系：主、俯、仰、后视图"长对正"；主、左、右、后视图"高平齐"；俯、左、仰、右视图"宽相等"。这是读图、画图的依据和出发点。在反映空间方位上，俯、左、仰、右视图中靠近主视图的一侧，是物体的后方；远离主视图的一侧，是物体的前方。

二、向视图

向视图是可以自由配置的视图。向视图必须标注。其标注方法：在向视图的上方标注"×"（"×"为大写拉丁字母，注写时按 A、B、C、…的顺序）；在相应视图附近用箭头指明投射方向，并标注相同字母（图 5-3）。

采用向视图的目的是便于利用图样空间。向视图是基本视图的另一种表达方式，是移位（不旋转）配置的基本视图。向视图的投射方向应与基本视图的投射方向一一对应。表示投射方向的箭头应尽可能配置在主视图或左、右视图上，以便所获视图与基本视图一致。

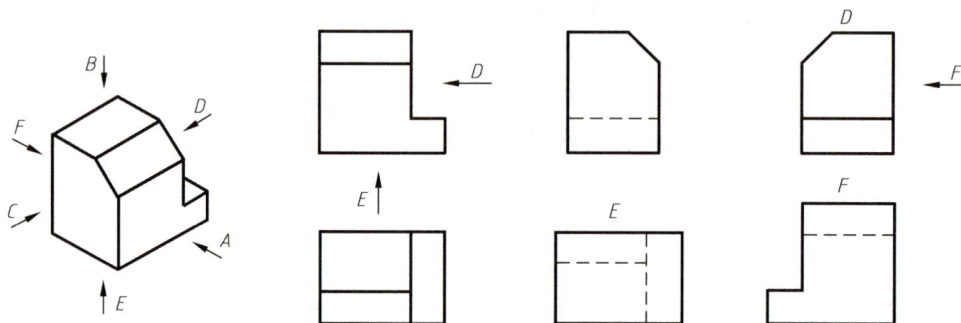

图 5-3　向视图

三、局部视图

局部视图是将物体的某一部分向基本投影面投射所得的视图。当物体在平行于某基本投影面的方向上仅有某局部形状需要表达，而又没有必要画出其完整的基本视图时，可采用局部视图以局部表达机件的外形。如图 5-4 中的 A 向和 B 向视图，它们分别表达了左、右两个凸台的形状。

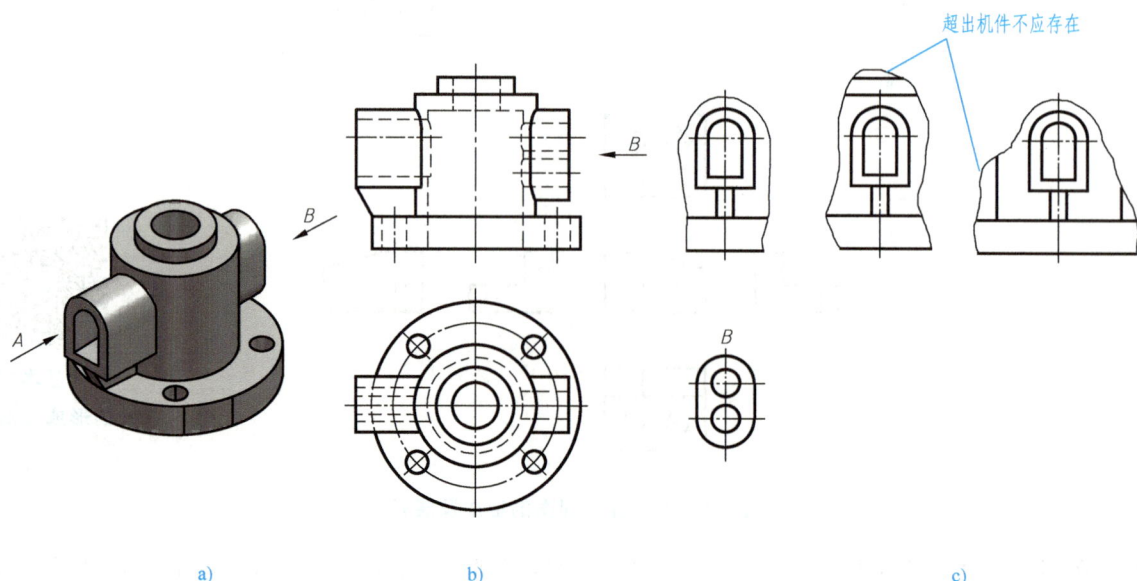

超出机件不应存在

a)　　　　　　　　　　b)　　　　　　　　　　c)

图 5-4　局部视图

（一）局部视图的配置及标注

局部视图应按以下三种形式配置，并进行必要的标注。

1）按基本视图的配置形式配置，当与相应的另一视图之间没有其他图形隔开时，则不必标注，如图5-4中的 A 向局部视图。

2）按向视图的配置形式配置和标注，如图5-4中的 B 向局部视图。

3）按第三角画法配置在视图上所需表示的局部结构的附近，并用细点画线将两者相连，无中心线的图形也可用细实线联系两图，此时，无须另行标注（图5-5）。

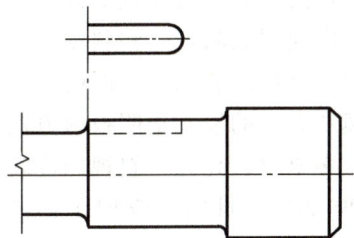

图 5-5　局部视图按第三角画法配置

（二）局部视图的画法

局部视图是从完整的图形中分离出来的，这就必须与相邻的其他部分假想地断裂，其断裂边界一般用波浪线（图5-4中的 A 向局部视图）或双折线（图5-5）绘制。当局部视图的外轮廓封闭时，则不必画出其断裂边界线。如图5-4中的 B 向局部视图。

> **注意**：波浪线表示物体断裂边界的投影，空洞处和超出机件处不应存在，如图5-4c 所示。

图5-6 分别给出了仅上下对称和上下、左右均为对称的两种机件的表示法，这种将对称机件的视图只画一半或四分之一的画法也是符合局部视图定义的，此时，可将其视为以细点画线作为断裂边界的局部视图的特殊画法。采用这种画法的目的是节省时间和图幅，作图时应在对称中心线的两端画出两条与其垂直的平行细实线。

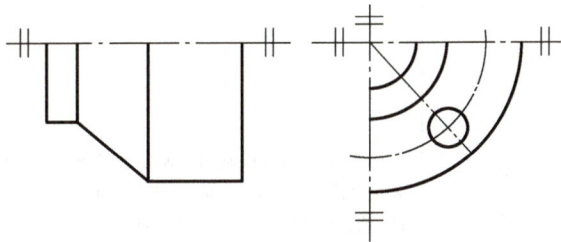

图 5-6　对称机件的局部视图

四、斜视图

斜视图是物体向不平行于基本投影面的平面投射所得的图形。

当物体具有倾斜结构，其倾斜表面在基本视图上既不反映实形，又不便于标注尺寸，读图、画图都不方便。为了清楚地表达倾斜部分的形状，可选择增加一个平行于该倾斜表面且垂直于某一基本投影面的辅助投影面，将该倾斜部分向辅助投影面投射，这样得到的视图称为斜视图，如图5-7所示。

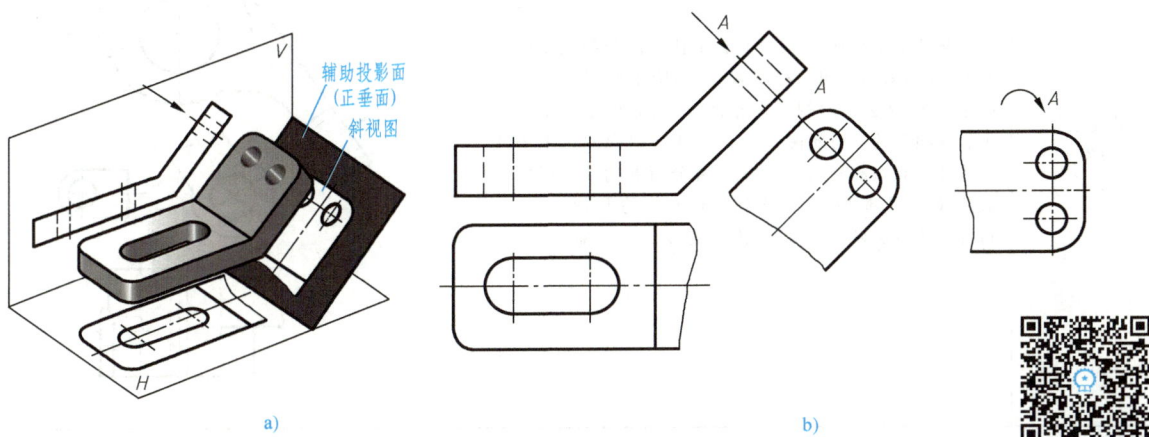

a)　　　　　　　　　　　　　　　　b)

图 5-7　斜视图的形成

斜视图的形成

斜视图中只画倾斜部分的投影，用波浪线或双折线断开，其他部分省略不画。

画斜视图时应注意：斜视图的尺寸大小必须与相应的视图保持联系，严格按投影关系作图。斜视图通常按向视图的配置形式配置及标注。按箭头方向配置在相应视图的附近，在斜视图的上方水平地注写与箭头处相同的字母以表示斜视图的名称。在相应视图附近用垂直于倾斜表面的箭头指明投射方向，如图5-7a中的A向斜视图。必要时，允许将斜视图旋转配置。旋转的角度以不大于90°为宜。此时，应加注旋转符号，旋转符号的方向要与实际旋转方向一致，如图5-7b所示。旋转符号为半径等于字体高的半圆弧，表示斜视图名称的大写拉丁字母应靠近旋转符号的箭头端，也允许将旋转角度标注在字母之后。

图5-8所示为压紧杆的斜视图和局部视图。

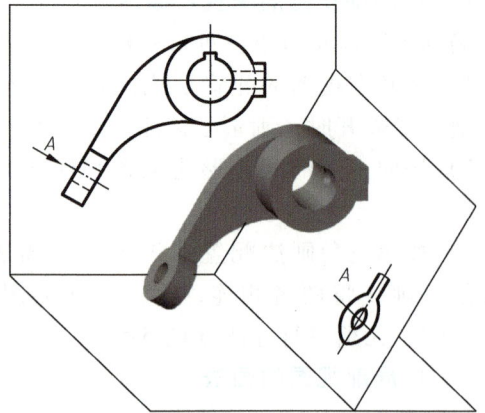

图5-8 压紧杆的斜视图和局部视图

任务实施单

步骤		图示
1）分析形体结构	压紧杆左侧耳板倾斜于基本投影面,若采用三视图表达,如右图所示,其俯视图和左视图都不具有真实性,这将给画图和读图带来不便	
2）确定表达方案	压紧杆由于有倾斜的结构,为了让各部分都投影成实形,方案采用了四个视图表达,保留了原三视图中的主视图,舍去了俯视图和左视图,取而代之的是一个斜视图和两个局部视图。其中,A向斜视图用来表达机件上倾斜部分的实形,剩余部分用B向局部视图表达;C向局部视图用以表达机件右侧的U形凸台。这种表达方法显然比用三视图表达更简明易懂	

巩固练习

一、选择题

1. 下面关于基本视图叙述正确的是（ ）。

A. 投影面为基本投影面　　　　　　　B. 投射方向为基本投射方向

C. 按六个基本视图展开位置配置视图　　D. 以上三个答案都对

2. 下面关于向视图叙述正确的是（　　　）。

A. 投影面为基本投影面　　　　　　　B. 投射方向为基本投射方向

C. 按六个基本视图展开位置配置视图　　D. 前两个答案正确，第三个答案错误

3. 局部视图的编号标注在视图的（　　　）。

A. 上方　　　　　　　　　　　　　　B. 下方

C. 上方和下方均可　　　　　　　　　D. 以上三个答案都不对

二、作图题

1. 根据主、俯、左视图，按照图中箭头方向补画三个向视图。

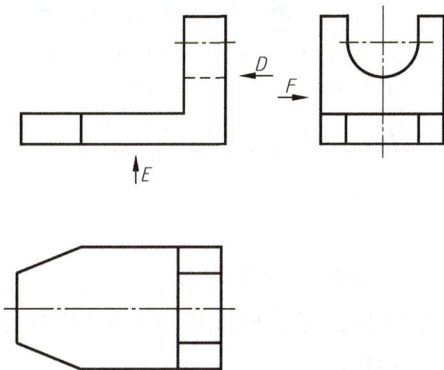

2. 根据主视图和轴测图，补画局部视图和斜视图，将机件的形状表达清楚（比例 1:1）。

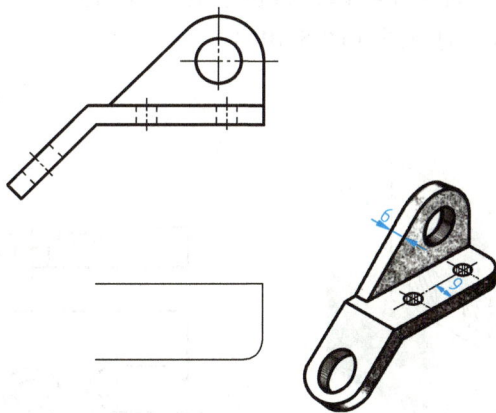

任务二　绘制机件剖视图

前面所介绍的视图主要用来表达机件的外部形状，而剖视图则用来表达机件的内部结构形状。

学习任务单

任务目标	知识点： 1）掌握剖视图的概念、剖视图的种类、剖视图的剖切方法 2）掌握剖视图的画法与标注
	技能点：能绘制各类剖视图，并能正确标注

（续）

任务内容	根据图 5-9 所示四通管的轴测图,分析机件的内、外结构形状,选择合适的表达方法将机件的内、外形状表达清楚
	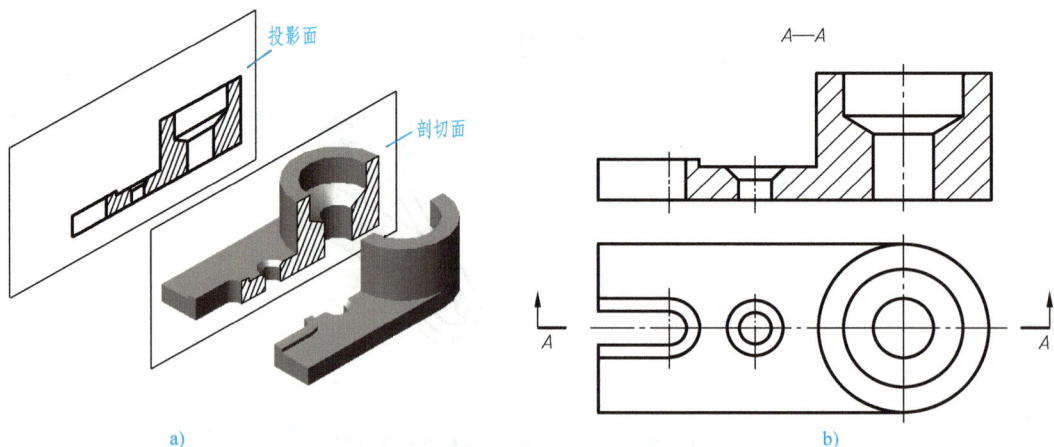图 5-9　四通管的轴测图
任务分析	由于四通管的内部结构比较复杂,视图中将会出现较多的细虚线,再加上虚线交叉、重叠,既影响图形清晰,又不利于看图和标注尺寸。为了清晰地表达机件的内部形状,通常采用剖视图来表达
成果评定	各组成员相互讨论并绘制四通管的一组视图,进行自评、互评和教师评价后给定综合评定成绩

相关知识

当物体的内部结构比较复杂时，视图中会出现较多的细虚线，既不便于画图，又不利于看图和标注尺寸。为了清晰地表达机件的内部形状，国家标准规定了剖视图的画法。剖视图的画法应遵循 GB/T 17452—1998 和 GB/T 4458.6—2002 的规定。

一、剖视图的基本概念

如图 5-10a 所示，假想用剖切面剖开物体，将位于观察者和剖切面之间的部分移去，而将余下部分向投影面投射所得的图形，称为剖视图（图 5-10b）。

图 5-10　剖视图的形成

二、剖视图的画法及标注

1. 剖视图的画法

1）确定剖切面及剖切面的位置。画剖视图的目的是表达物体内部结构的真实形状，因此一般应通过物体内部结构的对称平面或孔的轴线去剖切物体，如图 5-11b 所示。

剖视图 AR

2）用粗实线画出剖切面剖切到的物体断面轮廓和其后面所有可见轮廓线的投影，不可见的轮廓线一般不画，如图 5-11d 所示。

3）在剖切面切到的断面轮廓内画出剖面符号，以区分物体的实体部分和空心部分，如图 5-11e 所示。

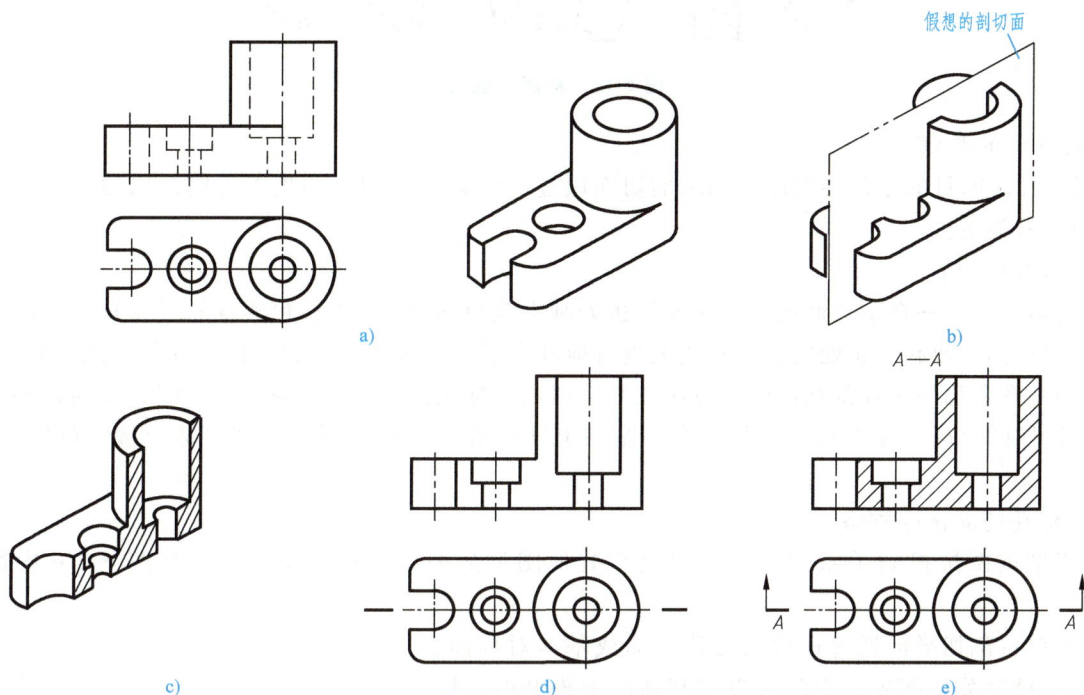

图 5-11　剖视图的画法

不同类别的材料一般采用不同的剖面符号，见表 5-1。当图形中的主要轮廓线与水平方向成 45°角时，剖面线则应画成与水平方向成 30°角或 60°角的平行线，其倾斜的方向仍与其他图形的剖面线一致，如图 5-12 所示。

表 5-1　剖面符号

材料类别	图例	材料类别	图例
金属材料（已有规定剖面符号者除外）		木质胶合板（不分层数）	
线圈绕组元件		基础周围的泥土	
转子、电枢、变压器和电抗器等的叠钢片		混凝土	
非金属材料（已有规定剖面符号者除外）		钢筋混凝土	
型砂、填砂、粉末冶金、砂轮、陶瓷刀片、硬质合金刀片等		砖	
玻璃及供观察用的其他透明材料		格网（筛网、过滤网等）	
木材　纵断面		液体	
木材　横断面			

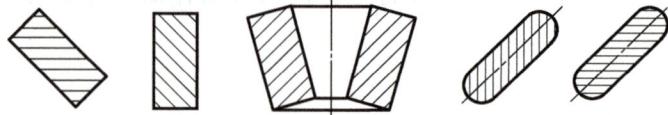

图 5-12　剖面线画法

2. 剖视图的标注

剖视图标注的目的是帮助看图者判断剖切面通过的位置和剖切后的投射方向，以便找出各相应视图之间的投射关系。

（1）标注的内容

1）剖切符号——在剖切面的起、止和转折处画上粗短画线（1.5倍粗实线的线宽）表示剖切面的位置；在表示剖切面起、止处的粗短画线上垂直地画出箭头，表示剖切后的投射方向（图5-11e）。

2）剖视图名称——在剖视图的上方用大写字母水平标出剖视图的名称"×—×"，并在剖切符号的两侧注上同样的字母（图5-11e）。如果在一张图上同时有几个剖视图，则其名称应按字母顺序排列，不得重复。

（2）标注的简化或省略

1）当剖视图按投射关系配置，中间没有其他图形隔开时，可省略箭头，如图5-11e中箭头可省去。

2）当单一剖切平面通过机件的对称平面或基本对称面，且剖视图按投射关系配置，中间又没有其他图形隔开时，则不必标注，如图5-11e、图5-13均可不必标注。

3. 画剖视图的注意事项

1）由于剖切是假想的，所以当机件的一个视图画成剖视后，其他视图并不受影响，仍应完整地画出。

2）一般情况下，剖视图中不画细虚线。只有在不影响图形清晰的条件下，又可省略一个视图时，才可适当地画出一些细虚线，如图5-13所示。

3）画剖视图时，不应漏画剖切面后的可见轮廓线，如图5-14所示。

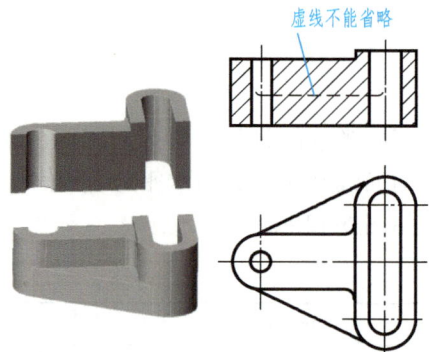

图 5-13　剖视图中的虚线问题

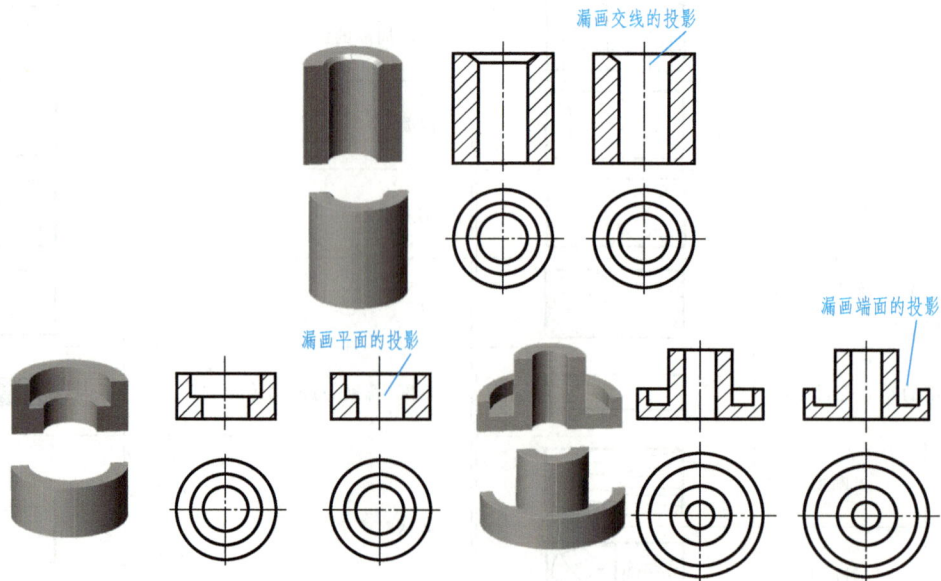

图 5-14　正误剖视图对比

三、剖视图的种类

根据剖切范围，剖视图可分为全剖视图、半剖视图和局部剖视图三种。

1. 全剖视图

用剖切面将物体完全剖开后所得的剖视图称为全剖视图。全剖视图可由单一的或组合的剖切面完全地剖开机件得到。

全剖视图主要用于表达复杂的内部结构，它不能够表达同一投射方向上的外部形状，所以适用于内形复杂、外形简单的物体，如图 5-15 所示。

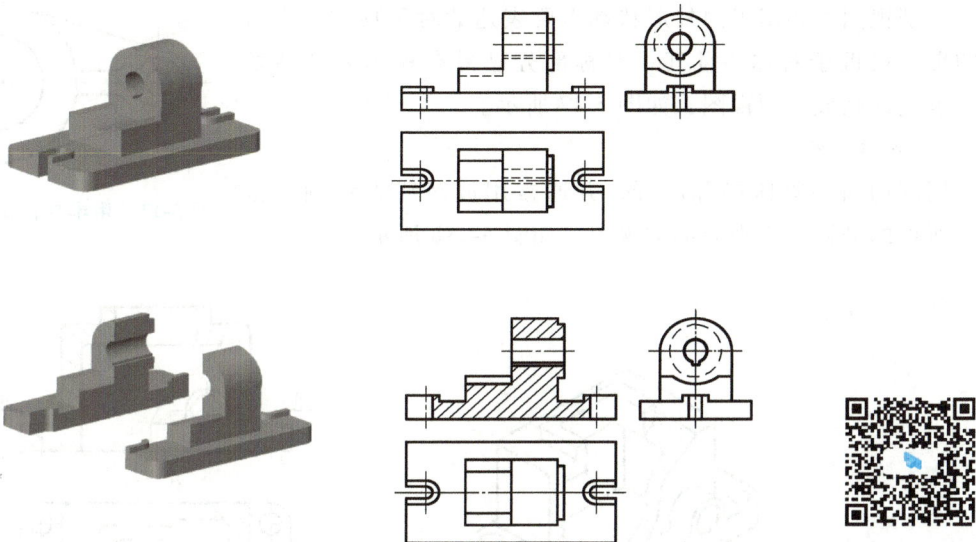

图 5-15　全剖视图

全剖视图 AR

2. 半剖视图

当物体具有对称平面时，在垂直于对称平面的投影面上所得的图形，可以对称中心线为分界，一半画成剖视图以表达内形，另一半画成视图以表达外形，称之为半剖视图，如图 5-16 所示。

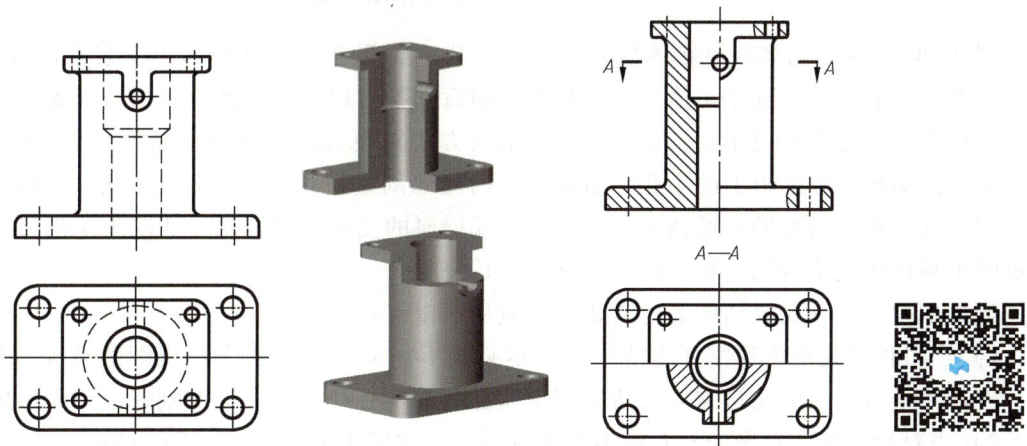

图 5-16　半剖视图

半剖视图 AR

图 5-16 所示物体具有左右对称的对称平面，在垂直于该对称平面的投影面（V 面）上，可以画成半剖视图以同时表达前方耳板的外形和中间内部的通孔；同时，这个物体具有前后对称平面，在垂直于这一对称平面的投影面 H 面上，也画成了半剖视图。H 面的投影是由通过耳板上小孔轴线的剖切平面剖切产生的 A—A 半剖视图，它同时表达了顶部和底部带圆角的长方形板的外形和耳板上小孔与中部圆筒相通的内部结构。

画半剖视图的注意事项：

1）半剖视图中视图与剖视的分界线是对称平面位置的细点画线，不能画成粗实线。

2）由于物体对称，所以在剖视部分表达清楚的内形，在表达外部形状的半个视图中应不画细虚线。

3）半剖视图中剖视部分的位置一般按以下原则配置：在主视图中位于对称线右侧；在俯视图和左视图中位于物体的前半部分。

半剖视图的标注与全剖视图相同。

半剖视图主要用于内外形状都需要表达的对称物体。当机件的形状接近于对称，且其不对称部分已另有视图表达清楚时，也允许画成半剖视图，如图 5-17 所示。

3. 局部剖视图

用剖切面将物体局部剖开，并通常用波浪线表示剖切范围，所得的剖视图称为局部剖视图，如图 5-18b 所示。

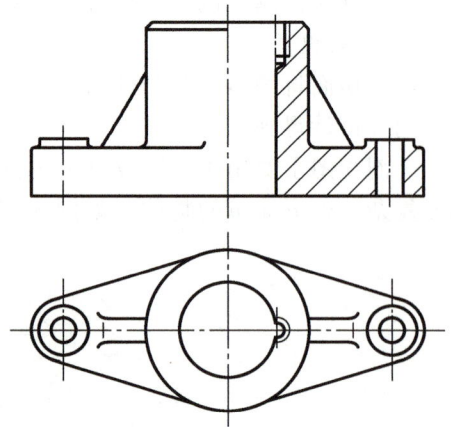

图 5-17　用半剖视图表示基本对称的机件

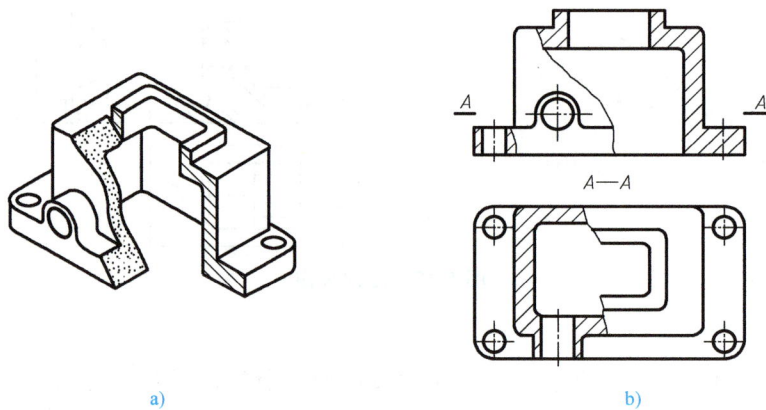

a)

b)

图 5-18　带局部剖视的箱体的两视图

图 5-18a 表示一箱体。该箱体顶部有一矩形孔，底部是一块具有四个安装孔的底板，左下方有一圆形凸台，上有圆孔。这个箱体上下、左右、前后都不对称。为了使箱体的内部和外部都能表达清楚，既不宜用全剖，也不宜用半剖，而是以局部剖的方式来表达，主视图上两处局部剖同时表达箱体的壁厚、上方的矩形孔和底板上的小孔；俯视图上的局部剖是通过左下方圆孔的轴线剖切，清楚地表示出左下方通孔与箱体内腔的穿通情况以及箱体左端壁厚的变化。这样的表达既表示出凸台的外形和位置，也反映出箱体中空结构的内形，内外兼顾，表达完整。

局部剖视是一种较灵活的表达方式，常应用于以下几种情况：

1）当机件的局部内形需要表达，而又不必或不宜采用全剖或半剖视图的情况。如图 5-19 中的拉杆，左右两端有中空的结构需要表达，而中间部分为实心杆，没有必要剖开，因此采用局部剖视图。

2）当对称机件的轮廓线与对称中心线重合、不宜采用半剖视图（图 5-20a）时，可采用局部剖视图（图 5-20b）。

3）必要时，允许在剖视图中再作一次局部剖视，这时两者的剖面线应同方向、同间隔，但要相互错开，如图 5-21 中的 *B*—*B*。

画局部剖视图时须注意以下几点：

1）表示剖切范围的波浪线或双折线（实体断裂边界的投影）不应超出轮廓线，不应画在中空处，也不应与图样上其他图线重合，如图 5-22 所示。

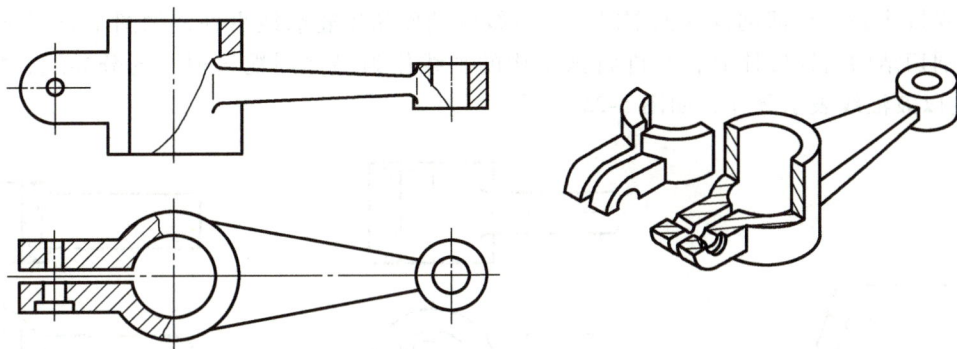

图 5-19　拉杆的局部剖视图

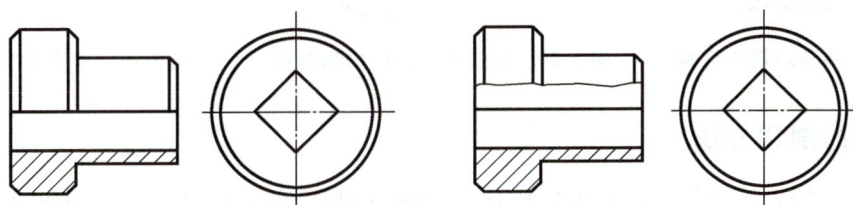

a) 错误　　　　　　　　　　　　　　　b) 正确

图 5-20　形体对称不宜半剖的局部剖视

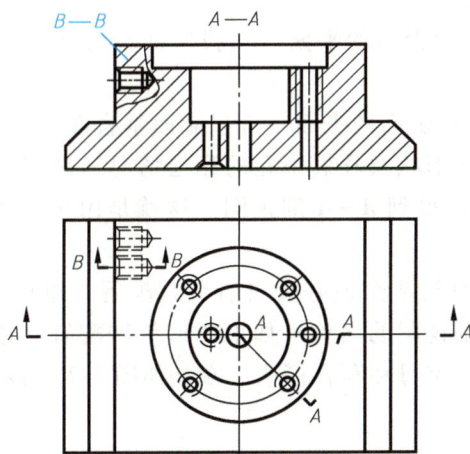

B—B　　　A—A

图 5-21　在剖视图中作局部剖视

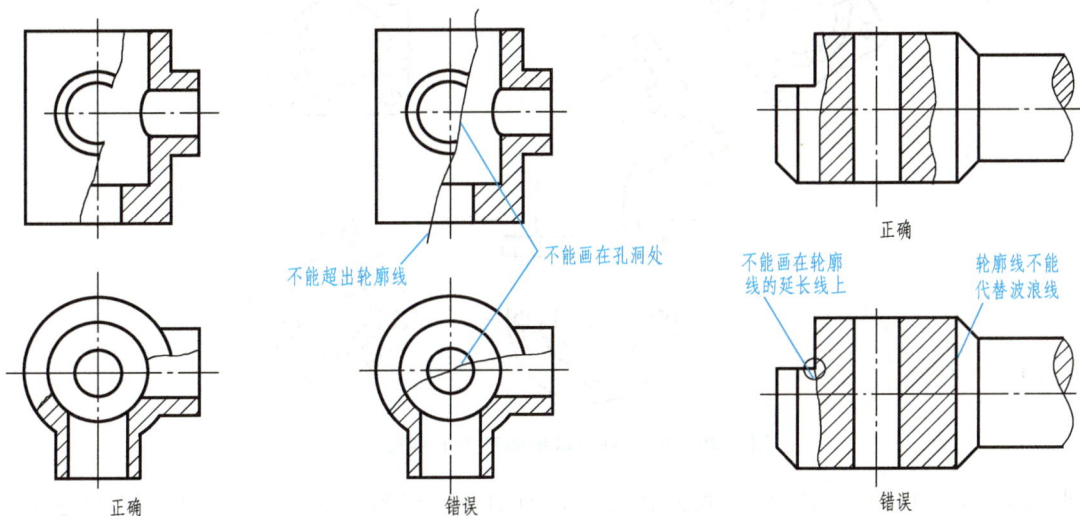

不能超出轮廓线

不能画在孔洞处

正确

不能画在轮廓线的延长线上

轮廓线不能代替波浪线

正确　　　　　　　　　　错误　　　　　　　　　　错误

图 5-22　局部视图中波浪线的画法

2）当用双折线表示局部剖视的范围时，双折线两端要超出轮廓线少许，如图 5-23 所示。

3）当被剖切结构为回转体时，允许将该结构的轴线作为局部剖视与视图的分界线，如图 5-24 所示。否则，应以波浪线表示分界，如图 5-25 所示。

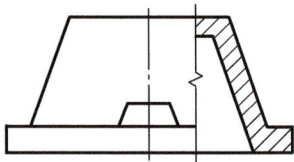

图 5-23　双折线表示局部剖视的范围　　**图 5-24　回转体结构的局部剖视**　　**图 5-25　非回转体结构的局部剖视**

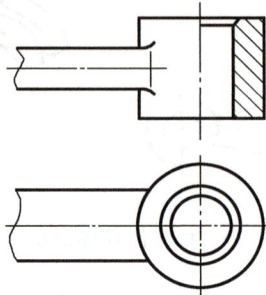

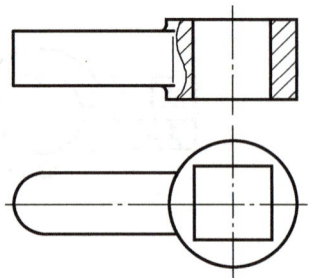

四、剖视图的剖切方法

根据物体的结构特点，国家标准 GB/T 17452—1998 中规定可选择以下三种剖切面剖开物体以获得上述三种剖视图：单一剖切面、几个平行的剖切平面、几个相交的剖切面。

1. 单一剖切面

单一剖切面有以下三种情况：

1）剖切面是平行于某一基本投影面的平面（即投影面平行面），前述图 5-10、图 5-13、图 5-15、图 5-16 等属于这种情况。

2）剖切面是垂直于某一基本投影面的平面（即投影面垂直面），图 5-26 中表示一个弯管，为了表示该弯管顶部倾斜的连接板的真实形状及耳板小孔的穿通情况，采用一个通过耳板上小孔轴线的正垂面（倾斜于 H、W 面）剖开弯管，得到 $A—A$ 剖视图。这就是由单一斜剖切平面（即投影面垂直面）产生的斜剖视图。

斜剖视图的标注不能省略。斜剖视图最好按投射关系配置，也可以平移或旋转放置在其他位置，此时必须在斜剖视图的上方标注剖视图的名称，如果图形旋转配置，还必须标注旋转符号，旋转符号的方向要与图形旋转的方向一致，字母注写在箭头一端，如图 5-26 所示。

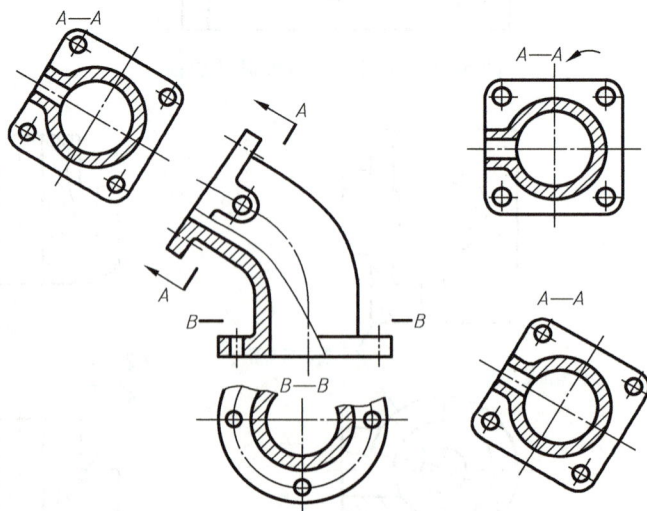

图 5-26　单一斜剖切平面产生的剖视图

3）剖切面是单一柱面，如图 5-27 所示用单一柱面剖开得到的全剖视图，主要用于表达呈圆周分布的内部结构，通常采用展开画法。

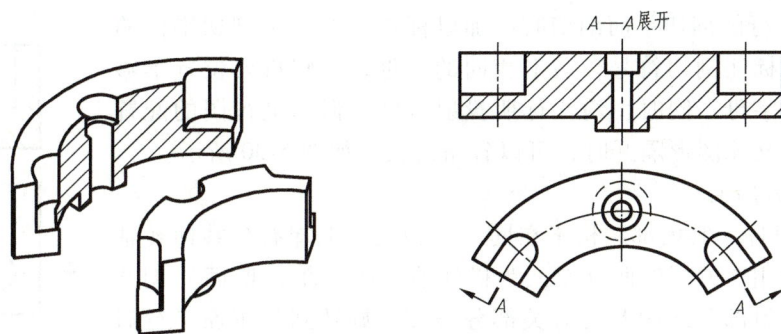

图 5-27　单一柱面剖开得到的全剖视图

2. 几个平行的剖切平面

几个平行的剖切平面可能是两个或两个以上，各剖切平面的转折处必须是直角。当物体的内形层次较多，用单一剖切平面不能将物体的各内部结构都剖切到时，可以采用几个平行的剖切平面，如图 5-28 所示。

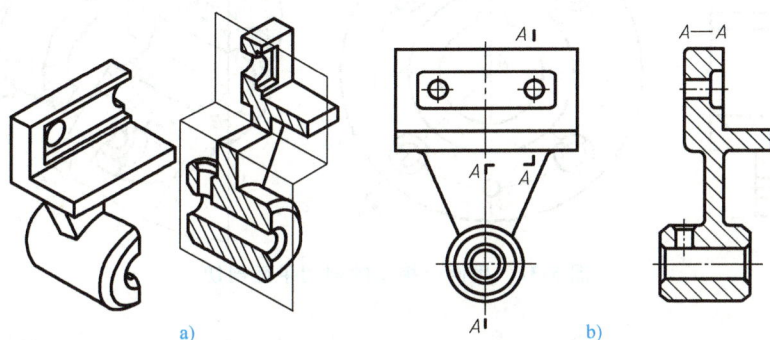

采用两个平行的剖切平面产生的全剖视图

图 5-28　采用两个平行的剖切平面产生的全剖视图

（1）采用几个平行的剖切平面剖切时应注意的问题

1）因为剖切是假想的，所以，在采用几个平行的剖切平面剖切所获得的剖视图上不应画出各剖切平面转折面的投影，即在剖切平面的转折处不应产生新的轮廓线，如图 5-29a 所示。

2）要正确选择剖切平面的位置，剖切平面的转折处不应与视图中的粗实线或细虚线重合（图 5-29b），在图形内不应出现不完整的要素（图 5-29c）。

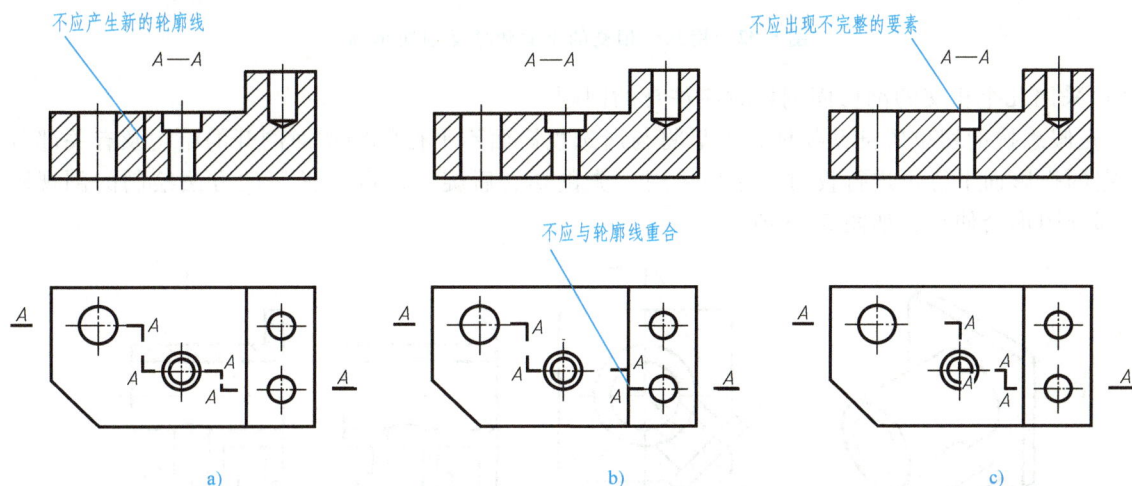

图 5-29　采用几个平行平面的剖切示例（一）

3）当物体上的两个要素具有公共对称面或公共轴线时，剖切平面可以在公共对称面或公共轴线处转折，如图 5-30 所示。

（2）采用几个平行的剖切平面剖切时应加以标注　在几个剖切平面的起、止和转折处都应标注剖切符号，写上相同的字母，当转折处位置不够时，允许省略转折处字母。同时用箭头标明投射方向。但当剖视图的配置符合投影关系，中间又无图形隔开时，可以省略箭头，如图5-30所示。

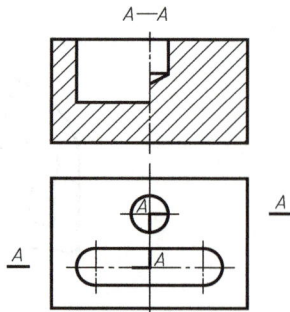

图 5-30　采用几个平行平面
的剖切示例（二）

3. 几个相交的剖切面

如图5-31所示机件，其内部结构不在同一平面上，但却有公共回转轴线。此时可采用两个相交的剖切面（交线为机件轴线且垂直于 W 面）剖开机件，将被剖到的倾斜部分结构及其有关部分绕交线旋转到与正面平行后再投射，即在主视图上得到 $A—A$ 全剖视图。几个相交的剖切面，可以是几个相交的平面，也可以是几个相交的柱面，如图5-32所示。

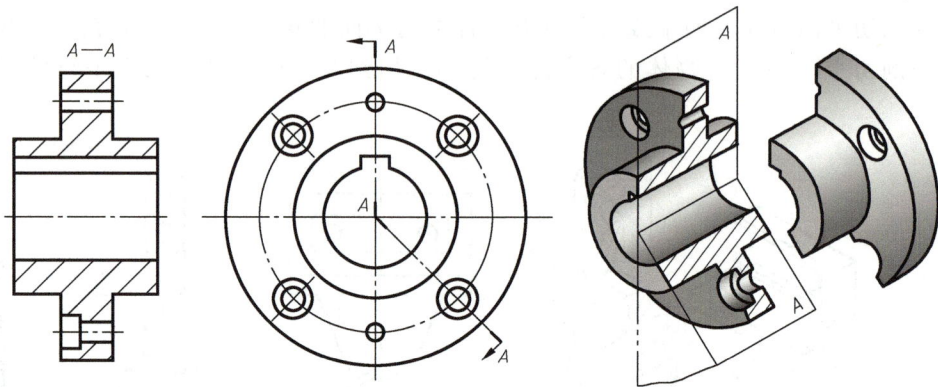

图 5-31　用两个相交的剖切平面剖切

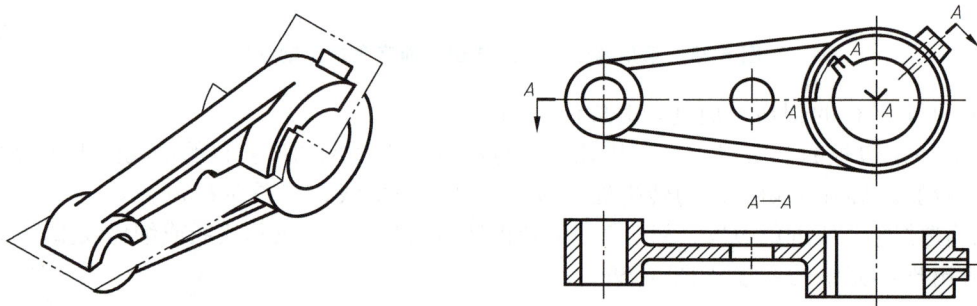

图 5-32　用几个相交的平面和柱面剖切示例

（1）采用几个相交的剖切面剖切时应注意的问题

1）先假想按剖切位置剖开物体，然后将与所选投影面不平行的剖切面剖开的结构及有关部分旋转到与选定的投影面平行再进行投射。这种采用"先剖切、后旋转，再投影"的方法绘制的剖视图，往往有些部分图形会伸长，如图5-33所示。

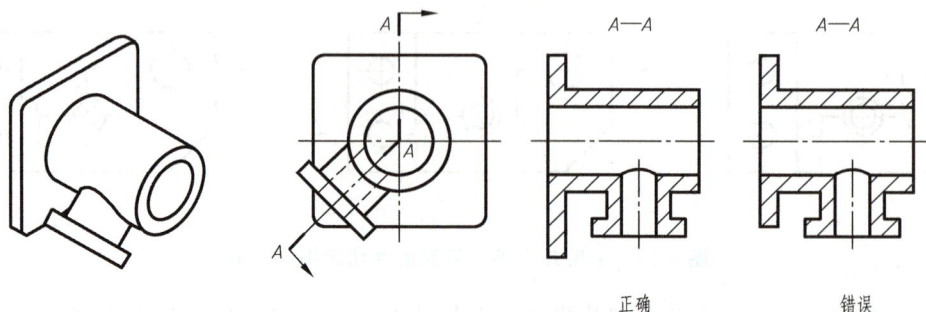

正确　　　　　　错误

图 5-33　"先剖切、后旋转，再投影"的方法示例

2）在剖切平面后的其他结构一般仍按原来的位置投影。如图 5-34 和图 5-35 所示。这里所指的其他结构是指位于剖切平面后面与所剖切的结构关系不甚密切的结构，或一起旋转容易引起误解的结构，如图 5-34 中的小油孔和图 5-35 中的凸台。

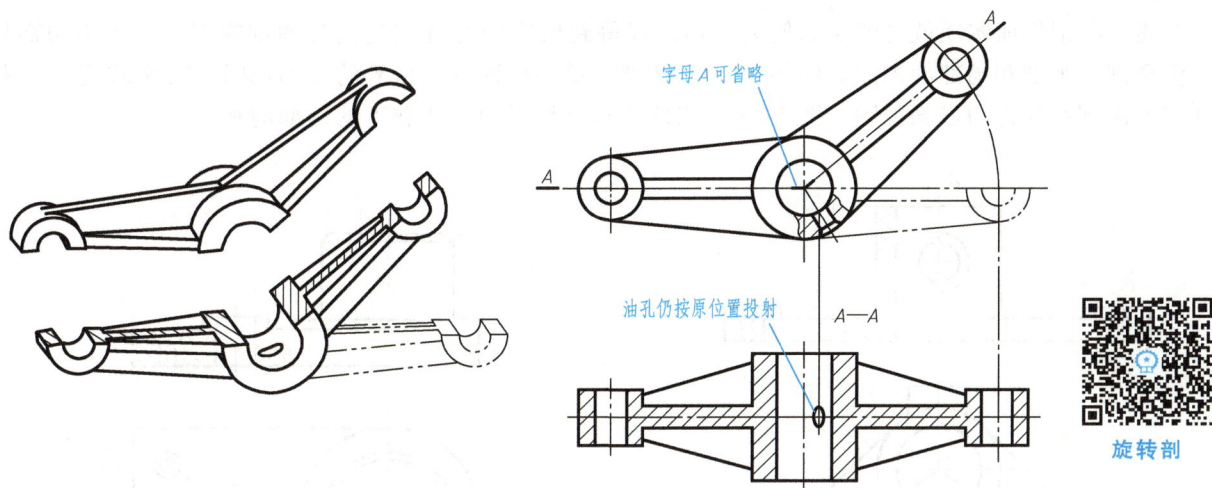

字母A可省略

油孔仍按原位置投射

A—A

旋转剖

图 5-34　剖切平面后的其他结构一般仍按原来的位置投影（一）

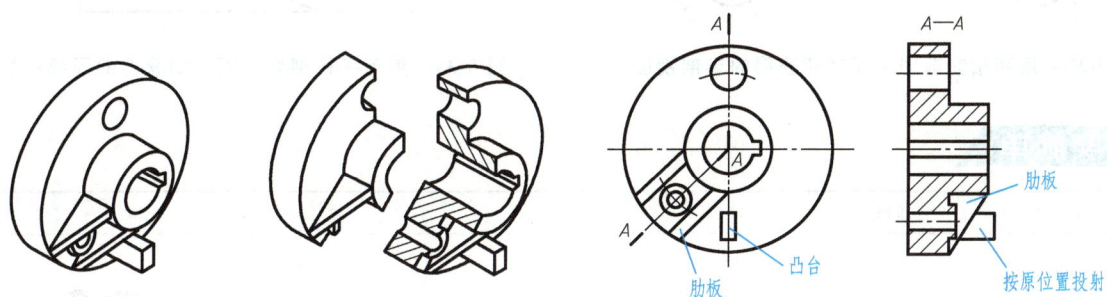

A—A

肋板

按原位置投射

肋板　凸台

图 5-35　剖切平面后的其他结构一般仍按原来的位置投影（二）

3）采用几个相交的剖切面剖开物体时，往往难以避免出现不完整的要素。当剖切后产生不完整的要素时，应将此部分按不剖绘制，如图 5-36 所示。

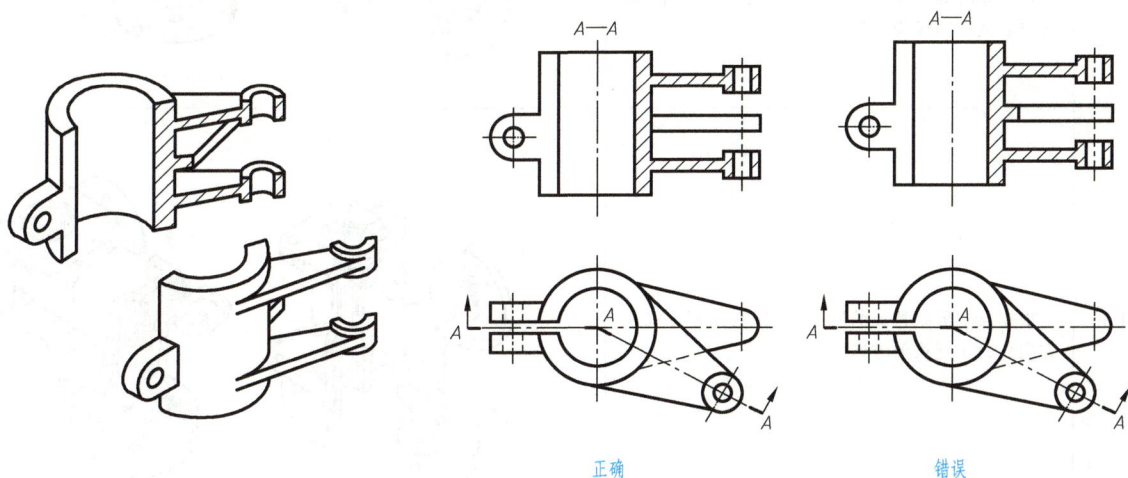

A—A　　A—A

正确　　　　　　错误

图 5-36　采用几个相交的剖切面剖切无孔臂板

（2）采用几个相交剖切面剖切时应加以标注 在剖切平面的起、止和转折处用剖切符号表示剖切位置，并在剖切符号附近注写相同字母，如图5-31所示；当图形拥挤时，转折处可省略字母；同时用箭头标明投射方向。但当剖视图的配置符合投影关系，中间又无图形隔开时，可以省略箭头，如图5-34及图5-35所示。

上述三种剖切面实质就是解决如何去剖切，以得到所需的充分表达内形的剖视图。三种剖切面均可产生全剖、半剖和局部剖视图。例如，图5-27就是单一柱面剖开得到的全剖视图；图5-37是用两相交剖切平面剖切获得的半剖视图；图5-38是用两平行剖切平面剖切获得的局部剖视图。

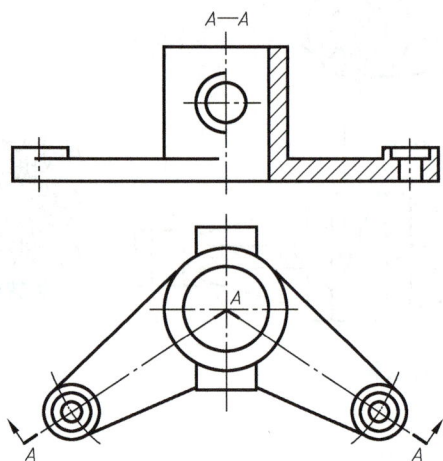

图5-37 用两相交剖切平面剖切获得的半剖视图

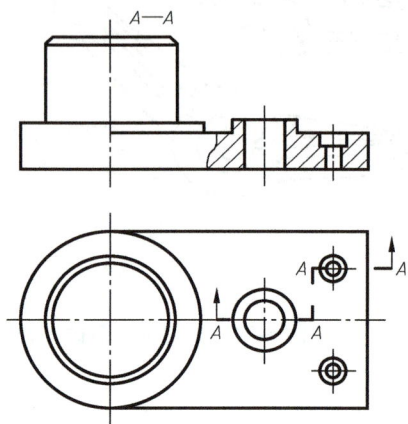

图5-38 用两平行剖切平面剖切获得的局部剖视图

任务实施单

步骤		图示
1）分析形体结构	从轴测图看出，该机件主要由直立空心柱、水平空心柱、倾斜空心柱三大部分组成。直立空心柱的内形为一阶梯孔，上、下凸缘为方形和圆形，其上各有四个均布的等直径小孔。水平空心柱左侧的凸缘为圆形，同样有四个均布的等直径小孔。倾斜空心柱右侧的凸缘为菱形，其上有两个对称分布的等直径小孔。直立空心柱与水平、倾斜空心柱的轴线均为正交	
2）选择主视图	根据反映形状特征的原则，选择右图所示箭头方向作为主视投射方向	

（续）

步骤	图示
3）选择其他视图	主视图采用两个相交剖切平面获得的 *A—A* 全剖视图,能清晰表达机件的内部结构形状;俯视图采用两个平行剖切平面获得的 *B—B* 全剖视图,清晰表达了水平、倾斜空心柱的内形和相对位置,再选择 *C—C* 剖视图,*D*、*E* 视图补充了主视图和俯视图中未表达清楚的结构,至此,该四通管的结构形状已基本表达清楚

巩固练习

作图题

1. 补全全剖视图上所缺的图线。

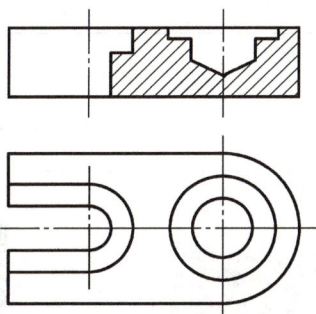

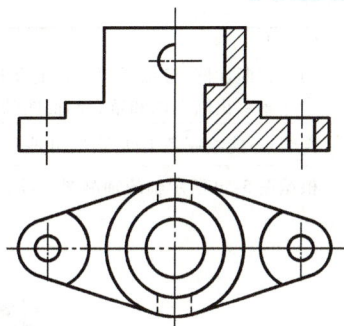

2. 在主视图与俯视图上作局部剖视图。

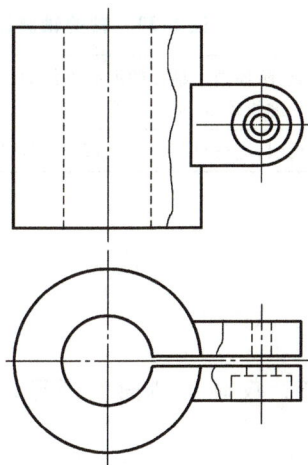

3. 根据已知机件的视图，求作全剖的左视图。

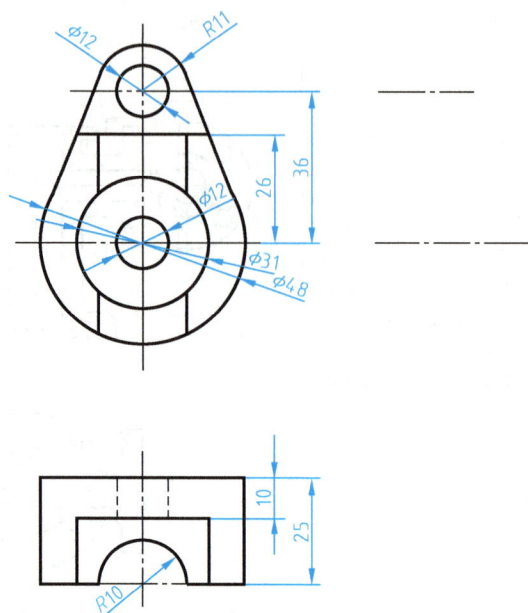

任务三　绘制机件断面图

学习任务单

任务目标	知识点： 1）掌握断面图、移出断面图和重合断面图的概念和画法 2）了解移出断面图和重合断面图的标注
	技能点：能绘制各类断面图，并能正确标注
任务内容	根据图 5-39 所示轴的轴测图，运用适当的表达方法将轴的结构表达清楚 断面图 AR 图 5-39　轴的轴测图
任务分析	该轴由几段直径不等的同轴圆柱组成，阶梯轴上轴径的形状可借助主视图表达清楚，轴上有键槽、退刀槽等结构，若用前面介绍过的视图、剖视图表达，则圆和虚线较多，不利于看图，为此可采用断面图来表达
成果评定	各组成员相互讨论并绘制轴的一组视图，进行自评、互评和教师评价后给定综合评定成绩

相关知识

一、断面图的基本概念

假想用剖切平面将物体的某处切断，仅画出断面的图形，称为断面图，简称断面，如图 5-40c 所示。

断面图与剖视图相比，有以下区别：

断面图——面（断面）的投影，如图 5-40c 所示。

剖视图——体（断面及剩余可见轮廓）的投影，如图 5-40d 所示。

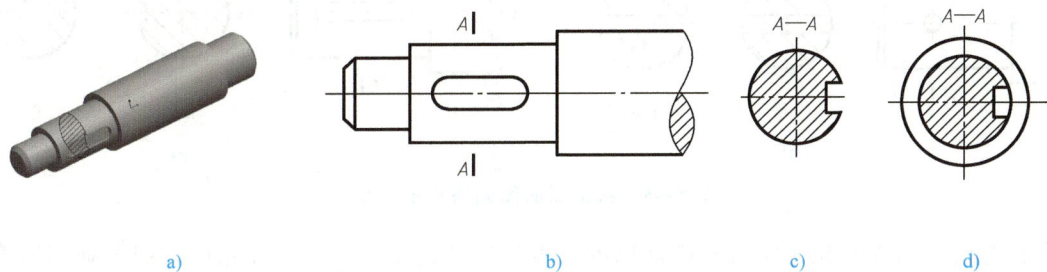

图 5-40 断面图和剖视图

二、断面图的分类及画法

根据断面图所配置的位置不同，可分为移出断面图和重合断面图两种。

1. 移出断面图

移出断面图是画在视图之外，轮廓线用粗实线绘制的断面图。

（1）移出断面图的配置与绘制

1）单一剖切平面、几个平行剖切平面和几个相交剖切平面的概念及功能同样适用于断面图。

2）移出断面图应尽可能配置在剖切符号的延长线上，也可配置在剖切线的延长线上，如图 5-41 所示；由两个或多个相交的剖切平面剖切所得到的移出断面图一般应画成断开，如图 5-42 所示。

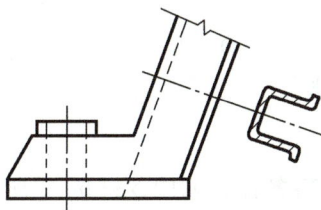

图 5-41 移出断面图配置在剖切线的延长线上

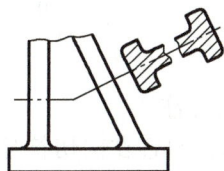

图 5-42 用两个相交平面剖切的断面图画法

3）断面图形对称时，可配置在视图的中断处，如图 5-43 所示。

4）必要时可将移出断面图配置在其他适当的位置。在不致引起误解时，允许将图形旋转后画出，如图 5-44 中的 A—A 断面。

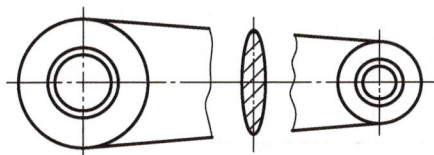

图 5-43 断面画在视图中断处

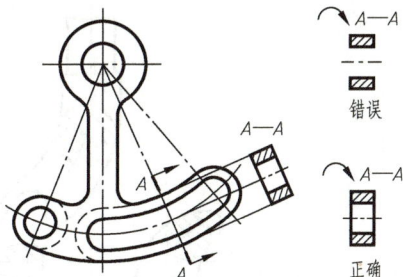

图 5-44 移出断面图的画法

（2）移出断面图画法的特殊规定

1）当剖切面通过由回转面形成的孔或凹坑的轴线剖切时，孔或凹坑的结构应按剖视图绘制，如图 5-45 所示。

2）当剖切面通过非圆孔剖切，导致断面图完全分离时，该非圆孔按剖视图绘制，如图 5-44 所示。

（3）移出断面图的标注

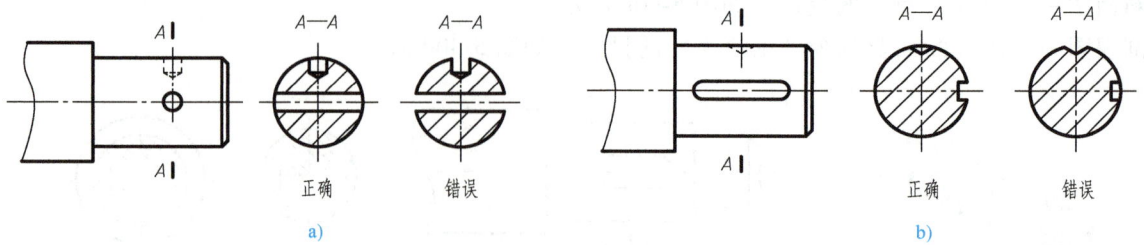

图 5-45 移出断面图画法正误对比

1）完整标注：用大写拉丁字母在断面图的上方注出断面图的名称，在相应视图上画剖切符号表明剖切位置和观看方向，并在剖切符号附近注写相同字母。剖切符号间的剖切线可省略，如图 5-46d 所示。

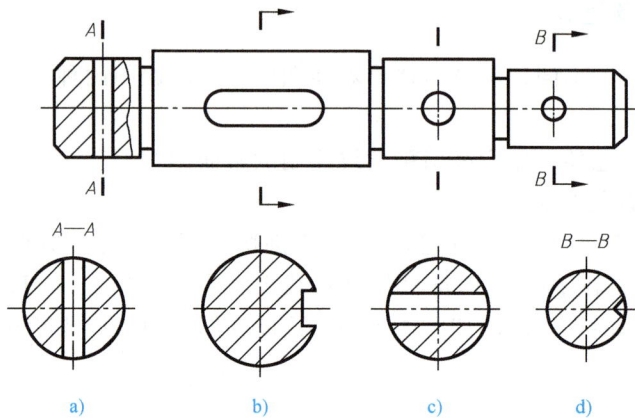

图 5-46 移出断面图的画法及标注

2）部分省略标注。

① 省略名称：配置在剖切符号延长线上的移出断面，可以省略名称，如图 5-46b、c 所示。

② 省略箭头：对称移出断面不管配置何处均可省略箭头，如图 5-46a 所示；不对称移出断面按投影关系配置时可省略箭头，如图 5-45b 所示。

3）完全省略标注：配置在剖切线延长线上的对称移出断面则不必标注，如图 5-46c 所示。

2. 重合断面图

重合断面图是画在视图之内，轮廓线用细实线绘制的断面图，如图 5-47 所示。

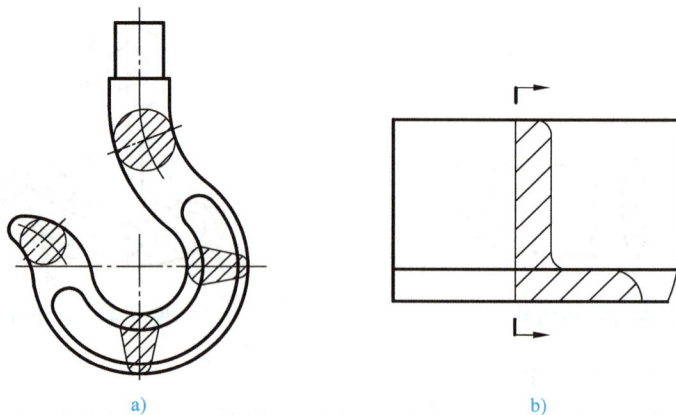

图 5-47 重合断面图

（1）重合断面图的画法 当视图中轮廓线与重合断面图的图形重叠时，视图中的轮廓线（粗实线）仍应连续画出，不可间断，如图 5-47b 所示。

（2）重合断面图的标注　配置在剖切符号上不对称的重合断面，只需画出剖切符号及箭头，不必标注字母，如图 5-47b 所示；对称的重合断面则不必标注，只用对称中心线作为剖切线，如图 5-47a 所示。

思政拓展：多元性

　　机件的表达是多元性的，社会和人也具有多元性，人们可以拥有自己的处世经验和价值标准，但却不可拿自己的经验和标准当真理。处理人与人之间的关系，首要的一点就是相互尊重，这是一个基本前提，也是一条基本准则。中华先贤一直追求"和而不同"的社会生态，我们国家是社会主义国家，更强调对人的尊重、促进人的全面发展，努力使社会成员都成为有理想、有道德、有文化、有纪律的公民。只有构筑在人与人相互尊重的基础之上，我们所提倡的社会公德、职业道德、家庭美德和个人品德建设，才更坚实、更给力。

任务实施单

步骤	图示
1）分析形体结构	从轴测图看出，该轴为阶梯轴，由 6 段同轴圆柱组成，左端圆柱有一键槽，右端圆柱有一小孔，且阶梯轴有倒角、退刀槽等结构 
2）确定表达方案	主视图轴线水平放置，表达轴的主体结构；另外用两个移出断面图分别表达左端键槽和右端小孔。轴的表达方法如右图所示 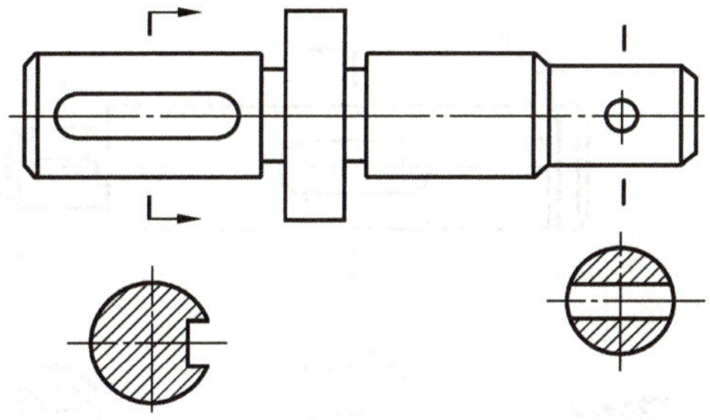

巩固练习

一、选择题

1. 断面图的剖切面可以是（　　　）。

A. 单一剖切平面　　　B. 平行剖切平面　　　C. 相交剖切平面　　　D. 以上三个答案都对

2. 轮廓线用细实线绘制的是（　　　）。

A. 移出断面图　　　B. 重合断面图　　　C. 局部放大图　　　D. 辅助视图

3. 当将移出断面图配置在剖切位置的延长线上，且图形对称时，表示剖切位置的剖切符号用（　　　）绘制。

A. 细点画线　　　　B. 细双点画线　　　　C. 细实线　　　　D. 粗实线

二、作图题

按箭头所指位置画断面图，并进行标注，其中左键槽深 4、右键槽深 3.5，均不对称。

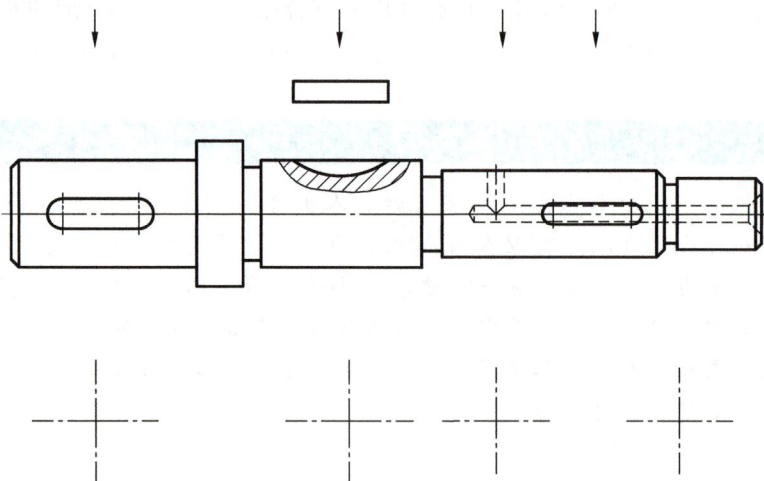

拓展知识

一、局部放大图

为了把物体上某些细小结构在视图上表达清楚，可以将这些结构用大于原图形所采用的比例画出，这种图形称为局部放大图，如图 5-48 所示。局部放大图可画成视图、剖视图和断面图，它与被放大部分的表达方式无关。局部放大图应尽量配置在被放大部位的附近。

局部放大图的标注如图 5-48 所示，用细实线（圆）圈出被放大的部位。当同一物体上有几个被放大的部分时，必须用罗马数字依次标明放大的部位，并在局部放大图的上方标注相应的罗马数字和所采用的比例。

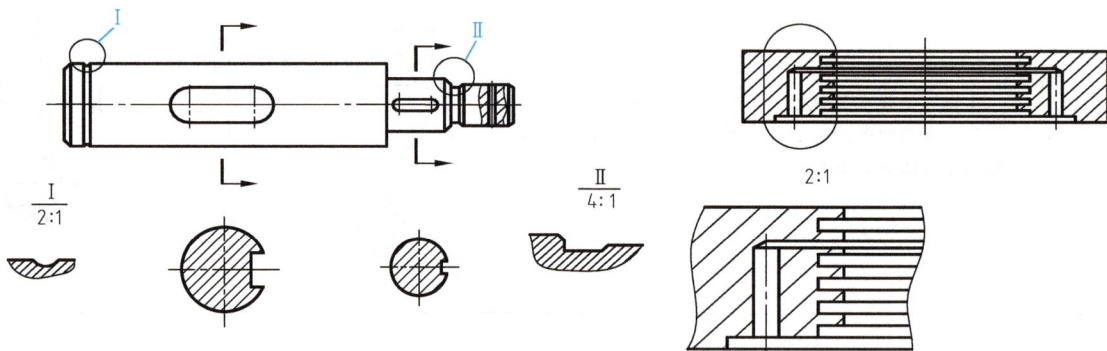

图 5-48　局部放大图及其标注

二、简化画法

简化画法是在不妨碍将物体的形状和结构表达完整、清晰的前提下，力求制图简便、看图方便而制定的，以减少绘图工作量，提高设计效率及图样的清晰度。国家标准 GB/T 16675.1—2012 中规定了一些简化画法，主要有以下几种。

1. 肋板、轮辐剖切的简化

对于物体的肋板、轮辐及薄壁等，如果按纵向剖切，则这些结构不画剖面符号，而用粗实线将它与其邻接部分区分开。但按横向剖切肋板和轮辐时，这些结构仍应画上剖面符号，如图 5-49 所示。

当回转体零件上均匀分布的肋板、轮辐、孔等结构不处于剖切平面上时，可将这些结构旋转到剖切平面上画出，而不须加任何标注，如图 5-50 和图 5-51 所示。

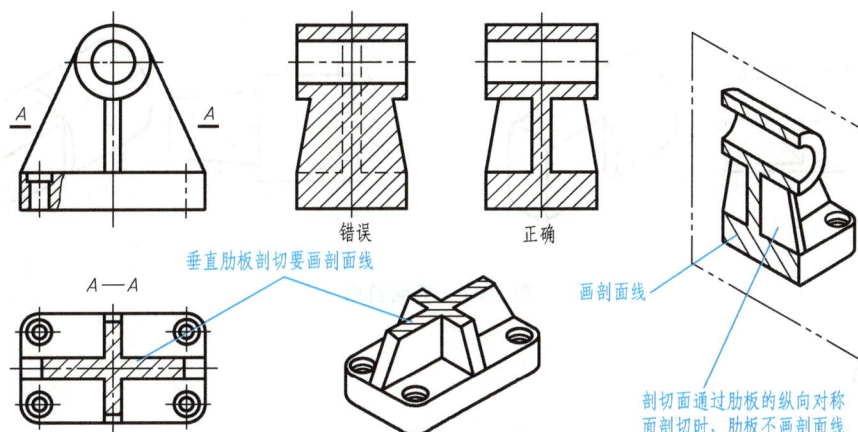

错误　　　　正确

垂直肋板剖切要画剖面线

画剖面线

剖切面通过肋板的纵向对称
面剖切时，肋板不画剖面线

图 5-49　肋板剖切后的画法

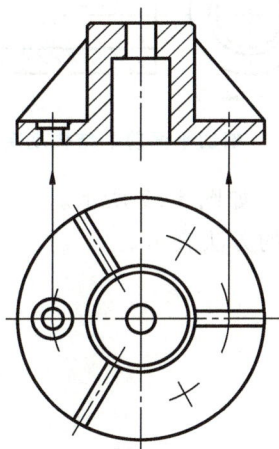

图 5-50　回转体上均布肋

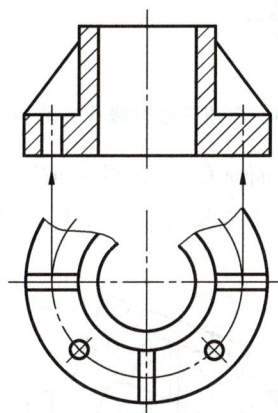

图 5-51　回转体上均布孔

2. 相同结构的简化

1）当物体上具有若干相同结构（齿、槽等）并按一定的规律分布时，只需画出几个完整结构，其余用细实线连接表示其范围，并在图样中注明该结构个数，如图 5-52 所示。

2）在同一物体中，对于尺寸相同的孔、槽等成组要素，若呈规律分布，可以仅画出一个或几个，其余用细点画线表示其中心位置，并一个要素上注出其尺寸和数量，如图 5-53 所示。

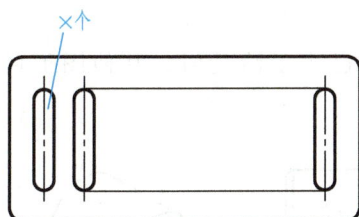

图 5-52　规律分布相同结构的槽

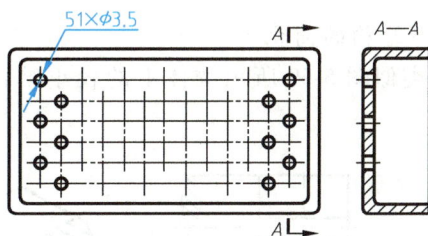

图 5-53　规律分布的等径孔

3. 对图形和交线的简化

1）当图形不能充分表达平面时，可用平面符号（相交的两条细实线）表示，如图 5-54 所示。

2）在不致引起误解时，图形中的过渡线、相贯线允许简化，例如，用圆弧或直线代替非圆曲线，如图 5-55 所示。

3）在需要表示位于剖切平面前的结构时，这些结构按假想轮廓线（双点画线）绘制，如图 5-56 所示。

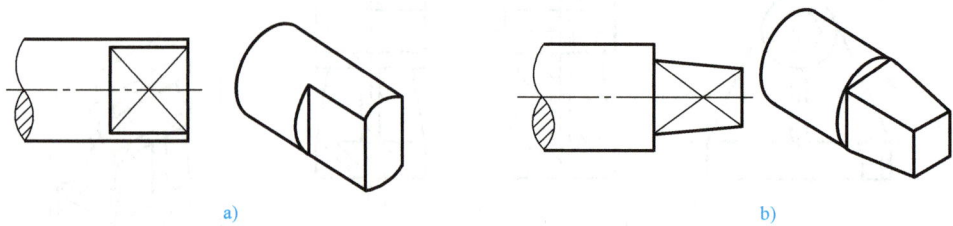

a)　　　　　　　　　　　　b)

图 5-54　平面符号

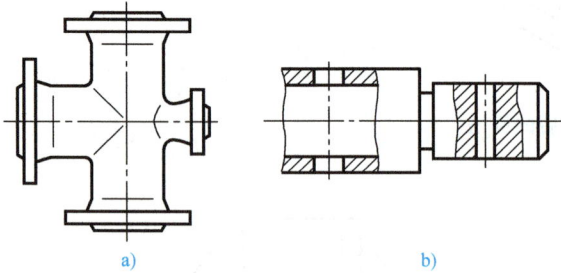

a)　　　　　　　　b)

图 5-55　用圆弧或直线代替非圆曲线

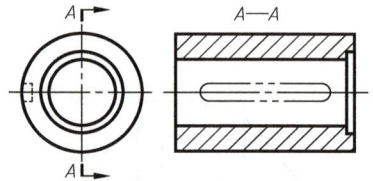

图 5-56　剖切平面前的结构规定画法

4）与投影面倾角≤30°的圆或圆弧，其投影可用圆或圆弧代替，如图 5-57 所示。

5）圆柱形法兰及类似零件上均匀分布的孔，可按图 5-58 所示的方法表示。

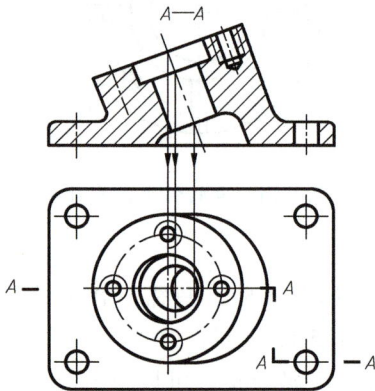

图 5-57　与投影面倾角≤30°时圆的画法

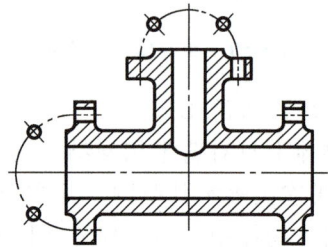

图 5-58　均布孔表示法

4. 小结构的简化

1）类似图 5-59 所示物体上的较小结构，当在一个图形中已表示清楚时，其他图形可以简化或省略。

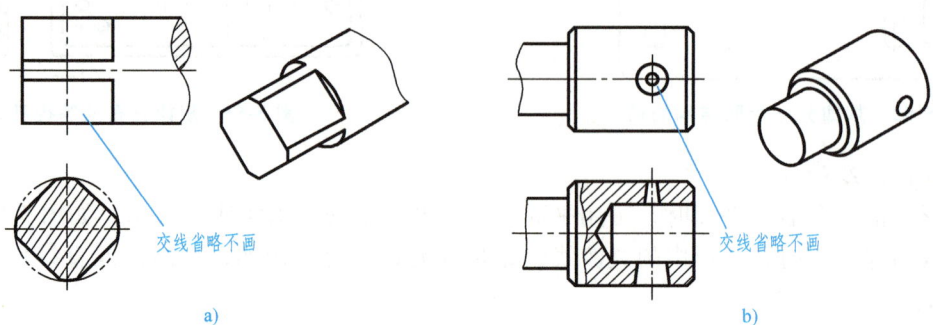

交线省略不画　　　　　　　　交线省略不画

a)　　　　　　　　　　　　b)

图 5-59　较小结构的简化（一）

2）在不致引起误解时，图样中的小圆角、锐边的小倾角或45°小倒角允许省略不画，但必须注明尺寸或在技术要求中加以说明，如图5-60所示。

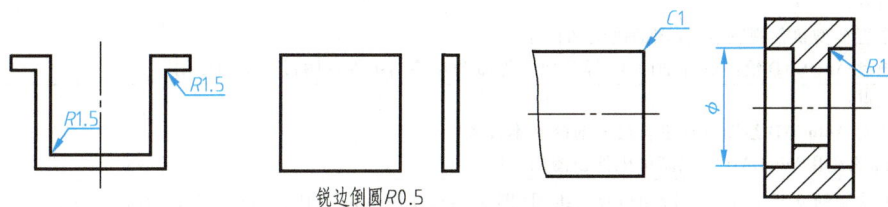

图 5-60　较小结构的简化（二）

3）当物体上较小的结构及斜度等已在一个图形中表达清楚时，其他图形应当简化或省略，如图5-61所示。

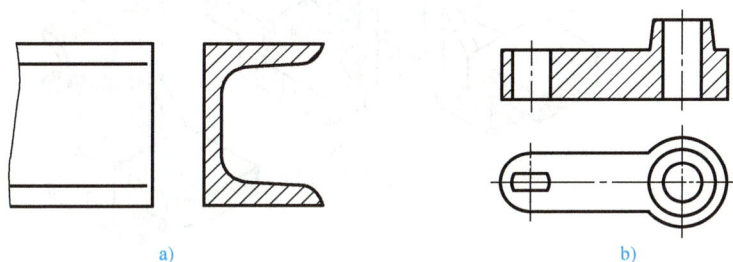

图 5-61　小斜度结构的简化

5. 较长物体的简化

当较长物体（轴、杆、型材、连杆等）沿长度方向的形状一致或按一定规律变化时，可断开后缩短绘制，但须标注实际尺寸，图5-62表示出断裂边界形式不同的较长物体的缩短画法。

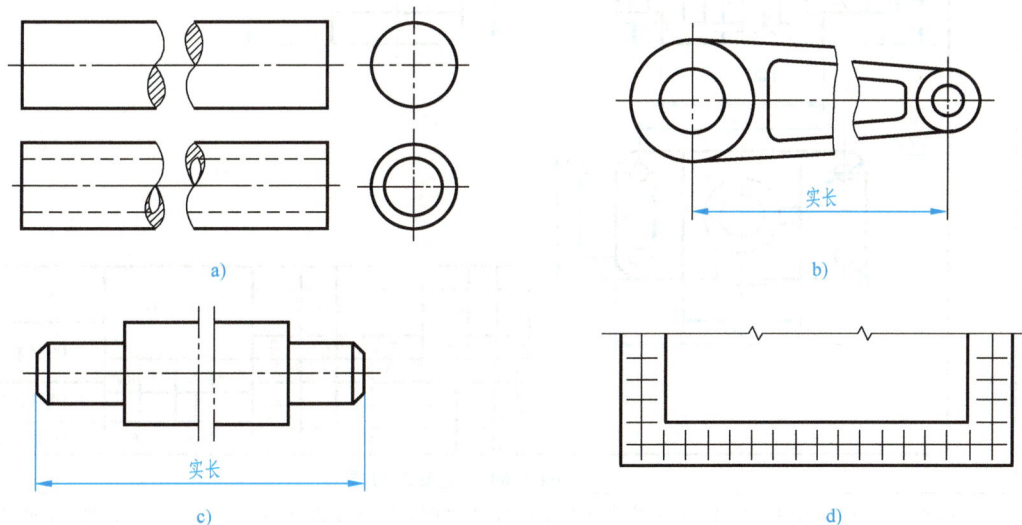

图 5-62　较长物体的缩短画法

任务四　应用 AutoCAD 绘制机件视图

除了使用尺规作图外，还可以使用 AutoCAD 绘图软件绘制三视图。在使用该软件绘图时，"长对正、高平齐"的投影规律可通过"对象捕捉""极轴追踪"和"对象捕捉追踪"等功能来实现，而"宽相等"可通过尺寸或其他方法来实现。

学习任务单

任务目标	知识点： 1）掌握典型机件视图、剖视图的画法和标注 2）熟悉 AutoCAD 绘图软件剖面线、样条曲线等命令在绘制机件视图过程中的使用
	技能点： 1）能对 AutoCAD 绘图软件进行绘图前的基本设置 2）能够运用 AutoCAD 完成简单机件视图的绘制
任务内容	根据绘制的支架三维图（图 5-63）及二维图（图 5-64），使用 AutoCAD 抄画其视图，并标注尺寸  图 5-63 支架三维图  图 5-64 支架二维图
任务分析	要用 AutoCAD 绘制机件的视图，首先应掌握基本视图、剖视图的绘制方法，其次应熟悉常用的绘图、编辑、尺寸标注及图案填充命令的使用
成果评定	各组成员独立完成机件视图的绘制，保存提交，进行自评、互评和教师评价后给定综合评定成绩

相关知识

一、绘制样条曲线

样条曲线是由多条线段光滑过渡形成的曲线，其形状是由数据点、拟合点及控制点来控制的。其中数据点是在绘制样条曲线时，由用户确定。拟合点及控制点由系统自动产生，用来编辑样条曲线。

启用样条曲线命令有三种方法。

◆ 选择"绘图"→"样条曲线"菜单命令。

◆ 单击"绘图"工具栏中的"样条曲线"按钮 $\curlywedge$。

◆ 输入命令：SPL（SPLINE）。

利用以上方法启用样条曲线命令，绘制图 5-65 所示的样条曲线。

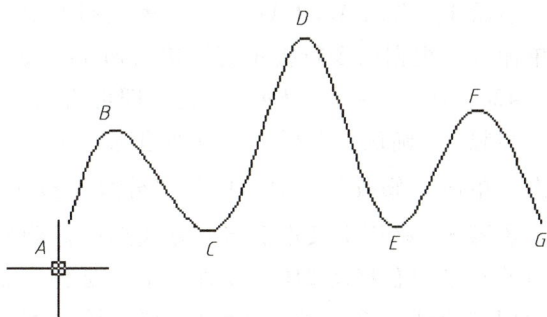

二、图案填充

启用图案填充命令有三种方法。

◆ 选择"绘图"→"图案填充"菜单命令。

◆ 单击"绘图"工具栏中的"图案填充"按钮 ▨。

◆ 输入命令：H（HATCH）。

图 5-65　样条曲线的绘制

在"图案填充创建"面板中可以调出"图案填充和渐变色"对话框（图 5-66），选项卡中的常用选项如下。

1）添加：拾取点——单击按钮 ▨，在填充区域中单击一点，AutoCAD 自动分析边界集，并从中确定包围该点的闭合边界。

2）添加：选择对象——单击按钮 ▨，选择一些对象进行填充，此时无须对象构成闭合的边界。

3）单击［自定义图案］右边的 ... 按钮，打开"填充图案选项板"对话框，可选择不同剖面符号，如图 5-67 所示。

4）剖面线的比例：在 AutoCAD 中，预定义剖面线图案的默认缩放比例是 1，但用户可以设定其他比例值。画剖面线时，若没有指定特殊比例值，则 AutoCAD 按默认值绘制剖面线，当输入一个不同于默认值的缩放比例时，可以增加或减小剖面线的间距。

5）剖面线的角度：除剖面线间距可以控制外，剖面线的倾斜角度也可以控制。

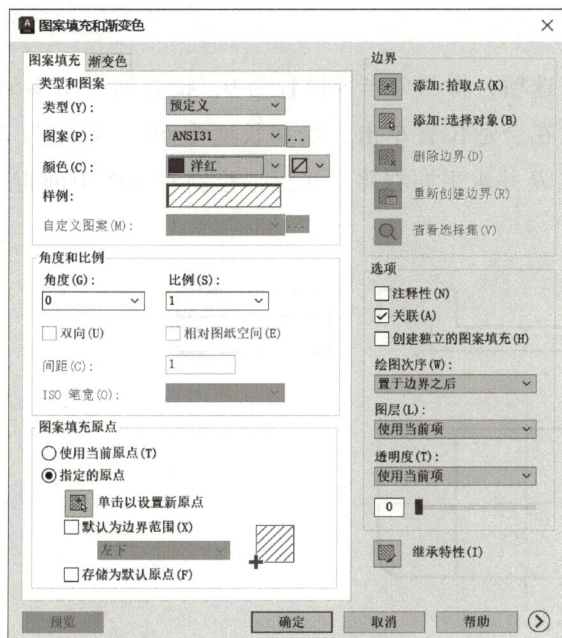

图 5-66　"图案填充和渐变色"对话框

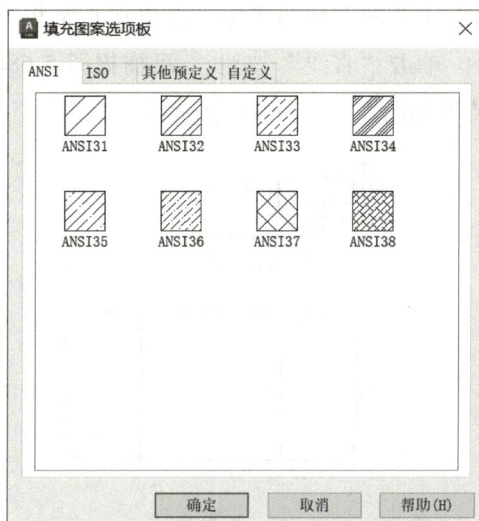

图 5-67　"填充图案选项板"对话框

任务实施

1. 创建 A3 图纸的样板图

步骤 1　启动 AutoCAD 软件，然后打开之前定制的"A4.dwg"文件，选择"格式"→"图形界限"菜单命令，根据命令行提示直接按〈Enter〉键，采用默认的"0，0"为图形界线的左下角点，接着输入"420，297"并按〈Enter〉键，即可将图形界限设置为 A3 图纸大小。

步骤 2　确认状态栏中的极轴追踪、对象捕捉、对象捕捉追踪、动态输入和线宽按钮均处于打开状态。单击"修改"工具栏中的"分解"按钮🔲，然后选择图框线并按〈Enter〉键。

步骤 3　采用交叉矩形窗口方式选取标题栏和图框的上、下和右边线，然后单击移动按钮，将所选对象水平向右移动 210。接着使用"延伸"命令或对象上的夹点将上、下图框线延伸到左边界，最后使用"直线"命令补画标题栏最左侧的边线。

步骤 4　为了便于以后使用 A3 图纸，可选择"文件"→"另存为"菜单命令，将该图形保存，文件名为"A3 样板图"。

2. 绘制弯板

步骤 1　将"粗实线"图层设置为当前图层，然后单击"矩形"按钮🔲，绘制弯板的俯视图。即执行该命令后单击圆角按钮，将圆角半径设置为 10，然后绘制长为 116、宽为 60 的圆角矩形。最后单击"直线"按钮绘制该矩形的两条对称中心线。

步骤 2　单击"偏移"按钮⊂将竖直中心线分别向其左、右侧各偏移 27.5，然后修剪图形，并将这两条偏移直线置于"粗实线"图层，结果如图 5-68a 中俯视图所示。

步骤 3　捕捉竖直中心线的端点并竖直向上移动光标，在合适位置单击后按照图 5-68a 所示尺寸绘制图形。绘制主视图时，部分图线可利用"对象捕捉追踪"功能参考俯视图绘制。绘制完成后单击"镜像"按钮🔺，将主视图中所有图形进行镜像，结果如图 5-68b 主视图所示。

> **提示：**若对称中心线的比例不合适，则可选择"格式"→"线型"菜单命令，在打开的"线型管理器"对话框中可修改线型比例，本例将全局比例因子设置为 0.5。
>
> 为了便于读者绘图，编者特意标注图 5-68a 所示尺寸，读者在操作时无须标注。
>
> 以下类似情况不再赘述。

步骤 4　单击"矩形"按钮🔲，然后选择"圆角"选项，将圆角半径设置为 0，接着捕捉图 5-68b 中的端点 A 并向右移动光标，待出现水平极轴追踪线时在合适位置单击，绘制长度为 60、宽度为 25 的矩形。单击"直线"按钮／后捕捉图 5-68b 中的端点 B 并水平向右移动光标，绘制左视图中的直线 CD，结果如图 5-68b 左视图所示。

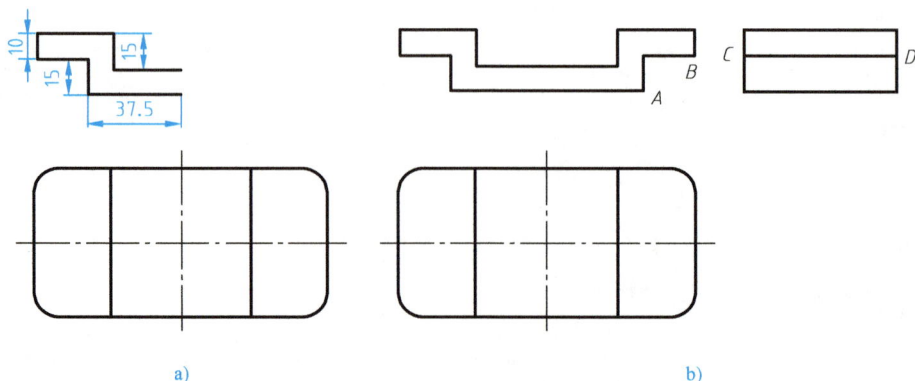

a)　　　　　　　　　　　　　b)

图 5-68　绘制弯板基本图形

步骤5　单击圆按钮，以俯视图中任一圆角的圆心为圆心，绘制半径为4的圆，接着绘制该圆的中心线，最后单击阵列按钮，将该圆和中心线分别进行阵列，其参数设置如图5-69所示。

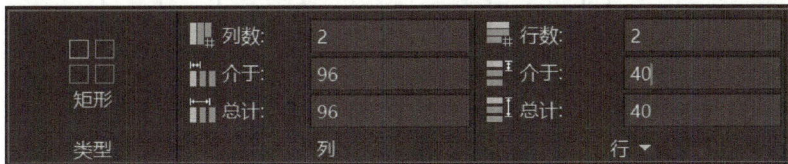

图5-69　"阵列"对话框

3. 绘制圆柱筒

步骤1　单击圆按钮，绘制俯视图中的两个同心圆，然后再单击直线按钮依次绘制该圆柱筒在主视图和左视图中的投影及中心线，如图5-70所示。

步骤2　参照图5-71所示尺寸绘制主视图中的三条直线，然后绘制弯板上孔在主视图中的投影，以及局部剖视图的样条曲线，最后利用修剪按钮修剪图形并删除垂直中心线右侧的直线，结果如图5-71所示。

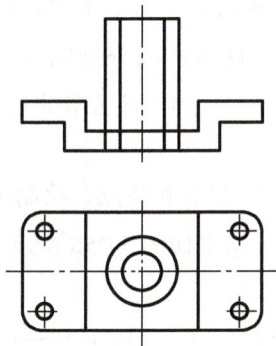

图5-70　绘制圆柱筒

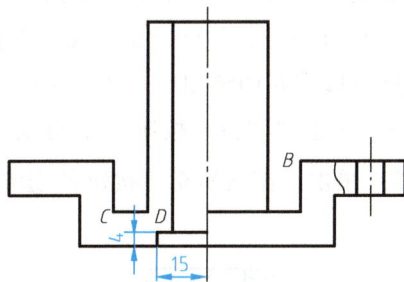

图5-71　绘制并修剪图形

> **提示：** 为了使读者能够更加清楚地看清所做操作，此处仅显示当前正在操作的视图，以下类似情况不再说明。

4. 绘制肋板

步骤1　单击"偏移"按钮，将俯视图中的水平中心线分别向其上、下方偏移4，然后修剪图形，并将偏移所得到的直线置于"粗实线"图层，结果如图5-72所示。

步骤2　单击"直线"按钮，捕捉图5-72所示的端点A，然后竖直向上移动光标，待竖直极轴追踪线与主视图最底端的水平线相交时单击，绘制长度为38的竖直直线，最后单击图5-71所示的端点B，绘制一条斜线。

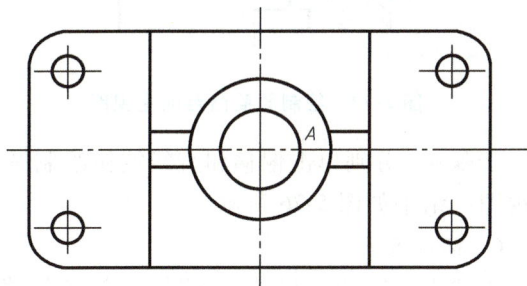

图5-72　绘制肋板俯视图

步骤3　单击"镜像"按钮，将步骤2所绘制的竖直直线和斜线进行镜像，然后选择图5-71所示的直线CD，利用其右侧夹点将该直线拉长，使其与镜像得到的竖直直线相交，最后单击"修剪"按钮修剪图形，结果如图5-73a所示。

步骤4　如图5-73b所示，单击"直线"按钮，分别绘制左视图所示的两条竖直直线，其高度尺寸可通过捕捉并追踪图5-73a所示端点确定。单击"圆弧"按钮，以使用圆弧代替椭圆弧（相贯线），即依次单击三点以绘制圆弧，结果如图5-73b所示。

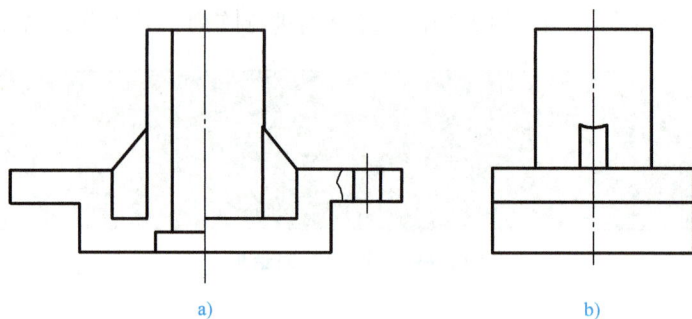

图5-73　绘制肋板的主视图和左视图

步骤5　将"0"图层设置为当前图层，使用"图案填充"命令为图形添加剖面线。

5. 绘制圆筒凸台

步骤1　单击"圆"按钮⊙，绘制圆筒凸台在主视图中的投影，并对其进行修剪，然后绘制水平中心线，结果如图5-74所示。

步骤2　单击"直线"按钮╱，捕捉并追踪图5-74所示水平中心线的B端点，当水平追踪线与左视图的中心线相交时单击，绘制长度为33的直线。单击"偏移"按钮⊆，将该直线分别向其上、下方各偏移7.5和11.5，将竖直中心线向右偏移10。单击"样条曲线"按钮∿，绘制剖视图的边界线，最后对其进行修剪并调整相关直线所在图层，结果如图5-75a所示。

步骤3　单击"圆弧"按钮⌒，分别以图5-75a所示的端点A、B为圆弧的起点和终点，绘制半径为7.5的圆弧。单击"图案填充"按钮▨绘制剖面线，并利用夹点拉长中心线，结果如图5-75b所示。

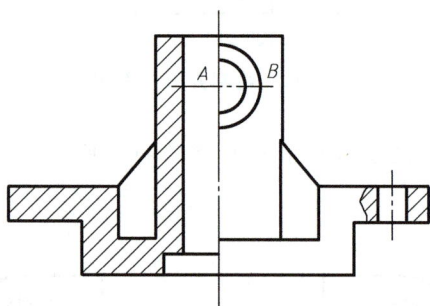

图5-74　绘制圆筒凸台的主视图

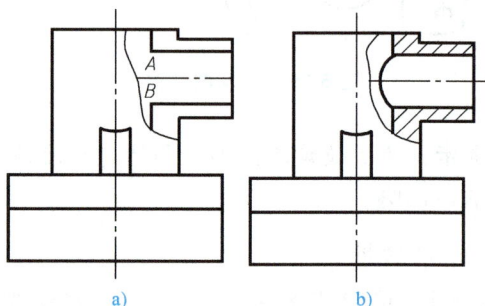

图5-75　绘制圆筒凸台的左视图

步骤4　分别单击偏移和直线按钮绘制圆筒凸台的俯视图，结果如图5-76所示。

6. 标注尺寸

步骤1　选择"格式"→"标注样式"菜单命令，然后在打开的"标注样式管理器"对话框中单击修改按钮 修改(M)... ，打开"修改标注样式：ISO-25"对话框。在该对话框的"文字外观"选项组的"文字"选项卡中将"文字高度"设置为"5"，在"符号和箭头"选项卡的"箭头"选项组中将"箭头大小"设置为"5"，然后单击 确定 按钮。

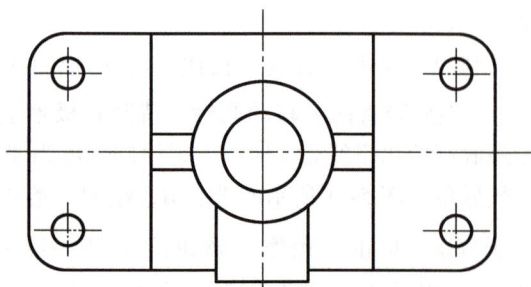

图5-76　绘制圆筒凸台的俯视图

步骤2　单击"标注样式管理器"对话框中的 新建(N)... 按钮，在打开的"创建新标注样式"对话框中输入"半剖标注样式",如图 5-77 所示,然后单击 继续 按钮,在打开的对话框中选择"线"选项卡,然后选中"尺寸线"选项组中的 □尺寸线 2(ⅅ) 复选框和"尺寸界线"选项组中的 □尺寸界线 2(2) 复选框,其他采用默认设置。依次单击 确定 、置为当前(U) 和 关闭 按钮,完成标注样式的创建。

步骤 3　将"标注"图层设置为当前图层。单击"标注"工具栏中的"线性"按钮 ┌─┐,捕捉图 5-78 所示的端点 A 后水平向右移动光标,待出现水平追踪线时输入值"20",然后向上移动光标,并在合适位置单击。接着输入"ED"并按〈Enter〉键,选择所标注的尺寸,然后输入"%%c"并在绘图区其他位置单击,结果如图 5-78 所示。

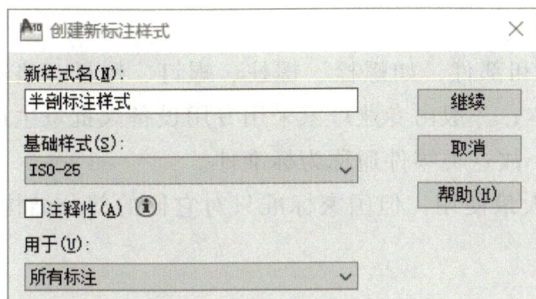

图 5-77　创建新标注样式

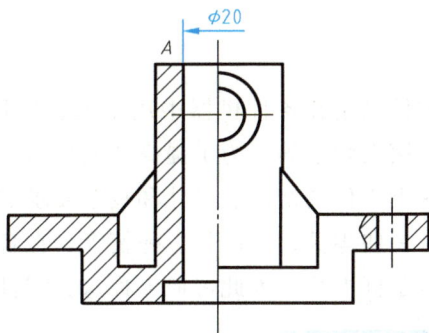

图 5-78　标注并编辑尺寸

步骤 4　采用同样的方法标注主视图中的尺寸"φ30",然后打开"样式"工具栏中的"标注样式控制"下拉列表框,从中单击"ISO-25"选项,然后参照图 5-64 所示支架二维图,单击"标注"工具栏中的相关按钮逐个标注形体尺寸。

巩固练习

作图题

应用 AutoCAD 按照 1：1 的比例抄画形体的主视图和俯视图,补画其全剖的左视图(不画虚线)。

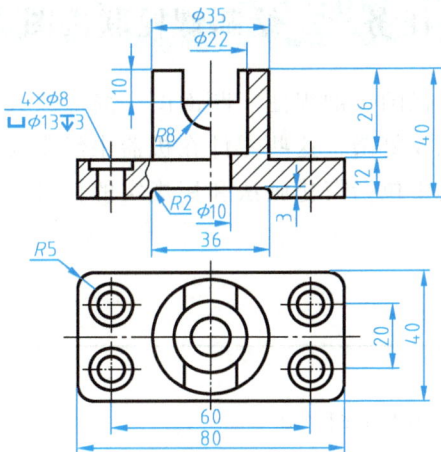

项目六

标准件和常用件的表达

标准件是指在各种机器中用量大、使用面广的零件和部件，如螺栓、螺柱、螺钉、螺母、垫圈、键、销、滚动轴承等。为了提高产品质量，降低生产成本，一般由专业厂家采用专用设备大批量生产，国家对这类零件的结构、尺寸和技术要求实行了标准化，故这类零件通称为标准件。

还有一些零件，如齿轮、弹簧等，在各种机器中也大量使用，但国家标准只对它们的部分结构和尺寸实行了标准化，因此习惯上称这类零件为常用件。

项目目标

1. 了解标准件和常用件的种类及作用，并学会查表。
2. 熟练掌握螺纹、螺纹紧固件及其联接的规定画法及标注方法。
3. 掌握圆柱齿轮及其啮合的规定画法。
4. 掌握利用 AutoCAD 绘制常用件和标准件的方法。
5. 熟悉键、销联接的画法及标记。
6. 熟悉滚动轴承的画法及标记。

任务一　绘制螺栓联接图

表达机件的结构形状通常采用视图、剖视图、断面图、局部放大图等图样基本表示法，但由于螺纹、螺纹紧固件等标准件的结构比较复杂，这些零件在机器中经常使用，为了简化作图，国家标准对其表达方法作出了相应的规定，其中包括简化画法和用规定的代号、符号进行标注，故必须掌握标准件的绘制与识读。

学习任务单

任务目标	知识点： 1）了解螺纹的基本要素，并掌握其标注和画法 2）掌握螺纹联接件的画法 3）掌握键、销的联接画法
	技能点： 1）能够正确识读技术图样中的螺纹联接件等标准件的装配结构 2）能够正确绘制技术图样中的螺纹联接件等标准件

（续）

任务内容	如图 6-1 所示,选择合适的螺栓、螺母、垫圈联接两个零件,并采用简化画法绘制螺栓联接图 图 6-1　螺栓联接图
任务分析	要绘制螺栓联接图,首先要明确螺纹类型和参数,并按照国家标准 GB/T 4459.1—1995《机械制图　螺纹及螺纹紧固件表示法》对螺纹制定的规定画法,逐步地进行作图
成果评定	各组成员独立完成螺栓联接图的绘制,进行自评、互评教师评价后给定综合评定成绩

相关知识

当一动点在圆柱面上绕圆柱体轴线做等速转动，同时又沿圆柱的轴线方向做等速直线运动时，该动点在圆柱表面上所形成的轨迹，称为圆柱螺旋线。

螺纹是指螺旋线沿圆柱（或圆锥）表面所形成的具有规定牙型的连续凸起和沟槽。在圆柱（或圆锥）外表面上形成的螺纹称为外螺纹，如图 6-2a 所示。在圆柱（或圆锥）内表面上形成的螺纹称为内螺纹，如图 6-2b 所示。

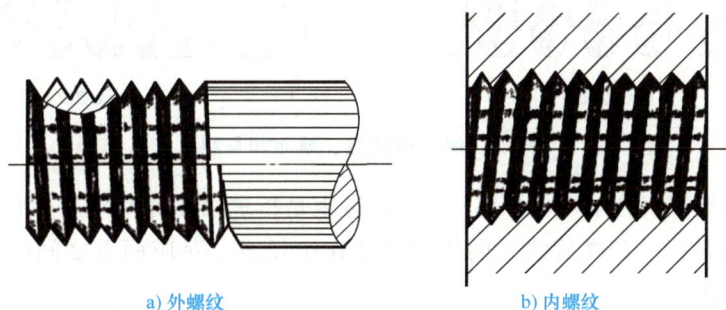

a) 外螺纹　　　　　　　　　b) 内螺纹

图 6-2　圆柱螺纹的形成

一、螺纹的基本知识

1. 螺纹的要素

螺纹的结构、形式、尺寸是由牙型、大径、小径、螺距、导程、线数、旋向等要素确定的，只有这些要素都相同的内、外螺纹才能旋合在一起。

（1）牙型　常用的螺纹牙型有三角形、矩形、梯形、锯齿形和圆形，因此，形成的螺纹有三角形螺纹（图 6-3a）、矩形螺纹（图 6-3b）、梯

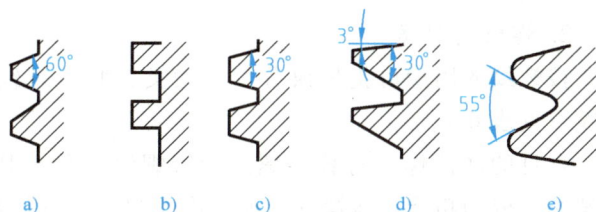

图 6-3　常用的螺纹牙型

形螺纹（图 6-3c）、锯齿形螺纹（图 6-3d）和圆形螺纹（又称为管螺纹，多用于有气密性要求的管道联接，见图 6-3e）。三角形螺纹和圆形螺纹多用于联接，其余螺纹多用于传动。

（2）直径 如图 6-4 所示，与外螺纹牙顶或内螺纹牙底相切的假想圆柱的直径称螺纹大径（d 或 D）；与外螺纹牙底或内螺纹牙顶相切的假想圆柱的直径称为螺纹小径（d_1 或 D_1）；通过牙型上沟槽和凸起宽度相等的一处假想圆柱的直径，称为螺纹中径（d_2 或 D_2）；公称直径是代表螺纹直径大小的尺寸，通常用螺纹的大径 d 或 D 来表示。

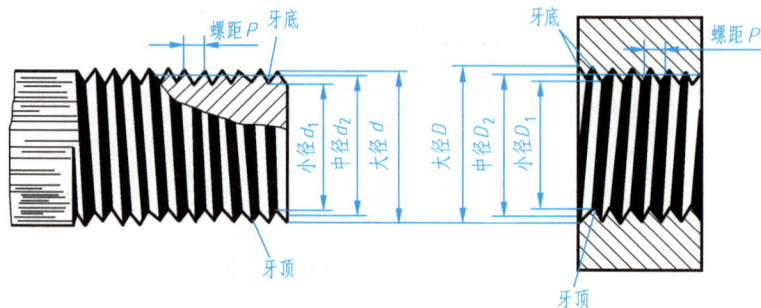

图 6-4 螺纹直径

（3）线数 螺纹有单线螺纹与多线螺纹之分。在同一螺纹件上沿一条螺纹线形成的螺纹称为单线螺纹，如图 6-5a 所示；沿两条或两条以上螺旋线形成的螺纹称为多线螺纹，如图 6-5b 所示。线数用 n 来表示。

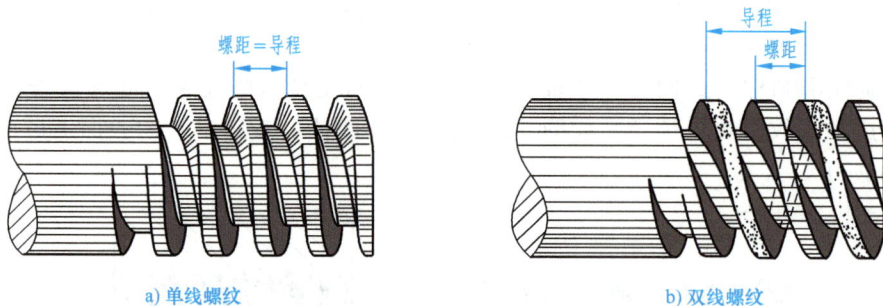

a) 单线螺纹　　　　　　　　　　　b) 双线螺纹

图 6-5 螺纹的线数、螺距和导程

（4）螺距（P）和导程（P_h） 如图 6-5 所示，螺距是指螺纹相邻两牙在中径线上对应两点之间的距离，用 P 表示；导程是指一条螺旋线上的相邻两牙在中径线上对应两点之间的距离，常用 P_h 表示：$P_h = nP$。n 为螺纹的线数。

（5）旋向 螺纹有左旋和右旋之分，将螺纹轴线竖直放置，螺纹左高、右低则为左旋，螺纹右高、左低则为右旋。右旋螺纹顺时针转时旋合，逆时针转时退出；左旋螺纹反之。常用的是右旋螺纹。以左手、右手法则判断左旋、右旋螺纹的方法如图 6-6 所示。

2. 螺纹的种类

按螺纹的用途可把螺纹分为两大类：联接螺纹和传动螺纹，见表 6-1。

常见的联接螺纹有普通螺纹和管螺纹两种。其中，普

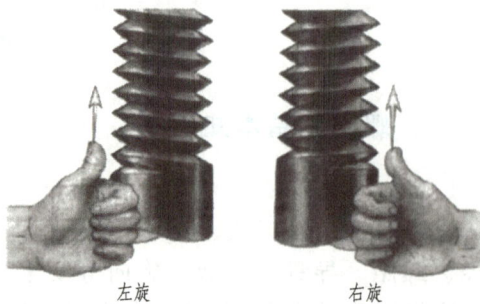

左旋　　　　右旋

图 6-6 螺纹的旋向

通螺纹又分为粗牙普通螺纹、细牙普通螺纹；管螺纹分为 55°非密封管螺纹、55°密封管螺纹和 60°密封管螺纹。

表 6-1　螺纹的种类及应用

螺纹种类		外形及牙型	用途
联接螺纹	普通螺纹	细牙普通螺纹	60°	细牙普通螺纹一般用于薄壁零件或细小的精密零件联接
		粗牙普通螺纹		粗牙普通螺纹一般用于机件的联接
	管螺纹	55°非密封管螺纹	55°	用于管接头、旋塞、阀门及其附件的联接
		55°密封管螺纹		用于管子、管接头、旋塞、阀门及其他螺纹联接的附件
		60°密封管螺纹	60°	广泛应用于机床行业
传动螺纹		梯形螺纹	30°	用于必须承受两个方向轴向力的地方,如车床的丝杠

联接螺纹的共同特点是牙型都是三角形,其中普通螺纹的牙型角为 60°,管螺纹的牙型角有 55° 和 60° 两种。同一种大径的普通螺纹一般有几种螺距,螺距最大的一种称为粗牙普通螺纹,其余称为细牙普通螺纹。

传动螺纹是用来传递动力和运动的,常用的是梯形螺纹,在一些特定的情况下也用锯形螺纹。

二、螺纹的规定画法

螺纹按真实形状投影绘制非常复杂,为简化画图,国家标准 GB/T 4459.1—1995《机械制图　螺纹及螺纹紧固件表示法》对螺纹制定了规定画法。

1. 外螺纹的画法

在平行于螺纹轴线的投影面视图上,螺纹大径（牙顶）画粗实线,螺纹小径（牙底）画细实线,并画出螺杆的倒角或倒圆部分,小径近似地画成大径的 85%,螺纹终止线画粗实线,如图 6-7a 所示;在垂直于螺纹轴线的投影面视图中,螺纹大径（牙顶）用粗实线表示,螺纹小径（牙底实）的细实线只画约 3/4 圆,此时轴与孔上的倒角投影省略不画出,剖面线必须画到粗实线处,如图 6-7b 所示。

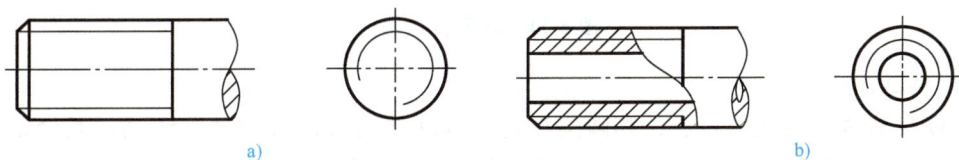

a)　　　　　　　　　　　　b)

图 6-7　外螺纹的画法

2. 内螺纹的画法

在平行于轴线的投影面视图上,一般画成全剖视图,螺纹小径画粗实线,且不画入倒角区,大径画细实线,小径画成大径的 85%,剖面线画到粗实线处。绘制不通孔时画终止线（粗实线）和钻孔深度线,一般不通的钻孔深度比螺纹长度长约 0.5D,锥角 120° 一般不需要标注;在投影为圆的视图上,小径画粗实线，大径画细实线 3/4 圆，倒角圆省略不画。螺孔不作剖视时，全部用虚线画出，如图 6-8 所示。通孔螺纹及螺纹孔相贯线画法如图 6-9 所示。

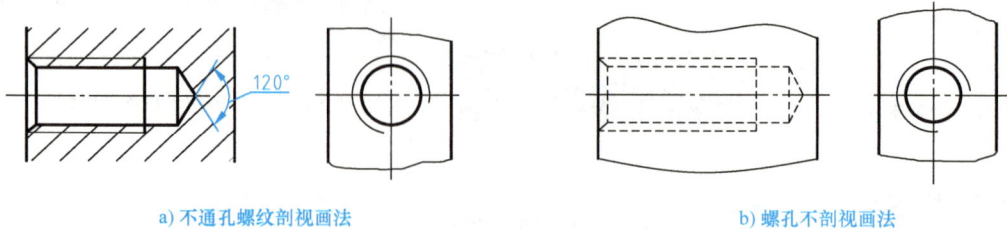

a) 不通孔螺纹剖视画法　　　　　　　　　　　　　　b) 螺孔不剖视画法

图 6-8　内螺纹画法（一）

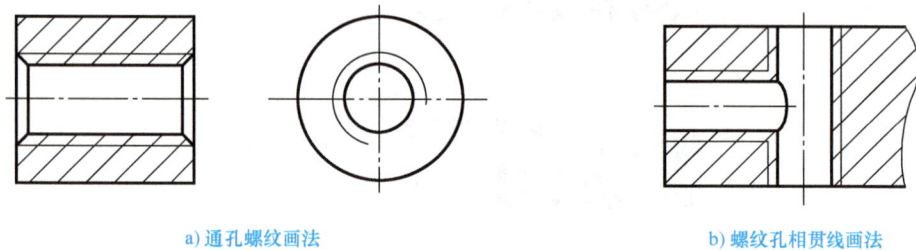

a) 通孔螺纹画法　　　　　　　　　　　　　　b) 螺纹孔相贯线画法

图 6-9　内螺纹的画法（二）

3. 圆锥螺纹的画法

图 6-10 所示为圆锥外螺纹和内螺纹的规定画法。

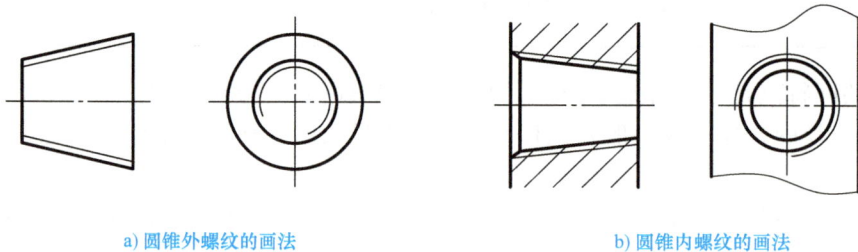

a) 圆锥外螺纹的画法　　　　　　　　　　　　b) 圆锥内螺纹的画法

图 6-10　圆锥螺纹的画法

4. 非标准螺纹的画法

标准螺纹一般不画牙型；而对于非标准螺纹，当必须表达牙型时，可用局部视图、局部剖视图或局部放大图来表达牙型，如图 6-11 所示。

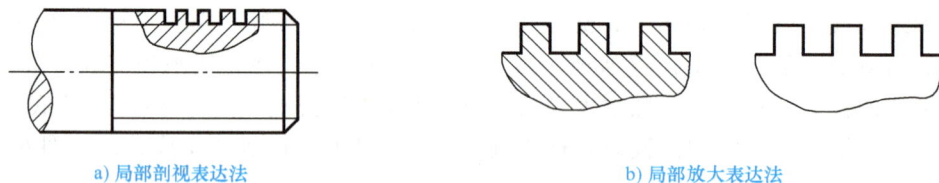

a) 局部剖视表达法　　　　　　　　　　　　b) 局部放大表达法

图 6-11　牙型表达法

5. 螺纹联接画法

内外螺纹联接通常用剖视图表示，其画法规定：其联接旋合部分按外螺纹画，其余部分按各自画法表示。表示大、小径的粗、细实线应分别对齐，如图 6-12 所示。

图 6-13 所示为不通孔的螺纹联接画法。

三、螺纹的标记和标注方法

采用规定画法后，螺纹的种类、牙型、螺距、旋向和线数都无法在图形上表示出来，需要通过螺纹代号或标记来表达。

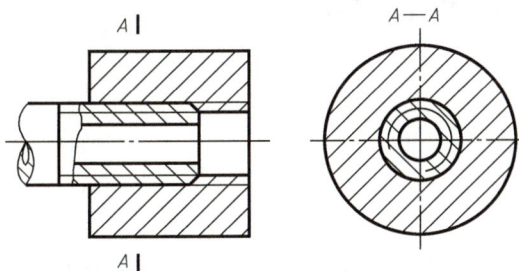

图 6-12   通孔螺纹联接画法

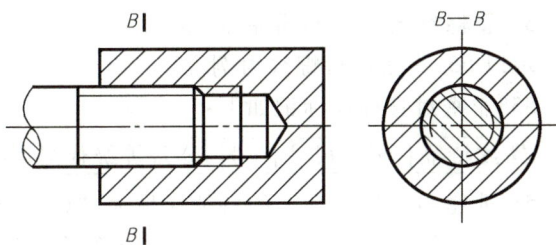

图 6-13   不通孔的螺纹联接画法

1. 普通螺纹的螺纹代号和标记

普通螺纹的螺纹代号如下：

| 螺纹特征代号 | 公称直径 | × | 螺距 | 公差带代号 | 旋合长度代号 | 旋向 |

普通螺纹牙型的特征代号为"M"。

按上述格式注写普通螺纹代号时，应注意以下几方面。

1）单线螺纹和右旋螺纹使用很广泛，标注时不必注明线数和旋向。若为左旋，则注明代号"LH"。

2）粗牙普通螺纹用得较多，且与大径相对应的螺距只有一种，因此在标注时不必注出螺距。细牙普通螺纹与大径相对应的螺距有好几种，标注时必须注出螺距。例如，有螺纹代号 M24，"M"为牙型特征代号，表示该螺纹为牙型角为 60°的普通螺纹，"24"表示螺纹公称直径为 24mm，不写出螺距表示为粗牙普通螺纹，不注明线数和旋向表示为单线、右旋。又如螺纹代号 M24×2LH 注出了螺距和 LH，表示为细牙普通螺纹，公称直径为 24mm，螺距为 2mm，单线，左旋。

普通螺纹的完整标记由螺纹特征代号、螺纹尺寸代号、螺纹公差带代号和螺纹旋合长度代号等组成。螺纹公差带代号包括中径公差带代号和顶径公差带代号，如 6H、6g 等。例如，M10-5g6g，5g 为中径公差带代号，6g 为顶径公差带代号，字母 g 用小写，表示这个螺纹是外螺纹。如果中径公差带代号和顶径公差带代号相同，可合并标注一个代号，如 M10×1-6H，表示中径和顶径公差带代号都是 6H，字母 H 用大写，表示这个螺纹是内螺纹。当内、外螺纹装配在一起时，其公差带代号要用斜线分开，左边表示内螺纹公差带代号，右边表示外螺纹公差带代号。例如：

$$M16×2-6H/6g$$

$$M16×2-6H/5g6g-LH$$

一般情况下不标注旋合长度，此时螺纹公差带按中等旋合长度确定。

2. 梯形螺纹的螺纹代号和标记

梯形螺纹的螺纹代号如下：

| 螺纹特征代号 | 公称直径 | × | 螺距 | 旋向 | - | 中径公差带代号 | - | 旋合长度代号 |

梯形螺纹牙型的特征代号为"Tr"。

注写梯形螺纹代号时，应注意以下几方面。

1）单线螺纹的代号用"公称直径×螺距"表示，多线螺纹的代号用"公称直径×导程（P 螺距）"表示。

2）当螺纹为左旋时，需在螺纹尺寸代号之后标注"LH"，右旋不需注明。

例如，螺纹代号 Tr40×7 中，"Tr"为牙型的特征代号，表示该螺纹为梯形螺纹，"40"表示公称直径为 40mm，"7"表示螺距为 7mm，不注明线数、旋向表示单线、右旋。又如 Tr40×14P7LH 表示公称直径为 40mm 的梯形螺纹，导程为 14mm，螺距为 7mm，线数 $n = 14/7 = 2$，左旋。

梯形螺纹的标记由螺纹特征代号、尺寸代号、公差带代号及旋合长度代号组成。梯形螺纹的公差带代号只包含中径公差带代号，如 7H、7e 等，写在螺纹尺寸代号之后。如 Tr40×7-7H（内螺纹）和

Tr40×7-7e（外螺纹）。当旋合长度为中等旋合长度时，不标注旋合长度代号。

3. 管螺纹的螺纹代号和标记

现以55°非密封管螺纹为例说明。

55°非密封管螺纹标记如下：

| 螺纹特征代号 | 尺寸代号 | 公差等级代号 |-| 旋向 |

55°非密封管螺纹牙型的特征代号为"G"。

管螺纹的尺寸代号是带有外螺纹的管子的孔径，单位为 in（1in＝2.54cm），相对应的螺纹大径和小径可以从附表中查取。

公差等级代号只有55°非密封管螺纹中的外螺纹分 A、B 两个公差等级，其余的只有一个等级，不须标注。

右旋螺纹不标注，左旋螺纹标注"LH"；管螺纹的标注示例如图6-14所示。

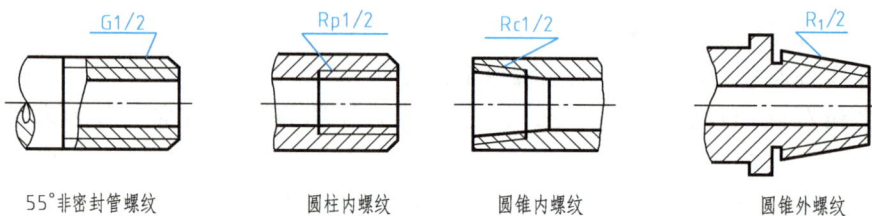

图6-14　管螺纹的标注示例

表6-2列出了常用标准螺纹的标注示例。

表6-2　常用标准螺纹的标注示例

螺纹种类	牙型特征代号	公称直径/mm	螺距/mm	导程/mm	线数	旋向	标记、代号	标注示例
粗牙普通螺纹	M	24	3		1	右	M24-6g 螺距、旋向省略不注	M24-6g
细牙普通螺纹	M	24	2		1	右	M24×2-6h 旋向省略不注	M24×2-6h
梯形螺纹	Tr	20	4	8	2	左	Tr20×8 P4 LH-7e	Tr20×8P4LH-7e
锯齿形螺纹	S	40	7	14	2	右	B40×14 P7 旋向省略不注	B40×14P7
55°非密封管螺纹	G	1				右	G1A	G1A

4. 特殊螺纹及非标准螺纹

1）对于牙型符合国家标准、直径或螺距不符合国家标准的特殊螺纹，应在牙型符号前加注"特"

字，并标出大径和螺距，如图 6-15 所示。

2）绘制非标准牙型的螺纹时，应画出螺纹的牙型，并注出所需要的尺寸及有关要求，如图 6-16 所示。

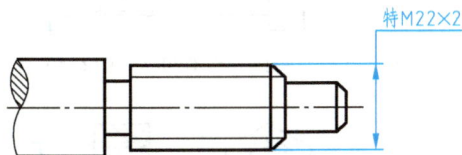

图 6-15　特殊螺纹标注

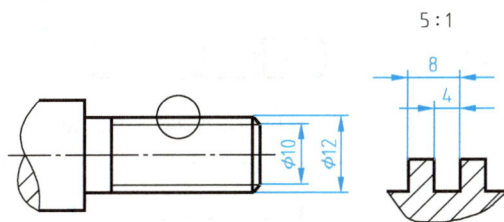

图 6-16　非标准牙型的螺纹

四、螺纹紧固件及联接画法

利用螺纹的旋紧作用，将两个或两个以上的零件联接在一起的有关零件称为螺纹紧固件。螺纹紧固件的种类很多，其中常见的如图 6-17 所示。螺纹紧固件是标准件，它们的结构形状和尺寸已经标准化，因此，一般不需画零件图，必要时可根据标记从相关的标准中查出。

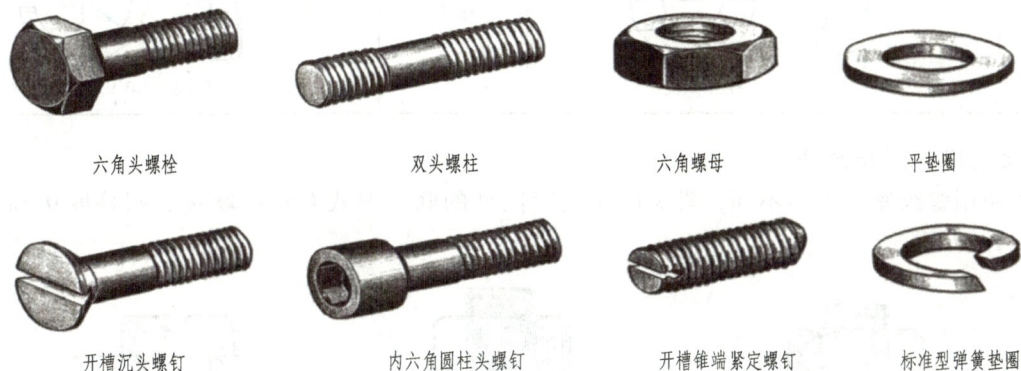

六角头螺栓　　　　双头螺柱　　　　六角螺母　　　　平垫圈

开槽沉头螺钉　　　内六角圆柱头螺钉　　开槽锥端紧定螺钉　　标准型弹簧垫圈

图 6-17　常见的螺纹紧固件

1. 螺纹紧固件的规定画法和标记

例：粗牙普通螺纹，大径为 20mm，螺距为 2.5mm，公称长度为 100mm，性能等级为 8.8 级，镀锌钝化，B 级六角头螺栓，完整标记为

螺栓　GB/T 5782—2016-M20×2.5×100-8.8-B-Zn·D

上述标记很长，实际应用中可作如下简化：

若只有一种形式、精度、性能等级、材料、热处理及表面处理时，则允许省略；若有两种及其以上，则根据国标规定省略其中一种。故上述螺栓可简化为

螺栓　GB/T 5782　M20×100

常见螺纹紧固件的画法和标记示例见表 6-3。

表 6-3　常用螺纹紧固件的画法和标记示例

名称	画法标记示例	名称	画法标记示例
六角头螺栓	螺栓　GB/T 5780　M20×50	开槽锥端紧定螺钉	螺钉　GB/T 71　M6×15

（续）

名称	画法标记示例	名称	画法标记示例
双头螺柱	螺柱 GB/T 898 M12×50	内六角圆柱头螺钉	螺钉 GB/T 70.1 M12×50
开槽沉头螺钉	螺钉 GB/T 68 M5×20	六角螺母	螺母 GB/T 6170 M12
平垫圈	垫圈 GB/T 97.1 12	标准型弹簧垫圈	垫圈 GB 93 12

2. 螺纹紧固件联接画法

按照所使用螺纹紧固件的不同，常见的螺纹紧固件的联接形式有螺栓联接、螺柱联接和螺钉联接等，如图 6-18 所示。

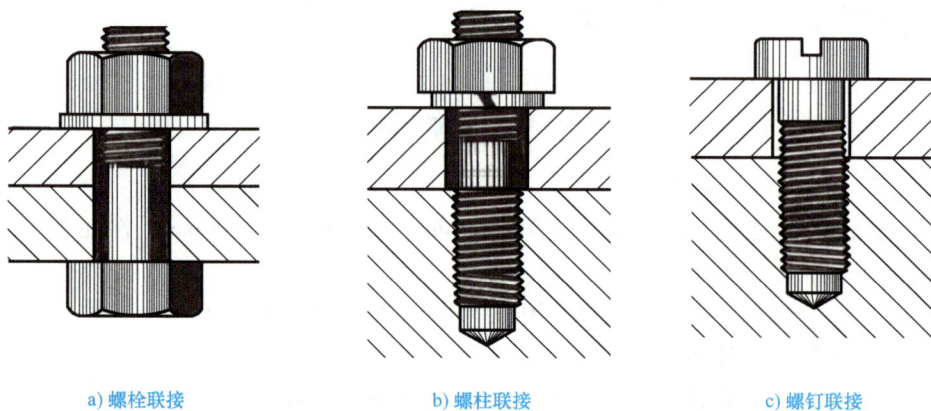

a) 螺栓联接　　　　b) 螺柱联接　　　　c) 螺钉联接

图 6-18　常见的三种螺纹紧固件联接形式

国家标准对螺纹紧固件的装配画法做出如下一些规定：

1）相邻两零件表面接触时只画一条粗实线，不接触时要画两条粗实线。

2）相邻两零件的剖面线方向应相反。

3）在装配图中，当剖切平面通过螺杆的轴线时，螺纹紧固件均按不剖绘制。

4）螺纹紧固件上的工艺结构，如倒角、退刀槽、缩颈、头部圆弧等均可省略不画。

3. 螺栓联接画法

螺栓联接适用于联接两个较薄零件。联接时，将螺栓杆身穿过两个较薄零件的光孔，套上垫圈，再用螺母拧紧，使两个零件联接在一起，如图 6-19a 所示。

为了提高画图速度，对联接件的各个尺寸，可不按照相应的标准数值画出，而是采用近似画法（图 6-19b）或简化画法（图 6-19c）。

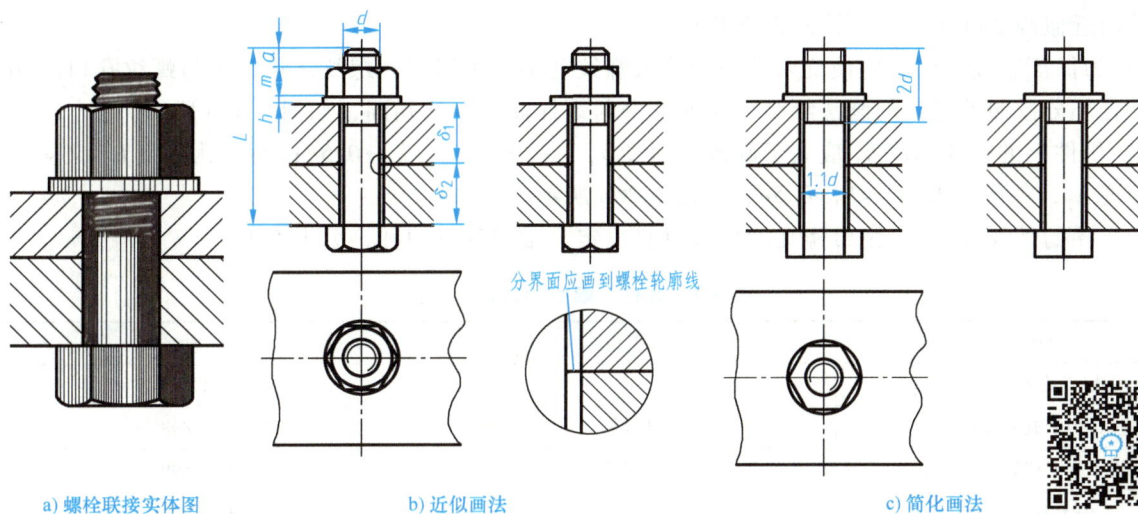

a) 螺栓联接实体图   b) 近似画法   c) 简化画法

分界面应画到螺栓轮廓线

图 6-19   螺栓联接的画法

螺栓联接画法

螺栓长度 L 的计算公式为

$$L = \delta_1 + \delta_2 + h + m + a$$

式中 δ_1、δ_2——被联接件的厚度；

        h——垫片厚度，一般取 $h \approx 0.15d$；

        m——螺母厚度，一般取 $m \approx 0.8d$；

        a——螺栓伸出螺母的长度，一般取 $a \approx (0.2 \sim 0.3)d$。

联接零件的联接孔直径取 $(1.1 \sim 1.2)d$。

4. 螺柱联接画法

双头螺柱常用于被联接件之一较厚，不便使用螺柱联接的地方。这种联接是将双头螺柱的旋入端旋入到较厚零件的螺孔中，而另一端穿过较薄零件的通孔，放上垫圈，再拧紧螺母的一种联接方式，如图 6-20a 所示。

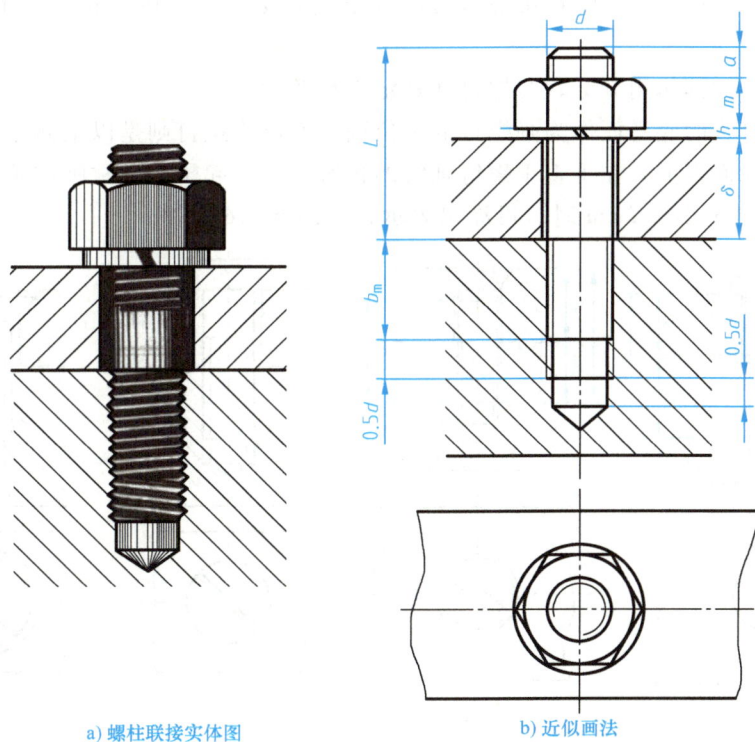

a) 螺柱联接实体图   b) 近似画法

图 6-20   螺柱联接的画法

采用近似画法画图时，应注意以下几点：

1）为保证联接牢固，应使旋入端完全旋入螺纹孔中，画图时，螺纹终止线应与螺纹孔口的端面平齐，旋合部分按照外螺纹的画法绘制，其他部分与螺栓联接画法相同，如图 6-20b 所示。

2）机件上的螺孔深度 h_1 应大于旋入端深度 b_m，一般取 $h_1 \approx b_m + 0.5d$；而钻孔深度 H_1 又应稍大于螺孔深度 h_1，一般也取 $H_1 \approx h_1 + 0.5d$，如图 6-20b 所示。

旋入端的螺纹长度 b_m 由带螺孔的机件材料决定，常用的有四种，见表 6-4。

表 6-4　螺柱、螺钉旋入的 b_m 值

旋入材料	b_m 的取值	国家标准编号
用于旋入钢、青铜	$b_m = d$	GB/T 897
用于旋入铸铁	$b_m = 1.25d$	GB/T 898
用于旋入铸铁或铝合金	$b_m = 1.5d$	GB/T 899
用于旋入铝合金	$b_m = 2d$	GB/T 900

【例 6-1】　已知：两端为粗牙普通螺纹的 A 型双头螺柱，$d = 20mm$，带螺孔的被联接件的材料为钢，另一被联接件厚度 $\delta = 20mm$，六角螺母，平垫圈。试查出螺母、垫圈、双头螺柱的规定标记。

　　解：查国家标准得六角螺母、平垫圈的标记：

螺母　GB/T 6170　M20　　　　　螺母厚度 $m = 18mm$

垫圈　GB/T 97.1　20　　　　　　垫圈厚度 $h = 3mm$

计算双头螺柱的公称长度 L：$L = \delta + m + h + a = 20mm + 18mm + 3mm + 0.3 \times 20mm = 47mm$

旋入端的螺纹长度：$b_m = d = 20mm$

查表 B-3 可知，双头螺柱标注长度系列 L 取 50mm。

双头螺柱标记为：螺柱　GB/T 897　AM20×50

5. 螺钉联接画法

螺钉联接不用螺母，这种联接是在较厚的联接件上加工出螺孔，而在另一较薄被联接件上加工通孔，用螺钉穿过通孔拧入螺孔，靠螺钉头部压紧使两个被联接件联接在一起，从而达到联接和固定两个零件的目的。

螺钉的种类很多，按其作用分为联接螺钉和紧定螺钉两大类。

圆柱头螺钉是以钉头的底平面作为画螺钉的定位面，而沉头螺钉则是以锥面作为画螺钉的定位面。螺纹终止线应在螺孔顶面以上。在垂直于螺钉轴线的投影面上，起子槽通常画成倾斜45°的粗实线，如图 6-21a、b 所示；当槽宽小于2mm 时，可涂黑表示，如图 6-21c 所示。

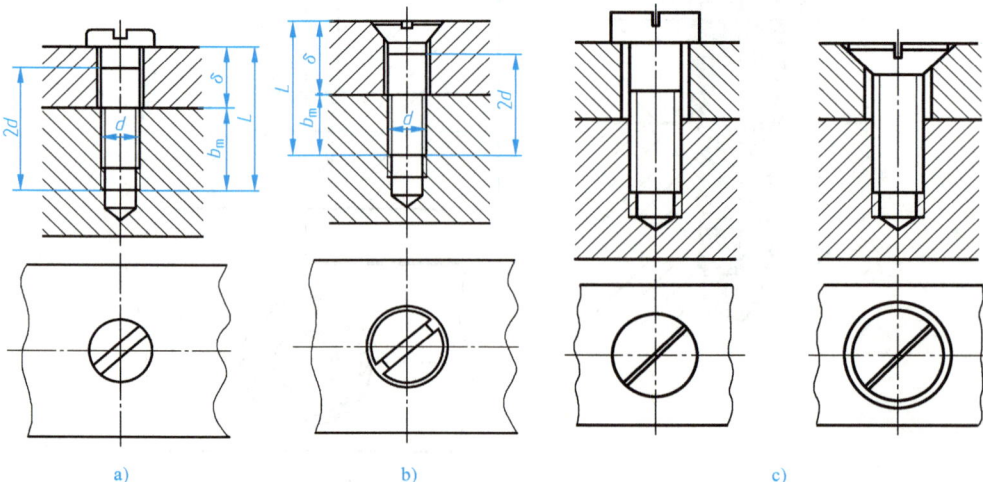

a)　　　　　　　　　　b)　　　　　　　　　　c)

图 6-21　螺钉联接的画法

螺钉的有效长度 L 估算式为

$$L = \delta + b_{\mathrm{m}}$$

式中　δ——板厚；

b_{m}——螺钉旋入端的长度，其选取与双头螺柱相同。

初步估算后，通过查标准件手册来选取长度 L。

紧定螺钉用于固定两个零件的相对位置，使它们之间不产生相对运动，紧定螺钉的装配画法如图 6-22 所示。

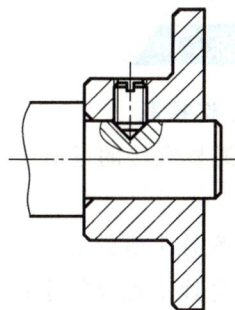

图 6-22　紧定螺钉的装配画法

思政拓展：立足岗位，忠于职守

螺钉，看似很小、很普通，但是它对整台机器的正常运转有着不可或缺的重要作用；对应实现中华民族伟大复兴这一时代梦想，每个个体都是梦想的建造者，在各自的岗位上守好一段渠、种好责任田、甘当中华民族伟大复兴梦想的螺钉是时代赋予我们的责任。立足岗位，忠于职守，勤勉敬业，做好本职工作，发扬"螺钉精神"是每一个人要切实增强的责任感和使命感。

任务实施单

绘图步骤	图示
1）确定螺栓规格 ①根据图 6-1 给定的孔径 $\phi11$，查表 B-1 确定螺纹公称直径为 M10 ②根据被联接件的厚度，计算螺栓长度 L，由公式 $L = \delta_1 + \delta_2 + h + m + 0.5d$ 计算得出 $L = 44.5\mathrm{mm}$，查表 B-1 确定螺栓的公称长度 $L = 45\mathrm{mm}$	螺栓 GB/T 5780 M10×45
2）确定螺母、垫圈的规格。根据螺栓规格确定螺母规格：$D = \mathrm{M}10$，垫圈公称尺寸：$d = 10\mathrm{mm}$	螺母 GB/T 6170 M10　　垫圈 GB/T 97.1 10
3）绘制螺栓联接图。采用简化画法按比例画出螺栓联接图	

巩固练习

一、选择题

1. 螺栓联接的近似画法是以（　　）为主要参数，其余各部分结构尺寸均按与其成一定比例关系绘制。

A. 螺栓上螺纹的公称直径　　　　B. 螺栓上螺纹的中径

C. 螺栓上螺纹的小径　　　　　　D. 螺栓长度

2. 螺栓的公称直径 $d=10\mathrm{mm}$，螺栓长度 $L=40\mathrm{mm}$，则下述标记正确的是（　　）。

A. 螺栓　GB/T 5780　M10×40　　B. 螺栓　M10×40

C. 螺栓　M10×40　GB/T 5780　　D. 螺栓　GB/T 5780　M40×10

3. 内螺纹和外螺纹能够相互旋合的条件是（　　）五个要素都相同。

A. 牙型、大径、螺距、线数、旋向　　B. 牙型、中径、螺距、线数、旋向

C. 牙型、大径、导程、线数、旋向　　D. 牙型、小径、导程、线数、旋向

4. 内、外螺纹旋合画法中，重合部分按（　　）绘制。

A. 内螺纹　　　　　　　　　　B. 外螺纹

C. 内螺纹或外螺纹　　　　　　D. 以上都不对

二、找出下图的错误之处，将正确答案画在其下方。

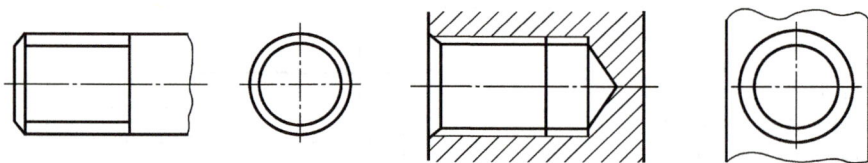

拓展知识

键和销都是标准件。键联接和销联接也是常用的可拆卸联接。

一、键联接

键是联接件，用键将轴与轴上的齿轮、带轮等零件联接起来称为键联接。键是用来传递转矩的一种零件。

键的种类很多，常用的键有普通平键、半圆键和钩头楔键，如图6-23所示。

a) 平键　　　　b) 半圆键　　　　c) 钩头楔键

图6-23　常用键的种类

1. 普通平键

普通平键有圆头普通平键（A 型）、平头普通平键（B 型）、半圆头普通平键（C 型）三种形式。普通平键的画法和标记如图 6-24 所示。其中以圆头普通平键最为常用，故标记中"A"可以省略。

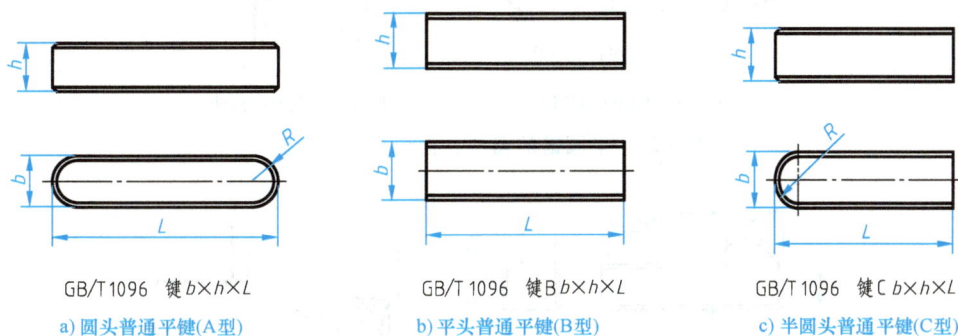

GB/T 1096　键 $b \times h \times L$　　　　GB/T 1096　键B $b \times h \times L$　　　　GB/T 1096　键C $b \times h \times L$

a) 圆头普通平键(A型)　　　　b) 平头普通平键(B型)　　　　c) 半圆头普通平键(C型)

图 6-24　普通平键的画法和标记

图 6-25 所示为轴上和孔上的键槽画法和标注。其中，键槽的宽度和深度是由轴的直径确定的标准值，可根据轴的直径从国家标准中查出键槽的宽度和深度。

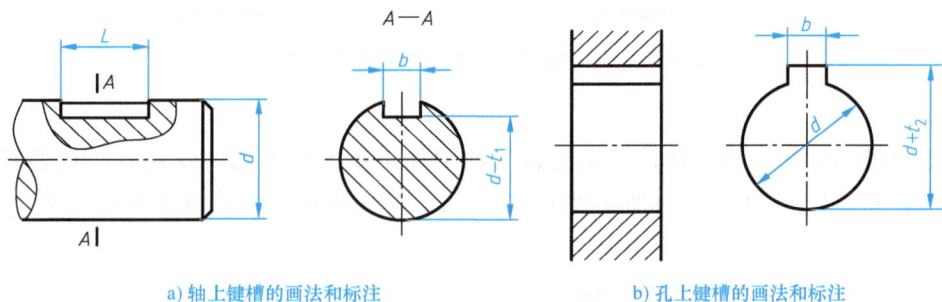

a) 轴上键槽的画法和标注　　　　　　　　b) 孔上键槽的画法和标注

图 6-25　键槽的画法和标注

图 6-26 所示为普通平键的联接画法，键与孔的槽底不接触。

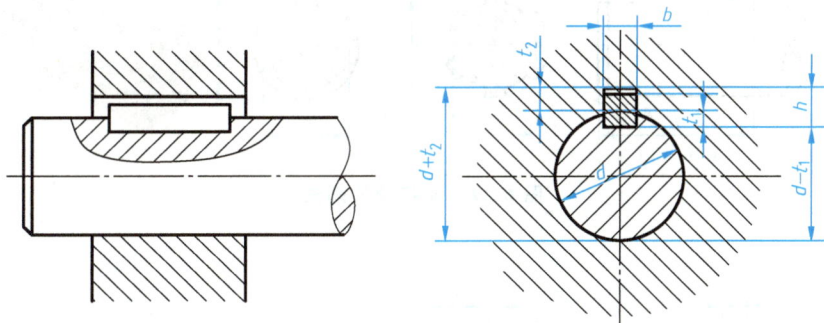

图 6-26　普通平键的联接画法

绘制普通平键的联接时，应注意以下几点：

1）当剖切平面通过轴线及键的对称面时，轴上键槽采用局部剖视，而键按不剖画出。

2）键的顶面和轮毂槽的底面之间有间隙，应画两条线。

3）当剖切平面垂直于轴线时，键和轴都应画剖面线。

2. 半圆键

图 6-27 所示为半圆键的画法、标记及联接画法。

3. 钩头楔键

图 6-28 所示为钩头楔键的画法、标记及联接画法。

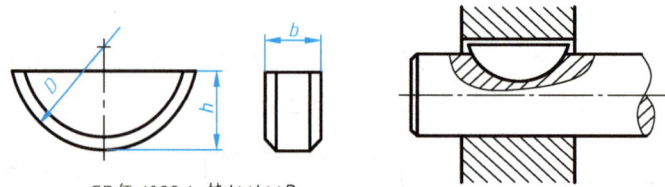

GB/T 1099.1 键 $b \times h \times D$

a) 半圆键的画法与标记　　　　b) 半圆键的联接画法

图 6-27　半圆键的画法、标记及联接画法

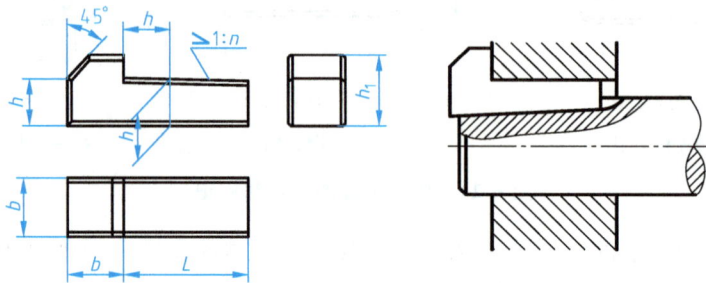

GB/T 1565　键 $b \times L$

a) 钩头楔键的画法与标记　　　　b) 钩头楔键的联接画法

图 6-28　钩头楔键的画法、标记及联接画法

4. 花键

花键是将数个键和轴加工为一体，并在轮毂的孔中加工出数个键槽。花键具有传递较大转矩、中心对准精度高等优点。图 6-29 所示为外花键的画法，图 6-30 所示为内花键的画法，图 6-31 所示为花键的联接画法。

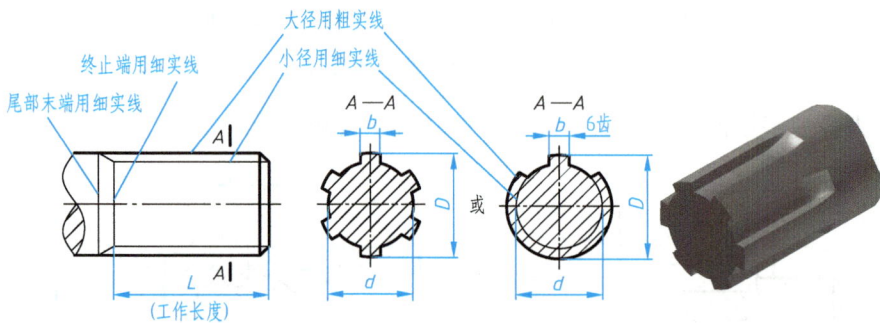

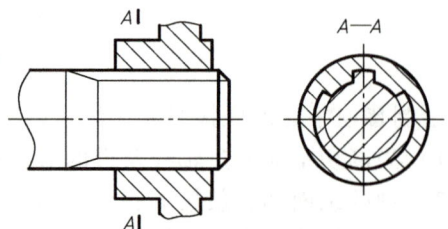

图 6-29　外花键的画法

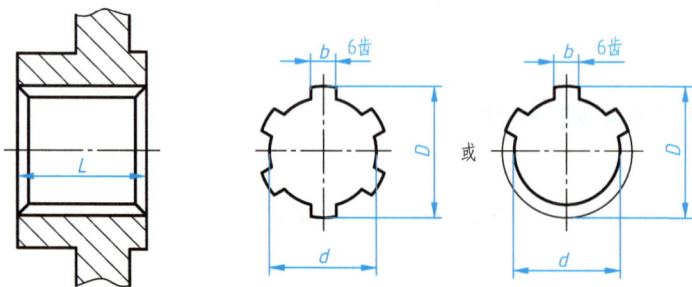

图 6-30　内花键的画法　　　　**图 6-31　花键的联接画法**

二、销联接

销是标准件，通常用于两零件间的定位和联接。常用的销有圆柱销、圆锥销和开口销，圆柱销和圆锥销常用于联接和定位，开口销用在锁紧装置中，如防止螺母松动。圆柱销、圆锥销和开口销的画法及标准编号如图 6-32 所示。

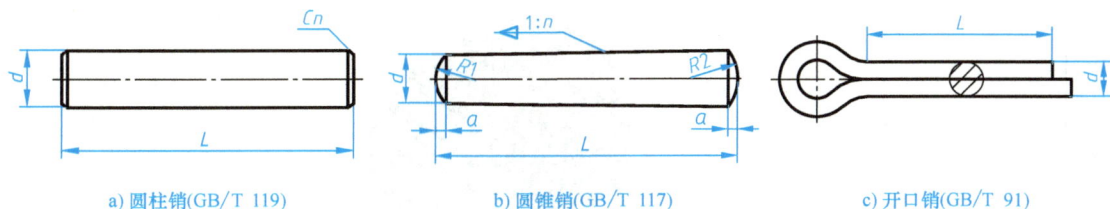

a) 圆柱销(GB/T 119)　　　b) 圆锥销(GB/T 117)　　　c) 开口销(GB/T 91)

图 6-32　圆柱销、圆锥销和开口销的画法及标准编号

圆柱销、圆锥销和开口销的联接画法如图 6-33 所示。当剖切平面通过销的轴线时，销按不剖绘制。

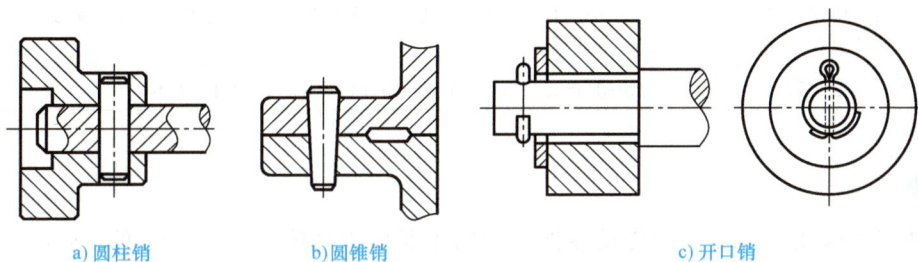

a) 圆柱销　　　　　b)圆锥销　　　　　c) 开口销

图 6-33　圆柱销、圆锥销和开口销的联接画法

销用于定位时，为保证两零件相互位置的准确性，它们的销孔是同时加工出来的，因而在零件图上，需说明配作加工时的要求，如图 6-34 所示。

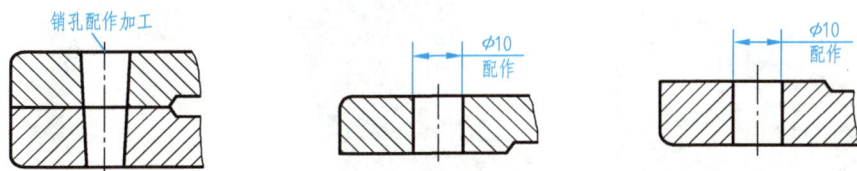

图 6-34　销孔的加工与标注

任务二　绘制齿轮简图

在机器中，齿轮等零件也得到广泛应用，属于常用件，其中齿轮的部分参数已经标准化，国家标准对其画法和标记都做了规定，因此需要掌握常用件这类零件的绘制与识读。

学习任务单

任务目标	知识点： 1)掌握齿轮的基本知识 2)掌握齿轮的规定画法 3)了解轴承的类型和画法
	技能点： 1)能够正确识读技术图样中的齿轮等常用件的装配结构 2)能够正确绘制技术图样中的齿轮等常用件

（续）

任务内容	已知标准直齿圆柱齿轮模数为3mm，齿数为28，厚度为20mm，轮毂直径为20mm，轮毂键槽宽为6mm，深为2.6mm。试根据图6-35所示齿轮绘制齿轮零件图
	图 6-35　齿轮
任务分析	齿轮是常用件，其轮齿部分的参数已经实行了标准化。绘制齿轮零件图时，首先要掌握圆柱齿轮的基本参数和轮齿各部分的尺寸关系，并按照规定画法逐步地进行作图
成果评定	各组成员独立完成齿轮零件图的绘制，进行自评、互评和教师评价后给定综合评定成绩

相关知识

齿轮是一种广泛应用于机器中的传动零件，它的主要作用是传递动力，改变运动速度和方向。

如图6-36所示，根据两轴的相对位置不同，齿轮分为圆柱齿轮、锥齿轮、蜗轮蜗杆三大类。圆柱齿轮用于两平行轴的传动；锥齿轮用于两相交轴的传动；蜗轮蜗杆用于两交叉轴的传动。

a)圆柱齿轮　　　b)锥齿轮　　　c)蜗轮蜗杆

图 6-36　常见的齿轮

一、圆柱齿轮

在圆柱齿轮中，根据轮齿的形状不同分为直齿圆柱齿轮、斜齿圆柱齿轮、人字齿圆柱齿轮三种。下面主要讲述直齿圆柱齿轮，并简单对比斜齿圆柱齿轮和人字齿圆柱齿轮的画法。

1. 直齿圆柱齿轮各几何要素的名称及代号

直齿圆柱齿轮各部分的名称如图6-37所示。

（1）齿顶圆直径 d_a　过齿顶的圆的直径。

（2）齿根圆直径 d_f　过轮齿根部的圆的直径。

（3）分度圆直径 d　分度圆是一个约定的假想圆，齿轮的轮齿尺寸以此圆直径为基准而确定，该圆上的两齿轮啮合时，轮齿的接触点 P 与两轮的中心 O_1、O_2 连接成 O_1P、O_2P 两段，以 O_1、O_2 为圆心，以 O_1P、O_2P 为半径画圆，所画两圆分别是两齿轮的分度圆。

（4）齿顶高 h_a　齿顶圆与分度圆之间的径向距离。

（5）齿根高 h_f　齿根圆与分度圆之间的径向距离。

（6）齿高 h　齿根圆与齿顶圆之间的径向距离。

（7）齿距 p　相邻两齿的对应点在分度圆上的弧长。

（8）齿厚 s　每个轮齿在分度圆上的弧长。

（9）齿宽 b　轮齿的宽度。

（10）槽宽 e　两轮齿间的槽在分度圆上的弧长。

（11）中心距 a　两啮合齿轮中心之间的距离。

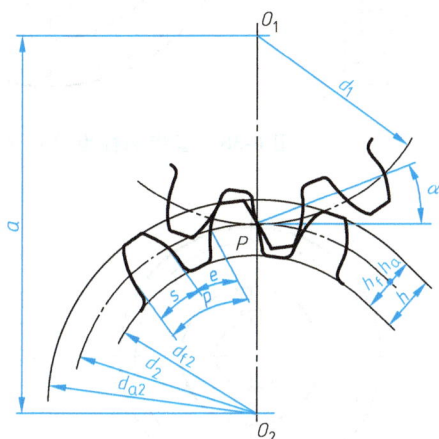

图 6-37　直齿圆柱齿轮各部分的名称

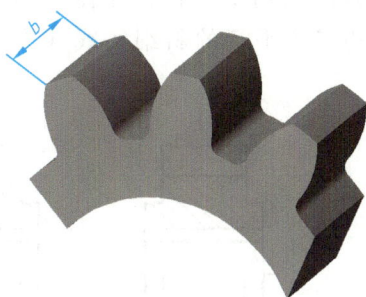

直齿圆柱齿轮
各部分的名称

2. 直齿圆柱齿轮的基本参数

（1）齿数 z　一个齿轮上的轮齿总数。

（2）模数 m　分度圆周长 $\pi d = pz$，可得 $d = (p/\pi)z$，令 $p/\pi = m$，则 $d = mz$。m 即称为模数，模数是设计中的重要参数，只有模数相同的两齿轮才能相互啮合，为了便于齿轮的设计和制造，国家标准对模数已经实行了标准化，国家标准规定的标准模数系列见表 6-5。

表 6-5　标准模数系列（GB/T 1357—2008）　　　　　　（单位：mm）

第一系列	1　1.25　1.5　2　2.5　3　4　5　6　8　10　12　16　20　25　32　40　50
第二系列	1.125　1.375　1.75　2.25　2.75　3.5　4.5　5.5　(6.5)　7　9　11　14　18　22　28　36　45

注：在选用模数时，优先选用第一系列，其次选用第二系列，括号内的尽可能不选用。

（3）压力角 α　两齿轮传动时，相啮合的轮齿齿廓在接触点 P 处的受力方向与运动方向的夹角称为压力角，我国标准齿轮分度圆上的压力角为 20°，如图 6-37 所示。

（4）传动比 i　主动齿轮的转速 n_1 与从动齿轮的转速 n_2 之比：$i = n_1/n_2 = z_2/z_1$。

3. 标准直齿圆柱齿轮各几何要素尺寸的计算

标准直齿圆柱齿轮各几何要素尺寸的计算公式见表 6-6。

表 6-6　标准直齿圆柱齿轮各几何要素尺寸的计算公式

名称	代号	计算公式	名称	代号	计算公式
分度圆直径	d	$d = mz$	齿根圆直径	d_f	$d_f = m(z-2.5)$
齿顶高	h_a	$h_a = m$	齿距	p	$p = \pi m$
齿根高	h_f	$h_f = 1.25m$	齿厚	s	$s = p/2 = \pi m/2$
齿顶圆直径	d_a	$d_a = m(z+2)$	中心距	a	$a = (d_1+d_2)/2 = m(z_1+z_2)/2$

4. 圆柱齿轮的画法

（1）单个圆柱齿轮的画法（GB/T 4459.2—2003）

1）如图 6-38 所示，齿顶圆和齿顶线用粗实线绘制；分度圆和分度线用细点画线绘制；在基本视图中，齿根圆和齿根线用细实线绘制（也可以省略）；在剖视图中，轮齿按不剖绘制，齿根线画成粗实线；其余结构按真实投影绘制。

2）如图 6-38 所示，直齿圆柱齿轮主视图选择非圆视图，并采用全剖视图，轮齿部分按国家标准规定画出，其余结构按真实投影绘制。

3）如图 6-39 所示，如果是斜齿或人字齿圆柱齿轮，则主视图采用半剖视，并在主视图上画出与齿向相同的三条平行的斜细实线或人字形细实线。

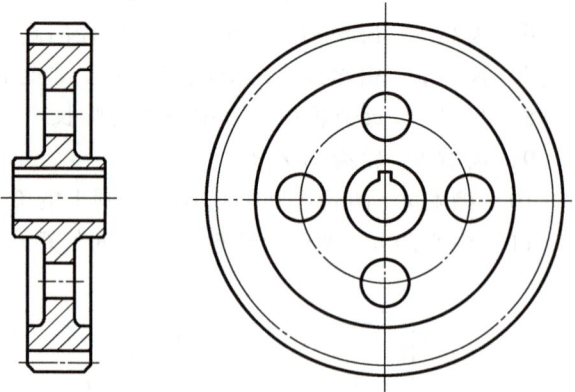

图 6-38　直齿圆柱齿轮画法

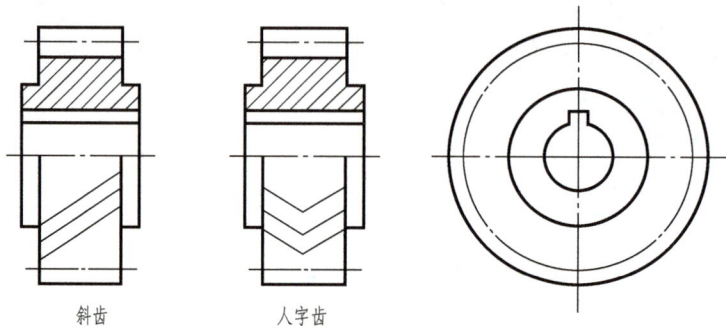

斜齿　　　　人字齿

图 6-39　斜齿、人字齿圆柱齿轮画法

（2）圆柱齿轮的啮合画法

1）在投影为圆的视图上的画法。如图 6-40 所示，两齿轮啮合时，其节圆（分度圆）相切，用点画线绘制；啮合区内的齿顶圆均用粗实线绘制（也可省略）；齿根圆均用细实线绘制（一般省略不画）。

2）在通过轴线的剖视图上的画法。如图 6-40 所示，轮齿的啮合部分分度线重合，画一条细点画线；齿根圆均画成粗实线；一条齿顶线画成粗实线，另一条齿顶线画成虚线（或省略不画），如图 6-40 所示的局部放大图；齿轮啮合时，在啮合部位，一个齿轮的齿顶和另一个齿轮的齿根是有一定间隙的，故在投影图中画两条线。

如图 6-41 所示，在通过轴线的外形视图上，啮合区内的齿顶线和齿根线不画，分度线用粗实线绘制。

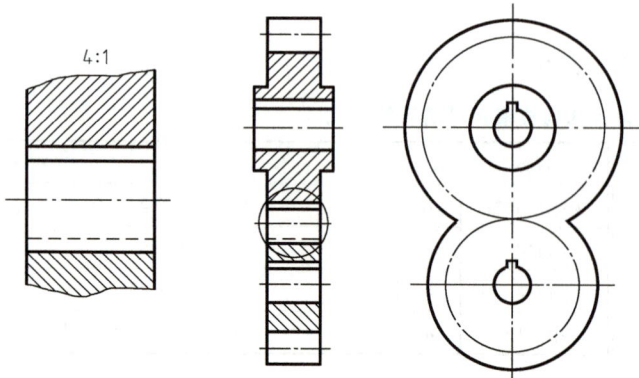

4:1

图 6-40　齿轮啮合的剖视画法

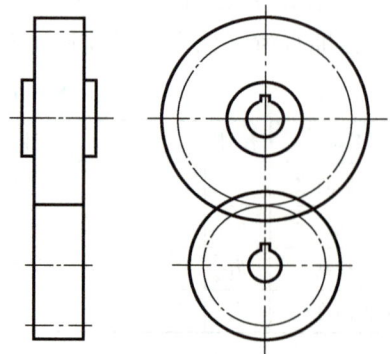

图 6-41　齿轮啮合的外形画法

二、锥齿轮

锥齿轮是用来传递两垂直相交轴之间的运动。如图 6-42 所示，锥齿轮的轮齿分布在锥面上，故轮齿的宽度、高度都是沿齿的方向逐渐变化的，模数、直径也逐渐变化。为了设计和制造方便，国家标准规定，锥齿轮的大端模数为齿轮的标准模数（具体数值请查阅相应的国家标准）。

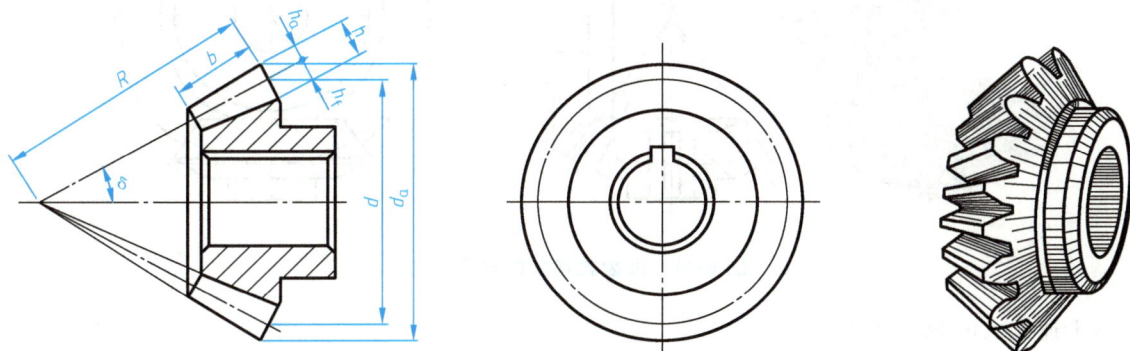

图 6-42 锥齿轮

1. 单个锥齿轮的画法

单个圆锥齿轮的主视图通常采用全剖视图，在反映圆的视图中只画大端齿顶圆和分度圆，小端的齿顶圆，其作图步骤如图 6-43 所示。

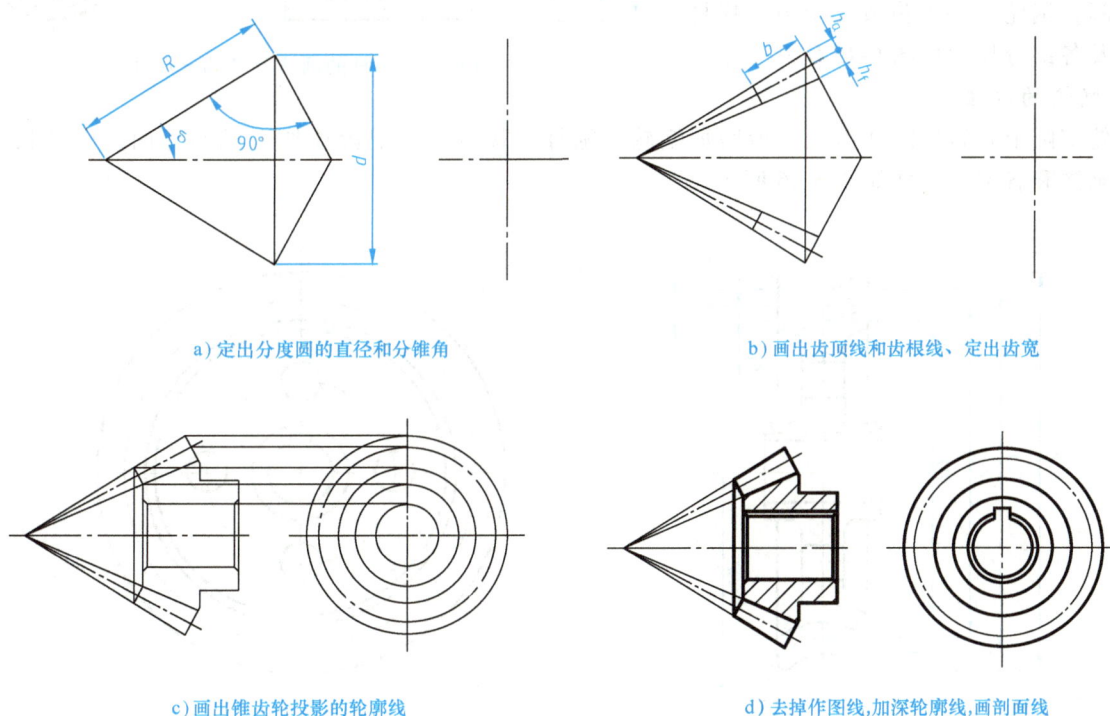

a) 定出分度圆的直径和分锥角

b) 画出齿顶线和齿根线、定出齿宽

c) 画出锥齿轮投影的轮廓线

d) 去掉作图线，加深轮廓线，画剖面线

图 6-43 单个锥齿轮的作图步骤

2. 锥齿轮的啮合画法

锥齿轮的啮合画法只在装配图中需要。其啮合部分的画法和圆柱齿轮啮合的画法类似，非啮合部分的画法和单个锥齿轮画法完全相同，如图 6-44 所示。

三、蜗轮蜗杆

蜗轮蜗杆常用于传递两垂直交叉轴之间的运动，其中，蜗杆为主动齿轮，蜗轮为从动齿轮，它们

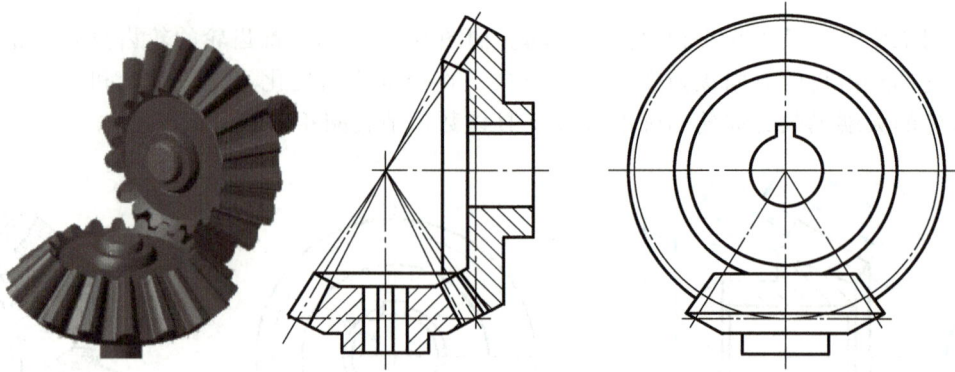

图 6-44 锥齿轮啮合的规定画法

广泛应用于速比大的减速装置中。

1. 蜗杆的画法

蜗杆是齿数较少的斜齿圆柱齿轮，其齿的轴向剖面形状为梯形，和梯形螺纹相似，蜗杆上的齿数 z_1 称为头数（相当于螺纹的线数），有单头和多头之分，即蜗杆转一圈，蜗轮转一个齿或几个齿。蜗杆的画法及各部分尺寸如图 6-45 所示。

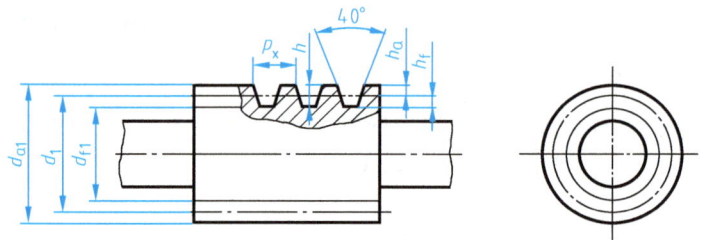

图 6-45 蜗杆的画法及各部分尺寸

2. 蜗轮的画法

蜗轮实际上是斜齿圆柱齿轮。为增加蜗轮、蜗杆的接触面，把齿顶加工成凹环面，以延长寿命。蜗轮的画法和各部分尺寸如图 6-46 所示。

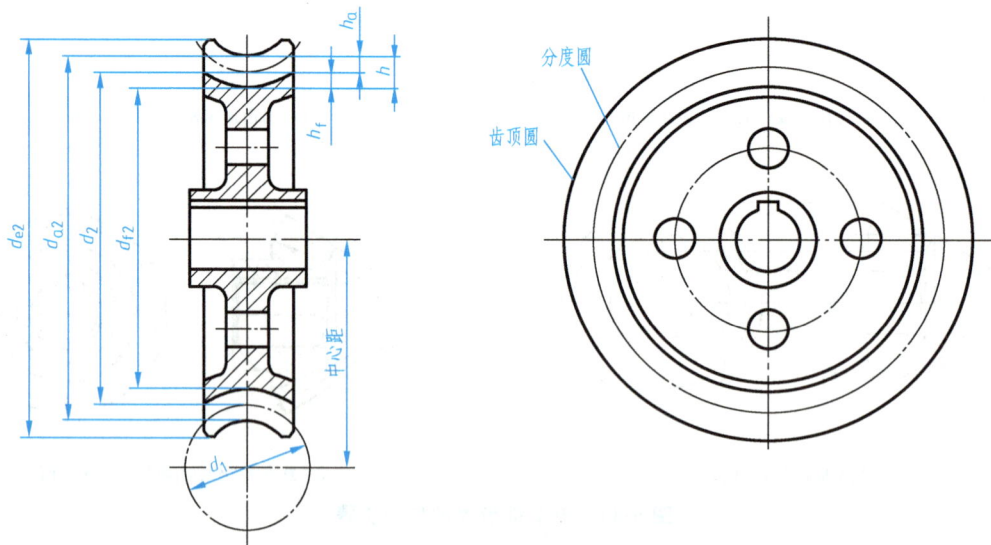

图 6-46 蜗轮的画法和各部分尺寸

3. 蜗轮蜗杆啮合的画法

如图 6-47 所示，在蜗杆为圆的视图（即主视图）上，一般采用全剖视图。在全剖视图中，其画法和圆柱齿轮啮合的画法相同，在啮合部分的画法一般采用：蜗杆部分画法不变，蜗轮的齿顶被遮盖，故不画。

在蜗轮为圆的视图（即左视图）上，如图 6-47 的左视图所示，和圆柱齿轮啮合的画法也相同，蜗轮、蜗杆各画各的，并应保证分度圆与分度线相切。

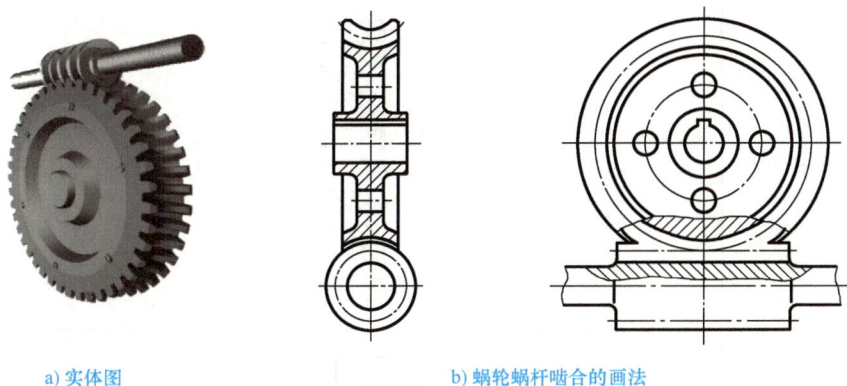

a) 实体图　　　　　　　　　　　　b) 蜗轮蜗杆啮合的画法

图 6-47　蜗轮蜗杆的啮合

任务实施单

绘图步骤	图示
1）计算轮齿各部分尺寸	根据标准模数和齿数计算出齿顶圆直径、分度圆直径和齿根圆直径等轮齿各部分的尺寸
2）绘制齿轮的齿顶圆、分度圆和齿根圆。主视图选择非圆视图，并采用全剖视图，轮齿部分按国家标准规定画出，其余结构按真实投影绘制	
3）绘制齿轮的轴孔和键槽的投影图	
4）绘制齿轮倒角的投影图	

（续）

绘图步骤	图示
5) 绘制齿轮主视图的剖面符号	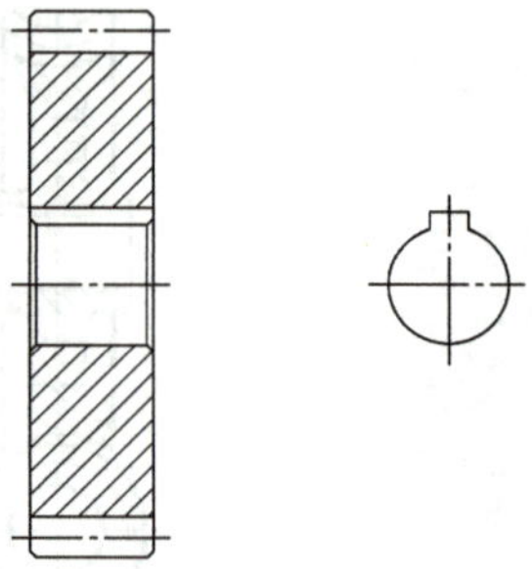
6) 检查齿轮图形的正确性, 按照规定的线型加深图线	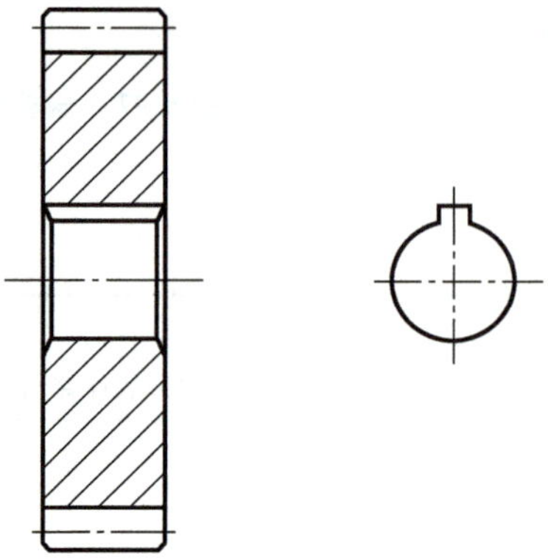
7) 标注尺寸	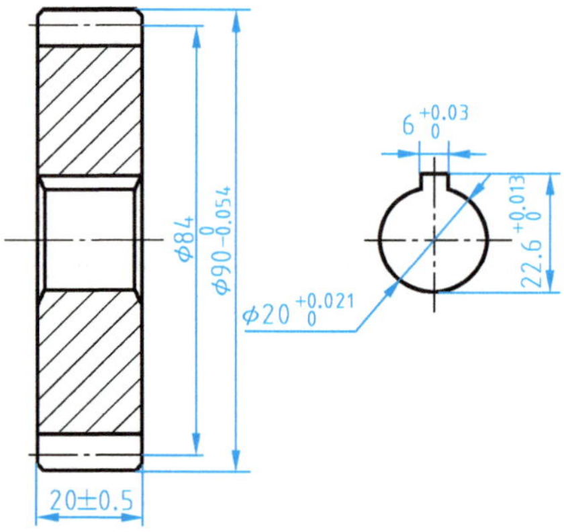
8) 标注技术要求, 并填写标题栏和参数表, 完成全图	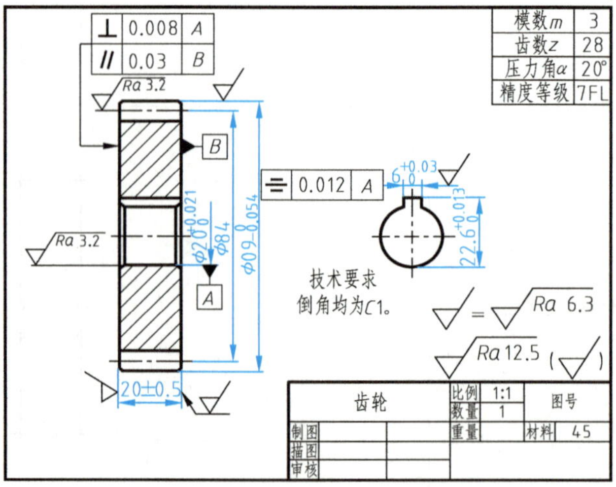

巩固练习

一、选择题

1. 直齿圆柱齿轮在反映圆的视图上，分度圆用（　　　）绘制。

A. 细实线　　　　　B. 粗实线　　　　　C. 细虚线　　　　　D. 细点画线

2. 当只需要表达轴承的内孔直径、外圆直径和宽度，不需要表达轴承的载荷特性和结构特征时，可以采用（　　　）。

A. 规定画法　　　　B. 特征画法　　　　C. 通用画法　　　　D. 简化画法

3. 一对直齿圆柱齿轮啮合，在不反映圆的视图上，当采用剖视图时分度线用（　　　）。

A. 细实线　　　　　B. 粗实线　　　　　C. 细虚线　　　　　D. 细点画线

二、已知一标准直齿圆柱齿轮，$z = 30$，$m = 2\text{mm}$，试填写表中的相应数据，并完成齿轮的全剖主视图

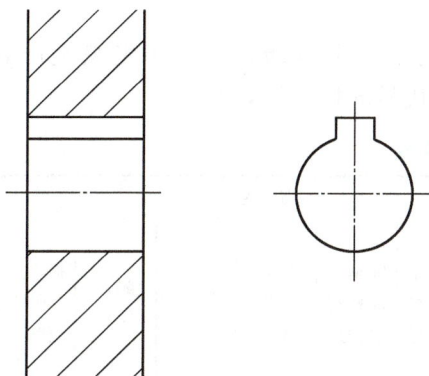

名称	代号	数值
分度圆直径	d	
齿顶高	h_a	
齿根高	h_f	
齿顶圆直径	d_a	
齿根圆直径	d_f	

拓展知识

支承轴的零件（或部件）称为轴承，轴承分为滑动轴承和滚动轴承两种。滚动轴承属于标准件，它的摩擦阻力小、精度高、结构紧凑、维护简单，因此应用广泛，且规格、型式已形成标准系列，用户可根据要求选用。

一、滚动轴承的结构和种类

1. 滚动轴承的结构

滚动轴承的基本结构如图 6-48 所示，它由内圈 1、外圈 2、滚动体 3 和保持架 4 等部分组成。内圈用来与轴颈装配，外圈一般与轴承座装配。当内、外圈相对转动时，滚动体在内外圈的滚道内滚动。常用的滚动体有球、圆柱滚子、圆锥滚子、球面滚子等。保持架的作用是将滚动体均匀地隔开，避免相邻滚动体接触产生磨损。滚动轴承已标准化，由轴承工厂大量生产。

2. 滚动轴承的种类

滚动轴承的种类很多，根据所能承受载荷的不同可分为向心轴承、推力轴承和向心推力轴承。

（1）向心轴承　适用于承受径向载荷，如图 6-49a 所示。

（2）推力轴承　适用于承受轴向载荷，图 6-49b 所示。

（3）向心推力轴承　适用于同时承受径向和轴向载荷，如图 6-49c 所示。

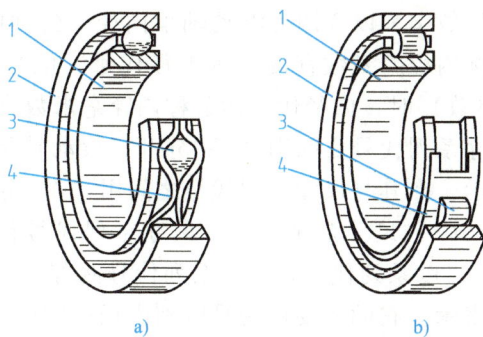

图 6-48　滚动轴承的基本结构
1—内圈　2—外圈　3—滚动体　4—保持架

滚动轴承的结构

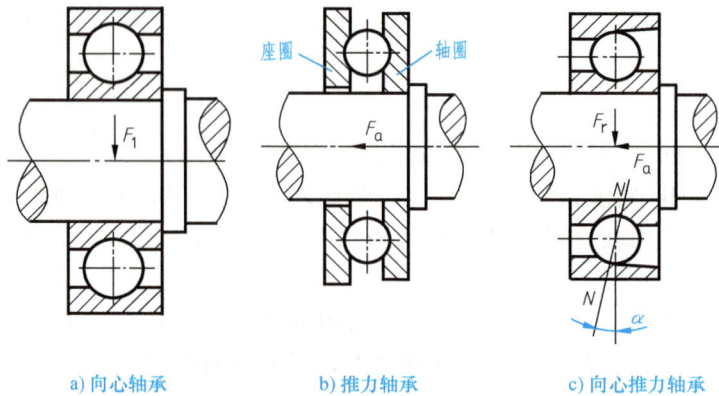

a) 向心轴承　　　　　b) 推力轴承　　　　　c) 向心推力轴承

图 6-49　不同类型轴承的承载情况

二、常用滚动轴承的代号

滚动轴承的类型很多，每种类型又有不同的结构、尺寸、公差等级，为便于组织生产和选用，GB/T 272—2017 规定了滚动轴承代号的表示方法。滚动轴承代号的构成见表6-7。

表 6-7　滚动轴承代号的构成

前置代号	基本代号				后置代号								
	类型代号	尺寸系列代号		内径代号	内部结构代号	密封、防尘与外部形状代号	保持架及其材料代号	轴承零件材料代号	公差等级代号	游隙代号	配置代号	振动及噪声代号	其他代号
轴承分部件代号		宽度（或高度）系列代号	直径系列代号										
字母	×	×	×	××	字母、数字组合								

1. 基本代号

基本代号用于表示轴承的类型和尺寸，是轴承代号的核心，从右向左占五位，分别表示内径、尺寸系列和类型。

（1）内径代号　内径代号表示滚动轴承的公称直径，一般用两位阿拉伯数字表示。内径代号为 00、01、02、03 时，分别表示滚动轴承内径 $d=10mm$、12mm、15mm、17mm；内径代号为 04~96 时，代号数字乘以 5 即为滚动轴承内径；公称内径为 22mm、28mm、32mm、500mm 或大于 500mm 时，用公称内径毫米数直接表示内径代号，但与尺寸系列代号之间用"/"分开；滚动轴承内径为 1~9mm（整数）时，内径代号用公称内径毫米数直接表示，对深沟及角接触球轴承直径系列 7、8、9，内径与尺寸系列代号之间用"/"分开；滚动轴承内径为 0.6~10mm（非整数）时，用公称内径毫米数直接表示，在其与尺寸系列代号之间用"/"分开。

（2）尺寸系列代号　尺寸系列代号包括滚动轴承的宽（高）度系列代号和直径系列代号两部分。用两位阿拉伯数字表示。它的主要作用是区别内径相同而宽度和外径不同的滚动轴承，其尺寸对比如图 6-50a 所示；内径、外径相同的轴承，宽度可以不同（图 6-50b）。

宽度系列代号为 0 时，除圆锥滚子轴承外，可以省略不标。

尺寸系列代号反映的是轴承在外径、宽度方面尺寸的变化，对应有不同的工作能力。

（3）类型代号　用基本代号右起第 5 位数字或字母表示轴承的类型，滚动轴承类型代号见表6-8。

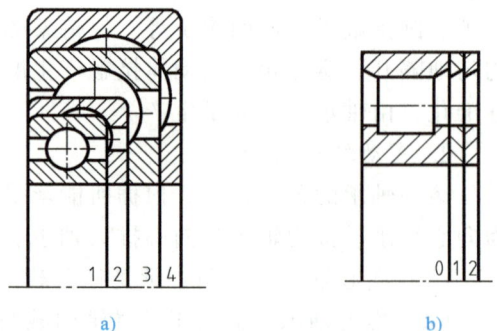

a)　　　　　　　　　b)

图 6-50　直径系列和宽度系列

表 6-8　滚动轴承的类型代号

类型代号	0	1	2	3	4	5	6	7	8	N	U	QJ	C
滚动轴承名称	双列角接触球轴承	调心球轴承	调心滚子轴承和推力调心滚子轴承	圆锥滚子轴承	双列深沟球轴承	推力球轴承	深沟球轴承	角接触球轴承	推力圆柱滚子轴承	圆柱滚子轴承	外球面球轴承	四点接触球轴承	长弧面滚子轴承（圆环轴承）

2. 前置代号

前置代号表示成套轴承的分部件，用字母表示。例如，L 表示可分离轴承的可分离内圈或外圈；K 表示滚子和保持架组件等。对成套购买或使用的可分离轴承，如圆锥滚子轴承、圆柱滚子轴承，不用标注前置代号。

3. 后置代号

后置代号是轴承在结构、材料、精度等方面有特殊技术要求时才使用，除下面几个常用的后置代号外，一般情况下可部分或全部省略。

（1）内部结构代号　表示同一类型轴承的不同内部结构，用字母表示。公称接触角为 15°、25° 和 40° 的角接触球轴承，分别用 C、AC 和 B 表示内部结构的不同。如 7210C、7210AC、7210B；对于圆锥滚子轴承，B 为接触角加大，如 32310B；E 为加强型（即内部结构设计改进，增大轴承承载能力），如 N207E。

（2）公差等级代号　轴承的公差等级分为六级，依次由高级到低级，分别用 /P2、/P4、/P5、/P6X、/P6 和 /PN 表示，其中 N 级为普通级，代号 /PN 省略。

（3）游隙代号　轴承游隙是指一个套圈固定，另一个套圈的最大活动量。为适应不同的温度变化和轴的挠曲变形等，轴承游隙有 /C2、/CN、/C3、/C4、/C5、/CA、/CM、/CN 和 /C9 组别。CN 是标准游隙，代号中省略不表示；CM 为电动机专用游隙；CA 为公差等级为 SP 和 UP 的机床主轴用圆柱滚子轴承径向游隙；N 组游隙，/CN 与字母 H、M 和 L 组合，表示游隙范围减半，或与 P 组合，表示游隙范围偏移。公差等级代号与游隙代号需同时表示时，可进行简化，取公差等级代号加上游隙组号（N 组不表示）组合表示。如 /P63 表示轴承公差等级为 6 级，径向游隙为 3 组。

【例 6-2】　试说明轴承代号 7311 C/P63 的含义。

解：轴承 7311 C/P63 中各代号表示：7—类型代号；3—尺寸系列代号；11—内径代号，$d = 11 \times 5 = 55\text{mm}$；C—公称接触角 $\alpha = 15°$；/P63—公差等级为 6 级，径向游隙为 3 组。

三、滚动轴承的画法

滚动轴承有规定画法和简化画法两种。用简化画法绘制滚动轴承时，应采用通用画法和特征画法，但在同一图样中一般只采用其中一种画法，见表 6-9。

表 6-9　常见滚动轴承的画法

轴承类型	结构	规定画法	特征画法
深沟球轴承 GB/T 276—2013 60000 型			

（续）

轴承类型	结构	规定画法	特征画法
圆锥滚子轴承 GB/T 297—2015 30000 型		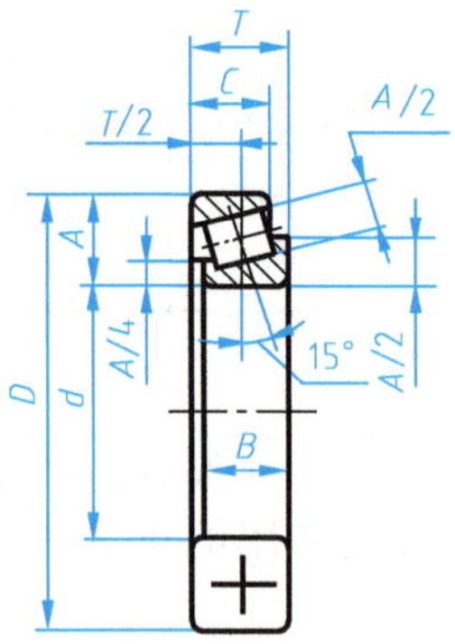	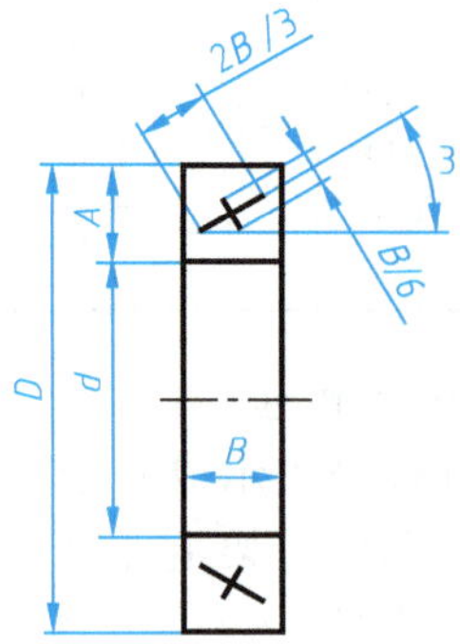
推力球轴承 GB/T 301—2015 51000 型	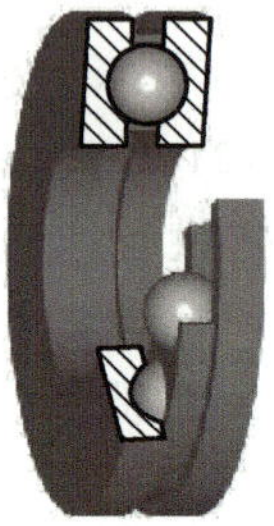	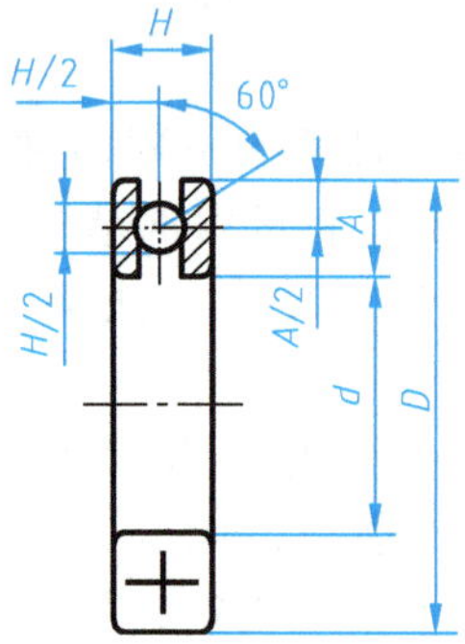	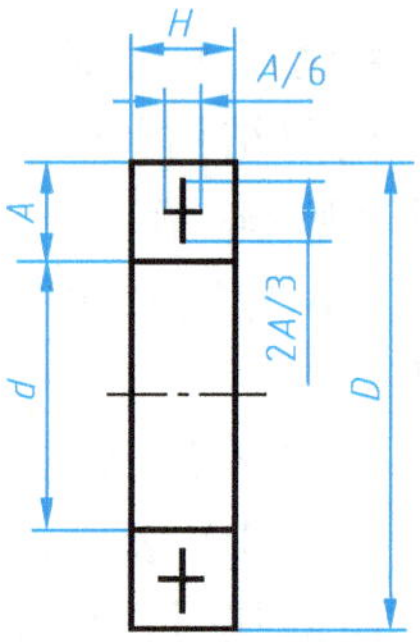

任务三　应用 AutoCAD 绘制标准件视图

作为工程技术人员，为了高效而准确地绘制标准件和常用件视图，必须熟练应用 AutoCAD 绘图。

学习任务单

应用 AutoCAD 绘制标准件视图

任务目标	知识点:掌握使用 AutoCAD 绘图软件绘制标准件和常用件的方法	
	技能点:能够在 AutoCAD 中熟练并准确地绘制标准件和常用件	
任务内容	如图 6-51 所示,根据国家标准 GB/T 6170—2015,运用 AutoCAD 绘制 M16 螺母视图,并标注尺寸 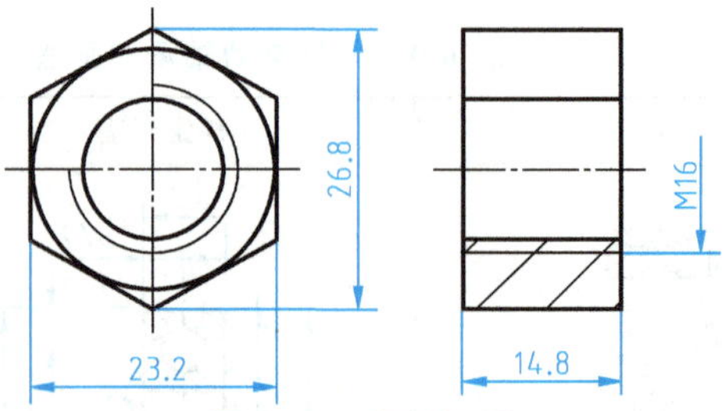 图 6-51　螺母视图	
任务分析	使用 AutoCAD 绘制螺母标准件,首先要明确螺母类型和参数,并按照国家标准 GB/T 4459.1—1995《机械制图　螺纹及螺纹紧固件表示法》对螺纹制定的规定画法,逐步地进行作图。螺母的近似画法中需要绘制螺母左视图的圆弧倒角,具体数值可查标准 GB/T 6170—2015 获得。此处作图采用简化画法,可省略圆弧倒角的绘制	
成果评定	各组成员独立完成 M16 螺母视图的绘制,进行自评、互评和教师评价后给定综合评定成绩	

任务实施

绘图步骤：

步骤 1　启动 AutoCAD 软件，然后打开项目一中任务二定制的 "A4.dwg" 文件，并确认状态栏中的极轴追踪、对象捕捉、对象捕捉追踪、动态输入和线宽按钮均处于打开状态。

步骤 2　将 "点画线" 图层设置为当前图层，并单击直线按钮 ✏ 绘制对称中心线。

步骤 3　将 "粗实线" 图层设置为当前图层，并单击圆按钮 ⊙ 绘制 φ23.2 圆以及表示螺纹外径的圆弧和内径的圆，如图 6-52a 所示。

步骤 4　根据螺纹公称直径 M16，查阅附录 B 中表 B-2 确定螺母各部分尺寸。

步骤 5　单击多边形按钮 ⬠ 绘制正六边形（外切于圆 φ23.2），如图 6-52b 所示。

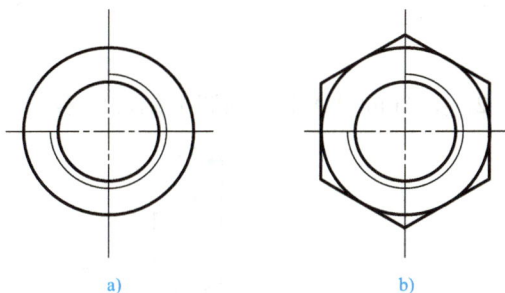

图 6-52　主视图绘制

步骤 6　分别单击直线按钮 ✏ 和修剪按钮 ✂ 绘制螺母的左视图，如图 6-53a 所示。

步骤 7　单击图案填充按钮 ▨ 填充剖面线，如图 6-53b 所示。

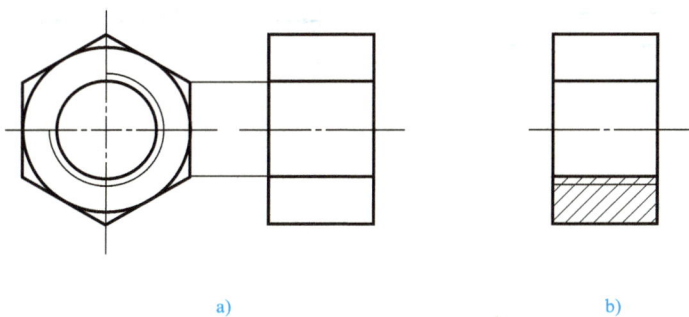

图 6-53　左视图绘制

绘制完成的螺母如图 6-54 所示。

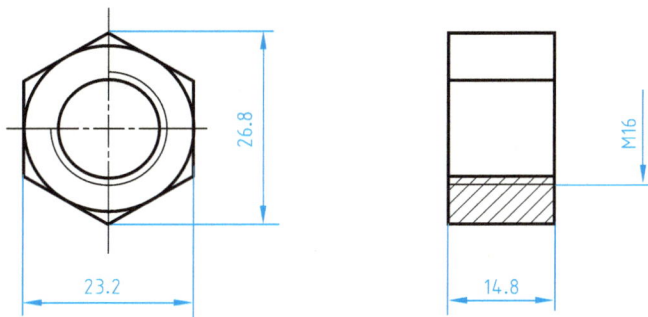

图 6-54　绘制完成的螺母

巩固练习

作图题

1. 在 AutoCAD 中绘制球头的零件图，并标注尺寸。

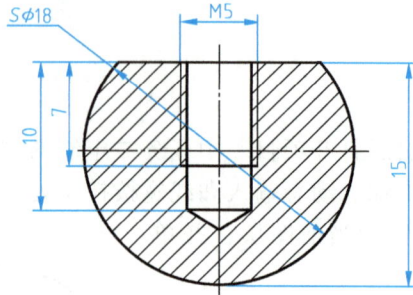

2. 在 AutoCAD 中绘制调节螺母的零件图，并标注尺寸，未注倒角均为 C1。

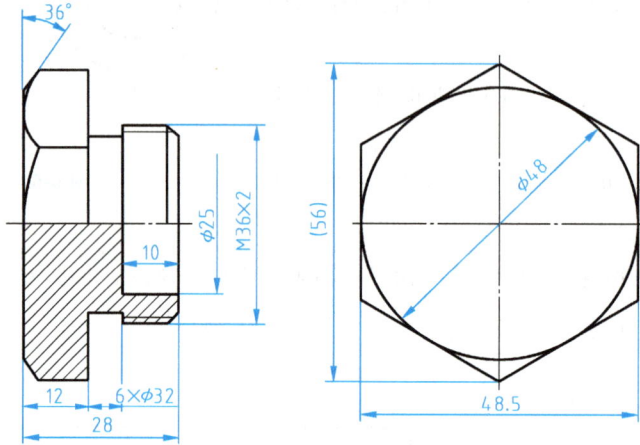

项目七

零件图的识读与绘制

零件是组成机器的最小单元。各类典型零件的结构特点、表达方法、尺寸标注和技术要求等内容，是识读与绘制零件图的理论依据。本项目主要介绍零件上常见工艺结构、零件的视图选择、尺寸标注和技术要求等内容，为识读与绘制零件图提供理论依据和方法指导。

项目目标

1. 熟悉零件图的结构特点和表达方法。
2. 能正确标注零件图中的尺寸及技术要求。
3. 掌握识读零件图的方法，能读懂中等复杂程度的零件图。
4. 能应用 AutoCAD 绘制一般复杂程度的零件图。

任务一　识读零件图

学习任务单

任务目标	知识点： 1）熟悉零件上的常见工艺结构 2）掌握零件的视图选择、技术要求 3）熟悉零件图的尺寸标注 4）掌握典型零件图的识读方法
	技能点：能读懂中等复杂程度的零件图

（续）

任务内容	识读图 7-1 所示的拖板零件图，看懂其结构、形状、尺寸和技术要求 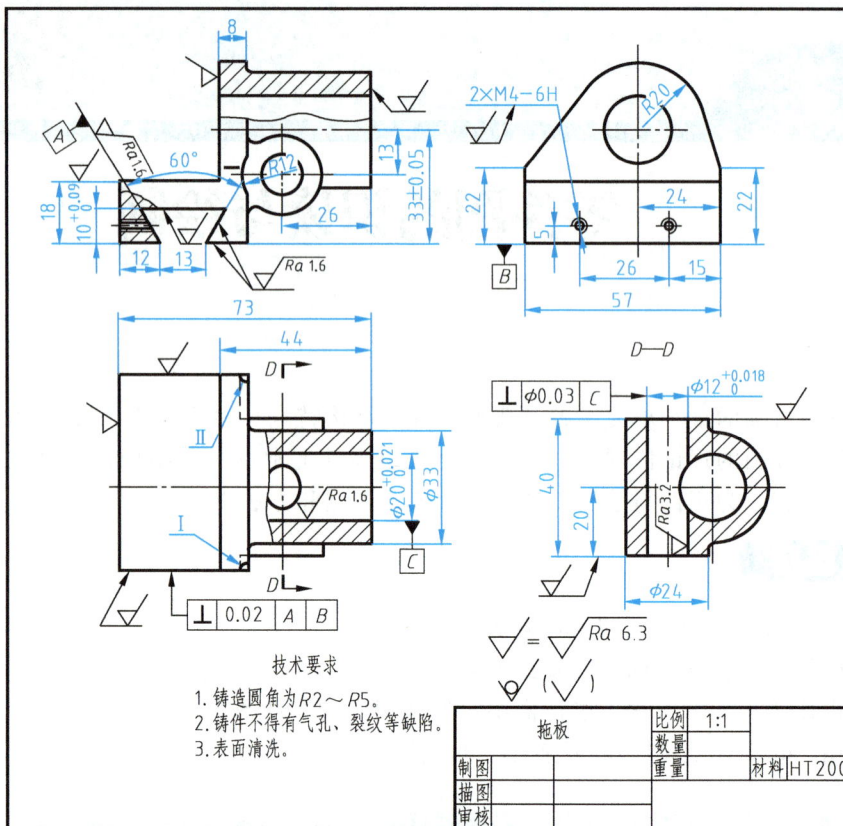 **图 7-1　拖板零件图**
任务分析	零件图是加工零件的直接依据。识读零件图的目的就是要根据零件图想象出零件的结构、形状，了解零件的尺寸和技术要求，以便在制造时采用适当的加工方法，或者在此基础上进一步研究零件结构的合理性，以进行不断的改进和创新
成果评定	各组成员独立完成拖板零件图的识读，进行自评、互评和教师评价后给定综合评定成绩

相关知识

　　如图 7-2 所示，铣刀头是专用铣床上的一个部件，供装铣刀盘用。它由座体、转轴、带轮、端盖、滚动轴承、平键、螺钉、毡圈等组成。其工作原理是电动机的动力通过 V 带带动带轮，带轮通过键把运动传递给轴，然后由轴将动力通过键传递给刀盘，从而进行铣削加工。

　　表示单个零件的形状、大小和技术要求等内容的图样称为零件工作图（简称零件图）。它是设计部门提交给生产部门的重要技术文件，反映设计者的意图，表达机器（或部件）对该零件的要求，是制造和检验零件的依据。

一、零件图的内容

　　图 7-3 所示为柱塞套零件图。一张完整的零件图通常包含如下内容。

　　1. 一组图形

　　用视图、剖视图、断面图及其他规定画法，正确、完整、清晰地表达零件的各部分形状结构。

　　2. 完整的尺寸

　　正确、完整、清晰、合理地标注零件制造、检验时的全部尺寸。

　　3. 技术要求

　　标注或说明零件制造、检验、装配、调整过程中要达到的一些技术要求，如表面粗糙度、尺寸公差、几何公差、热处理要求等。

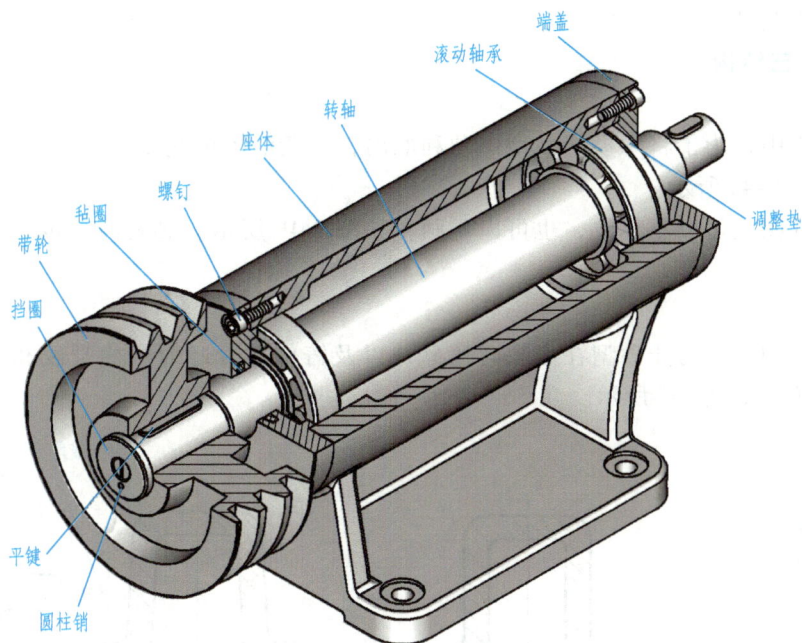

图 7-2 铣刀头

4. 标题栏

填写零件的名称、材料、数量、比例等各项内容。

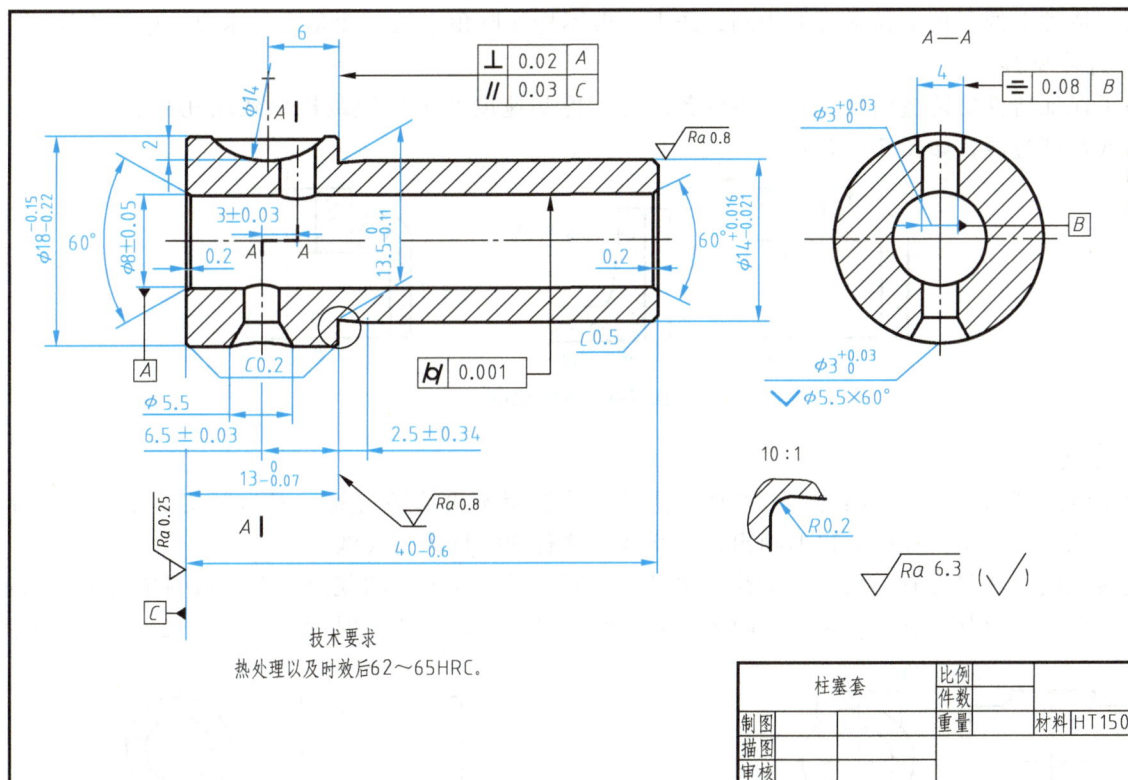

图 7-3 柱塞套零件图

二、零件上常见的工艺结构

零件的结构形状主要是根据它在机器或部件中的功能决定的。但零件的毛坯制造和机械加工对零件的结构也有一定的要求。因此，在设计零件时，既要考虑功能方面的要求，又要便于加工制造。下面介绍一些常见的工艺结构。

（一）铸件的工艺结构

1. 起模斜度

在铸造工艺过程中，为了将木模从砂型中顺利取出，一般沿木模起模方向设计出约 1∶20 的斜度，称为起模斜度，如图7-4a 所示。

起模斜度在零件图上可以不标注，也可以不画，如图7-4b 所示。必要时，也可以在技术要求中用文字说明。

2. 铸造圆角

铸件在铸造过程中为了防止砂型在浇注时落砂，以及铸件在冷却时产生裂纹和缩孔，将铸件各表面相交处都做成圆角，如图7-5 所示。

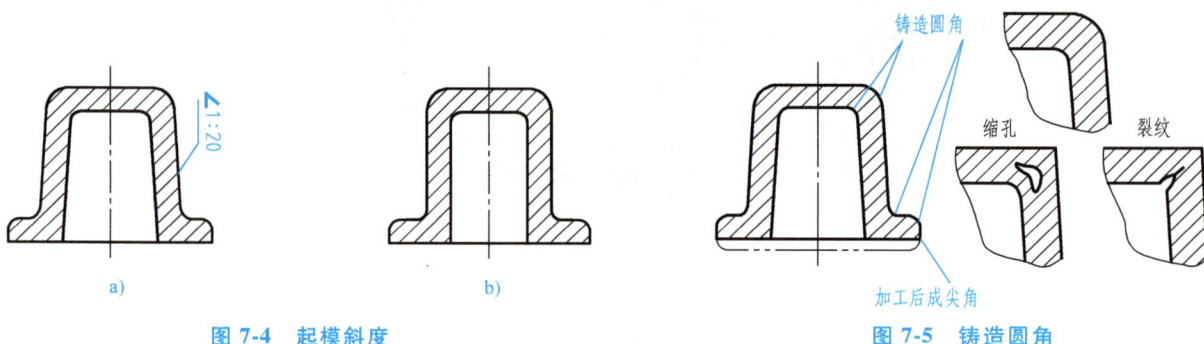

图 7-4　起模斜度

图 7-5　铸造圆角

同一铸件上的圆角半径尽可能相同，图上一般不标注圆角半径，而是在技术要求中集中注写。

3. 铸件壁厚

为了保证铸件的铸造质量，防止铸件各部分因冷却速度产生组织疏松以致缩孔和裂纹，铸件壁厚应均匀或逐渐过渡，如图7-6 所示。

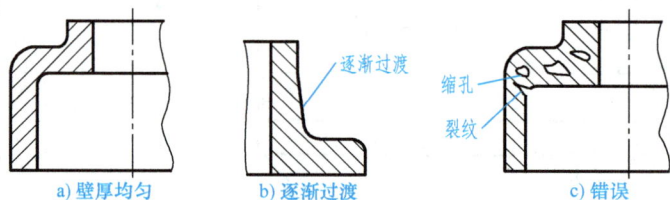

a)壁厚均匀　　　b)逐渐过渡　　　c)错误

图 7-6　铸件壁厚

4. 过渡线

由于铸造圆角的存在，两铸造毛坯面产生的交线变得不再清晰可见。但为了便于看图时区分不同表面，想象零件形状，在图上仍旧画出这种交线，这种交线称为过渡线。

过渡线的画法与没有圆角时的交线画法基本相同。过渡线的形状就是没有铸造圆角时交线的形状；过渡线用细实线绘制，其两端留有空隙不与轮廓线接触。两圆柱相交时的过渡线画法如图7-7 和图7-8

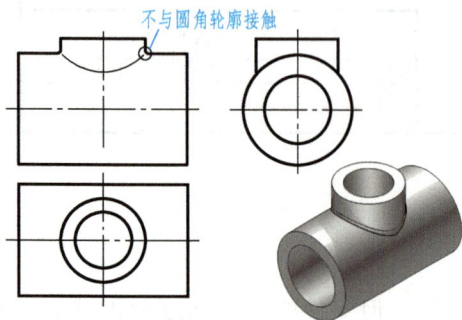

图 7-7　圆柱和圆柱相交

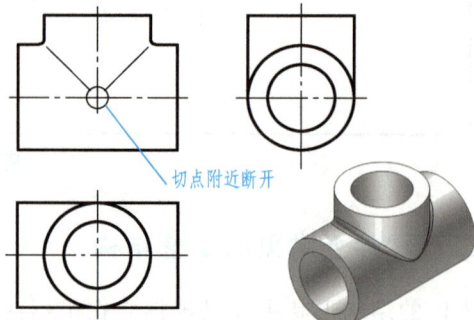

图 7-8　圆柱和圆柱相切

所示；平面与平面相交、平面与曲面相交时在转角处断开并加上过渡圆弧如图 7-9 和图 7-10 所示。

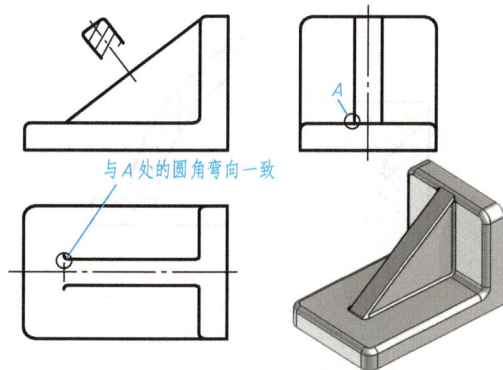

图 7-9　平面与平面相交

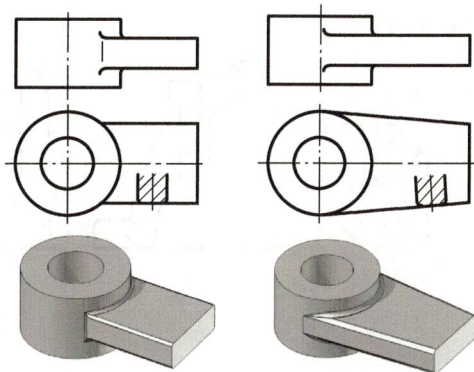

图 7-10　平面与曲面相交

（二）零件上的机械加工工艺结构

1. 倒角和倒圆

为了去除机加工后的毛刺、锐边、便于装配和保护装配面，在零件的端部常加工成 45° 的倒角；为了避免因应力集中而产生裂纹，在轴肩处往往用圆角过渡（倒圆），如图 7-11 所示。

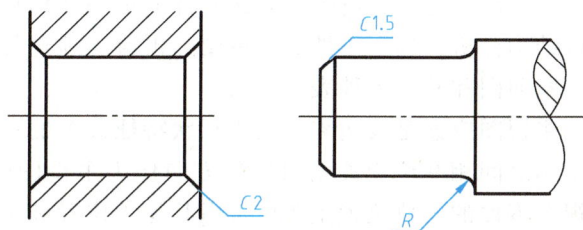

2. 螺纹退刀槽和砂轮越程槽

在切削加工中，特别是在车削螺纹和磨削时，为了便于退出刀具或使砂轮可以稍稍超过加工面而不碰坏端面，常在待加工面的轴肩处预先车出退刀槽或砂轮越程槽，如图 7-12 所示。

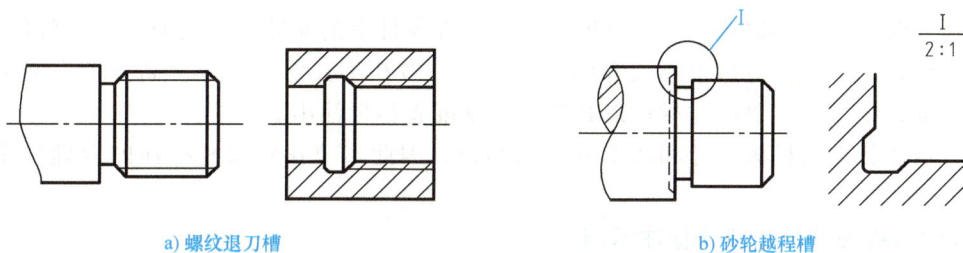

图 7-11　倒角和倒圆

a) 螺纹退刀槽　　　　　　　　　　　b) 砂轮越程槽

图 7-12　螺纹退刀槽和砂轮越程槽

螺纹退刀槽和
砂轮越程槽

3. 凸台和凹坑

为了保证零件间接触良好，零件上凡与其他零件接触的表面一般都要进行加工。为了减少加工面、降低成本，常常在铸件上设计出凸台、凹坑等结构来减少加工面，如图 7-13 所示。

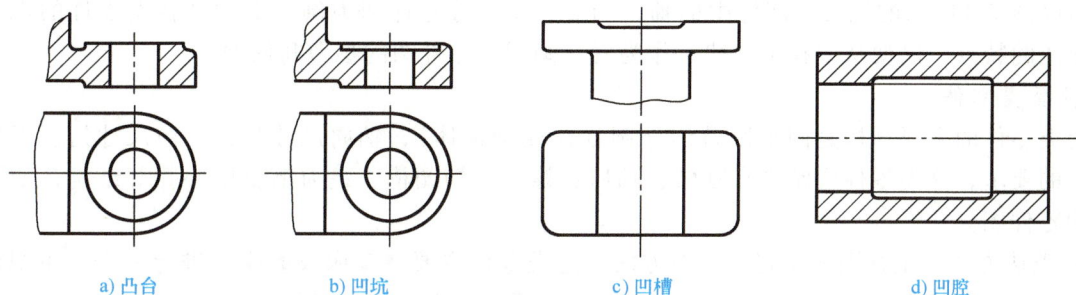

a) 凸台　　　　　　　　b) 凹坑　　　　　　　　c) 凹槽　　　　　　　　d) 凹腔

图 7-13　凸台、凹坑等结构

4. 钻孔结构

钻孔时，为了保证钻孔的准确和避免钻头折断，应使钻头的轴线尽量垂直于被加工的表面，如图 7-14 所示。

a) 正确　　　　　　　　　　　　　　　　　　　　b) 错误

图 7-14　钻孔结构

三、零件的视图选择和尺寸分析

（一）零件的视图选择

要正确、完整、清晰地表达零件的全部结构形状，并且要考虑到有利于读图和画图，应先对零件进行结构分析，选定零件的主视图，再恰当地选择其他视图。表达时，要恰当地选择基本视图、剖视图、断面图和其他各种表达方法。

主视图应该是表达零件结构形状特征最多的一个视图，所以应选择反映零件结构形状最多和各形状结构之间相互位置关系明显的方向作为主视图的投射方向。另外，从便于读图这个基本要求出发，主视图零件的安放位置主要应考虑其加工位置和工作位置。其他视图的选择原则是在完整、清晰地表达零件的内外结构形状的前提下，尽量减少视图数量，要使每个视图有它自己的作用，避免重复表达。

（二）零件图中的尺寸分析

在零件图上标注尺寸，除了要符合前述的正确、完整、清晰的要求外，还要求标注合理，即一方面要符合设计要求，另一方面还应便于制造、测量、检验和装配。

在具体标注尺寸时，应恰当地选择尺寸基准。一般选择零件上的安装面、端面、两零件的结合面、零件的对称面、回转体的轴线、对称中心线等作为基准。一般在零件的长、宽、高三个方向上至少各有一个主要尺寸基准，零件的主要尺寸尽量以其为主要基准直接标注出。

合理标注尺寸需要较多的机械设计和加工方面的知识，因此本节仅对尺寸标注的合理性做简单介绍和分析。

（三）各类零件的视图选择和尺寸标注示例

根据零件的结构形状，大致可分成以下四类。

◆ 轴套类零件　轴、衬套等零件。

◆ 盘盖类零件　端盖、阀盖、齿轮等零件。

◆ 箱体类零件　阀体、泵体、减速器箱体等零件。

◆ 叉架类零件　拨叉、连杆、支座等零件。

下面以图 7-2 所示的铣刀头部件中的轴、端盖、座体等零件图为例，来讨论各类零件的视图表达和尺寸标注的特点，以便从中找出规律，作为看、画同类零件图的参考和依据。

1. 轴套类零件

轴套类零件的主要结构是同轴回转体（圆柱体或圆锥体），轴向尺寸长，径向尺寸短。根据设计及工艺上的要求，这类零件通常带有键槽、轴肩、螺纹、挡圈槽、退刀槽及中心孔等结构，如图 7-15 所示为轴零件图。

（1）表达方法　主视图的位置和投射方向。这类零件主要在车床或磨床上进行加工，主视图按加工位置放置，即轴线水平放置，便于工人加工零件时看图，如图 7-15 所示。

一般这类零件用一个基本视图作为主视图，而用移出断面图、局部剖视图和局部视图等方法来表

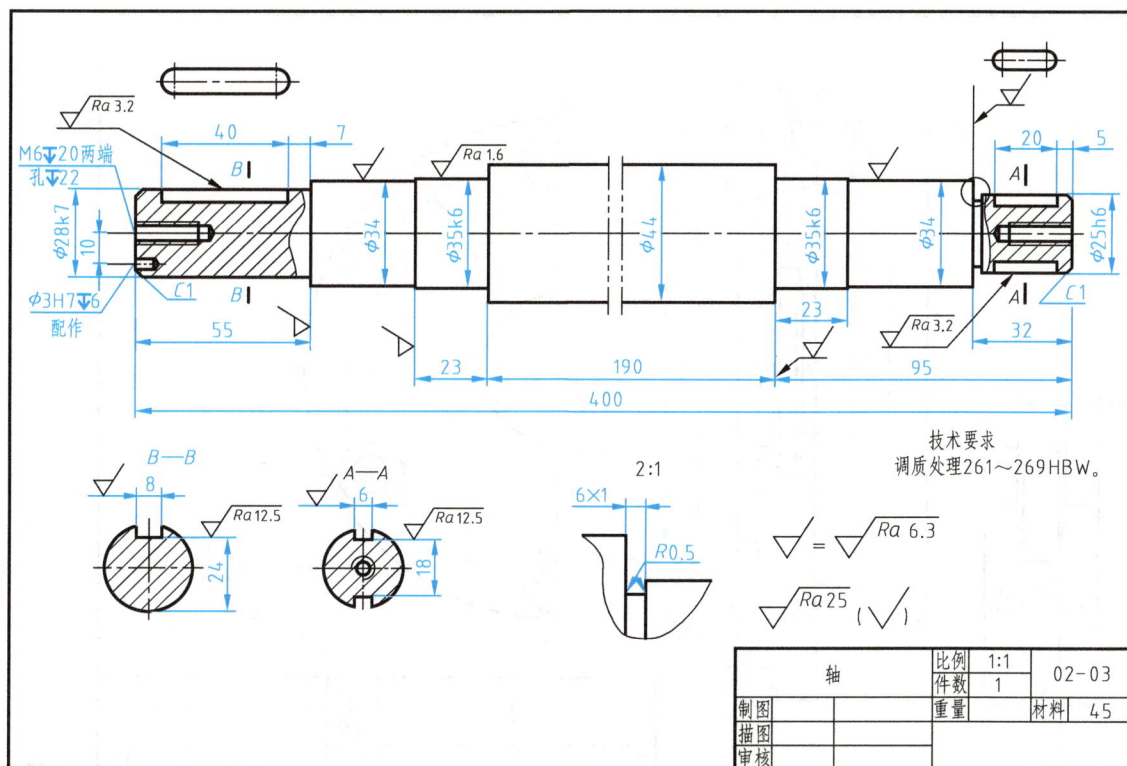

图 7-15 轴零件图

达轴上孔、槽和中心孔等结构；用局部放大图来表示退刀槽等细小结构，以利于标注尺寸，如图 7-15 所示。实心的轴没有剖开的必要。而对于空心的套，则需要剖开表达它的内部结构。根据其内外结构的复杂程度，可以采用全剖视、半剖视和局部剖视等，如图 7-3 所示。

（2）尺寸标注 因为是同轴回转体，所以径向的尺寸基准就是轴线。长度方向的尺寸基准常选用重要端面、接触面（轴肩）或加工面，如图 7-15 中的 $\phi44$ 圆柱体的右轴肩，就是轴的轴向主要基准，由此标注出轴向尺寸 23、95 和 190 等尺寸；而轴的两端面均为轴向辅助尺寸基准，由此标注出 32、5、400、55 等尺寸。

轴类零件的尺寸标注除了包括各段的定位尺寸和定形尺寸以及局部结构的定位尺寸和定形尺寸，还应注意倒角、退刀槽、键槽等结构要素的尺寸标注。

2. 盘盖类零件

铣刀头部件中的带轮、端盖等都属于盘盖类零件，该类零件的基本形状是扁平的盘状，上面常设计有沉孔、凸台、键槽、销孔和凸缘等结构，它们主要也是在车床上进行加工。

（1）表达方法 这类零件的主视图主要按加工位置选择，轴线水平放置。常用全剖视图和半剖视图表达内部的孔、槽等结构。此外，还需用左（或右）视图表示外形和孔、槽、辐板在圆周上的分布情况。必要时，可加画断面图、局部视图和局部放大图表达其他的结构，如图 7-16 所示的端盖零件图。

（2）尺寸标注 回转轴线也是盘盖类零件径向尺寸的主要基准。

重要的接触端面往往是这类零件的轴向尺寸的主要基准。端盖的右端面为轴向尺寸的主要基准，由此标注尺寸 5 和 18。

盘盖类零件各部分的定位尺寸和定形尺寸比较明显。具体标注时，应注意运用形体分析法，使尺寸标注得完善。

3. 箱体类零件

图 7-17 所示为铣刀头座体的零件图，这类零件主要是包容和支承其他零件，其结构比较复杂，毛坯大多为铸件。该类零件往往需要经过刨、铣、镗、磨、钻、钳等多道工序加工，且加工位置往往不相同。

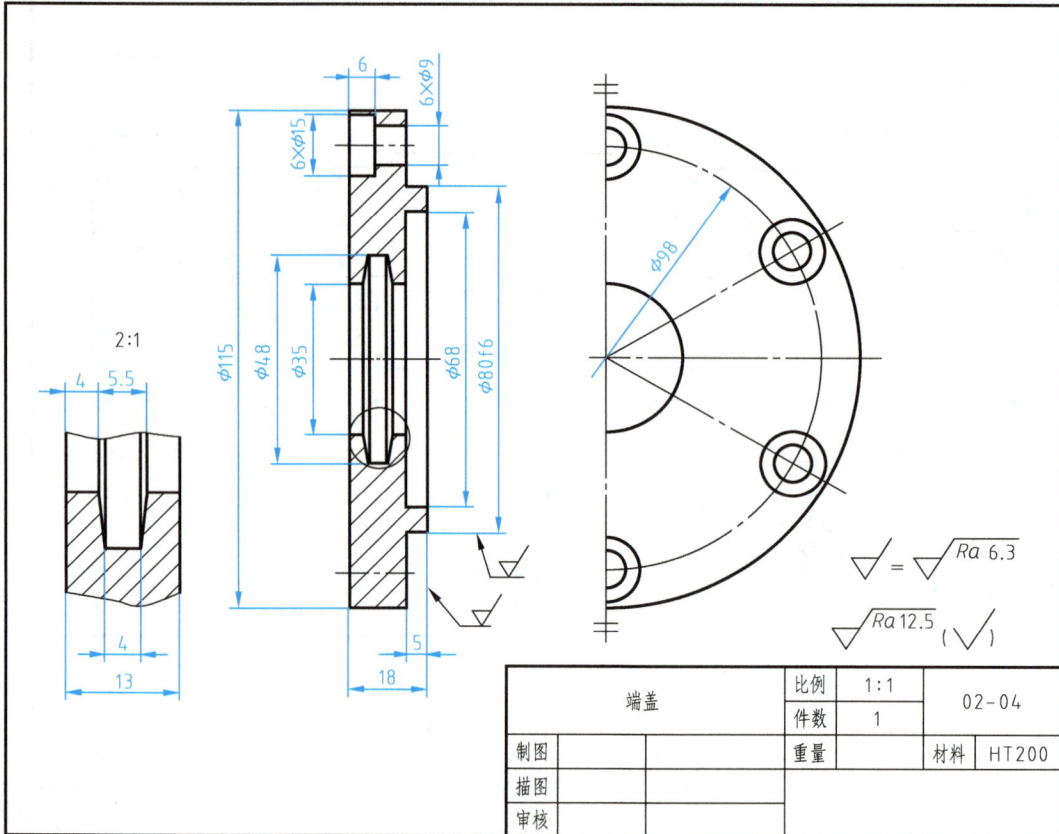

图 7-16　端盖零件图

端盖 AR

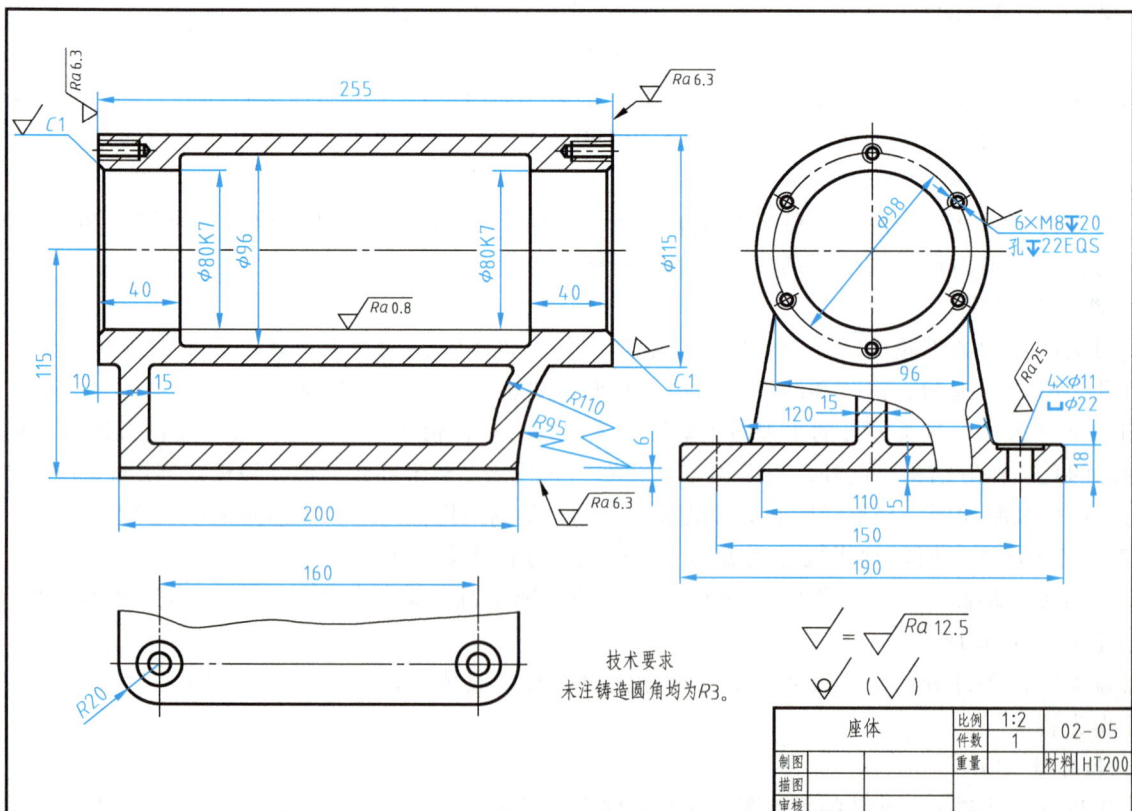

图 7-17　铣刀头座体的零件图

（1）表达方法　由于箱体类零件结构、形状比较复杂，加工位置变化较多，通常按工作位置和结构形状特征来选择主视图。一般需要三个以上的基本视图来表达。

通常用通过主要轴承孔轴线的剖切来表达箱体内部轴承孔的结构；对外形常采用相应的视图表达，而对箱体上一些局部的内、外结构，常采用局部剖视图、局部视图、斜视图、局部放大图和断面图等表达。如图 7-17 所示，选用全剖的主视图来表达铣刀头座体的内、外结构形状；增加局部剖视的左视图，以表达端面的螺孔分布以及左右两肋板的形状和中间肋板的厚度及底板宽度等；还选择局部视图表达底板的形状。

（2）尺寸标注　这类零件的长度、宽度、高度方向的主要尺寸基准一般是主要轴承孔的中心线、轴线、对称平面和主要的接触端面等。图 7-17 所示长度方向的主要基准为座体的左端面，由此标注出 40、255、10 等尺寸；高度方向的主要基准为底板的底面，由此标注出 115 尺寸；宽度方向的主要基准为前后对称中心面，由此注出一些对称的尺寸，如 150、190 等尺寸。

箱体类零件的尺寸较多，标注时要充分利用形体分析法，标注出各部分结构的定形尺寸和定位尺寸。

4. 叉架类零件

叉架类零件包括各种用途的拨叉、连杆、杠杆和支架等。这类零件的工作部分和安装部分常用不同截面形状的肋板或实心杆件支承连接，形状多样、结构复杂，常用铸造或模锻制成毛坯，经必要的机械加工而成，具有铸（锻）造圆角、起模斜度、凸台、凹坑等常见结构，如图 7-18 所示拨叉即为叉架类零件。

（1）表达方法　叉架类零件结构形状比较复杂，加工位置变化较多，所以选择主视图时主要考虑工作位置和零件的结构形状特征，图 7-18 所示是将拨叉竖立放置时的主视图。

叉架类零件一般需要两个或两个以上的基本视图，另外，根据零件结构特征，可能需要采用局部视图、斜视图和局部剖视图来表达一些局部结构的内外形状，用断面图来表示肋、板、杆等的断面形

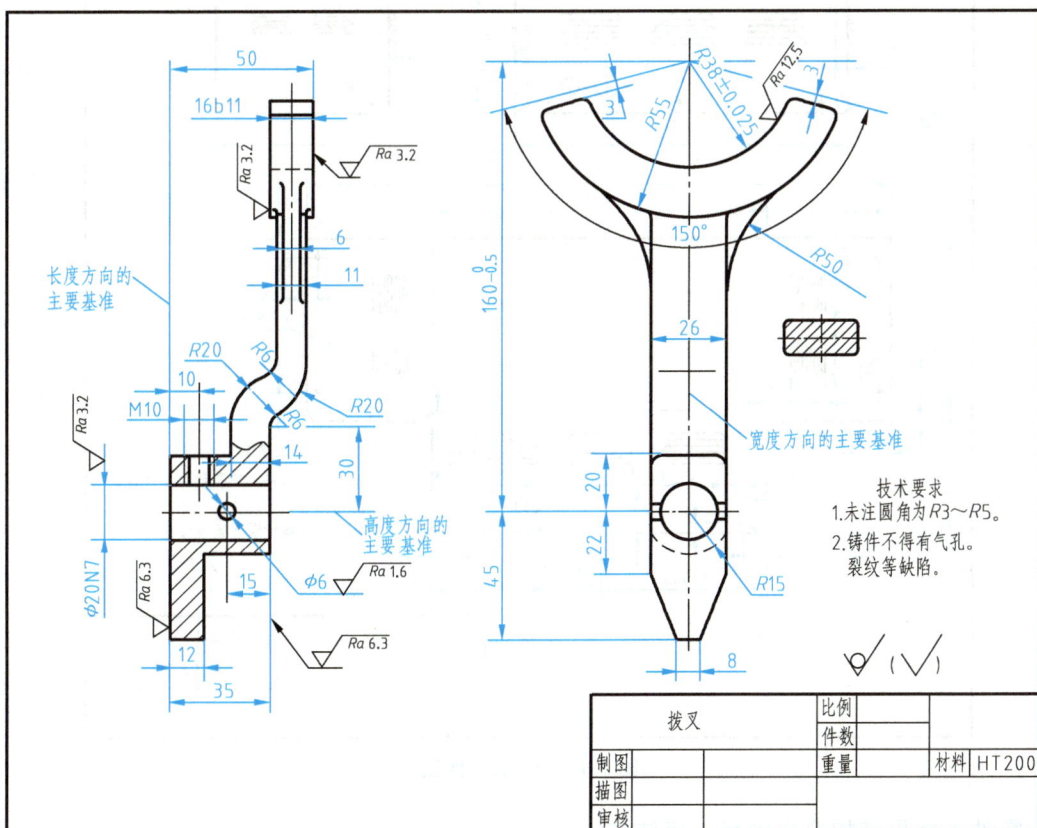

图 7-18　拨叉零件图

状。如图 7-18 所示，拨叉的主视图采用局部剖视，既表达了套筒的内形，又反映了肋的宽度；左视图着重表达叉、套筒的形状和弯杆的宽度；移出断面图表示弯杆的断面形状。

（2）尺寸注法　这类零件的长度、宽度和高度方向的主要基准一般为主要孔的中心线、轴线、对称平面和主要安装基面等。如图 7-18 所示，长度方向的主要基准为套筒的左端面，从这一基准标注出了 10、35、50 等尺寸；高度方向的主要基准为套筒的轴线，从这一基准标注出了 160、45、22、20 等尺寸；宽度方向的主要基准为前后对称平面，从这一基准标注出了各宽度方向的对称尺寸，如 26、8 等尺寸。

叉架类零件的尺寸标注较复杂，标注时要充分利用形体分析法标注出各部分结构的定形尺寸和定位尺寸。

5. 薄板冲压零件

在电信、仪表设备中，大多数的安装板、支架、罩壳等零件多是由板材用冲床或钣金加工而成。薄板冲压零件的弯折处一般有小圆角，其板面上冲有许多孔和槽口，以便安装电气元件、散热和安装用。

（1）表达方法　薄板冲压零件除了要绘制出零件完工后的形状外，为了便于看图和加工，在零件图上往往还需要绘制出它的展开图。展开图中常用细实线表示要弯折的位置，也可用双点画线作为坯料轮廓线来表示展开图。

薄板冲压零件的孔、槽一般都是通孔，在不致引起误解时，只将反映其实形的那个视图画出来，而在其他视图中只画出表示位置的中心线。

（2）尺寸标注　薄板冲压零件的尺寸标注一般在成品图上标注出其长、宽、高及其他重要的尺寸，而在展开图上详细标注出每个细节的尺寸。

如图 7-19 所示的外罩零件图，就是由薄板冲压而成的。

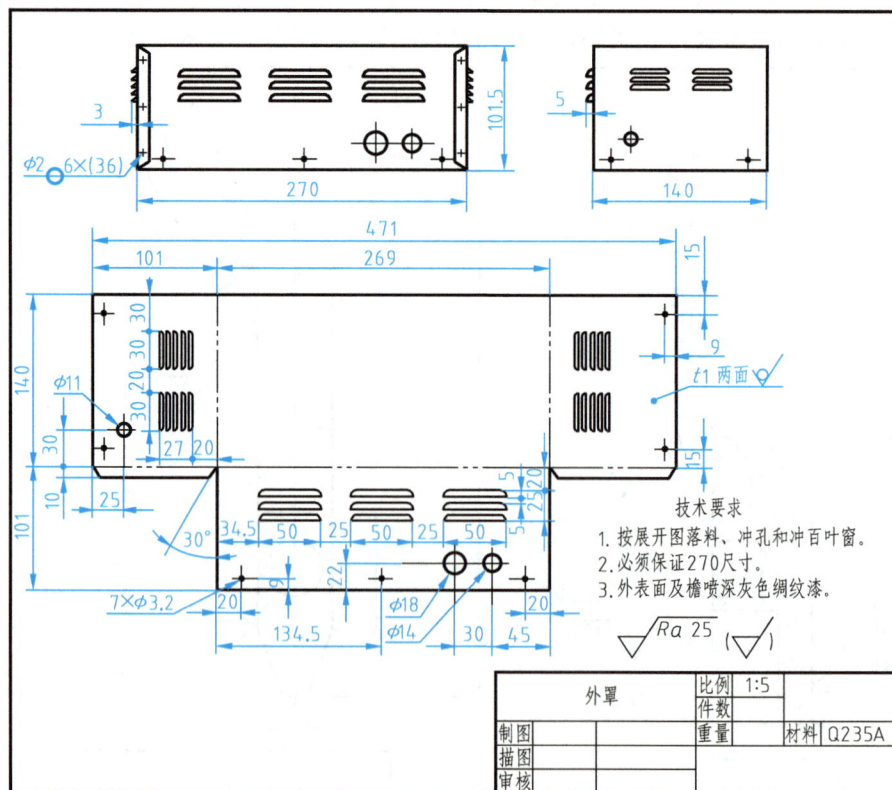

图 7-19　外罩零件图

（四）零件上常见结构要素的尺寸标注法

表 7-1 为常见结构要素的尺寸标注法。

表 7-1 常见结构要素的尺寸标注法

类型		旁注法及简化注法	普通注法	说明
螺孔	通孔	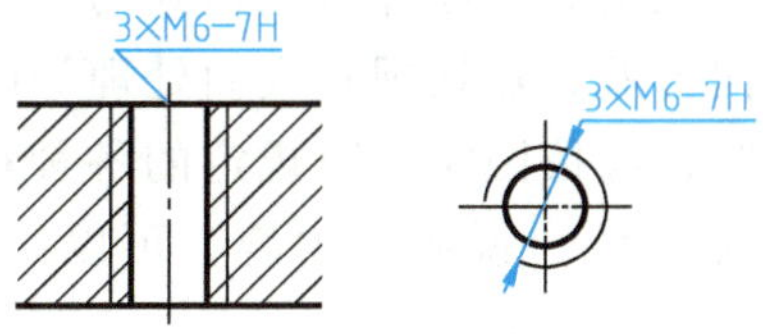 3×M6-7H	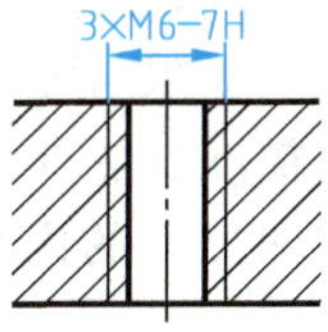 3×M6-7H	3×M6 表示均匀分布直径为 6mm 的三个螺孔。三种注法可任选一种
	不通孔	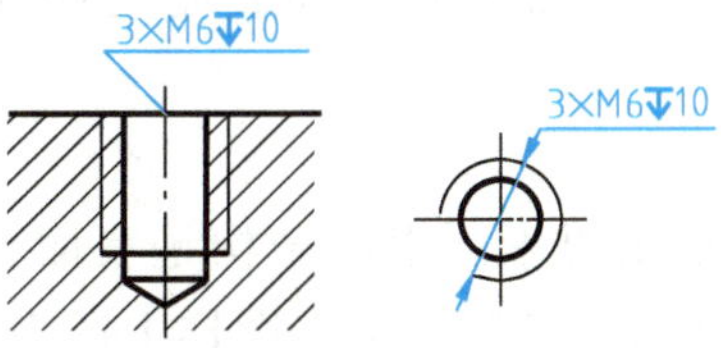 3×M6▽10	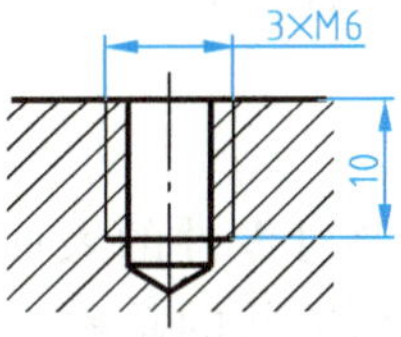 3×M6	只标注螺孔深度时,可以与螺孔直径连注
		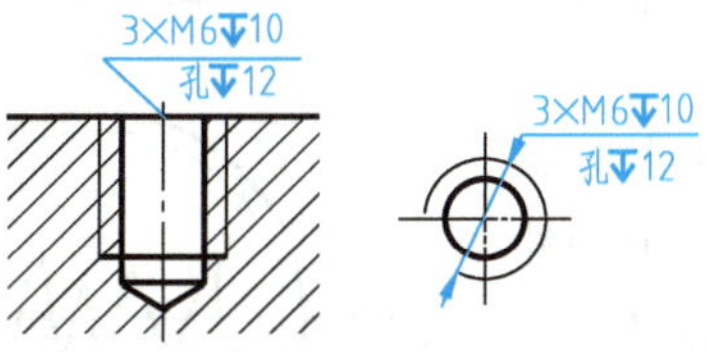 3×M6▽10 孔▽12	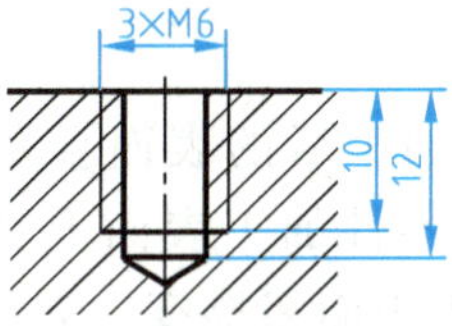 3×M6	需要标注出光孔深度时,应明确标注深度尺寸
沉孔	柱形沉孔	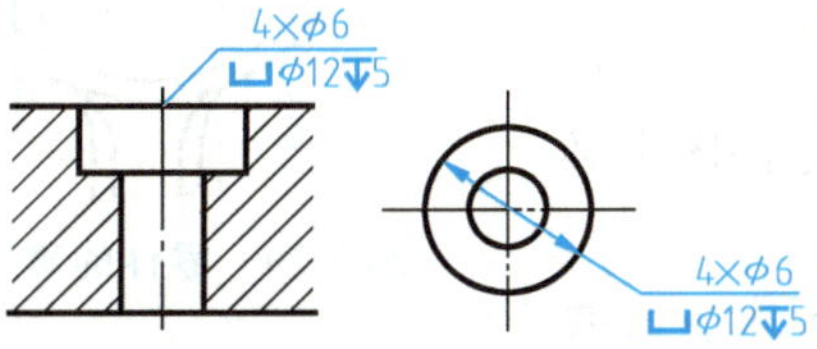 4×φ6 ⊔φ12▽5	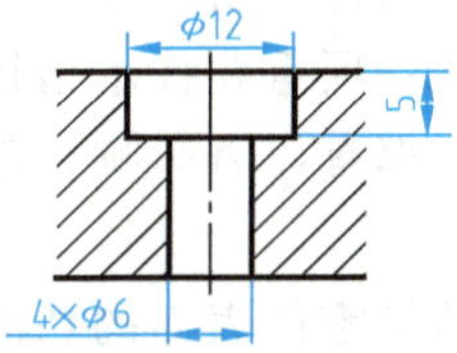 φ12	4×φ6 为小直径的柱孔尺寸,沉孔 φ12mm、深 5mm 为大直径的柱孔尺寸
	锥形沉孔	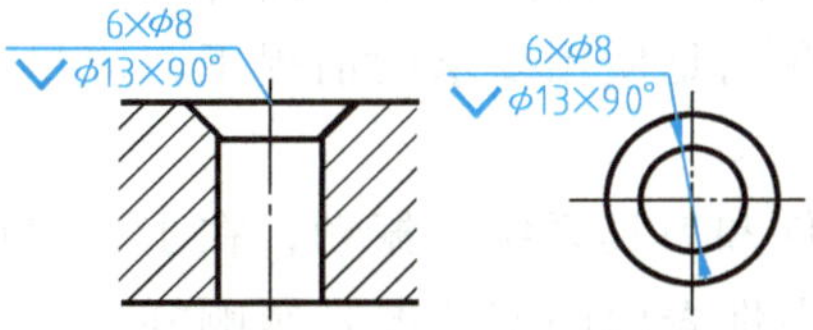 6×φ8 ∨φ13×90°	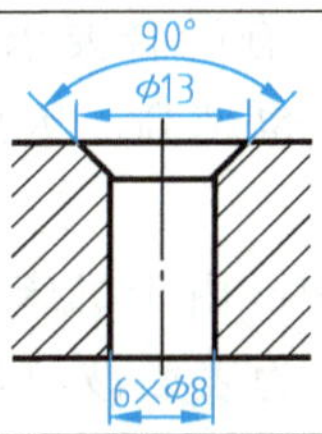 90° φ13 6×φ8	6×φ8 表示均匀分布直径为 8mm 的 6 个孔
	锪平孔	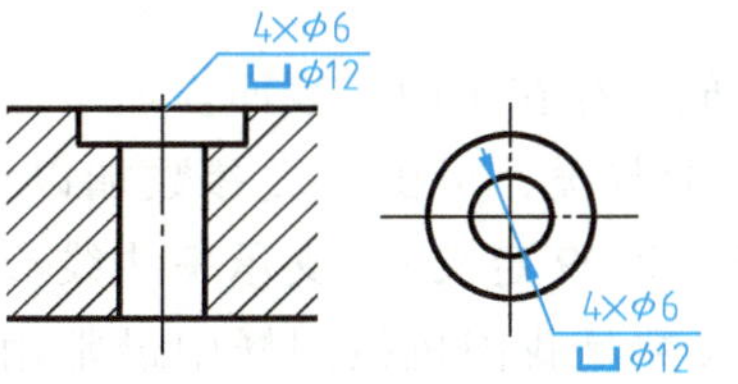 4×φ6 ⊔φ12	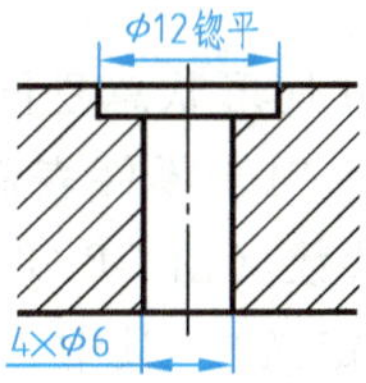 φ12锪平 4×φ6	4×φ6 为小直径的柱孔尺寸。锪平部分的深度不注,一般锪平到不出现毛面为止
光孔	锥销孔	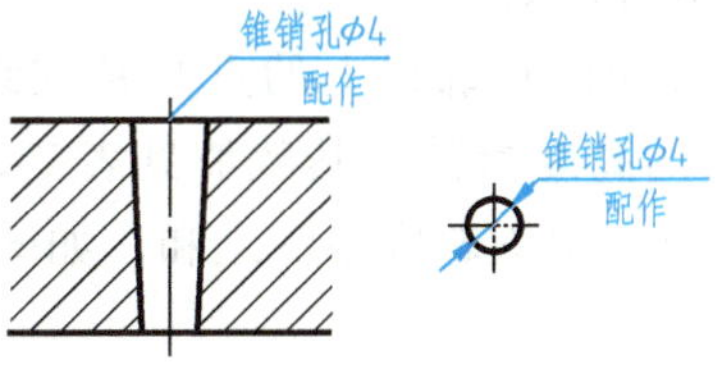 锥销孔φ4 配作	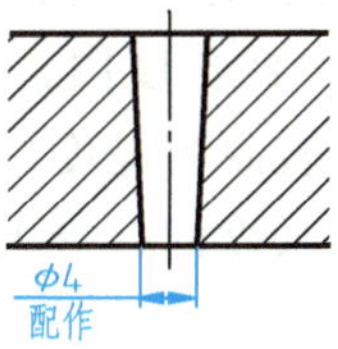 φ4 配作	锥销孔小端直径为 φ4mm,并与其相连接的另一零件一起配铰
	精加工孔	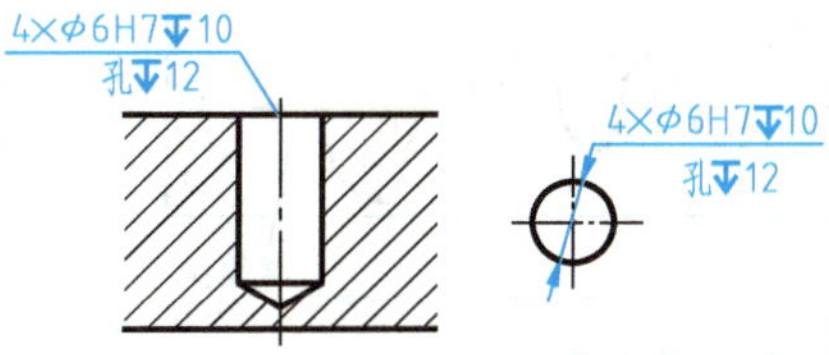 4×φ6H7▽10 孔▽12	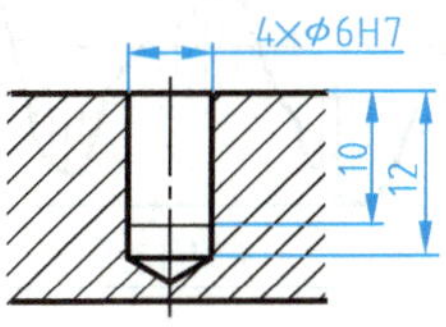 4×φ6H7	4×φ6 表示均匀分布直径为 6mm 的 4 个孔,精加工深度为 10mm,光孔深 12mm

四、零件图上的技术要求

零件图除了要表达零件形状和标注尺寸外，还必须标注和说明制造零件时应达到的一些技术要求。零件图上的技术要求主要包括表面粗糙度、极限与配合、几何公差、热处理和表面处理等内容。

零件图上的技术要求如公差、表面粗糙度、热处理要求等，应按国家标准规定的各种符号、代号、文字标注在图形上。对于一些无法标注在图形上的内容，或需要统一说明的内容，可以用文字分别注写在图样下方的空白处。

本书主要介绍表面结构的表示法、极限与配合、几何公差，而热处理和表面处理等可参考其他书籍。

（一）表面结构的表示法

为保证零件装配后的使用要求，需要对零件的表面结构给出要求。表面结构是表面粗糙度、表面波纹度、表面缺陷、表面纹理和表面几何形状的总称。表面结构的各项要求在图样上的表示法在 GB/T 131—2006《产品几何技术规范（GPS） 技术产品文件中表面结构的表示法》中均有具体规定。

1. 表面粗糙度术语

（1）表面粗糙度 零件经过机械加工后的表面会留有许多高低不平的凸峰和凹谷，如图 7-20 所示。零件加工表面上具有较小间距和峰谷所组成的微观几何形状特性称为表面粗糙度。表面粗糙度与加工方法、切削刀具和工件材料等各种因素都有密切关系。

表面粗糙度是评定零件表面质量的一项重要技术指标，对于零件的配合、耐磨性、耐蚀性以及密封性等都有显著影响，是零件图中必不可少的一项技术要求。

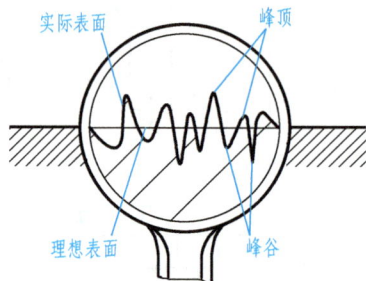

图 7-20 零件的真实表面

零件表面粗糙度的选用，应该既满足零件表面的功能要求，又要考虑经济合理。一般情况下，凡是零件上有配合要求或有相对运动的表面，表面粗糙度参数值要小，参数值越小，表面质量越高，但加工成本也越高。因此，在满足使用要求的前提下，应尽量选用较大的表面粗糙度参数值，以降低成本。

（2）表面波纹度 在机械加工过程中，由于机床、工件和刀具系统的振动，在工件表面所形成的间距比表面粗糙度大得多的表面不平度称为表面波纹度。零件表面的波纹度是影响零件使用寿命和引起振动的重要因素。

表面粗糙度、表面波纹度以及表面几何形状总是同时生成并存在于同一表面。

（3）评定表面结构常用的轮廓参数 对于零件表面结构的状况，可由三类参数加以评定：轮廓参数（由 GB/T 3505—2009 定义）、图形参数（由 GB/T 18618—2009 定义）、支承率曲线参数（由 GB/T 18778.2—2003 和 GB/T 18778.3—2006 定义）。其中，轮廓参数是我国机械图样中最常用的评定参数。本节仅介绍轮廓参数中评定表面粗糙度轮廓的两个高度参数 Ra 和 Rz。

Ra 是轮廓算术平均偏差，指在一个取样长度内，沿测量方向的轮廓线上的点与基准线间距离绝对值的算术平均值，如图 7-21 所示。Ra 是表面粗糙度中最常用的高度参数，其数值见表 7-2。

Rz 是轮廓的最大高度，指在同一取样长度内，最大轮廓峰高与最大轮廓谷深之和，如图 7-21 所示。

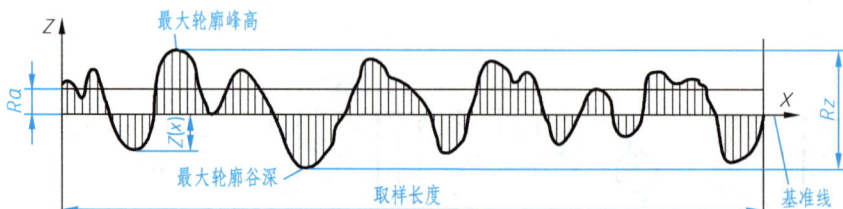

图 7-21 轮廓算术平均偏差 Ra 和轮廓的最大高度 Rz

表 7-2　轮廓算术平均偏差 Ra 的数值　　　　　　　　　（单位：μm）

第一系列	第二系列	第一系列	第二系列	第一系列	第二系列	第一系列	第二系列
	0.008		0.125	2.0			32
	0.010		0.160	2.5			40
0.012			0.2	3.2		50	
	0.016		0.25	4.0			63
	0.020		0.32	5.0			80
0.025			0.4	6.3		100	
	0.032		0.50	8.0			
	0.040		0.63	10.0			
0.50			0.8	12.5			
	0.063		1.00	16.0			
	0.080		1.25	20			
0.1			1.6	25			

（4）取样长度和评定长度　以表面粗糙度高度参数的测量为例，由于表面轮廓的不规则性，测量结果与测量段的长度密切相关。当测量段过短时，各处的测量结果会产生很大差异；当测量段过长时，测量的高度值中将不可避免地包含波纹度的幅值。因此，应在 X 轴（基准线）上选取一段适当长度进行测量，这段长度称为取样长度。

在每一取样长度内的测得值通常是不等的，为取得表面粗糙度最可靠的值，一般取几个连续的取样长度进行测量，并以各取样长度内测量值的平均值作为测得的参数值。这段在 X 轴方向上用于评定轮廓的、包含着一个或几个取样长度的测量段称为评定长度。

当参数代号后未注明取样长度个数时，评定长度即默认为 5 个取样长度，否则应注明个数。例如，$Rz\,0.4$、$Ra3\,0.8$、$Rz1\,3.2$ 分别表示评定长度为 5 个（默认）、3 个、1 个取样长度。

2. 表面粗糙度的图形符号

GB/T 131—2006 规定了技术产品文件中表面结构的表示法。

表面粗糙度的图形符号及其含义见表 7-3。

表 7-3　表面粗糙度的图形符号及其含义

图形符号	含义及说明
 √	基本图形符号，表示指定表面可用任何方法获得；当通过一个注释解释时可单独使用
 √	基本图形符号加一短横，表示指定表面是用去除材料的方法获得，如车、铣、钻、磨、剪切、抛光、腐蚀、电火花加工、气割等；仅当其含义是"被加工表面"时可单独使用
 √	基本图形符号加一小圆，表示指定表面是用不去除材料方法获得，如铸、锻、冲压变形、热轧、冷轧、粉末冶金等，或者是用于保持原供应状况的表面（包括保持上道工序的状况）
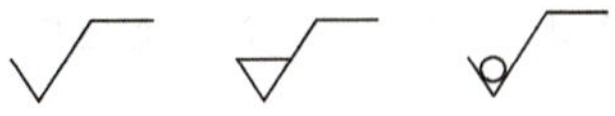 √　√　√	在上述三个符号的长边上均可加一横线，用于标注表面粗糙度的各种要求
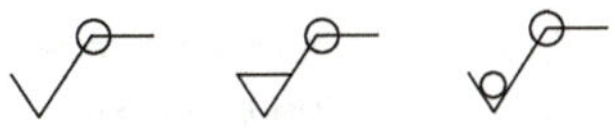 √　√　√	在上述三个符号上均可加一小圆，表示零件周边表面具有相同的表面粗糙度要求

3. 表面粗糙度要求在图形符号上的注写位置

为了明确表面粗糙度要求，除了标注表面粗糙度参数和数值外，必要时应标注补充要求，包括传输带、取样长度、加工工艺、表面纹理及方向、加工余量等。这些要求在图形符号中的注写位置如图 7-22 所示。

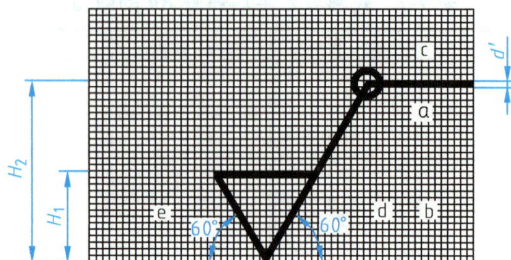

图 7-22 表面粗糙度数值及其有关规定在符号中注写的位置

图 7-22 中各字母的意义如下：

a——注写表面粗糙度的单一要求或注写第一个表面粗糙度要求。

b——注写第二个表面粗糙度要求。

c——注写加工方法，如"车""磨""铣"等。

d——注写表面纹理方向符号，如"="、"×"、"M"等。

e——注写加工余量。

图形符号和附加标注的尺寸见表 7-4。

表 7-4 图形符号和附加标注的尺寸 （单位：mm）

数字和字母高度 h	2.5	3.5	5	7	10	14	20
符号线宽 d'、数字与字母的笔画宽度 d	0.25	0.35	0.5	0.7	1	1.4	2
高度 H_1	3.5	5	7	10	14	20	28
高度 H_2（最小值）	7.5	10.5	15	21	30	42	60

注：H_2 取决于标注内容。

4. 表面粗糙度代号

表面粗糙度符号中注写了具体参数代号及参数值等要求后，称为表面粗糙度代号。表面粗糙度代号及其含义见表 7-5。

表 7-5 表面粗糙度代号及其含义

代号	含义/解释
$\sqrt{}$ $Ra\,0.8$	表示不允许去除材料，单向上限值，默认传输带，R 轮廓，轮廓算术平均偏差为 $0.8\,\mu m$，评定长度为 5 个取样长度（默认），"16%规则"（默认）
$\sqrt{}$ $Rz\,max\,0.2$	表示去除材料，单向上限值，默认传输带，R 轮廓，轮廓最大高度的最大值为 $0.2\,\mu m$，评定长度为 5 个取样长度（默认），"最大规则"
$\sqrt{}$ $0.008-0.8/Ra\,3.2$	表示去除材料，单向上限值，传输带 $0.008\sim0.8\,mm$，R 轮廓，轮廓算术平均偏差为 $3.2\,\mu m$，评定长度为 5 个取样长度（默认），"16%规则"（默认）
$\sqrt{}$ $-0.8/Ra3\,3.2$	表示去除材料，单向上限值，传输带 $0.025\sim0.8\,mm$，R 轮廓，轮廓算术平均偏差为 $3.2\,\mu m$，评定长度包含三个取样长度，"16%规则"（默认）
$\sqrt{}$ $U\,Ra\,max\,3.2$ $L\,Ra\,0.8$	表示不允许去除材料，双向极限值，两极限值均使用默认传输带，R 轮廓；上限值：轮廓算术平均偏差为 $3.2\,\mu m$，评定长度为 5 个取样长度（默认），"最大规则"；下限值：轮廓算术平均偏差为 $0.8\,\mu m$，评定长度为 5 个取样长度（默认），"16%规则"（默认）

5. 表面粗糙度要求在图样中的标注方法

1）表面粗糙度要求对每一表面一般只标注一次，并尽可能标注在相应的尺寸及其公差的同一视图上。除非另有说明，所标注的表面粗糙度要求是对完工零件表面的要求。

2）表面粗糙度的注写和读取方向与尺寸的注写和读取方向一致。表面粗糙度要求可标注在轮廓线上，其符号应从材料外指向并接触表面，如图 7-23 所示。必要时，表面粗糙度也可用带箭头或黑点的指引线引出标注，如图 7-23 和图 7-24 所示。

3）在不致引起误解时，表面粗糙度要求可以标注在给定的尺寸线上，如图 7-25 所示。

4）表面粗糙度要求可标注在几何公差框格的上方，如图 7-26 所示。

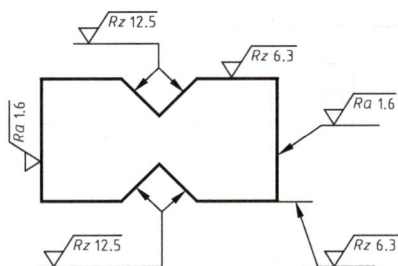

图 7-23　表面粗糙度在轮廓线上的标注

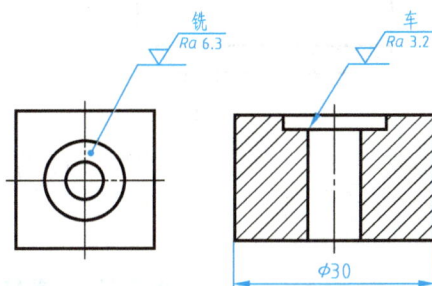

图 7-24　用指引线引出标注表面粗糙度要求

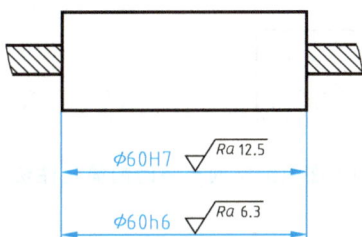

图 7-25　表面粗糙度标注在尺寸线上

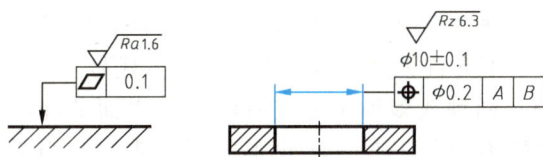

图 7-26　表面粗糙度标注在几何公差框格的上方

5）圆柱和棱柱的表面粗糙度要求只标注一次，如图 7-27 所示。如果每个棱柱表面有不同的表面粗糙度要求，则应分别单独标注，如图 7-28 所示。

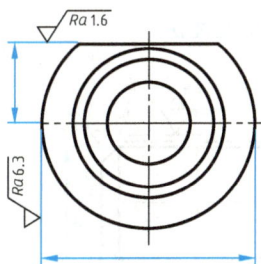

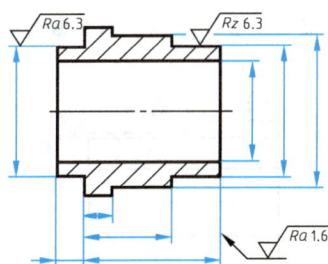

图 7-27　表面粗糙度要求标注在圆柱特征的延长线上

6. 表面粗糙度要求在图样中的简化注法

（1）有相同表面粗糙度要求的简化注法　当在工件的多数（包括全部）表面有相同的表面粗糙度要求时，其表面粗糙度要求可统一标注在图样的标题栏附近（不同的表面粗糙度要求应直接标注在图形中）。其注法有以下两种。

1）在圆括号内给出无任何其他标注的基本符号，如图 7-29a 所示。

2）在圆括号内给出不同的表面粗糙度要求，如图 7-29b 所示。

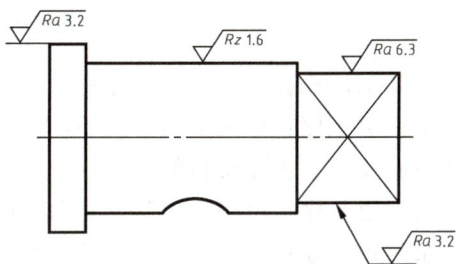

图 7-28　圆柱和棱柱的表面粗糙度要求的注法

（2）多个表面有共同要求的注法

1）用带字母的完整符号的简化注法。如图 7-30 所示，用带字母的完整符号以等式的形式在图形或标题栏附近对有相同表面粗糙度要求的表面进行简化标注。

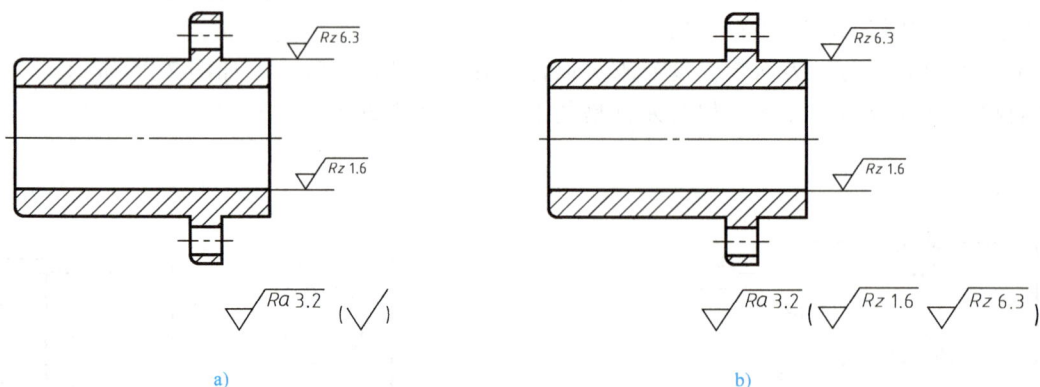

图 7-29 大多数表面有相同表面粗糙度要求的简化注法

2）只用表面粗糙度符号的简化注法。如图 7-31 所示，用表面粗糙度符号以等式的形式给出多个表面共同的表面粗糙度要求。图中的这三个简化注法，分别表示未指定工艺方法、要求去除材料、不允许去除材料的表面粗糙度代号。

图 7-30 在图纸空间有限时的简化注法

（3）两种或多种工艺获得的同一表面的注法

由几种不同的工艺方法获得的同一表面，当需要明确每种工艺方法的表面粗糙度要求时，可按图 7-32a 所示进行标注（图中 Fe 表示基体材料为钢，Ep 表示加工工艺为电镀）。

图 7-31 多个表面粗糙度要求的简化注法

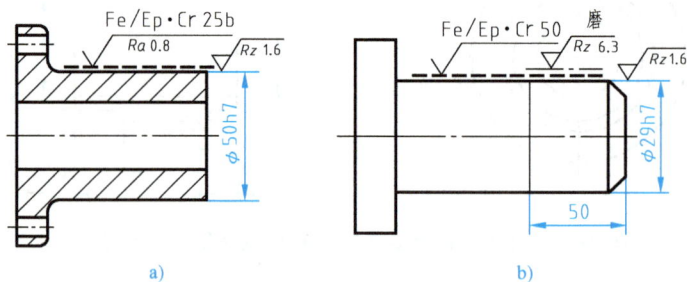

图 7-32 多种工艺获得同一表面的注法

图 7-32b 所示为三个连续的加工工序的表面粗糙度、尺寸和表面处理的标注。

第一道工序：单向上限值，$Rz = 1.6\mu m$，"16%规则"（默认），默认评定长度，默认传输带，表面纹理没有要求，去除材料的加工方法。

第二道工序：镀铬，无其他表面粗糙度要求。

第三道工序：一个单向上限值，仅对长为 50mm 的圆柱表面有效，$Rz = 6.3\mu m$，"16%规则"（默认），默认评定长度，默认传输带，表面纹理没有要求，磨削加工。

7. 表面粗糙度参数值的应用

一般机械加工中推荐使用第一系列的表面粗糙度参数值。表面粗糙度参数值与加工方法及适用范围见表 7-6，供选用时参考。

表 7-6　表面粗糙度参数值与加工方法及适用范围

表面特征		表面粗糙度 Ra 值	加工方法	适用范围
加工面	粗加工面	$\sqrt{Ra\,100}$ $\sqrt{Ra\,50}$ $\sqrt{Ra\,25}$	粗车、粗刨、粗铣、钻孔、锉、镗	非接触表面
	半光面	$\sqrt{Ra\,12.5}$ $\sqrt{Ra\,6.3}$ $\sqrt{Ra\,3.2}$	精车、精铣、精刨、精镗、粗磨、扩孔、粗铰、细锉	接触表面和不要求精确定位的配合表面
	光面	$\sqrt{Ra\,1.6}$ $\sqrt{Ra\,0.8}$ $\sqrt{Ra\,0.4}$	精车、精磨、抛光、绞、刮、研	要求精确定位的重要配合表面
	最光面	$\sqrt{Ra\,0.2}$ $\sqrt{Ra\,0.1}$ $\sqrt{Ra\,0.05}$	精抛光、研磨、超精磨、镜面磨	高精度、高速运动零件的配合表面等
毛坯面		$\sqrt{}$	铸、锻、轧等经表面清理	无须进行加工的表面

（二）　极限与配合

在装配机器时，把同样规格大小的零件中的任一零件，不经挑选或修配，便可装到机器上去，并能保持机器的原有性能，零件的这种性质称为互换性。零件具有互换性，不但给机器装配、修理带来方便，更重要的是为机器的现代化大量生产提供可能性。

1. 公差的基本术语

由于设备、工夹具及测量误差等因素的影响，零件不可能制造得绝对准确。为了保证零件的互换性，就必须对零件的尺寸规定一个允许的变动范围，这个变动范围就是通常所讲的尺寸公差。尺寸公差相关术语及公差带图如图 7-33 所示。下面结合图 7-33 来介绍相关基本术语。

（1）公称尺寸　由图样规范确定的理想形状要素的尺寸，如图 7-33 中的 ϕ50mm。

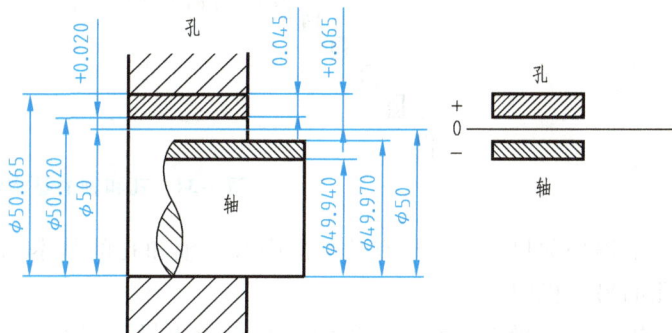

图 7-33　尺寸公差相关术语及公差带图

（2）实际尺寸　零件加工后实际测量所得的尺寸。

（3）极限尺寸　尺寸要素允许的尺寸的两个极端。尺寸要素允许的最大尺寸称为上极限尺寸，尺寸要素允许的最小尺寸称为下极限尺寸。图 7-33 中 ϕ50.065mm 为孔的上极限尺寸，ϕ50.020mm 为孔的下极限尺寸。

（4）极限偏差　极限偏差分为上极限偏差（ES、es）和下极限偏差（EI、ei）。上极限偏差为上极限尺寸减去其公称尺寸所得的代数差，下极限偏差为下极限尺寸减去其公称尺寸所得的代数差。上、下极限偏差均可以是正值、负值或零。图 7-33 中孔的上极限偏差 $ES = +0.065$mm，下极限偏差 $EI = +0.020$mm。

（5）尺寸公差（简称公差）　允许尺寸的变动量。即为上极限尺寸与下极限尺寸之代数差，也等于上极限偏差与下极限偏差之代数差。尺寸公差是一个没有正负号的绝对值。图 7-33 中孔的公差为 0.045mm。

（6）尺寸公差带（简称公差带）　在公差带图中，由代表上、下极限偏差的两条直线所限定的一个带状区域。如图 7-33 所示，图中的矩形上边数值代表上极限偏差，下边数值代表下极限偏差，矩形的长度无实际意义，高度代表公差。

（7）标准公差　由国家标准规定的公差值，其代号为 IT，国家标准规定标准公差分为 20 级，即 IT01、IT0、IT1～IT18。它表示尺寸的精确程度，从 IT01～IT18 等级依次降低。它的数值由公称尺寸和公差等级所确定。

（8）基本偏差 用以确定公差带相对公称尺寸位置的那个极限偏差。

图 7-34 所示为孔和轴的基本偏差系列。孔和轴分别规定了 28 个基本偏差，用拉丁字母按其顺序表示，大写字母表示孔，小写字母表示轴。

孔和轴的基本偏差对称地分布在零线的两侧。图 7-34 中公差带一端画成开口，表示不同公差等级的公差带宽度有变化。

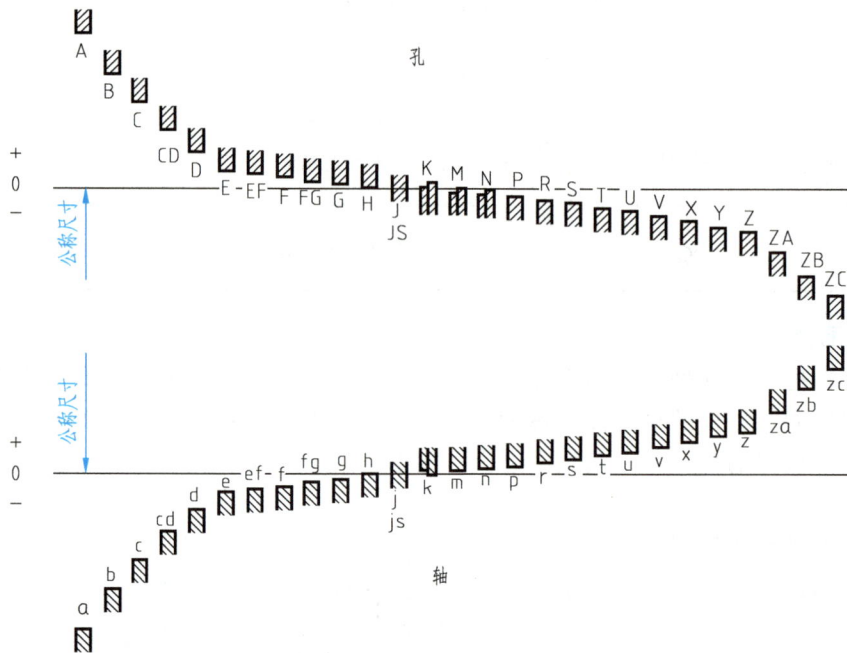

图 7-34 孔和轴的基本偏差系列

根据公称尺寸可以从有关标准中查得轴和孔的基本偏差数值，再根据给定的标准公差即可计算轴和孔的另一极限偏差。

轴的另一极限偏差（上极限偏差 es 或下极限偏差 ei）

$$es = ei + \text{IT} \ \text{或} \ ei = es - \text{IT}$$

孔的另一极限偏差（上极限偏差 ES 或下极限偏差 EI）

$$ES = EI + \text{IT} \ \text{或} \ EI = ES - \text{IT}$$

2. 配合

公称尺寸相同的相互结合的孔和轴公差带之间的关系称为配合。由于孔和轴的实际尺寸不同，装配后可能产生"间隙"或"过盈"。

（1）配合的种类 根据设计和工艺要求，配合分为以下三类。

1）间隙配合。具有间隙（包括最小间隙为零）的配合。其孔的公差带在轴的公差带之上，如图 7-35a 所示。

2）过盈配合。具有过盈（包括最小过盈为零）的配合。其孔的公差带在轴的公差带之下，如图 7-35b 所示。

3）过渡配合。可能具有间隙或过盈的配合。其孔的公差带与轴的公差带相互交叠，如图 7-35c 所示。

（2）基孔制配合和基轴制配合 根据设计要求，孔与轴之间可有各种不同的配合。如果孔和轴两者都可以任意变动，则情况变化极多，不便于零件的设计和制造。为此，按以下两种制度规定孔和轴的公差带。

1）基孔制。基本偏差为一定的孔的公差带与不同基本偏差的轴的公差带形成各种配合的一种制度，如图 7-36a 所示。基孔制的孔称为基准孔，基准孔的下极限偏差为零，并用代号 H 表示。

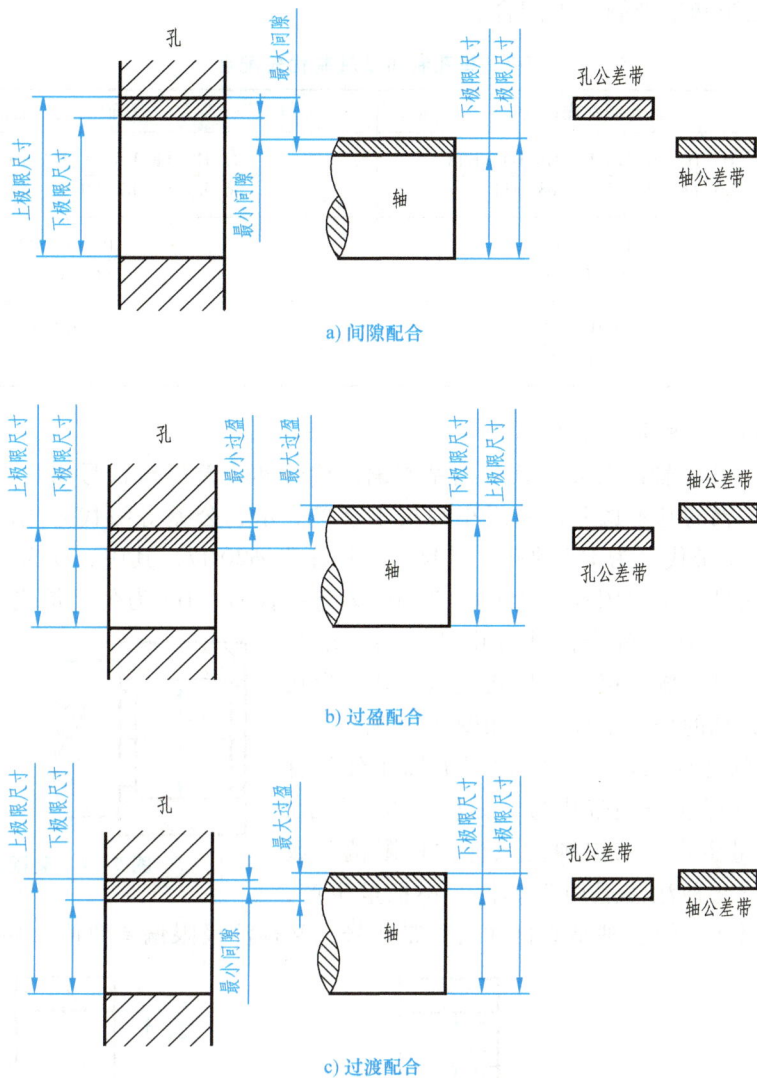

a) 间隙配合

b) 过盈配合

c) 过渡配合

图 7-35　配合的种类

2）基轴制。基本偏差为一定的轴的公差带与不同基本偏差的孔的公差带形成各种配合的一种制度，如图 7-36b 所示。基轴制的轴称为基准轴，基准轴的上极限偏差为零，并用代号 h 表示。

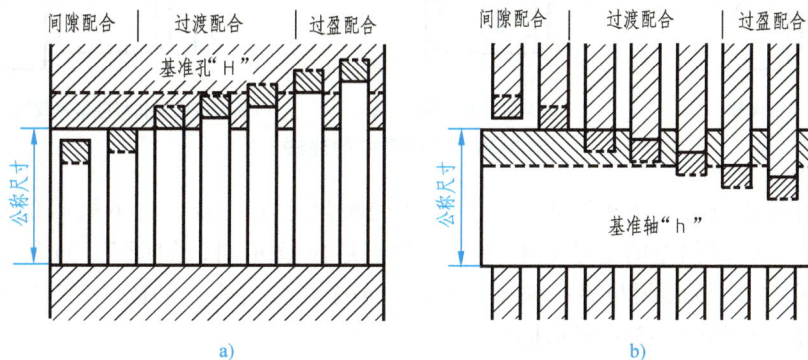

a)　　　　　　　　　　　b)

图 7-36　配合基制

（3）极限与配合的选用　国家标准根据机械工业产品生产使用的需要，考虑到定值刀具、量具规格的统一，规定了优先选用、常用和一般用途孔、轴公差带。国家标准还规定在轴孔公差带中组合成基孔制和基轴制优先配合、常用配合，应尽量选用优先配合。

表 7-7 摘录了基孔制和基轴制优先配合。

表 7-7 基孔制和基轴制优先配合

配合种类	基孔制优先配合	基轴制优先配合
间隙配合	$\dfrac{H7}{g6}$ $\dfrac{H7}{h6}$ $\dfrac{H8}{f7}$ $\dfrac{H8}{h7}$ $\dfrac{H8}{e8}$ $\dfrac{H9}{e8}$ $\dfrac{H11}{b11}$ $\dfrac{H11}{c11}$	$\dfrac{G7}{h6}$ $\dfrac{H7}{h6}$ $\dfrac{F8}{h7}$ $\dfrac{H8}{h7}$ $\dfrac{F8}{h9}$ $\dfrac{H8}{h9}$ $\dfrac{E9}{h9}$ $\dfrac{H9}{h9}$ $\dfrac{B11}{h9}$ $\dfrac{D10}{h9}$
过渡配合	$\dfrac{H7}{js6}$ $\dfrac{H7}{k6}$ $\dfrac{H7}{n6}$	$\dfrac{JS7}{h6}$ $\dfrac{K7}{h6}$ $\dfrac{N7}{h6}$
过盈配合	$\dfrac{H7}{p6}$ $\dfrac{H7}{r6}$ $\dfrac{H7}{s6}$	$\dfrac{P7}{h6}$ $\dfrac{R7}{h6}$ $\dfrac{S7}{h6}$

3. 极限与配合的标注方法及查表

（1）公差带代号　孔、轴的公差带代号由基本偏差代号和公差等级代号组成。孔的基本偏差代号用大写拉丁字母表示，轴的基本偏差代号用小写拉丁字母表示，公差等级代号用阿拉伯数字表示。例如，直径为 20mm，公差带代号为 H7 的孔，其尺寸可标注为 ϕ20H7，其中，ϕ 为直径符号、20 为公称尺寸、H 为基本偏差代号（下极限偏差为 0）、7 为公差等级代号，H7 为公差带代号。

（2）在装配图中的标注　配合的代号由两个相互结合的孔和轴的公差带的代号组成，用分数形式表示，分子为孔的公差带代号，分母为轴的公差带代号，如图 7-37 所示。

（3）在零件图中的标注方法　在零件图上标注公差有三种形式：第一种是只标注公差带代号，如图 7-38a 所示，此种注法适用于大批量生产；第二种是只标注极限偏差数值，如图 7-38b 所示，此种注法适用于单件、小批量生产，以便于加工、检验时对照；第三种是既标注公差带代号，又标注极限偏差数值，如图 7-38c 所示。

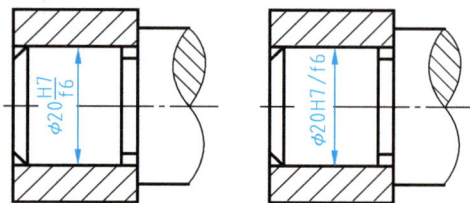

图 7-37　装配图中的注法

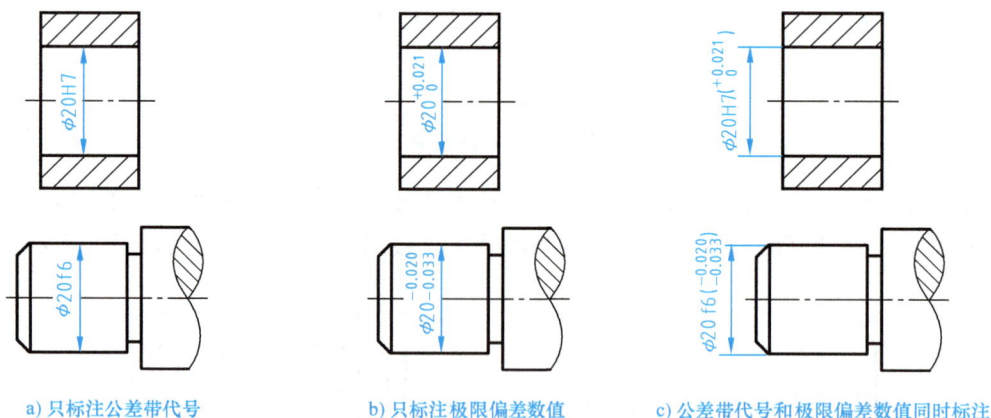

a) 只标注公差带代号　　b) 只标注极限偏差数值　　c) 公差带代号和极限偏差数值同时标注

图 7-38　零件图中的注法

标注极限偏差时应注意上、下极限偏差的字号比公称尺寸小一号，且下极限偏差与公称尺寸标注在同一底线上，上、下极限偏差的小数点对齐及小数点后位数相同，如图 7-39a 所示。若上极限偏差或下极限偏差为 "0" 时，则必须与另一偏差的小数点前个位数对齐，如图 7-39b 所示。若上、下极限偏差对称于公称尺寸，则如图 7-39c 所示标注。

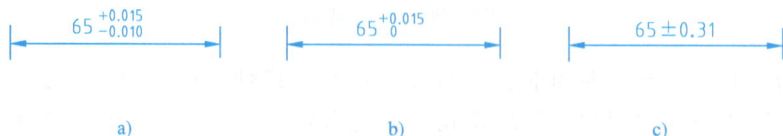

a)　　　　　　　　b)　　　　　　　　c)

图 7-39　极限偏差标注规则

（三）几何公差

我们知道，零件尺寸不可能制造得绝对准确，同样也不可能制造出绝对准确的表面形状和表面间的相对位置。为了满足使用要求，零件尺寸是由尺寸公差加以限制；而零件的表面形状和表面间的相对位置，则由几何公差加以限制。

对于精度要求较高的零件，根据设计要求，需在零件图上标注出有关的几何公差。如图 7-40a 所示的滚柱，为了保证滚柱工作质量，除了标注出直径的尺寸公差外，还需要标注滚柱轴线的形状公差——直线度，表示滚柱实际轴线与理想轴线之间的变动量，其必须保持在 $\phi0.006$mm 的圆柱面内。如图 7-40b 所示，箱体上两个孔是安装锥齿轮轴的孔，如果两孔轴线歪斜度太大，就会影响锥齿轮的啮合传动。为了保证正常的啮合，应该使两孔轴线保持一定的垂直位置，所以要注上位置公差——垂直度，说明水平孔的轴线，必须位于距离为 0.05mm 且垂直于铅垂孔的轴线的两平行平面之间，A 为基准符号字母。

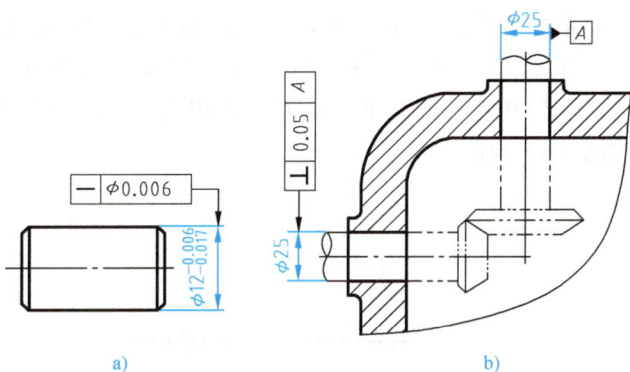

图 7-40　几何公差示例

1. 几何公差的几何特征和符号

GB/T 1182—2018《产品几何技术规范（GPS）　几何公差　形状、方向、位置和跳动公差标注》规定了工件几何公差标注的基本要求和方法。零件的几何特性是零件的实际要素对其几何理想要素的偏离情况，它是决定零件功能的因素之一，几何误差包括形状、方向、位置和跳动误差。为了保证机器的质量，要限制零件对几何误差的最大变动量，称之为几何公差，允许变动量的值称为公差值。

2. 附加符号及其标注方法

这里仅简要说明 GB/T 1182—2018 中标注被测要素几何公差的附加符号（几何公差框格），以及基准要素的附加符号（基准符号）的标注方法。其他的附加符号，请读者查阅标准。

（1）公差框格　用公差框格标注几何公差时，公差要求注写在划分成两格或多格的矩形框格内。各格自左至右顺序标注以下内容，如图 7-41 所示。

其中，h 为文字高度，每格的宽度按实际内容而定。

图 7-41　公差框格

（2）被测要素的标注　按下列方式之一用指引线连接被测要素和公差框格。指引线引自框格的任意一侧，终端带一箭头。

1）当公差涉及轮廓线或轮廓面时，箭头指向该要素的轮廓线或其延长线（应与尺寸线明显错开），如图 7-42a、b 所示。箭头也可指向引出线的水平线，引出线引自被测面，引出线的一个终端为小黑点，如图 7-42c 所示。

2）当公差涉及要素的中心线、中心面或中心点时，箭头应位于相应尺寸的延长线上，如图 7-43 所示。

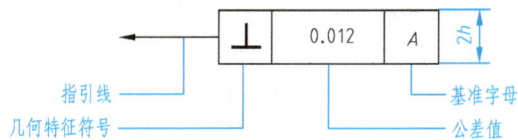

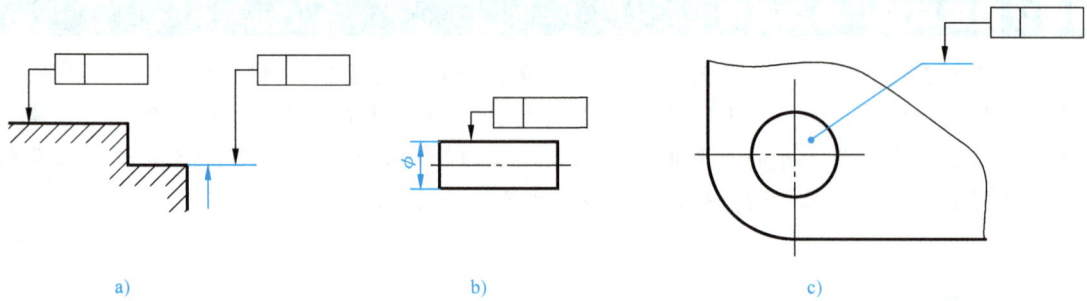

a)   b)   c)

图 7-42　被测要素的标注方法（一）

（3）基准的标注

1）与被测要素相关的基准用一个大写字母表示。字母标注在基准方格内，与一个涂黑或空白的三角形相连以表示基准，如图 7-44 所示。表示基准的字母还应标注在公差框格内。涂黑和空白的基准三角形含义相同。基准符号的大小可按图 7-45 绘制。

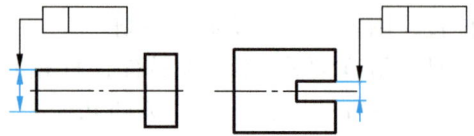

图 7-43　被测要素的标注方法（二）

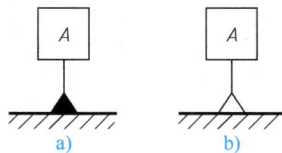

a)   b)

图 7-44　基准符号

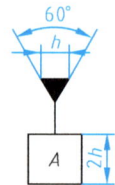

图 7-45　基准符号画法

2）带基准字母的基准三角形应按如下规定放置。

① 当基准要素是轮廓线或轮廓面时，基准三角形放置在要素的轮廓线或其延长线上（与尺寸线明显错开），如图 7-46a 所示；基准三角形也可放置在该轮廓面引出线的水平线上，如图 7-46b 所示。

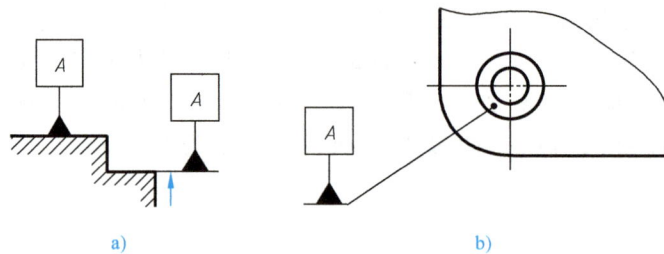

a)   b)

图 7-46　基准要素的常用标注方法（一）

② 当基准是尺寸要素确定的轴线、中心平面或中心点时，基准三角形应放置在该尺寸的延长线上，如图 7-47a 所示。如果没有足够的位置标注基准要素尺寸的两个尺寸箭头，则其中一个箭头可用基准三角形代替，如图 7-47b 所示。

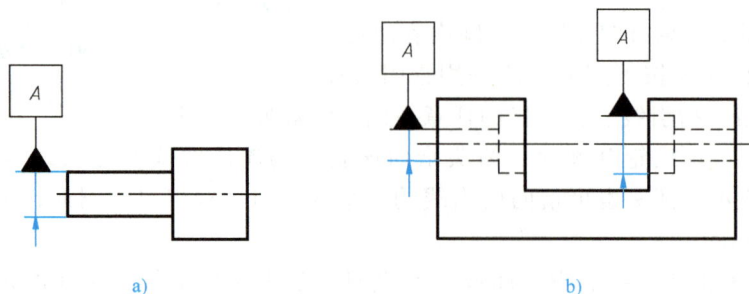

a)   b)

图 7-47　基准要素的常用标注方法（二）

3）以单个要素作基准时，在公差框格内用一个大写字母表示，如图 7-48a 所示。以两个要素建立公共基准体系时，用中间加连字符的两个大写字母表示，如图 7-48b 所示。以三个或三个基准建立基准体系（采用多基准）时，表示基准的大写字母按基准的优先顺序自左至右填写在各个框格内，如图 7-48c 所示。

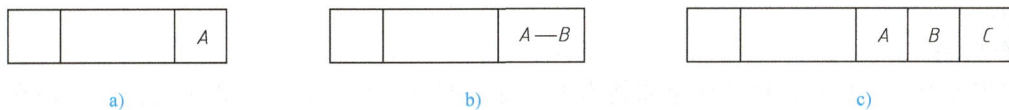

图 7-48　基准要素的常用标注方法（三）

3. 几何公差标注示例

图 7-49 所示为一根气门阀杆，从图中可以看到，当被测要素为线或表面时，从框格引出的指引线箭头应指在该要素的轮廓线或其延长线上。当被测要素是轴线时，应将箭头与该要素的尺寸线对齐，如 M8×1 轴线的同轴度注法。当基准要素是轴线时，应将基准符号与该要素的尺寸线对齐，如基准 A。

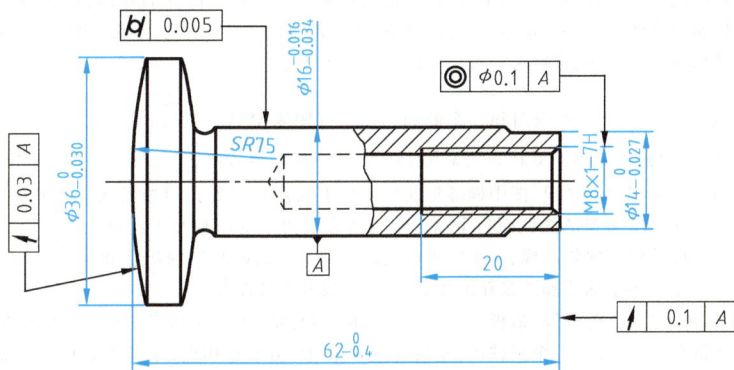

图 7-49　几何公差标注示例

在图 7-49 中，从左到右几何公差的标注分别表示：

1）SR75mm 的球面对于 $\phi16$ 轴线的圆跳动公差是 0.03mm。

2）$\phi16$mm 杆身的圆柱度公差是 0.005mm。

3）M8×1 的螺孔轴线对于 $\phi16$mm 轴线的同轴度公差是 $\phi0.1$mm。

4）右端面对于 $\phi16$mm 轴线的圆跳动公差是 0.1mm。

五、读零件图

读零件图的方法和步骤如下。

1. 概括了解

从标题栏里可以了解零件的名称、材料、比例和重量等；从名称可以判断该零件属于哪一类零件，从而初步设想其可能的结构和作用；从材料可以大致了解其加工方法。

2. 表达分析

先了解零件图上各个视图的配置以及各个视图之间的关系，从主视图入手，应用投影规律，结合形体分析法和线面分析法，以及对零件常见结构的了解，逐个弄清各部分结构，然后想象出整个零件的形状。

看图时，分析绘图者画每个视图或采用某一表达方法的目的，这对分析零件的形状有很大帮助，因为每一个视图和每一种表达方法都有一定的作用。例如，常用剖视图表示零件的内部结构，而剖切平面的位置很明显地表达了绘图者的意图；又如对于斜视图、局部视图可以从箭头所指的部位看出其表达目的。看图时，还可以与有关的零件图联系起来一起看，这样更容易搞清零件上每个结构的作用和要求。

3. 尺寸和技术要求分析

通过对零件的结构分析，了解在长度、宽度和高度方向的主要尺寸基准，找出零件的主要尺寸；根据对零件的形体分析，了解零件各部分的定形尺寸、定位尺寸，以及零件的总体尺寸。

根据图上标注的表面粗糙度、尺寸公差、几何公差及其他技术要求，进一步了解零件的结构特点和设计意图。

4. 综合归纳

必须把零件的结构形状、尺寸要求和技术要求综合起来考虑，把握零件的特点，以便在制造、加工时采取相应的措施，保证零件的设计要求。不清楚的地方，必须查阅有关的技术资料。如果发现错误或不合理的地方，协同有关部门及时解决，使产品不断改进。

任务实施单

识读步骤	内容
1）概括了解	从标题栏可知零件的名称为拖板，拖板是安装在导轨上移动部件的壳体，在其内部安装有其他的零件，因此该零件属于箱体类零件。箱体类零件的结构特点就是有空腔、轴孔、凸缘、底座等结构，材料大多为灰铸铁，通过铸造形成零件毛坯，然后再经过一定的切削加工成形
2）表达分析	拖板采用了三个基本视图和一个断面图。主视图采用局部剖视，主要表达贯通的主轴孔 $\phi 20^{+0.021}_{0}$、螺纹孔 M4-6H 的结构、燕尾槽的形状和锁紧孔 $\phi 12^{+0.018}_{0}$ 的位置等；俯视图也是局部剖视，主要表达燕尾槽的长度和主轴孔与锁紧孔相交的情况，图中椭圆形曲线就是主轴孔和锁紧孔的相贯线，Ⅰ、Ⅱ标记所指的两端小曲线是主视图中尺寸 R12 所指的圆柱面与主轴孔左端凸缘上两侧垂面相交后的截交线，图中虚线是主视图中尺寸 R12 所指的圆柱面的转向轮廓线；左视图主要表达主轴孔左端面凸缘的形状和螺纹孔 2×M4-6H 的分布情况；D—D 断面图主要表达主轴孔和锁紧孔的相交情况、锁紧孔的长度等 从主、俯、左三视图可知，拖板有三个主要结构：燕尾槽、主轴孔和锁紧孔。燕尾槽在一块长方形板上，左侧有两个螺纹孔；主轴孔在一个圆柱内，左端有凸缘并和长方形板相连，在其下方有一个轴线与其垂直的锁紧孔，主轴孔和锁紧孔是连通的，这样才能起到锁紧作用。综上所述，可以想象出如图 7-50 所示的零件形状 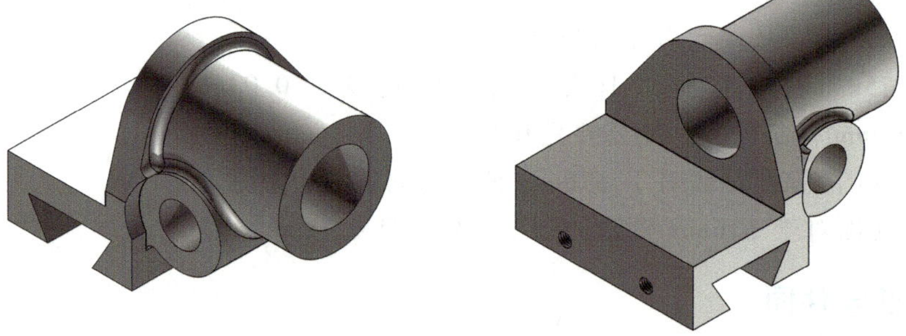 图 7-50　拖板立体图
3）尺寸和技术要求分析	拖板主要靠燕尾槽沿导轨做往复运动，拖板的底面为尺寸的高度方向基准，标注出主轴孔轴线的高度为 33±0.05、螺纹孔轴线的高度为 5，主轴孔轴线为高度方向辅助基准，标注出锁紧孔轴线的高度为 13；左端面为长度方向基准，标注出燕尾槽的位置尺寸 12 和总长 73，右端面为长度方向的辅助基准，标注出主轴孔长度 44 和锁紧孔轴线位置尺寸 26；拖板的前端面为宽度方向基准，标注出主轴孔的前后位置尺寸 24、螺纹孔的位置尺寸 15；由于主轴孔和锁紧孔内均安装能活动的轴，因此均为配合尺寸 $\phi 20^{+0.021}_{0}$ 和 $\phi 12^{+0.018}_{0}$；拖板的总体尺寸：长为 73、宽为 57、高为 33±0.05 和 R20 之和。图中其他尺寸请读者自行分析 由于拖板的底面、燕尾槽的两侧和主轴孔表面是拖板零件最重要的工作面，因此其表面粗糙度要求最高为 $Ra1.6\mu m$，锁紧孔表面相对次要一些，为 $Ra3.2\mu m$，燕尾槽的顶面拖板的四周、主轴孔和锁紧孔的两端面为非配合面 $Ra6.3\mu m$，其余表面为保持毛坯的表面粗糙状态 从图 7-1 中看出拖板的前端面与燕尾槽的侧面（基准 A）和拖板的底面（基准 B）的垂直度公差为 0.02mm；因为 D—D 断面图上的垂直度公差的箭头是和尺寸箭头对齐的，俯视图中的基准 C 和尺寸线也是对齐的，所以它们代表的含义是锁紧孔轴线相对于主轴孔轴线的垂直度公差为 $\phi 0.03mm$ 此外，在零件图中还有文字的技术要求，说明未注圆角为 R2~R5，铸件不得有气孔和裂纹等缺陷，零件表面需清洗等

（续）

识读步骤	内容
4）综合归纳	经过以上分析可知，拖板零件是一个中等复杂的箱体类零件，加工要求比较高，它由铸件毛坯经过镗、刨、钻、钳等多道工序加工而成

巩固练习

选择题

1. 公称尺寸相同时，公差等级越高（数值越小），标注公差（　　　）。

A. 越小　　　　　　B. 越大　　　　　　C. 与公差等级无关　　　D. 与公称尺寸无关

2. 企业在生产制造和加工检验中使用的图样是（　　　）。

A. 零件图　　　　B. 三视图　　　　C. 装配图　　　　D. 机件图

3. 国家标准规定，可见的过渡线用（　　　）绘制。

A. 粗实线　　　　B. 细实线　　　　C. 细点画线　　　D. 细虚线

4. 国家标准没有规定尺寸的工艺结构是（　　　）。

A. 中心孔　　　　B. 起模斜度　　　C. 螺纹退刀槽　　　D. 砂轮越程槽

5. 读一张零件图时，从标题栏中的图样名称可以了解零件的（　　　）。

A. 毛坯制作方法　B. 用途　　　　C. 作用　　　　D. 用途和作用

6. 标注尺寸时，同一个方向的尺寸（　　　）。

A. 可以形成一个封闭的尺寸链　　　B. 不能形成一个封闭的尺寸链

C. 可以形成两个封闭的尺寸链　　　D. 以上答案都不对

7. 按现行国家标准，表面粗糙度的评定参数有（　　　）。

A. Ra 和 Rz 两个　　　　　　B. Ra、Ry 和 Rz 三个

C. Ra 和 Ry 两个　　　　　　D. Rz 和 Ry 两个

8. 下面关于配合代号中 50H8/h8 叙述错误的是（　　　）。

A. 不查表就能断定为间隙配合　　　B. 最小间隙为 0

C. 基轴制或基孔制配合　　　　　D. 以上答案都不对

9. 下面关于"公差"和"误差"的叙述正确的是（　　　）。

A. 公差是允许实际要素变动的范围　　B. 误差是实际要素和理论要素的差值

C. 公差>0　　　　　　　　　D. 以上答案都对

10. 工艺凸台和凹坑是（　　　）常有的工艺结构。

A. 铸件　　　　B. 冷拔件　　　　C. 型材　　　　D. 机械加工件

任务二　应用 AutoCAD 绘制零件图

　　绘制零件图时，经常会重复使用一些几何图形元素，如各种规格的螺栓、螺母、螺钉、轴承和表面粗糙度符号等。为了减少重复工作，在 AutoCAD 绘图过程中，可将这类需要经常使用的图形制作为块，使用时直接插入即可。

学习任务单

任务目标	知识点： 1）熟悉使用 AutoCAD 软件绘制零件图的过程 2）掌握 AutoCAD 软件中块的操作以及尺寸公差、几何公差的标注方法
	技能点：能够使用 AutoCAD 软件绘制中等复杂程度的零件图

（续）

任务内容	结合缸体立体图（图7-51）和缸体尺寸图（图7-52），在AutoCAD中按1：1绘制缸体零件图 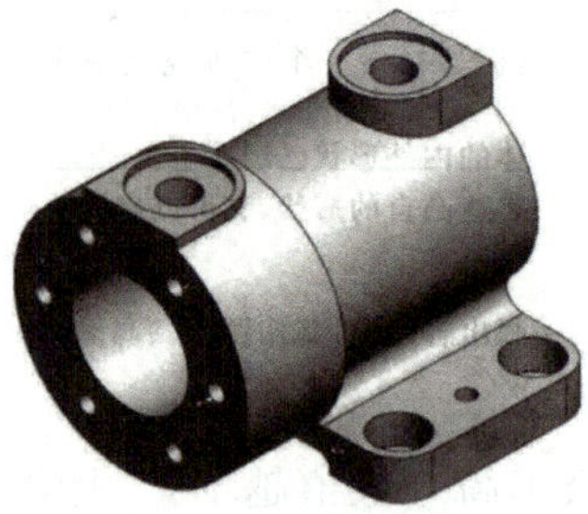 图7-51 缸体立体图 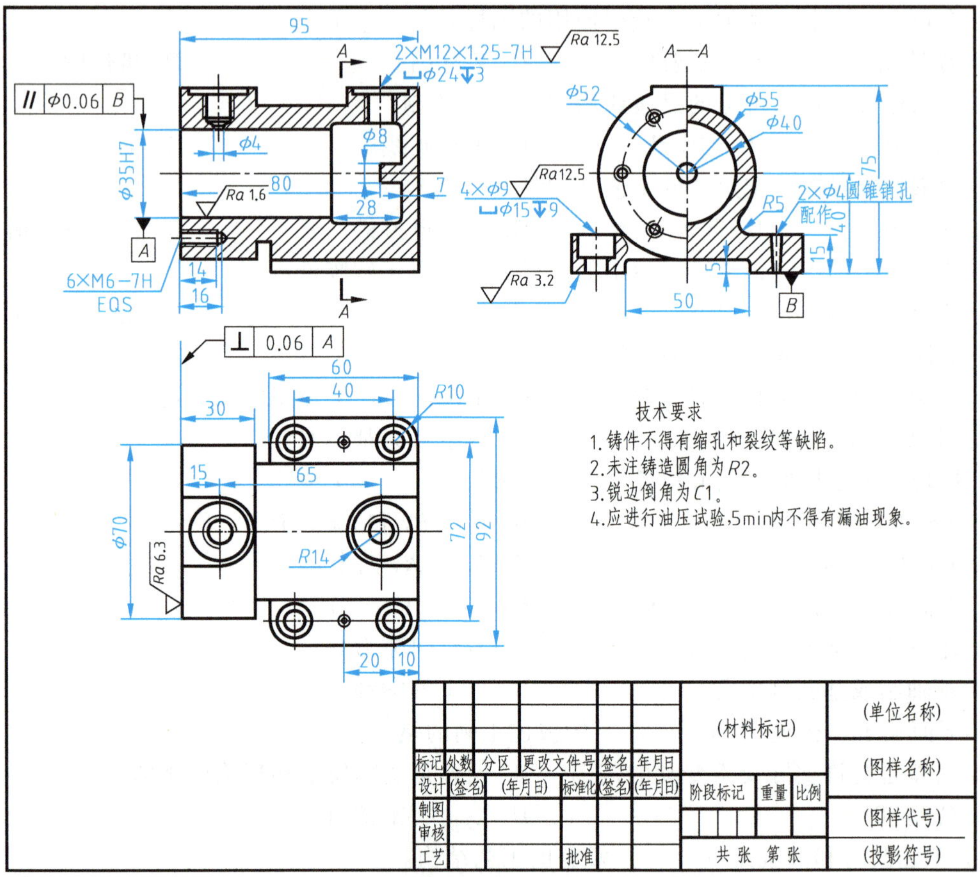 图7-52 缸体尺寸图
任务分析	要应用AutoCAD正确绘制缸体零件图，首先要完成表面粗糙度及基准符号等块的创建，依据缸体尺寸图完成各个视图的绘制，最后进行尺寸、表面粗糙度、几何公差、技术要求等标注
成果评定	各组成员独立完成缸体零件图的绘制，进行自评、互评和教师评价后给定综合评定成绩

相关知识

一、块的定义

块是图形对象的集合，通常用于绘制复杂、重复的图形。一旦将一组对象组合成块，就可以根据绘图需要将其插入图中的任意指定位置，而且还可以按不同的比例和旋转角度插入。

1．定义块

打开"块定义"对话框可通过以下三种方法。

◆ 选择"绘图"→"块"→"创建块"菜单命令。

◆ 单击"绘图"工具栏中的"创建块"按钮 ⬚。

◆ 输入命令：B（BLOCK）。

在"块定义"对话框（图7-53）中，"名称"文本框用于确定块的名称，"基点"选项组用于确定块的插入基点位置，"对象"选项组用于确定组成块的对象，"设置"选项组用于进行相应设置。通过"块定义"对话框完成对应的设置后，单击 **确定** 按钮，即可完成块的定义。

用该命令定义的图块只能在当前图形文件中使用，而不能在其他图形文件中调用，因此称为内部块。

2. 定义外部块

定义外部块可通过以下两种方法。

◆ 在功能区单击"插入"→"块定义"→"写块"按钮 ⬚。

◆ 输入命令：WB（WBLOCK）。

在"写块"对话框（图7-54）中，"源"选项组用于确定组成块的对象来源，"基点"选项组用于确定块的插入基点位置，"对象"选项组用于确定组成块的对象。只有在"源"选项组中选中"对象"单选按钮后，"基点"选项组和"对象"选项组才有效。"目标"选项组用于确定块的保存名称、保存位置以及插入单位。

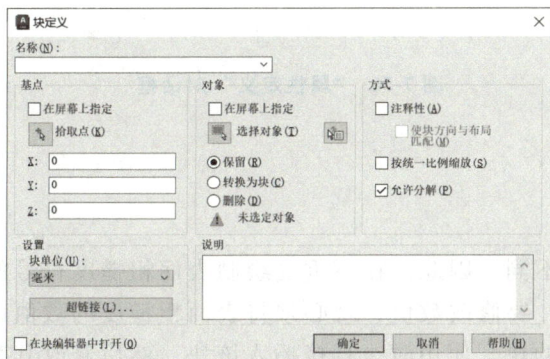

图 7-53　"块定义"对话框　　　　　　　图 7-54　"写块"对话框

用 WBLOCK 命令创建块后，该块以 .DWG 格式保存，即以 AutoCAD 图形文件格式保存。

二、插入块

启用"插入块"命令可通过以下两种方法。

◆ 单击"绘图"工具栏中的"插入块"按钮 ⬚。

◆ 输入命令：I（INSERT）。

系统弹出"插入块"对话框（图7-55），利用此对话框，可以指定要插入的图块，设置插入点位置、插入比例以及旋转角度。

三、定义属性

启用"定义属性"命令可通过以下三种方法。

◆ 选择"绘图"→"块"→"定义属性"菜单命令。

◆ 在功能区单击"插入"→"块定义"→"定义属性"按钮 ⬚。

◆ 输入命令：ATT（ATTDEF）。

在"属性定义"对话框（图7-56）中，"模式"选项组用于设置属性的模式；在"属性"选项组中，"标记"文本框用于确定属性的标记（用户必须指定标记），"提示"文本框用于确定插入块时AutoCAD提示用户输入属性值的提示信息，"默认"文本框用于设置属性的默认值，用户在各对应文本框中输入具体内容即可；"插入点"选项组用于确定属性值的插入点，即属性文字排列的参考点；"文字设置"选项组用于确定属性文字的格式。

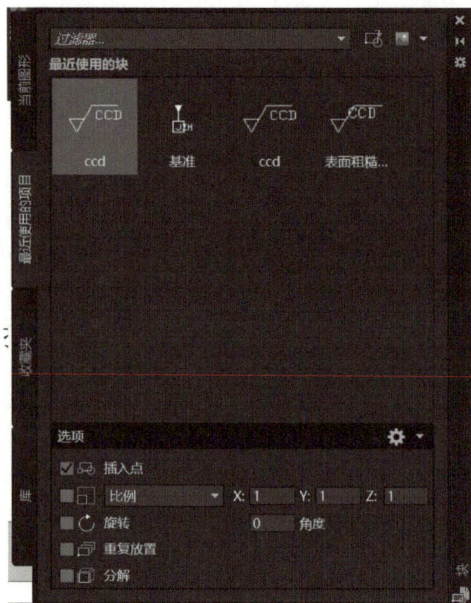

图7-55　"插入块"对话框

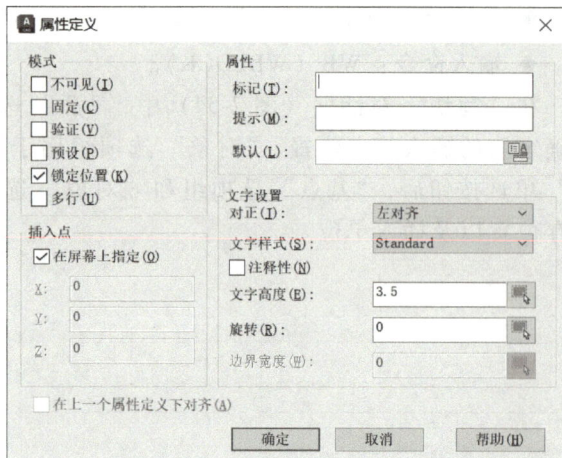

图7-56　"属性定义"对话框

任务实施

1. 创建表面粗糙度代号

零件表面的功能不同，其表面粗糙度的数值也有所不同。因此，在不重复绘制表面粗糙度符号的前提下，可仅修改其数值来创建不同的表面粗糙度代号。要修改数值，就必须将表面粗糙度的数值设置为带属性的文字，然后将该符号和数值设置为带属性的块。使用时，直接插入该块，然后修改其表面粗糙度数值即可。

此外，国家标准对表面粗糙度符号的尺寸有明确的规定，读者可参照表7-3和表7-4中的参数进行绘制。本案例中，按字高 $h = 3.5$ 绘制，具体操作过程如下：

步骤1　启动AutoCAD软件，打开项目五中任务四定制的"A3样板图.dwg"文件，并将"0"图层设置为当前图层。

步骤2　参照图7-57所示尺寸，在绘图区绘制表面粗糙度符号（不标注尺寸），其中，直线 AB 的长度为10。

步骤3　单击"样式"工具栏的"文字样式控制"下拉列表框，在弹出的下拉列表中选择"Standard"样式。选择"绘图"→"块"→"定义属性"菜单命令，然后在打开的"属性定义"对话框中设置表面粗糙度数值的属性标记、提示信息以及属性文字的字高和样式，如图7-58所示。

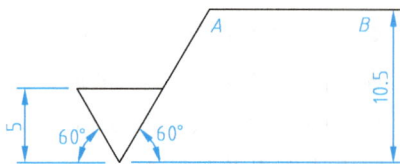

图7-57　绘制表面粗糙度符号

步骤4　单击"属性定义"对话框中的　确定　按钮，在合适位置单击，以放置属性标记。若文字位置不合适，还可使用"移动"命令将其进行移动，结果如图7-59所示。

步骤5　单击"绘图"工具栏中的"创建块"按钮，在打开的"块定义"对话框"名称"文本

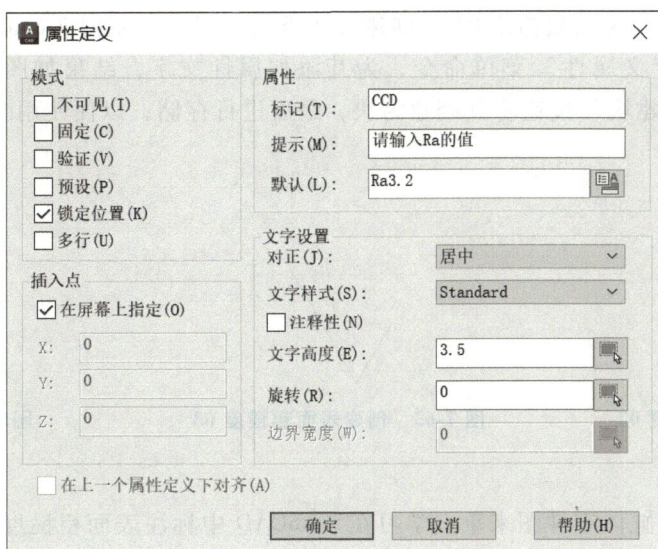

图 7-58 设置"属性定义"

框中输入块的名称，然后单击"拾取点"按钮 🔳，捕捉并单击图 7-59 所示的端点 *C*，以指定插入基点，接着单击"选择对象"按钮 🔳，选取整个图形（包括属性文字）为块对象，按〈Enter〉键结束对象选取，如图 7-60 所示，最后选中"保留"单选按钮并单击 **确定** 按钮，即可创建块。

步骤 6 为了使该块能够在所有文件中使用，可先将其存储。即在命令行中输入"WBLOCK"并按〈Enter〉键，然后在打开的"写块"对话框中选中"块"单选按钮，单击其后的列表框，在弹出的下拉列表中选择要存储的块，如图 7-61 所示。接着单击 … 按钮，在弹出的对话框中设置该块的存储路径，最后单击 **确定** 按钮，完成"表面粗糙度 01"块文件的存储。

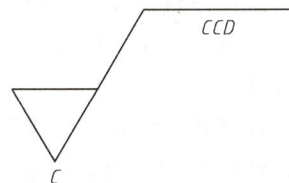

图 7-59 注写属性标记

图 7-60 设置创建块时的基点和块对象

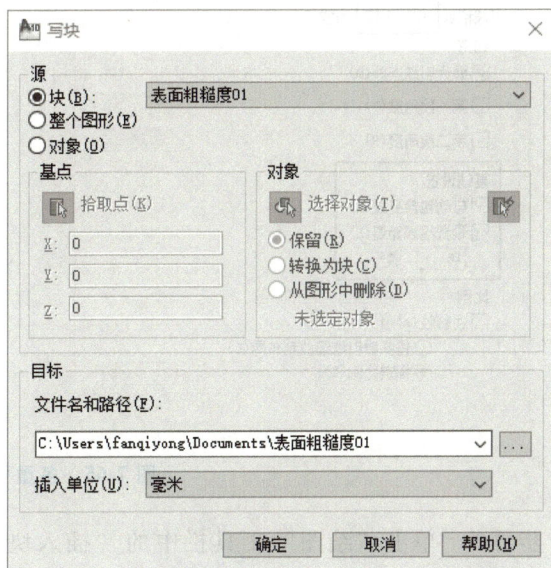

图 7-61 存储创建的"表面粗糙度 01"

步骤 7 参照上述方法分别绘制图 7-62 和图 7-63 所示图形，将其定义为块后并存储在相关文件夹中。

2. 创建基准符号

基准符号的创建方法与表面粗糙度 01 的创建方法类似，即先绘制图 7-64a 所示的图形，然后选择
"绘图"→"块"→"定义属性"菜单命令，为其添加属性文字，结果如图 7-64b 所示，接着使用
"绘图"工具栏中的"创建块"按钮将其创建为块，最后进行存储，以便使用时直接调用。

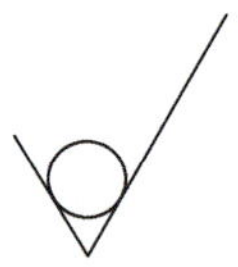

图 7-62　创建表面粗糙度 02

图 7-63　创建表面粗糙度 03

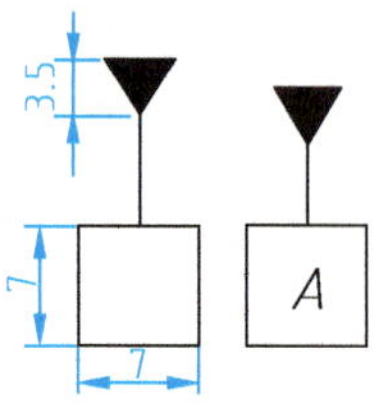

图 7-64　创建基准符号

3. 绘制缸体零件图

下面通过绘制并标注缸体零件图来重点学习在 AutoCAD 中标注表面粗糙度代号、基准符号和几何
公差的方法。

步骤 1　打开项目五中任务四定制的"A3 样板图 . dwg"文件，然后根据图 7-52 所示缸体尺寸图
绘制缸体零件的工作图样。

步骤 2　将"标注"图层设置为当前图层，然后使用"标注"工具栏中的相关命令标注零件的公
称尺寸。

步骤 3　单击"样式"工具栏中的"多重引线样式"按钮，在打开的对话框中单击"修改"按
钮，然后在"修改多重引线样式：Standard"对话框中打开"内容"选项卡，从"多重引线类型"下
拉列表中选择"无"；打开"引线格式"选项卡，将箭头样式设置为"实心闭合"，大小设置为 3.5；
打开"引线结构"选项卡，其设置如图 7-65a 所示。

步骤 4　关闭对话框，单击"多重引线"工具栏中的"多重引线"按钮，完成多重引线的标注，
如图 7-65b 所示。

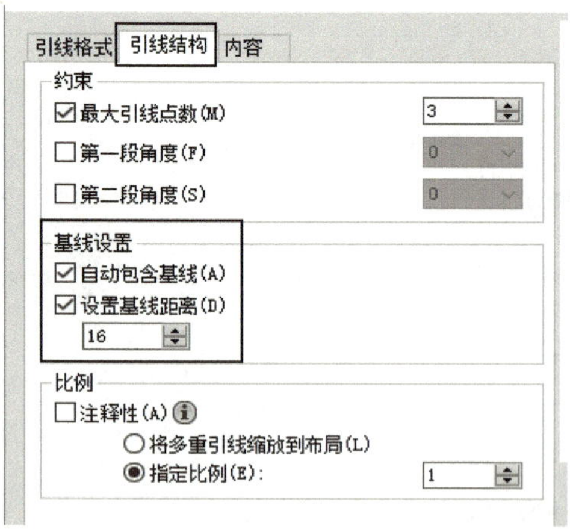

a)

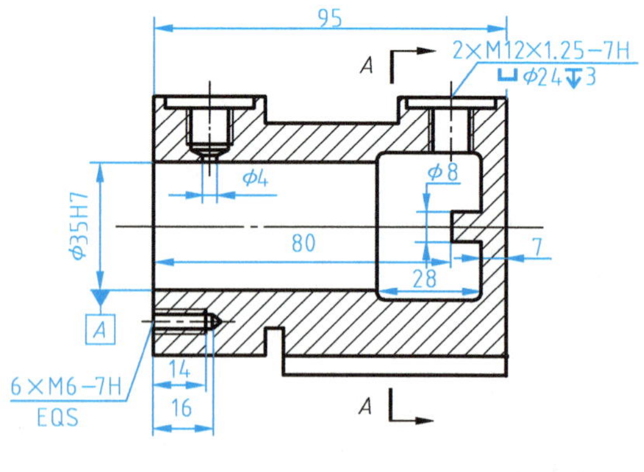

b)

图 7-65　多重引线样式设置并标注

步骤 5　单击"绘图"工具栏中的"插入块"按钮 ，在右侧打开的"插入块"对话框中单击
"当前图形"，如图 7-66 所示，然后选择之前存储的"表面粗糙度 01"文件并在合适位置单击，在弹
出的对话框中输入"Ra1.6"并按"确定"按钮，结果如图 7-67 所示。

步骤 6　采用同样的方法插入其他表面粗糙度符号，并参照尺寸图设置其粗糙度值。

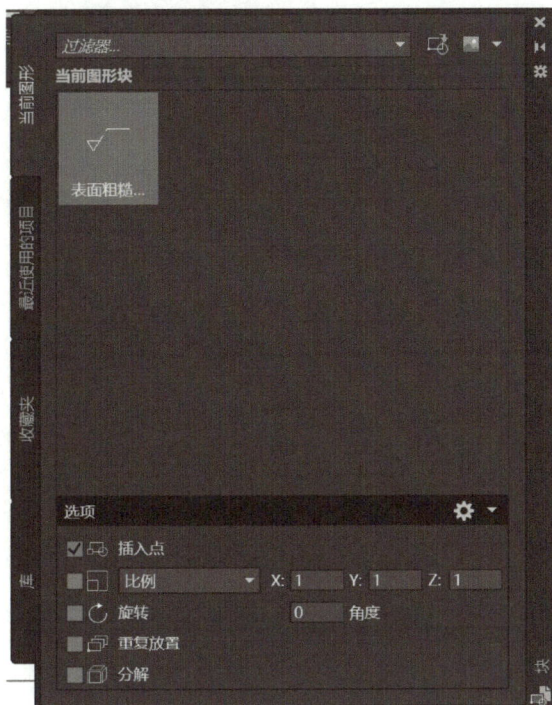

图 7-66　"插入块"对话框

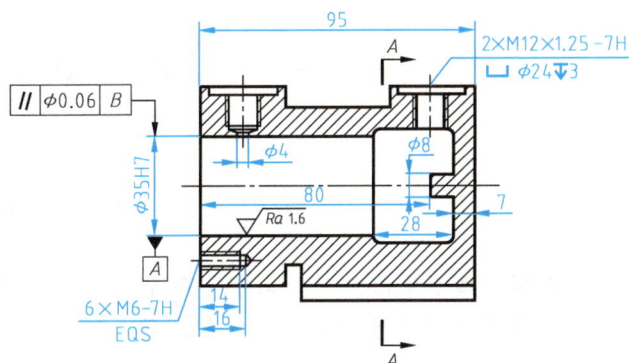

图 7-67　插入表面粗糙度

提示：在插入表面粗糙度符号时，除使用"插入块"命令外，还可以使用"复制"命令将图中已经标注的属性块复制到所需位置，然后双击该块，在打开的"增强属性编辑器"对话框中修改其参数值。

步骤 7　如图 7-67 所示，单击"多重引线"工具栏中的"多重引线"按钮 ，为几何公差添加多重引线。接着单击"标注"工具栏中的"公差"按钮 ，在打开的"几何公差"对话框中设置各参数，如图 7-68 所示。

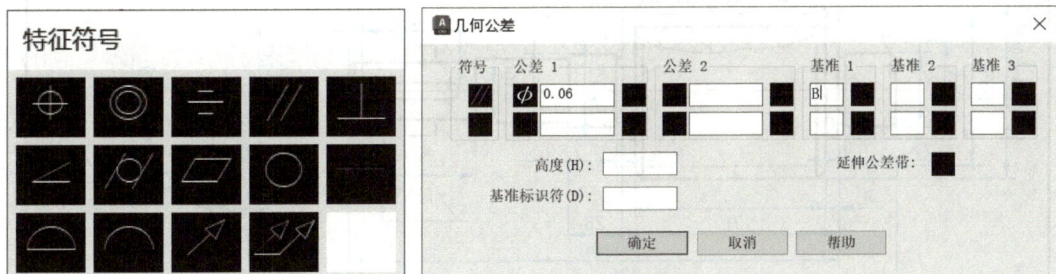

图 7-68　设置几何公差的参数

步骤 8　单击"几何公差"对话框中的 确定 按钮，然后在要放置该几何公差的位置处单击。

步骤 9　采用同样的方法标注其他几何公差和基准符号，其操作方法与插入表面粗糙度相同。在标注倾斜或竖直方向上的表面粗糙度和几何公差时，可先在绘图区任意位置插入该符号，然后利用"旋转"和"移动"命令将其移动到所需位置即可。

步骤 10　单击"绘图"工具栏中的"多行文字"按钮 A，在标题栏上方的空白处单击两点，以指定编辑框的位置和尺寸，然后输入图 7-69 所示文字。

步骤 11　单击文字编辑器面板中"关闭文字编辑器"按钮 ，即可完成多行文字的注写。完成图如图 7-52 所示。

233

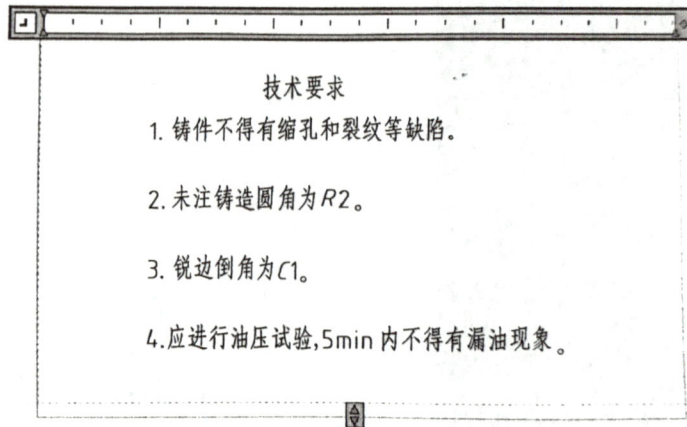

图 7-69　多行文字输入

> **提示**：由于使用"多行文字"命令注写的文字可编辑性较强，所以，在注写零件图的技术要求时，应尽量使用"多行文字"命令注写。

巩固练习

作图题

1. 打开 A3 样板图，应用 AutoCAD 软件按照 1∶1 的比例绘制轴类零件图。

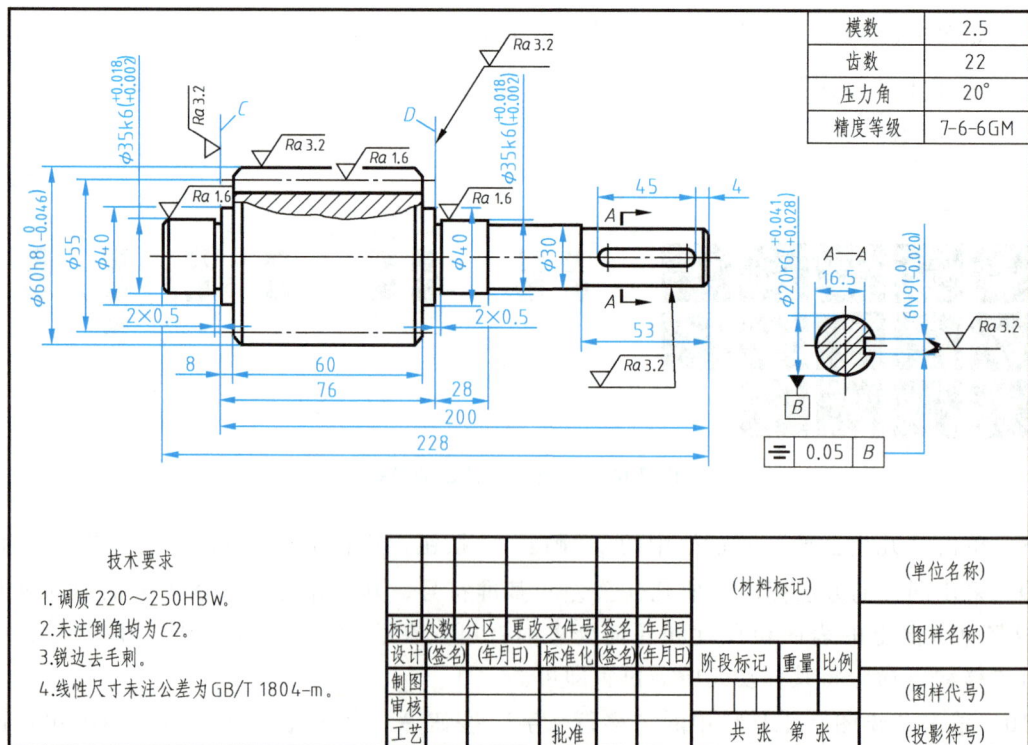

模数	2.5
齿数	22
压力角	20°
精度等级	7-6-6GM

技术要求
1. 调质220～250HBW。
2. 未注倒角均为C2。
3. 锐边去毛刺。
4. 线性尺寸未注公差为GB/T 1804-m。

2. 打开 A3 样板图，应用 AutoCAD 软件按照 1∶1 的比例绘制法兰盘零件图。
3. 应用 AutoCAD 软件按照 1∶1 的比例抄画阀体零件图。

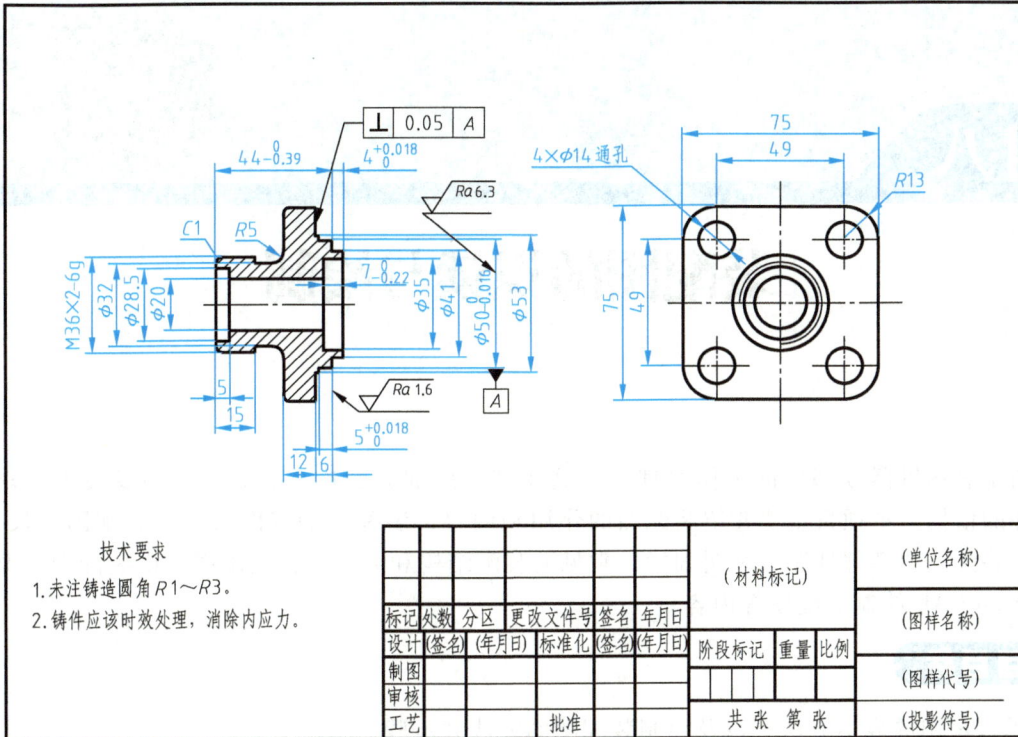

技术要求

1. 未注铸造圆角 R1～R3。
2. 铸件应该时效处理，消除内应力。

标记	处数	分区	更改文件号	签名	年月日	(材料标记)			(单位名称)
设计	(签名)	(年月日)	标准化	(签名)	(年月日)				(图样名称)
制图						阶段标记	重量	比例	
审核									(图样代号)
工艺			批准			共 张 第 张			(投影符号)

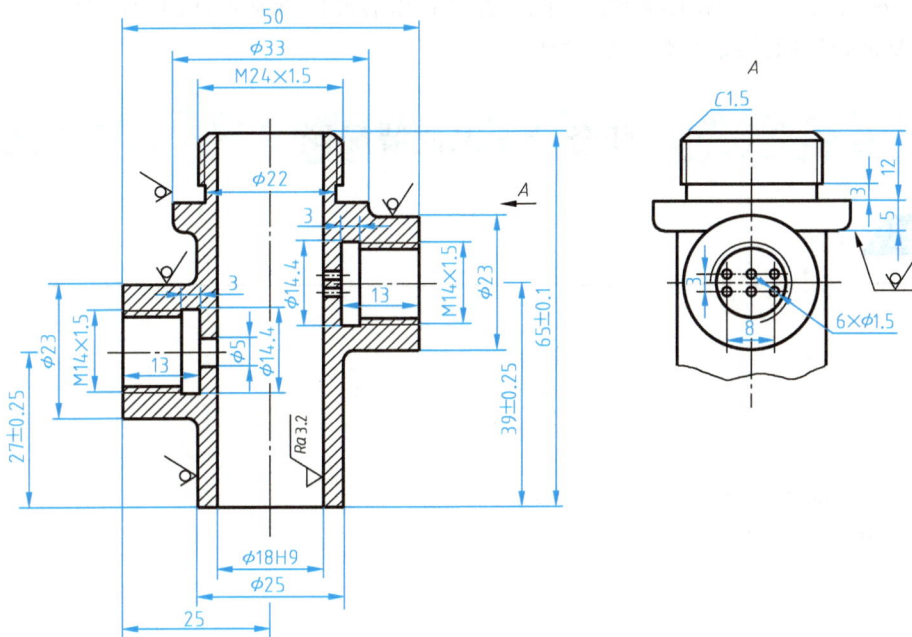

项目八

装配图的识读与绘制

装配图是表达机器或部件的工作原理、产品及其组成部分的连接、装配关系及技术要求的图样，是装配部件的依据。本项目主要介绍装配图的作用和内容，装配体的视图表达、装配图的尺寸注法和技术要求，装配图的零部件序号和明细栏，常见的装配结构和装置，读装配图和由装配图拆画零件图，以及应用 Auto CAD 绘制装配图等内容。

🔆 项目目标

1. 熟悉装配图的表达方法，以及绘制装配图的方法和步骤。
2. 掌握读装配图的方法，能正确识读装配图并具备由装配图拆画零件图的能力。
3. 能应用 AutoCAD 间接或直接绘制装配图。

任务一　识读装配图

学习任务单

任务目标	知识点： 1）了解装配图的基本内容 2）掌握识读装配图的步骤和方法
	技能点：能读懂一般复杂程度的装配图

(续)

读图 8-1 所示的球阀装配图,看懂其装配关系和工作原理以及主要零件的结构形状

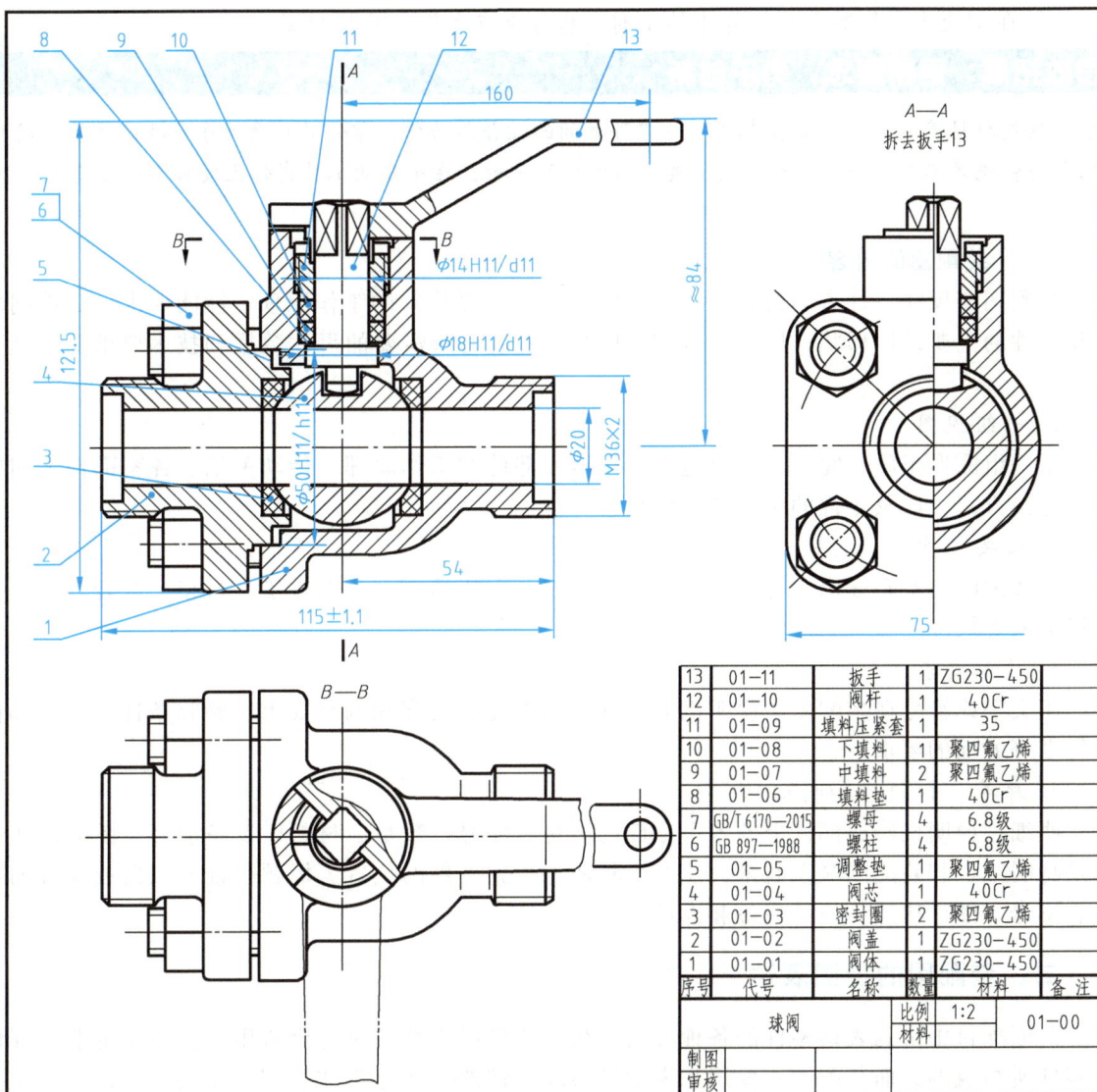

图 8-1 球阀装配图

13	01-11	扳手	1	ZG230-450	
12	01-10	阀杆	1	40Cr	
11	01-09	填料压紧套	1	35	
10	01-08	下填料	1	聚四氟乙烯	
9	01-07	中填料	2	聚四氟乙烯	
8	01-06	填料垫	1	40Cr	
7	GB/T 6170-2015	螺母	4	6.8级	
6	GB 897-1988	螺柱	4	6.8级	
5	01-05	调整垫	1	聚四氟乙烯	
4	01-04	阀芯	1	40Cr	
3	01-03	密封圈	2	聚四氟乙烯	
2	01-02	阀盖	1	ZG230-450	
1	01-01	阀体	1	ZG230-450	
序号	代号	名称	数量	材料	备注

球阀　比例 1:2　材料　01-00
制图　审核

任务分析 要完成该任务,需要了解装配图的作用和内容,装配图的视图表达,装配体中常见的结构和装置,装配体的零部件序号与明细栏,装配图的尺寸标注,读装配图步骤等内容

成果评定 以小组为单位完成球阀装配图的识读,进行自评、互评和教师评价后给定综合评定成绩

相关知识

一、装配图的作用和内容

(一)装配图及其作用

机器或部件都是由若干零件按一定的装配关系和技术要求装配而成的,用来表达机器或部件的图样称为装配图。在机械产品的设计过程中,一般先根据设计要求画出装配图,再根据装配图提供的总体结构和尺寸拆画零件图。装配图分为总装配图和部件装配图,总装配图一般用于表达机器的整体情况和各部件或零件间的相对位置,而部件装配图用于表达机器上某一个部件的情况和部件上各零件的相对位置。

装配图是设计、制造和使用机器或部件的重要技术文件。它在以下几个方面起着重要作用:

1) 在机器生产过程中，根据装配图将零件装配成机器或部件。

2) 在机器使用过程中，装配图可帮助使用者了解机器或部件的结构、性能和使用方法等。

3) 在交流生产经验和采用先进技术时，也经常参考先前的装配图。

思政拓展：更新理念，勇于创新

　　任何机械产品的功能实现都离不开零件之间的配合与协作，零件的质量关乎产品的质量。同样，个人能力的展现离不开良好的平台，我们要珍惜所处的平台，在平凡的工作岗位上发挥自己应有的作用。

（二）装配图的内容

装配图要反映设计者的设计意图、表达机器（或部件）的工作原理、性能要求、零件间的装配关系和零件的主要结构形状，以及在装配、检验、安装时所需要的尺寸数据和技术要求等。其具体内容如下。

1. 一组视图

用一组图形正确、完全、清晰地表达机器或部件的工作原理、传动关系、各零部件之间的装配关系和连接方式，以及零件的主要结构形状。

2. 必要尺寸

在装配图中不必标出全部尺寸，只须标注出有关机器或部件的性能、规格、配合、安装、外形和连接关系等尺寸。

3. 技术要求

用文字或符号在装配图中说明机器或部件的性能、装配和调整要求、验收条件、试验和使用、维护规则等方面的要求。

4. 序号、标题栏和明细栏

明细栏说明机器或部件上的各个零件的名称、序号、数量、材料以及备注等。图上标注序号的作用是将明细栏和装配图联系起来，使看图时便于找到零件的位置。标题栏说明机器或部件的名称、数量、图号、图样比例、设计单位和人员、日期等。

二、装配图的视图表达

前面项目中讲到表达零件的各种方法，在表达机器或部件时完全适用。但由于机器或部件是由若干零件所组成的，而装配图主要用来表达机器或部件的工作原理和装配、连接关系，以及主要零件的结构形状，因此，国家标准还提出了一些规定画法和特殊表达方法。

（一）规定画法

1) 两零件的接触表面或基本尺寸相同且相互配合的工作面只画一条线表示公共轮廓。若两零件表面不接触或基本尺寸不相同，即使间隙很小，也必须画成两条线，如图8-2所示。

2) 相邻两个或多个零件的剖面线应有区别，或者方向相反，或者方向一致但间隔不等，或相互错开，如图8-3所示。同一零件不同视图的剖面线方向和间隔必须一致，这样有利于找出同一零件的各个视图，想象其形状和装配关系。

3) 为简化作图，对于标准件（如螺栓、螺母、键、销等）和实心件（如球、手柄、连杆、拉杆、键、销等），若纵向剖切且剖切平面通过其对称平面或基本轴线时，则这些零件均按不剖绘制，如图8-4所示。

（二）特殊表达方法

1. 拆卸画法

当某些零件的图形遮住了其后面需要表达的零件，或在某一视图上不需要画出某些零件时，可先拆去这些零件后再画；也可选择沿零件结合面进行剖切的画法。如在图8-2所示的滑动轴承装配图中，俯视图就采用了后一种拆卸画法。

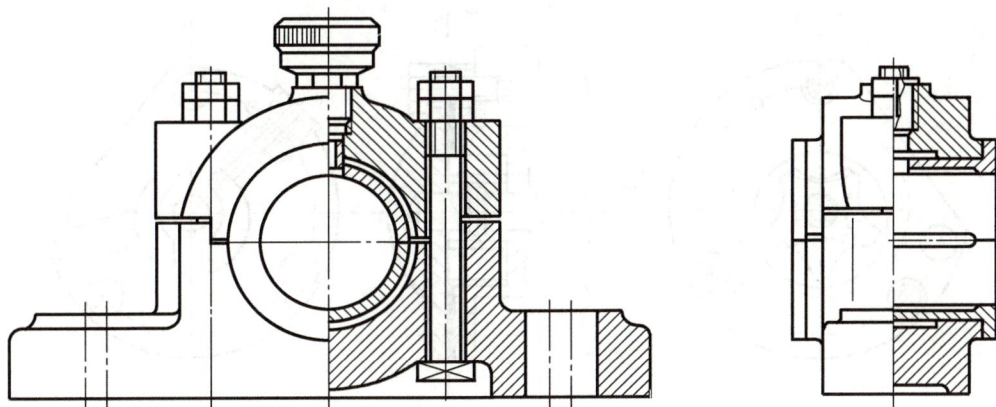

图 8-2　接触面和非接触面

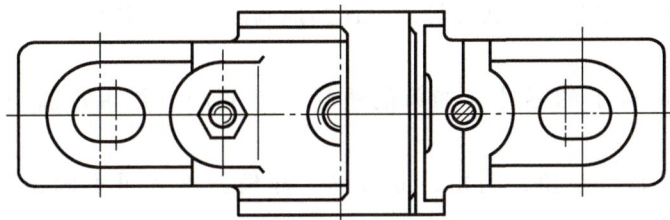

图 8-3　装配图中剖面线的画法

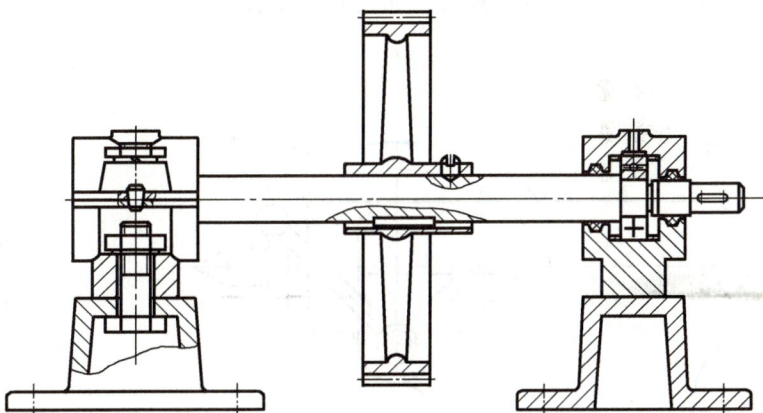

图 8-4　剖视图中不剖零件的画法

2. 单独表达某零件的画法

如所选择的视图已将大部分零件的形状、结构表达清楚，但仍有少数零件的某些方面还未表达清楚时，可单独画出这些零件的视图或剖视图，如图 8-5 所示的转子油泵中的泵盖 B 向视图。

3. 假想画法

1）为表示部件或机器的作用、安装方法，可将与其相邻的零件、部件的部分轮廓用双点画线画出，如图 8-5 所示，假想轮廓的剖面区域内不画剖面线。

2）当需要表示运动零件的运动范围或运动的极限位置时，可按其运动的一个极限位置绘制图形，再用双点画线画出另一极限位置的图形，如图 8-6 所示。

4. 夸大画法

在画装配图时，有时会遇到薄片零件、细丝弹簧、微小间隙等，对于这些零件或间隙，无法按其实际尺寸画出，或者虽能如实画出，但不能明显地表达其结构时，均可采用夸大画法，即将这些结构适当夸大后再画出。

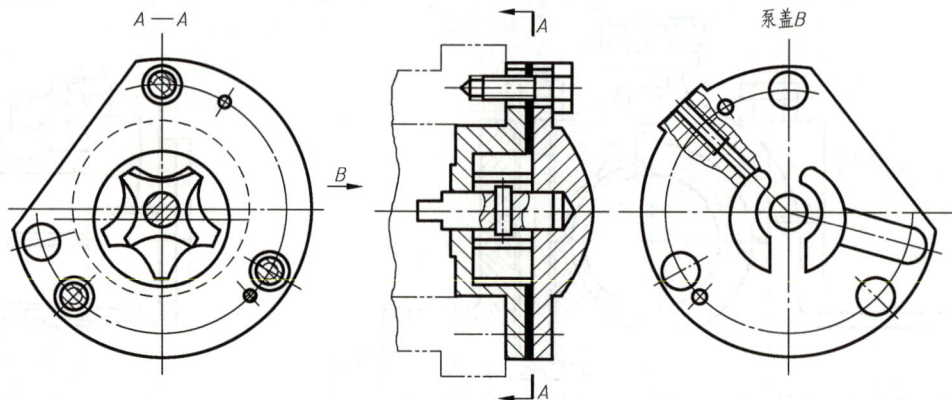

图 8-5 转子油泵

（三）简化画法

1）对于装配图中若干相同的零、部件组如螺栓联接等，可详细地画出一组，其余只须用点画线表示其位置即可，如图 8-7 所示。

2）在装配图中，对于厚度在 2mm 以下的零件（如薄的垫片等）的剖面线可用涂黑代替，如图 8-7 所示。

3）在装配图中，零件的工艺结构如小圆角、倒角、退刀槽、起模斜度等可不画出，如图 8-7 所示。

4）在装配图中，滚动轴承允许采用简化画法，如使用通用画法、特征画法或只详细画出一半图形，另外一半采用通用画法，如图 8-7 所示。

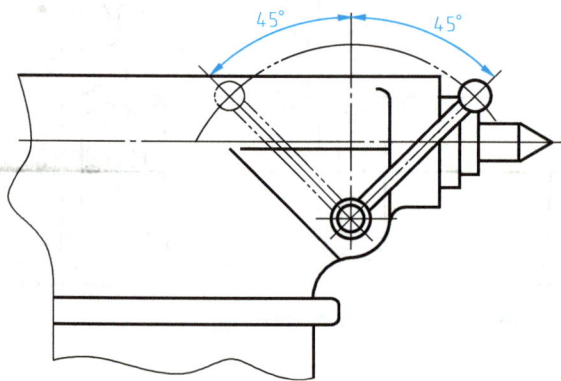

图 8-6 运动零件的极限位置

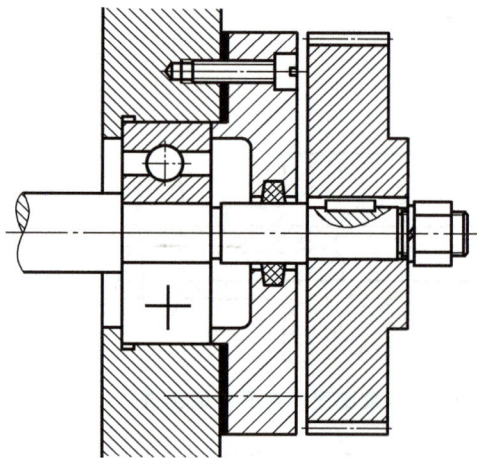

图 8-7 装配图中的简化画法

三、装配图的尺寸注法和技术要求

（一）装配图的尺寸注法

装配图不是制造零件的直接依据，因此，装配图中不须标注出零件的全部尺寸，而只须标注出一些必要的尺寸。下面以球阀装配图为例讲解装配图的尺寸标注。这些尺寸按其作用的不同，大致可分为以下几类。

1. 性能（规格）尺寸

表示机器或部件性能（规格）的尺寸，在设计时已经确定，也是设计、了解和选用该机器或部件的依据，如球阀装配图中球阀的通径 $\phi20$。

2. 装配尺寸

装配尺寸包括保证有关零件间配合性质的尺寸、保证零件间相对位置的尺寸、装配时进行加工的有关尺寸等。如阀盖和阀体的配合尺寸 $\phi 50H11/h11$ 等。

3. 安装尺寸

安装尺寸是机器或部件安装时所需的尺寸，如球阀装配图中安装有关的尺寸有 ≈ 84、54、M36×2 等。

4. 外形尺寸

外形尺寸表示机器或部件外形轮廓的大小，即总长、总宽和总高。它为包装、运输和安装过程中所占空间的大小提供了数据。如球阀的总长、总宽和总高分别为 115±1.1、75 和 121.5。

5. 其他重要尺寸

其他重要尺寸是在设计中确定，又不属于上述几类尺寸的一些重要尺寸，如主要零件的重要尺寸等。

上述五类尺寸之间并不是孤立无关的。实际上有的尺寸往往同时具有多种作用，例如球阀中的尺寸 115±1.1，它既是外形尺寸，又与安装有关。此外，一张装配图中有时也并不全部具备上述五类尺寸。因此，对装配图中的尺寸需要具体分析，然后进行标注。

（二）装配图的技术要求

装配图的技术要求是指机器或部件在装配、安装、调试过程中有关数据和性能指标，以及在使用、维护和保养等方面的要求。这些内容应在标题栏附近以"技术要求"为标题逐条写出。若技术要求仅一条时，则不必编号，但不得省略标题。

四、装配图中的零、部件序号和明细栏

在生产中，为便于图样管理、生产准备、机器装配和看懂装配图，对装配图上各零、部件都要标注序号。序号是为了方便看图编制的。

（一）零、部件编号

1. 一般规定

1）装配图中所有的零、部件都必须标注序号。规格相同的零件只标一个序号，如标准化组件中的滚动轴承、电动机等，可看作一个整体标注一个序号。

2）装配图中零、部件序号应与明细栏中的序号一致。

3）同一装配图中序号标注形式应一致。

2. 序号的组成

装配图中的序号一般由指引线、圆点、横线（或圆）和序号数字组成，如图8-8所示。其中指引线、圆、横线均采用细实线。

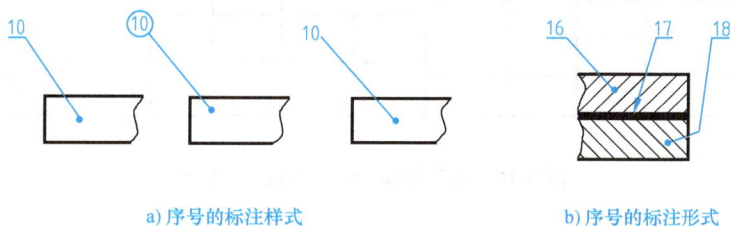

a) 序号的标注样式　　　　　　　　b) 序号的标注形式

图8-8　序号的组成

具体要求如下：

1）序号应标注在图形轮廓线的外边，并按图8-8a所示样式进行标注，但同一张装配图中只能选择一种样式，横线或圆用细实线画出。

2）指引线应从所指零件的可见轮廓内引出，并在末端画一小圆点。若指引线末端不便画出圆点时，则可在指引线末端画出箭头，箭头指向该零件的轮廓线，如图 8-8b 所示。

3）指引线尽可能分布均匀且不要与轮廓线、剖面线等图线平行；指引线之间不允许相交，但必要时允许弯折一次，如图 8-8b 所示。

4）序号数字字号应比装配图中的尺寸数字大一号。

3. 零件组序号

对紧固件组或装配关系清楚的零件组，允许采用公共指引线，如图 8-9 所示。

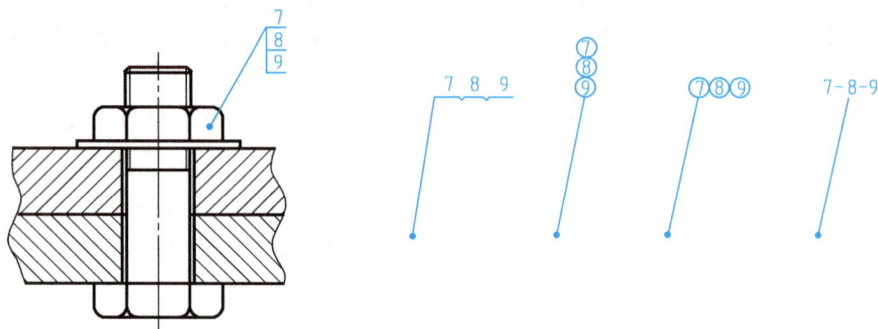

图 8-9 零件组序号

4. 序号的排列

零件的序号应按顺时针或逆时针方向在整个一组图形外围顺次整齐排列，并尽量使序号间隔相等，如图 8-1 所示。

（二）标题栏及明细栏

标题栏格式由前述的 GB/T 10609.1—2008 确定，明细栏则按 GB/T 10609.2—2009 规定绘制，如图 8-10 所示。

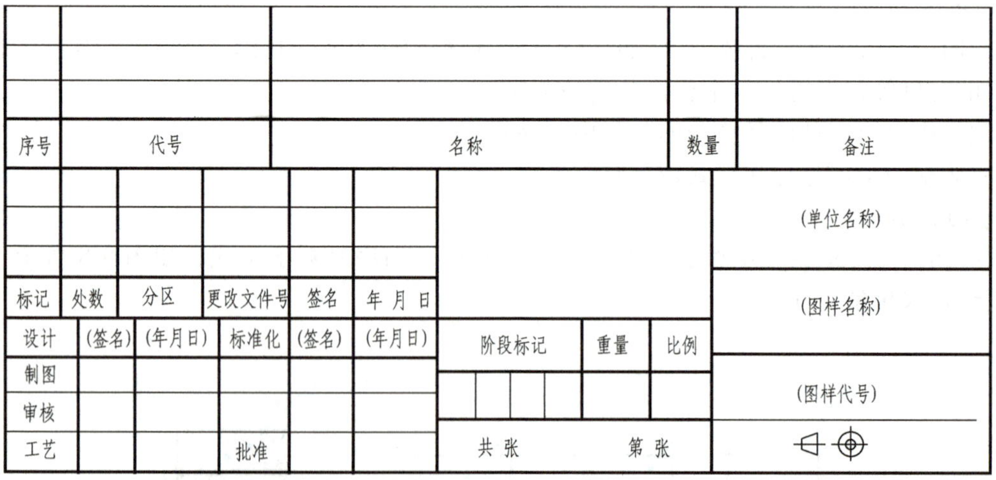

图 8-10 装配图标题栏和明细栏格式

绘制和填写标题栏、明细栏时应注意以下问题：

1）明细栏和标题栏的分界线是粗实线，其他线既有粗实线，又有细实线，须注意区分。

2）明细栏中的序号应自下而上顺序填写，如果向上延伸位置不够，则可以在标题栏紧靠左边的位置自下而上延续。

3）标准件的国家标准代号可写入备注栏。

五、常见的装配结构和装置

在设计和绘制装配图与零件图的过程中，应考虑到装配结构的合理性，以确保机器和部件的性能，并给零件的加工和装拆带来方便。现举例说明，以供绘图时参考。

1）当轴和孔配合，且轴肩与孔的端面相互接触时，应在孔的接触端面制成倒角或在轴肩的根部切槽，以保证两零件接触良好，如图 8-11 所示。

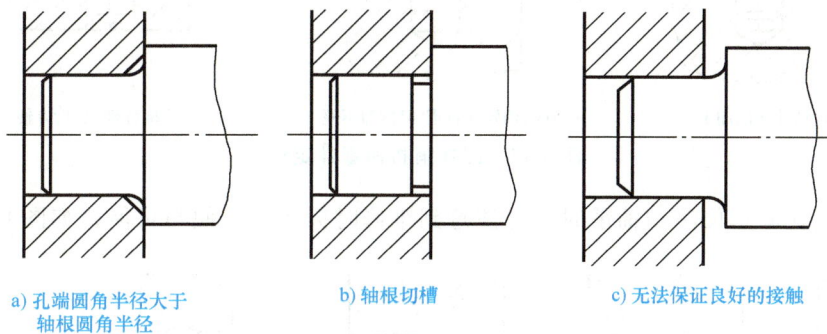

a) 孔端圆角半径大于　　　b) 轴根切槽　　　c) 无法保证良好的接触
　　 轴根圆角半径

图 8-11　切槽结构

2）当两个零件接触时，在同一个方向上的接触面，最好只有一个，这样既可以满足装配要求，制造也较方便，如图 8-12 所示。

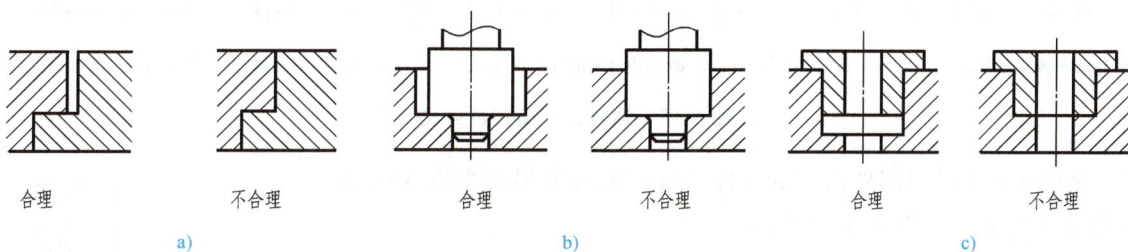

合理　　　不合理　　　合理　　　不合理　　　合理　　　不合理

a)　　　　　　　　b)　　　　　　　　c)

图 8-12　同一个方向上的接触面

3）当零件用螺纹紧固件联接时，应考虑到在装、拆过程中紧固件及其工具所需的空间，如图 8-13 所示。

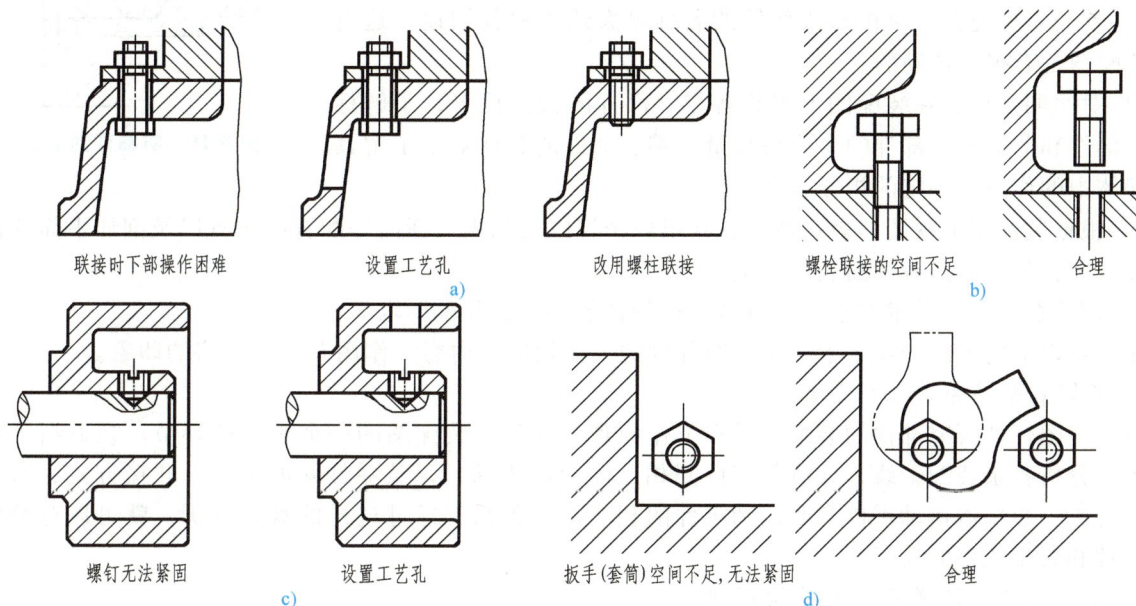

联接时下部操作困难　　设置工艺孔　　改用螺柱联接　　螺栓联接的空间不足　　合理

a)　　　　　　　　　　　　　　　　　　　　　　b)

螺钉无法紧固　　设置工艺孔　　扳手(套筒)空间不足,无法紧固　　合理

c)　　　　　　　　　　　　　　　d)

图 8-13　装、拆过程中紧固件及其工具所需的空间

4）为了保证两零件在装拆前后不致降低装配精度，通常用圆柱销或圆锥销将两零件定位。销孔是在第一次装配时在两零件上同时加工完成的，如图8-14所示。

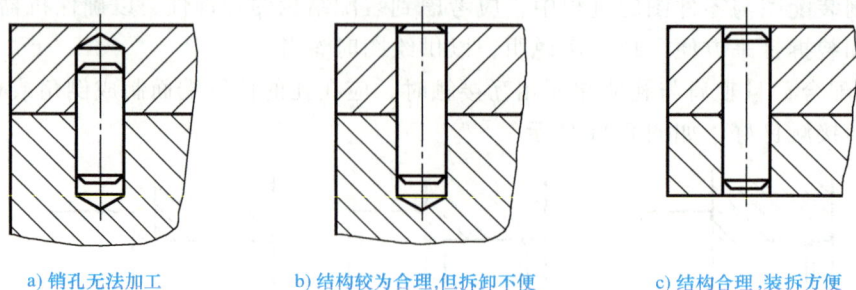

a) 销孔无法加工　　　b) 结构较为合理,但拆卸不便　　　c) 结构合理,装拆方便

图 8-14　圆柱销将两零件定位

5）在用轴肩或孔肩定位滚动轴承时，应注意到维修时拆卸的方便与可能，如图8-15所示。

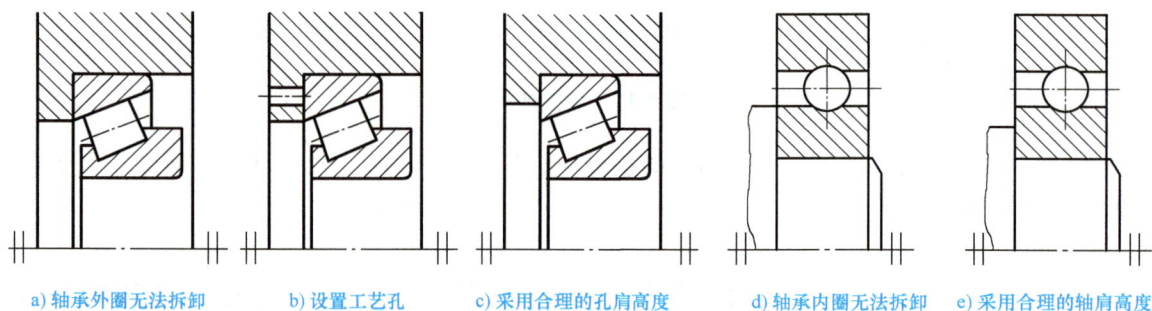

a) 轴承外圈无法拆卸　　b) 设置工艺孔　　c) 采用合理的孔肩高度　　d) 轴承内圈无法拆卸　　e) 采用合理的轴肩高度

图 8-15　轴肩、孔肩定位结构

6）为了防止机器或部件内部的流体向外渗漏和外界灰尘进入内部，需采用防漏密封装置，如图8-16所示。

六、读装配图和由装配图拆画零件图

（一）读装配图的步骤和方法

1．概括了解

1）首先看标题栏，由机器或部件的名称可大致了解其用途，这对读懂装配图是有很大帮助的。

2）对照明细栏，在装配图上查找各零、部件的大致位置，了解标准零、部件和非标零、部件的名称与数量。零、部件的名称对于了解其在装配体中的作用有一定的指导意义。

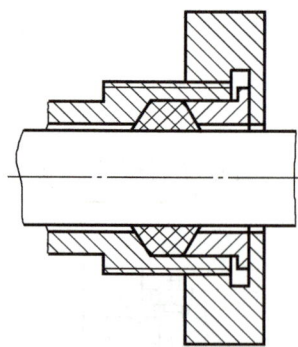

图 8-16　防漏密封装置

3）根据装配图上视图的表达情况，找出各个视图及剖视、断面等配置的位置以及剖切平面的位置和投影方向，从而搞清各视图表达的重点。

4）阅读装配图的技术要求，了解装配体的性能参数、装配要求等信息。

通过对以上内容的初步了解，可以对部件的大体轮廓、内容、作用有一个概略的印象。

2．了解装配关系和工作原理

对照视图仔细研究部件的装配关系和工作原理，这是读装配图的一个重要的环节。在概括了解的基础上，分析各条装配干线，弄清各零件间相互配合的要求，以及零件间的定位、联接方式、密封等问题。再进一步搞清运动零件和非运动零件的相对运动关系。经过这样的观察分析，就可以对部件的工作原理和装配关系有所了解。

3．分析零件，读懂零件的结构形状

分析零件，就是弄清每个零件的结构形状及其作用。一般先从主要零件着手，然后是其他零件。

当零件在装配图中表达不完整时，可对有关的其他零件仔细观察和分析后，再进行结构分析，从而确定该零件合理的内外形状。

（二）装配图中零件的分析

1. 零件的结构分析

对装配体中零件结构的分析是读装配图的重要内容。在读装配图时，应对所构成装配体的主要零件的作用进行分析，根据零件的结构特征及剖面线的异同等信息在各视图中划出该零件的大致范围，结合分析，判断出零件的完整轮廓。在装配图中零件的某些结构没有表达的，可以根据结构合理性原则自行确定，同时应注意在装配图中未画出的小圆角、小倒角、退刀槽等工艺结构。

2. 零件的尺寸分析

零件上的一些标准结构，如螺栓、螺钉的沉孔及其通孔、键槽、轴承孔等与标准件相配合使用的结构的尺寸应根据有关参数，查阅标准后得出。零件上与螺栓、螺钉结合使用的螺纹孔的深度必须通过计算螺栓或螺钉的规格以及相邻零件的厚度来确定，常用件的某些尺寸可根据已知的参数按照相关的设计公式来确定。

零件上的某些尺寸的确定要与相邻零件上相应结构的尺寸来确定，如端盖轮廓大小应与机体上端盖安装面的轮廓大小相一致，通过螺纹紧固件联接以及通过销定位的两零件上孔的位置应一致。

3. 零件的技术要求分析

零件图中尺寸公差应根据装配图中所注写的配合公差等内容查表后得到其极限偏差。其他尺寸的公差一般为未注公差。

表面粗糙度及几何公差的确定可以根据零件上各要素的功能、作用以及与相邻零件的联接、装配关系，结合已掌握的机械设计知识查阅相关资料后确定。

任务实施单

识读步骤	内容
1）概括了解	通过阅读图 8-1 所示球阀装配图的标题栏、明细栏可知该部件为球阀。阀是在管道系统中用于启闭和调节流体流量的部件。球阀是阀的一种。该部件是由两个标准件和 11 个非标准件组成。装配图中的基本视图有三个，主视图采用全剖，可以清晰地表达各组成零件的装配关系和工作原理；左视图采用半剖，既反映了球阀的内部结构，又反映了阀盖的外形以及螺柱联接的布局；俯视图采用了局部剖，不但反映了球阀的外形，还反映出手柄与其他零件的联接和定位关系
2）了解装配关系和工作原理	球阀的主视图较为完整地表达了它的装配关系。阀芯 4 是球阀的"核心"零件，根据主视图和左视图可知阀芯是球形的，阀芯上的圆柱孔同阀体 1 和阀盖 2 上的孔形成了整个球阀的通路。阀芯 4 与阀体 1 和阀盖 2 之间有密封圈。阀体 1 和阀盖 2 均带有方形的凸缘，它们用 4 个双头螺柱 6 和螺母 7 联接，并用合适的调整垫 5 调节阀芯 4 与密封圈 3 之间的松紧程度。阀芯 4 上有凹槽，而阀杆 12 下部有凸缘，榫接在阀芯 4 的凹槽中。阀杆 12 与阀体 1 之间加填料垫 8、中填料 9 和下填料 10，并且旋入填料压紧套 11。扳手 13 通过其方孔安装在阀杆 12 上部的四棱柱上 根据装配体中各零件的装配关系可以分析出球阀的工作原理是：扳手 13 的方孔套进阀杆 12 上部的四棱柱，当扳手处于图示的位置时，球阀全部开启，管道畅通；当扳手按顺时针方向旋转时，扳手带动阀杆，阀杆带动阀芯同时旋转，这时球阀的通径逐渐减小；当扳手旋转到 90° 时（俯视图双点画线所示位置），阀门完全关闭，管路断流。从俯视图的 B—B 局部剖视图中可以看到阀体 1 顶部定位凸块可以限制扳手 13 的旋转范围

（续）

识读步骤	内容

在这里只分析阀体1的结构形状，其余零件读者可以通过阅读装配图自行分析

阀体是球阀的主要零件之一。由主视图和俯视图可以看出，阀体的右端为圆柱管状，并带有一段用于联接的外螺纹，$\phi20$ 的圆孔为流体的通路。阀体的中间部分由球体和圆柱体组合而成，内有圆柱形腔体用来容纳阀芯和密封圈等零件。其上部为圆柱管状，内有用来旋入填料压盖套的螺纹；从俯视图中的 B—B 局部剖视中可以看到阀体顶部用来限制扳手旋转范围的定位凸块的形状。阀体左端的实形未直接在装配图中反映出来，但可以将阀体这一部分和阀盖的主视图和俯视图结合起来，并参照左视图中阀盖的凸缘形状可以得知阀体的凸缘形状是与之相对应的，如图 8-17 所示

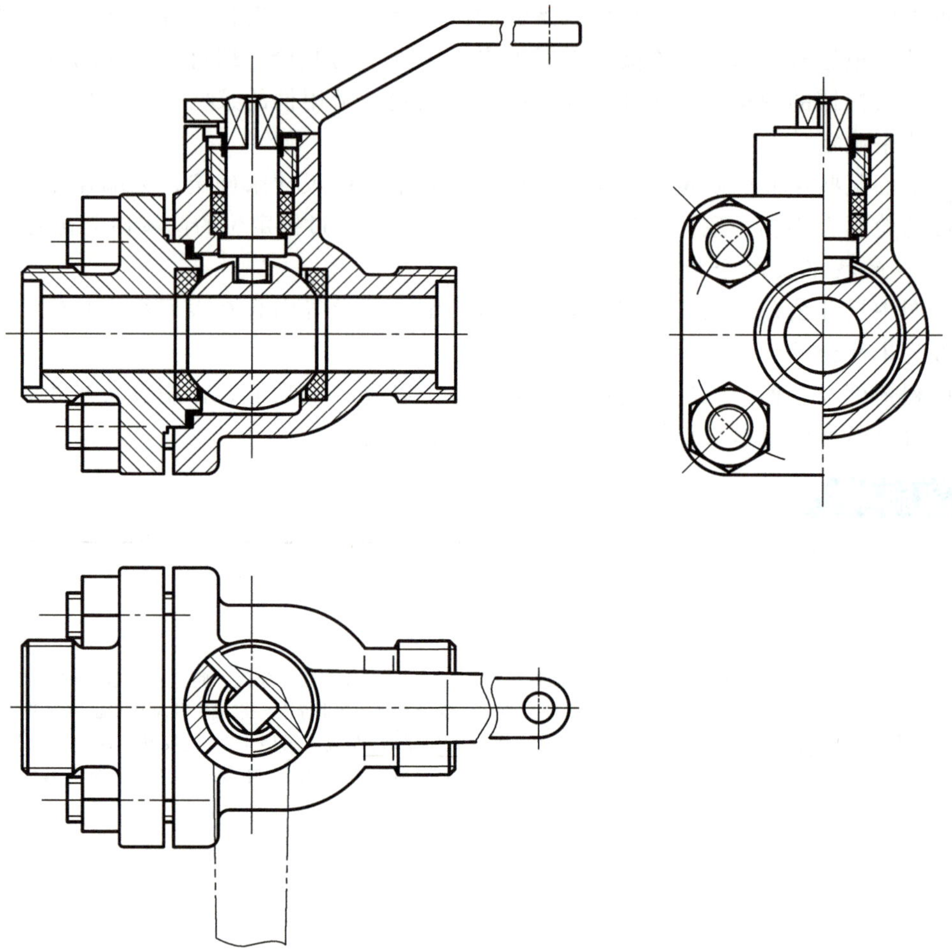

3）分析零件，读懂零件的结构形状

图 8-17　从装配图中找出阀体的轮廓

4）分析零件尺寸和技术要求

$\phi20$、M36×2、$\phi50$、$\phi18$、54、75 等尺寸是装配图中直接给出的阀体的部分尺寸。根据所选用螺柱的规格可以确定阀体上螺纹孔的规格。阀体上螺纹孔的位置以及安装面的轮廓大小和圆角半径应与阀盖一致

阀体的外表面多为用不去除材料的方法获得的表面。其他表面多为非接触面或是与非金属密封件的接触面，因而表面质量要求不高，Ra 的取值为 12.5μm 或 25μm。$\phi50$ 与 $\phi18$ 的表面虽为配合面，但由于采用的是大间隙、低精度的配合关系，因而 Ra 的取值为 6.3μm 是合理的

经过分析可以了解阀体的零件结构，如图 8-18 所示

（续）

识读步骤	内容

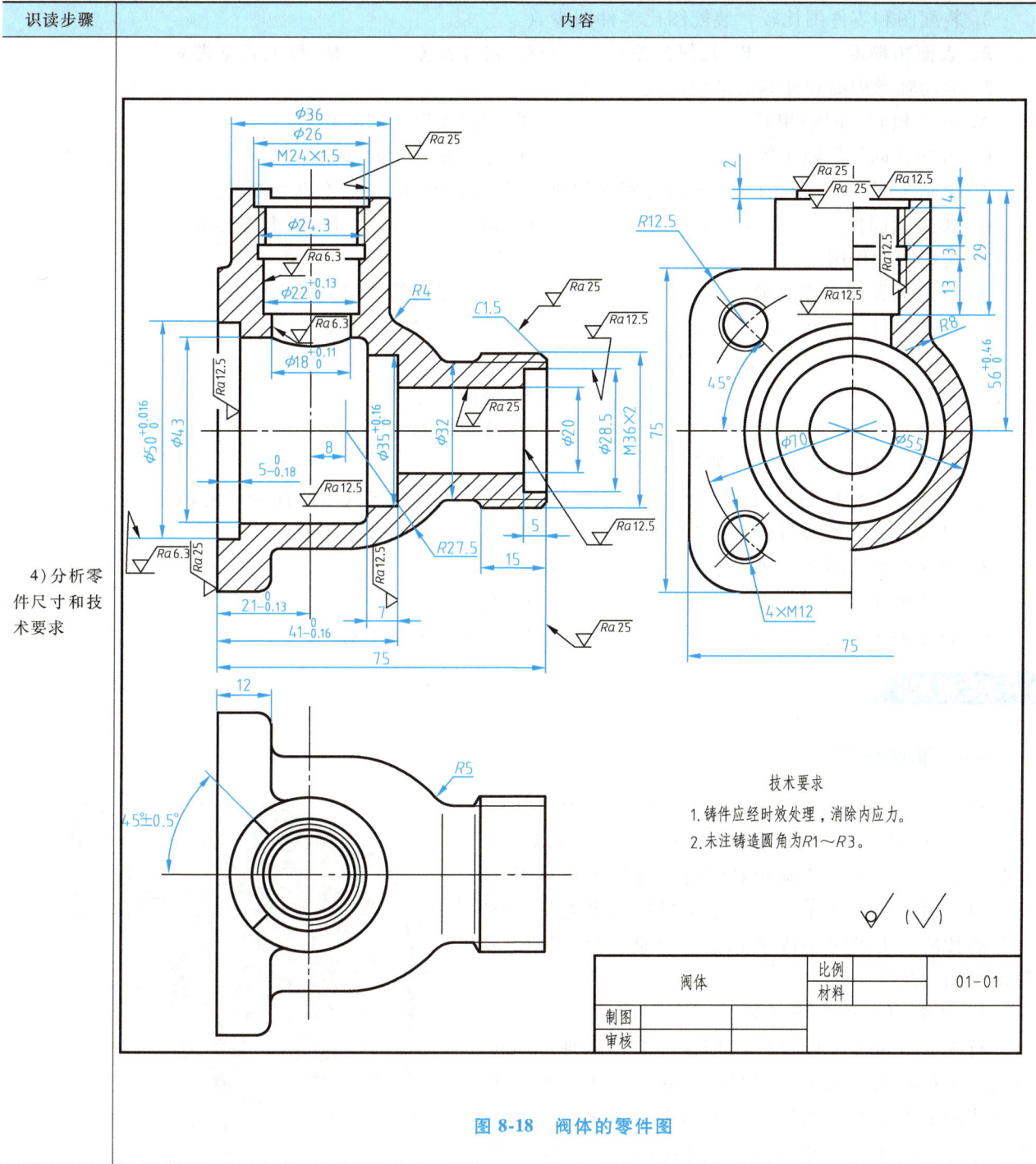

4）分析零件尺寸和技术要求

图 8-18　阀体的零件图

技术要求
1. 铸件应经时效处理，消除内应力。
2. 未注铸造圆角为R1～R3。

阀体	比例		01-01
	材料		
制图			
审核			

巩固练习

选择题

1. 为了表示部件或机器的作用和安装方法等，可将相邻零件或部件假想画出。下面关于假想画法的叙述正确的是（　　　）。

A. 假想画法中轮廓线用细双点画线绘制

B. 假想轮廓的剖面区域内不画剖面线

C. 上述两种叙述都对

D. 上述三种叙述都不对

2. 装配图和零件图比较，装配图比零件图少（   ）。

A. 表面粗糙度　　　　　　B. 几何公差　　　　　C. 尺寸偏差　　　　　D. 以上答案都对

3. 滚动轴承内圈和外圈的剖面线（   ）。

A. 方向相同、间隔相等　　　　　　　　　　B. 方向相反、间隔相等

C. 方向相同、间隔不等　　　　　　　　　　D. 方向相反、间隔不等

4. 绘制装配图时，若剖切平面通过零件的对称平面或轴线时，按不剖绘制的是（   ）。

A. 螺纹紧固件　　　　　　B. 键　　　　　　　C. 销　　　　　　　　D. 以上答案都对

5. 装配图的作用是（   ）。

A. 表达机器的工作原理　　　　　　　　　　B. 零件之间的装配关系

C. 主要零件的形状　　　　　　　　　　　　D. 以上三种叙述都对

6. 装配图上不需要标注的尺寸是（   ）。

A. 规格尺寸　　　　　　　　　　　　　　　B. 装配尺寸

C. 安装尺寸　　　　　　　　　　　　　　　D. 零件的结构尺寸

7. 明细栏中的"名称"一列是指（   ）。

A. 该零件图中标题栏内的图样名称　　　　　B. 加工零件时工人给零件命名的名称

C. 装配时工人给零件命名的名称　　　　　　D. 以上三种叙述都不对

8. 明细栏中的序号一列，序号应（   ）填写。

A. 自下而上　　　　　　　　　　　　　　　B. 自上而下

C. 自下而上或自上而下　　　　　　　　　　D. 以上答案都不对

拓展知识

一、部件测绘

对现有的机器或部件进行拆卸、测量、画出其草图，然后整理绘制出装配图和零件图的过程称为测绘。它是技术交流、产品仿制和对旧设备进行改造革新等工作中一项常见的技术工作，也是工程技术人员一项必备的技能。现以图 8-19 所示的齿轮泵为例，说明部件测绘的方法与步骤。

1. 了解和分析测绘对象

首先，应全面了解部件的用途、工作原理、结构特点、零件间的装配关系和联接方式等。该齿轮泵用于机床的润滑系统，把润滑油由油箱中输送到需要润滑的部件。图 8-19 为齿轮泵装配轴测图，图 8-20 为齿轮泵的工作原理图，它依靠一对齿轮的高速旋转运动输送润滑油。低压区的油充满齿轮的齿间，随着齿轮的转动，润滑油从低压区齿间带至高压区输出。主动齿轮和从动齿轮都是和轴做成一体的。主动齿轮轴通

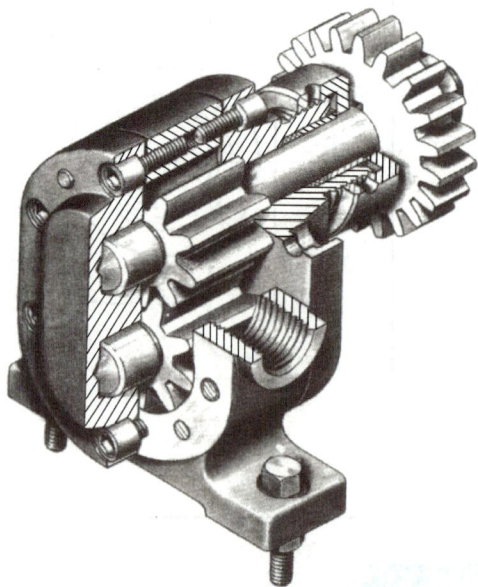

图 8-19　齿轮泵装配轴测图

过键联接传动齿轮，获得动力。为了防止润滑油漏出，在泵体与左、右端盖之间各加了一个垫片。在右端盖上与主动齿轮轴配合部位有填料密封装置。泵体和左、右端盖是根据一对相互啮合的齿轮的轮廓设计成长圆形。泵体和左、右端盖之间分别由两个定位销和 6 个螺钉联接、定位。泵体上的输入油孔与输出油孔用管螺纹与输油管相联接。

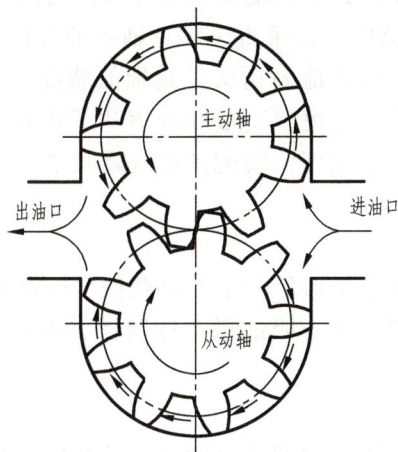

图 8-20　齿轮泵工作原理图

齿轮泵的工作原理图

2. 拆卸部件和画装配示意图

拆卸部件必须按顺序进行，也可先将部件分为若干组成部分，再依次拆卸。

装配示意图是用简单线条和机构运动简图符号表示各零件的相互关系和大致轮廓。它的作用是指明有哪些零件和它们装在什么地方，以便把拆散的零件按原样重新装配起来，还可供画装配图时参考，图 8-21 是齿轮泵的装配示意图。

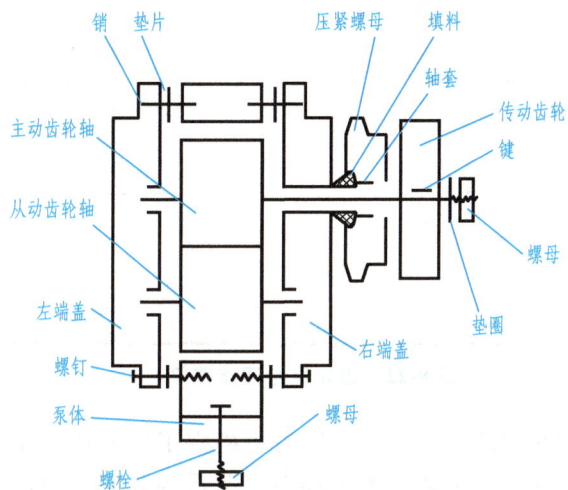

图 8-21　齿轮泵的装配示意图

3. 绘制零件草图

分清标准件和非标准件，做出相应的记录。标准件只须在测量其规格尺寸后查阅标准确定其标准规格，按照规定注明标记，不必画出零件草图和零件图。非标准件必须测绘并画出零件草图。零件的测绘方法在项目七中已做介绍，在此不再赘述。

4. 画装配图和零件图

根据测绘的零件草图和装配示意图画出装配图。画装配图时，应确定零件间的配合性质，在装配图和零件图上分别注明相关尺寸的公差带代号和上、下极限偏差。对有问题的零件草图应加以修改，再根据修改后的零件草图画出零件图。

二、画装配图的方法和步骤

1. 确定表达方案

应选用能清楚地反映主要装配关系和工作原理的那个方向视图作为主视图，并采取适当的表达方法。根据确定的主视图，再选取能反映其他装配关系、外形及局部结构的视图。

如图 8-19 所示的齿轮泵装配轴测图，以垂直于齿轮轴线的方向作为齿轮泵装配图的主视方向。主视图采用全剖视图，这样主视图可以清楚地表达两齿轮轴的装配关系，泵体、左端盖、右端盖是如何联接和定位的，填料密封结构等内容。主视图还很好地表达了齿轮泵的传动主线。为了表示主动齿轮和从动齿轮啮合情况以及齿轮泵的工作原理，装配图中还需要左视图。为了表示左端盖的外轮廓，左视图采用半剖视图。

2. 确定比例和图幅

按照选定的表达方案，根据部件或机器的大小和复杂程度以及视图数量来确定画图的比例和图幅。在所选图幅中应大致确定各视图位置，并为明细栏、标题栏、零部件序号、尺寸标注和技术要求等留下空间。

3. 画装配图

画图时，应先画出各视图的主要轴线（装配干线）、对称中心线和某些零件的基线或端面。对于齿轮油泵装配图，首先应画出底面（基准面）和两个齿轮轴的轴线，如图 8-22 所示。

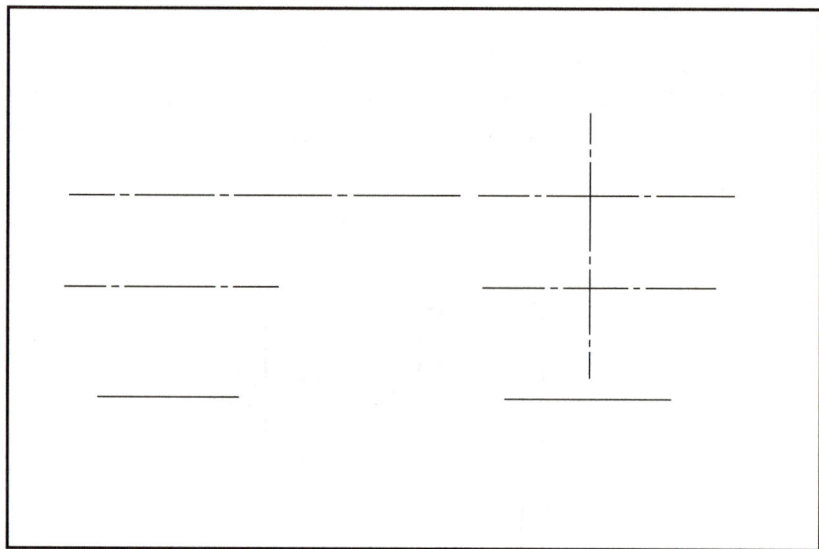

图 8-22　齿轮泵绘图步骤（一）

这样就确定了主、左视图在图纸中的位置，同时也确定了装配体中主要零件的相对位置。画主视图时，以装配干线为准，由内向外逐个画出各个零件（先画齿轮轴，再画泵体、左端盖、右端盖、齿轮等），也可以由外向内画（先画泵体、左端盖、右端盖，再画齿轮轴、齿轮等），视作图方便而定。应先画主要零件轮廓（泵体、左端盖、右端盖、齿轮轴、齿轮），如图 8-23 所示。

后画其余零件轮廓（压紧螺母、轴套、填料及其他标准件等），如图 8-24 所示。

零件的轮廓一般应从最能够反映该零件的形状特征的视图画起，如齿轮泵的外形轮廓在左视图上反映较多，所以这部分内容可以从左视图画起。

4. 完成装配图

全部视图完成后，经检查无误即可加深图线。

为了保证齿轮传动的平稳性，齿轮轴的轴颈与左、右端盖上孔的配合采用最小间隙为零的间隙配合，即 H7/h6。轴套与填料孔的配合也采用这种配合形式。轴套、压紧螺母与轴没有配合关系。传动齿轮与主动齿轮轴之间采用基孔制的过渡配合。由于两个齿轮轴的齿顶圆与泵体的配合和齿轮轴的轴颈与左、右端盖上孔的配合是同一方向的两对配合面。为了保证齿轮泵在工作时润滑油不会过多地从高压端通过齿顶圆与泵体之间的间隙回流到低压端，同时兼顾零件的加工成本，齿顶圆与泵体的配合采用间隙相对大、精度略低的配合形式 H8/f7。两齿轮啮合时，轴距的精度直接影响齿轮传动的精度，

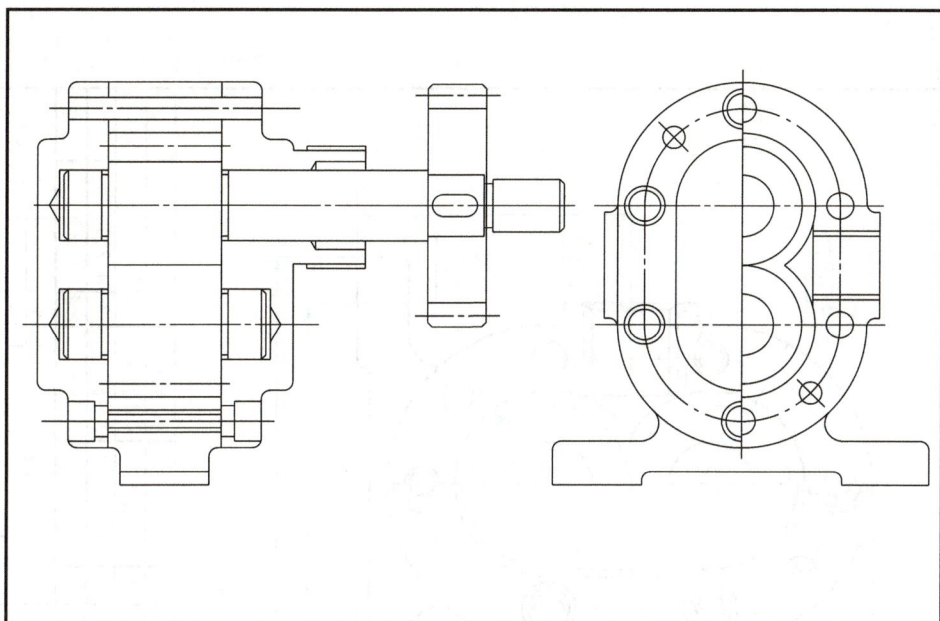

图 8-23 齿轮泵绘图步骤（二）

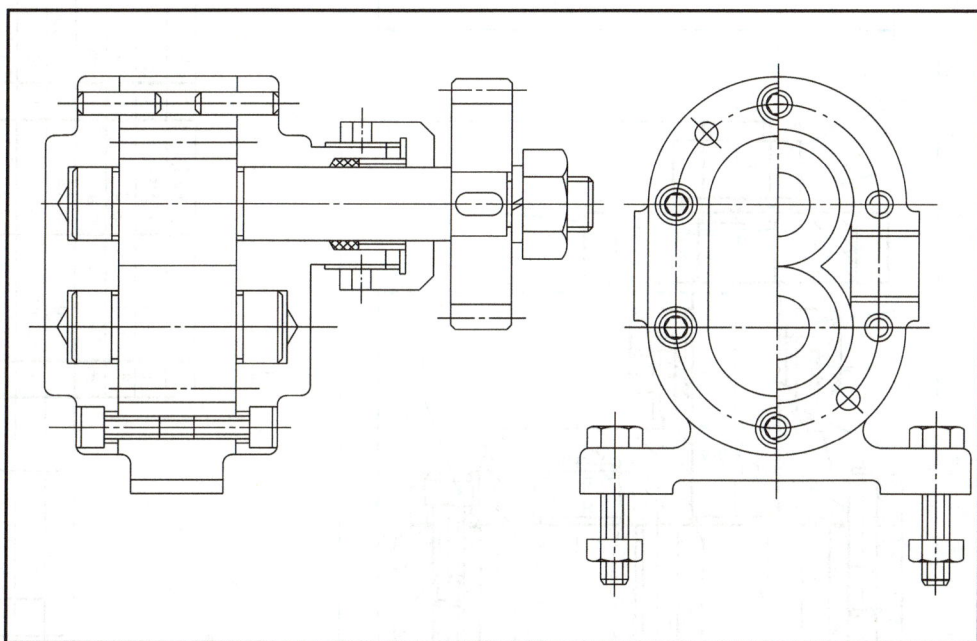

图 8-24 齿轮泵绘图步骤（三）

兼顾相关尺寸的加工精度，两齿轮轴轴距的加工精度选用 IT8 级。该齿轮泵与管路的联接采用 55°非密封管螺纹。50 反映了安装后进出油孔的高度。63.5 表示安装后传动齿轮轴的高度。为了方便齿轮泵的安装，螺栓孔的定位尺寸 70 应在装配图中标出，螺栓孔的直径可以根据所选螺栓的规格以及安装的精度自行查表确定。最后应标出齿轮泵的总体尺寸 118、91.5、85。

零、部件序号的编写一般应尽量先标注主要零件，明细栏中零件代号应按其在明细栏中的先后顺序依次编号，标准件的标准号填入代号栏。标准件的规格应在其名称后注出，标准件的名称应简明，如件号 15 的名称填"螺钉"，由标准号"GB/T 70.1—2008"可知其为内六角圆柱头螺钉。标准件的材料或机械性能等参数应在材料栏中注出，如图 8-25 所示。

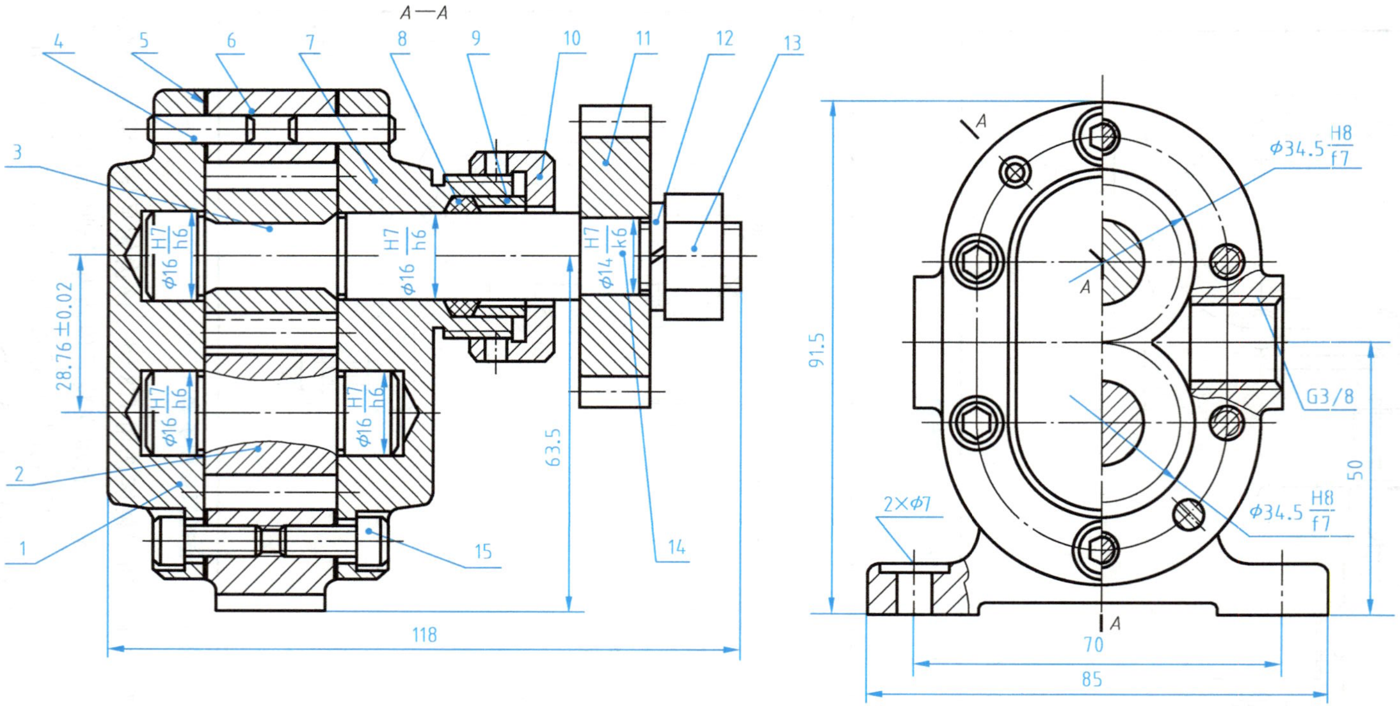

技术条件

1. 装配后要求齿轮运转灵活。
2. 两齿轮的轮齿啮合面占齿长的3/4以上。

序号	代号	名称	数量	材料	备注
15	GB/T 70.1—2008	螺钉M6×12	12	6.8级	
14	GB/T 1096—2003	键5×5×10	1	45	
13	GB/T 6171—2016	螺母M12×1.5	1	6级	
12	GB 93—1987	垫圈12	1	65Mn	
11	04-09	传动齿轮	1	45	
10	04-08	压紧螺母	1	35	
9	04-07	轴套	1	20	
8		填料	1	油绳	
7	04-06	右端盖	1	HT200	
6	04-05	泵体	1	HT200	
5	04-04	垫片	2	工业纸	
4	GB/T 119.2—2000	销A5×40	2	45	
3	04-03	主动齿轮轴	1	45	
2	04-02	从动齿轮轴	1	45	
1	04-01	左端盖	1	HT200	

齿轮泵	比例		04-00
	材料		
制图			
审核			

图 8-25　齿轮泵绘图步骤（四）

任务二 应用 AutoCAD 绘制装配图（企业案例）

任务目标	知识点： 1）了解装配图的规定画法、特殊画法 2）掌握使用 AutoCAD 软件绘图装配图的方法 技能点： 1）能够使用 AutoCAD 间接绘制中等复杂程度的装配图 2）能够使用 AutoCAD 直接绘制一般复杂程度的装配图
任务内容	根据积存 3D 总装图（图 8-26）和积存零件明细表（表 8-1），利用给定的零件图拼画积存装配图 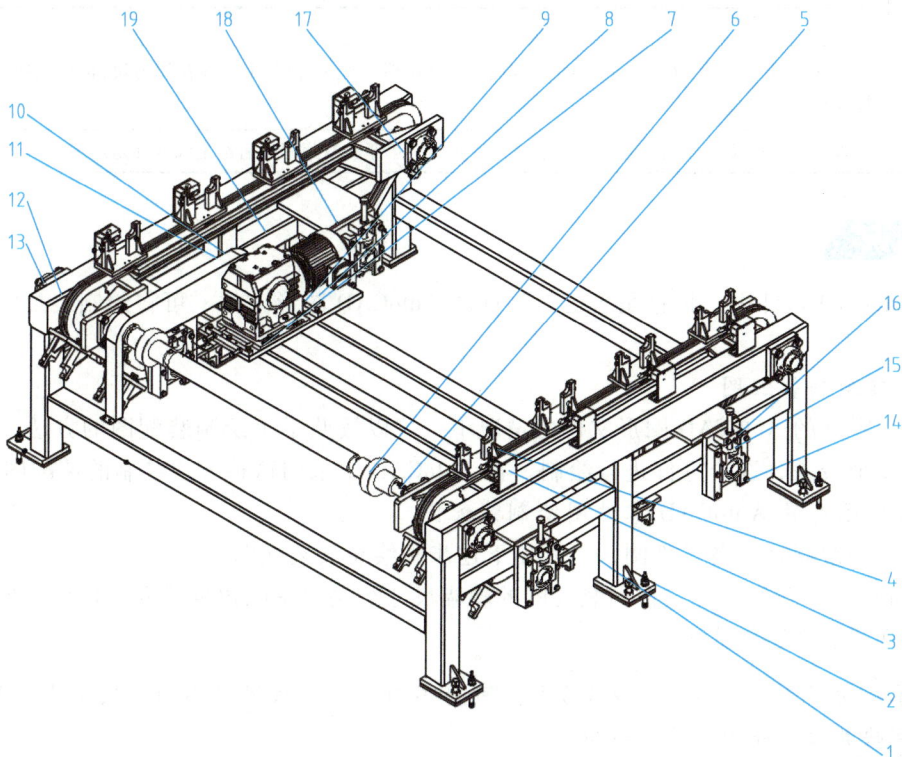 图 8-26 积存 3D 总装图

表 8-1 积存零件明细表

序号	代号	名称	数量
1	01-01	积存支架	1
2	01-02	地脚螺栓联接板	6
3	01-03	行程开关座	8
4	01-04	主肢定位座	20
5	01-05	短轴 I	2
6	01-06	空心轴	1
7	01-07	减速器过渡板	1
8	01-08	电动机座板	1
9	01-09	电动机调节板	2
10	01-10	护罩	1

（续）

任务内容

（续）

序号	代号	名称	数量
11	01-11	挡圈	1
12	01-12	短轴Ⅱ	2
13	01-13	大链轮	8
14	01-14	导向槽	16
15	01-15	定位块	8
16	01-16	挡块	8
17	01-17	12A 从动轮	1
18	01-18	张紧轮轴	4
19	01-19	12A 主动轮	1

任务分析	本任务属于借用已有的 AutoCAD 零件图绘制装配图。首先，把各个零件存储为块，再依次插入并编辑图形，最后标注尺寸并制作明细栏
成果评定	以小组为单位完成积存装配图的绘制，进行自评、互评和教师评价后给定综合评定成绩

相关知识

在 AutoCAD 软件中，根据是否已有零件的 AutoCAD 图形文件，可将绘制装配图的方法分为下述两种情况。

1. 直接绘制装配图

在没有零件的 AutoCAD 图形文件的情况下，可以按照手工绘制装配图的方法，根据零件草图和装配示意图逐个线条、逐个零件进行绘制。在 AutoCAD 中采用这种方法绘制的装配图不便于修改。

2. 借用已有的 AutoCAD 零件图绘制装配图

对于已经绘制好的各零件图，可根据下述步骤绘制其装配图。

1）新建一个图形文件，根据装配图的图幅尺寸绘制出图幅边框线和图框线，然后根据需要创建图层、标注样式、文字样式等。

提示：为了便于显示或隐藏各零件，可将不同的零件放置在不同的图层上，且各图层的名称最好能够反映其上零件的名称或类型。

2）打开该装配体中基础零件的 AutoCAD 零件图，关闭该文件中尺寸线和表面粗糙度符号等标注所在图层，然后将该文件中的基本视图逐个复制、粘贴到上步所绘制的图框线内，并利用“移动”命令将其移动到所需位置。

3）采用同样的方法，按照零件的装配顺序依次将各零件的视图复制、粘贴到装配图的图框内，然后使用“移动”命令将各视图按照装配关系移动至其所在位置。

4）利用“删除”“修剪”等命令编辑装配图，标注尺寸和零件序号，然后填写明细栏、标题栏和技术要求等，完成装配图的绘制。

任务实施

1. 绘图准备

步骤 1　创建 A1 图幅。一般企业都会有自己独有的图幅格式，本任务也可以使用系统自带图幅格式。

步骤 2　零件图的准备。积存装配图由积存支架、地脚螺栓联接板、行程开关座、主肢定位座、短轴Ⅰ、空心轴、减速器过渡板等 19 个零部件组成。

2. 绘制积存装配图

步骤1　插入积存支架。单击"视图"功能区中"选项板"面板中的设计中心按钮▦，打开图8-27所示的对话框。在文件夹列表中选择要插入为块的图形文件"积存支架"，右击打开快捷菜单，从中选择"插入为块"命令，打开"插入"对话框并进行相应的设置，如图8-28所示，单击"确定"按钮。插入的"积存支架"如图8-29所示。

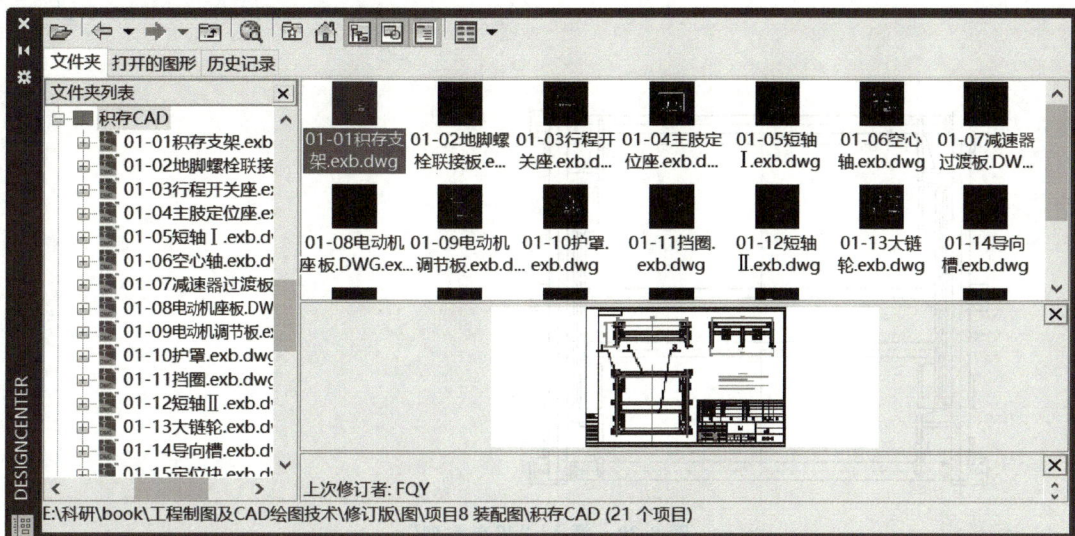

图8-27　"设计中心"对话框插入图块操作

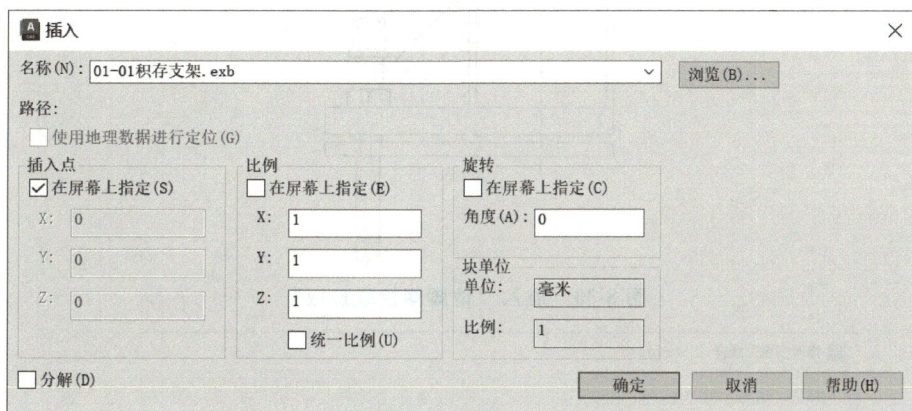

图8-28　"插入"对话框

步骤2　以同样的方法插入零件块"地脚螺栓联接板"，将插入的图块分解、编辑之后如图8-30所示。

步骤3　以同样的方法依次插入行程开关座、主肢定位座、短轴Ⅰ、空心轴、减速器过渡板等19个零部件，将插入的图块分解、编辑。

步骤4　标注尺寸。在装配图中只须标注一些必要的尺寸。

步骤5　序号标注。单击"样式"工具栏中的多重引线样式按钮⌲，在打开的对话框中单击"修改"按钮，然后在"修改多重引线样式：Standard"对话框（图8-31）进行相应设置。

单击"样式"工具栏中的多重引线按钮⌲，完成零件序号的标注。

步骤6　制作明细栏。可利用绘制、编辑命令，也可采用表格命令制作明细栏。

步骤7　保存文件。

绘制完成的积存装配图如图8-32所示。

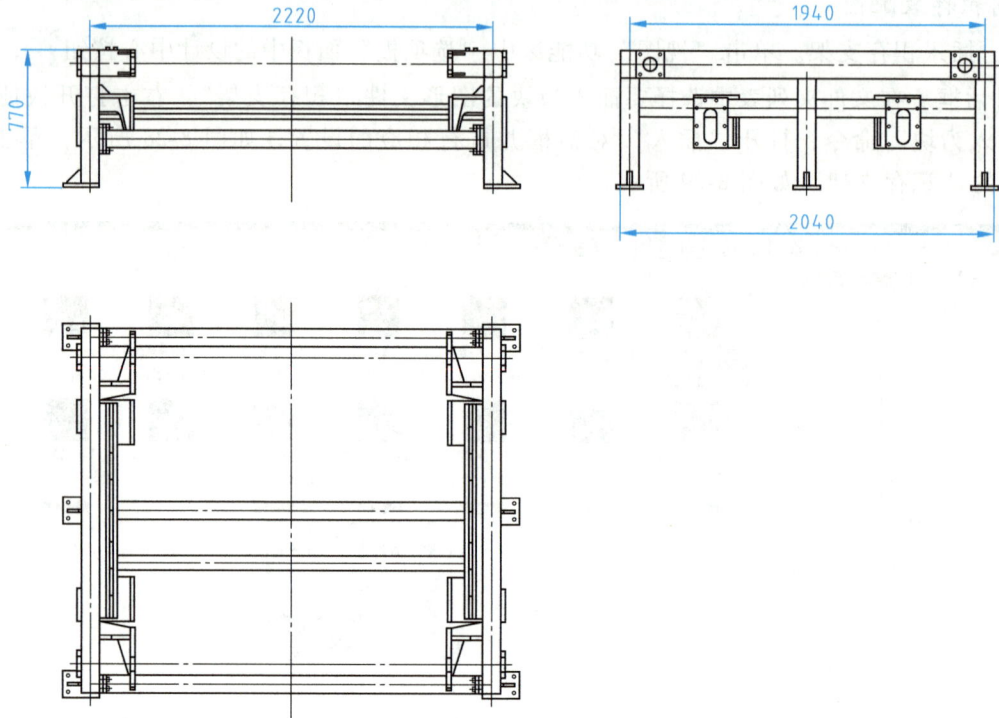

图 8-29　插入"积存支架"

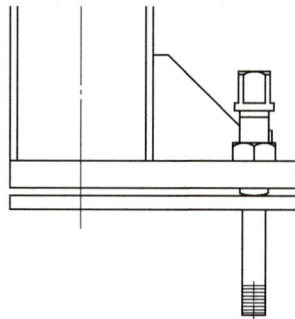

图 8-30　插入"地脚螺栓联接板"

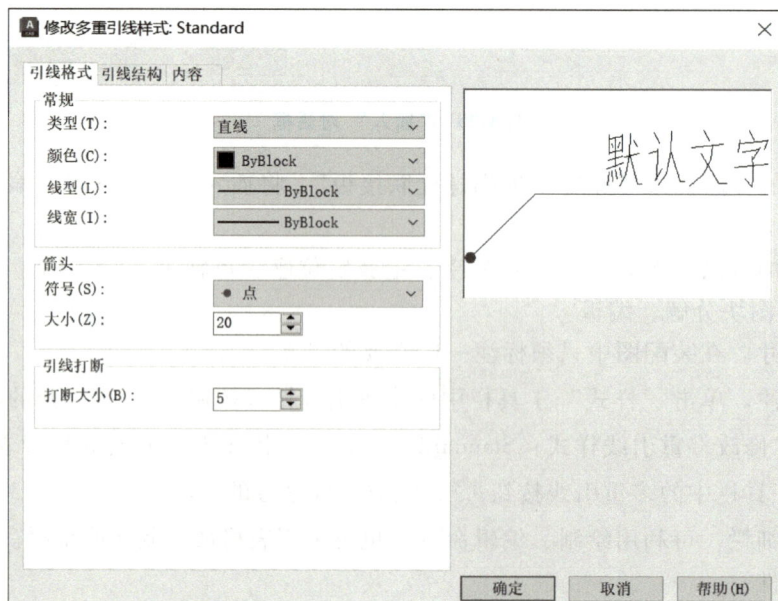

图 8-31　"修改多重引线样式：Standard"对话框

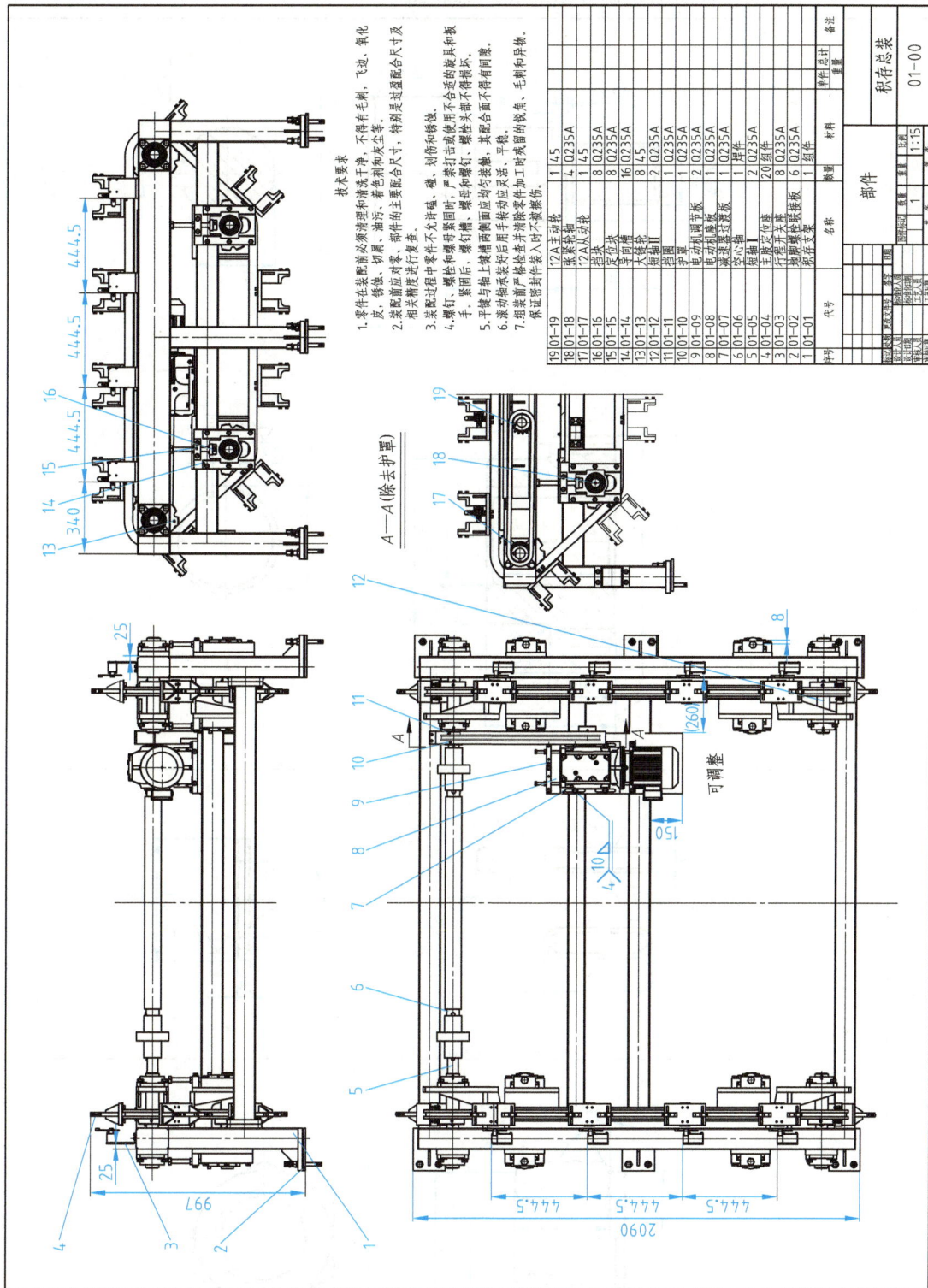

图 8-32　积存装配图

技术要求
1. 零件在装配前须须清洗干净，不得有毛刺、飞边、氧化皮、锈蚀、切屑、油污、着色剂和灰尘等。
2. 装配前应对零、部件的主要配合尺寸、特别是过盈配合尺寸及相关精度进行复查。
3. 装配过程中零件不允许磕、碰、划伤和锈蚀。
4. 螺钉、螺栓和螺母紧固时，严禁打击或使用不合适的旋具和扳手、紧固后螺钉槽、螺母和螺栓头部不得损坏。
5. 平键与轴上键槽两侧面应留有均匀的线隙，其配合面不得有间隙。
6. 滚动轴承装好后检查手转动灵活、平稳。
7. 组装前应严格检查并清除零件内残留的锐角、毛刺和异物、保证密封件装入时不予擦伤。

A—A（除去护罩）

可调整

序号	代号	名称	数量	材料	单件 总计 重量	备注
19	01-19	12A主动轮	1	45		
18	01-18	张紧轮轴	4	Q235A		
17	01-17	12A从动轮	1	45		
16	01-16	挡条	8	Q235A		
15	01-15	定位块	8	Q235A		
14	01-14	导向轴	16	Q235A		
13	01-13	大链轮Ⅰ	8	45		
12	01-12	短链轴	1	Q235A		
11	01-11	挡圈	2	Q235A		
10	01-10	护罩	1	Q235A		
9	01-09	电动机调节板	1	Q235A		
8	01-08	减速器过渡板	1	Q235A		
7	01-07	中心轴	1	Q235A		
6	01-06	短链轴Ⅰ	1	45		
5	01-05	主轴反支座	1	组件		
4	01-04	行程开关基座	1	Q235A		
3	01-03	地脚螺钉联接板	20	组件		
2	01-02	主轴支座	8	Q235A		
1	01-01	积存主支架	6	组件		

积存总装　01-00

部件

比例　1:15

尺寸　444.5　444.5　444.5　340

25　997

25

2090

150

260

巩固练习

作图题

应用 AutoCAD 软件完成零件图的绘制并组装完成总装图。

1. 轴	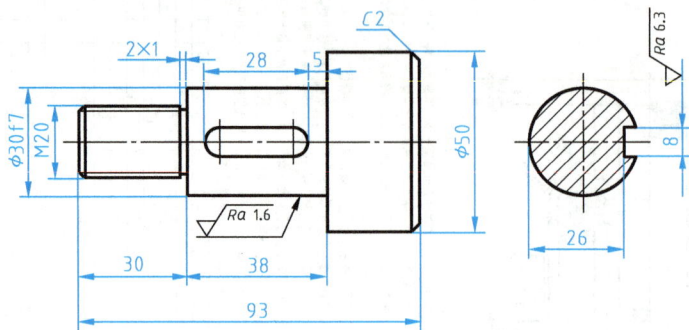
2. 齿轮	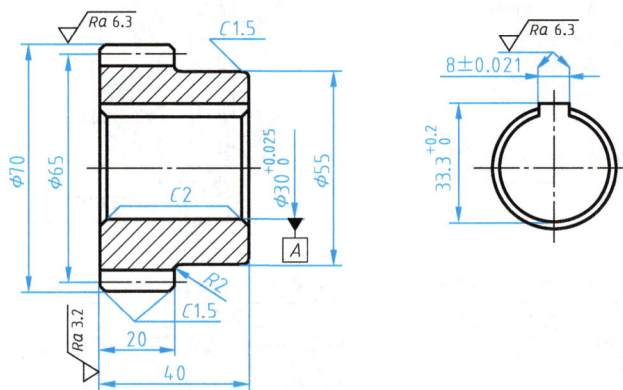
3. 平键 4. 垫圈	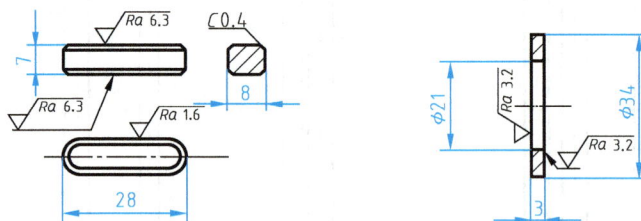
5. 螺母	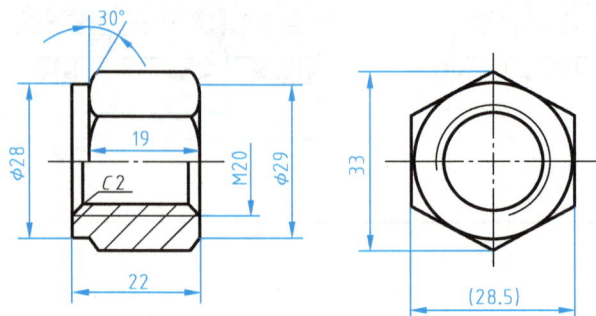

（续）

总装图

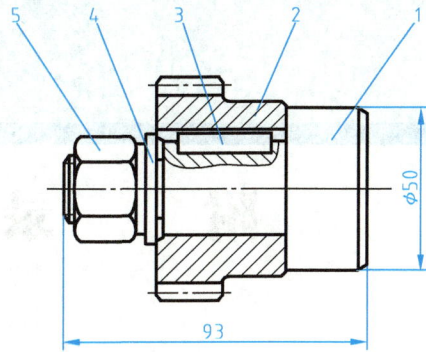

附录A　螺　纹

表 A-1　普通螺纹牙型、直径与螺距（摘自 GB/T 192—2003、GB/T 193—2003）（单位：mm）

D——内螺纹的基本大径（公称直径）
d——外螺纹的基本大径（公称直径）
D_2——内螺纹的基本中径
d_2——外螺纹的基本中径
D_1——内螺纹的基本小径
d_1——外螺纹的基本小径
P——螺距
H——原始三角形高度

标记示例：
M10-6g（粗牙普通外螺纹、公称直径 d＝10mm、中径及顶径公差带均为6g、中等旋合长度、右旋）
M10×1-6H-LH（细牙普通内螺纹、公称直径 D＝10mm、螺距 P＝1mm、中径及顶径公差带均为6H、中等旋合长度、左旋）

公称直径 D、d			螺距 P	
第一系列	第二系列	第三系列	粗牙	细牙
	3.5		0.6	0.35
4			0.7	0.5
		4.5	0.75	0.5
5			0.8	0.5
		5.5		0.5
6			1	0.75
	7		1	0.75
8			1.25	1,0.75
		9	1.25	1,0.75
10			1.5	1.25,1,0.75
		11	1.5	1.5,1,0.75
12			1.75	1.25,1

（续）

公称直径 D、d			螺距 P	
第一系列	第二系列	第三系列	粗牙	细牙
	14		2	1.5,1.25,1
		15		1.5,1
16			2	1.5,1
		17		1.5,1
	18		2.5	2,1.5,1
20			2.5	2,1.5,1
	22		2.5	2,1.5,1
24			3	2,1.5,1
		25		2,1.5,1
		26		1.5
	27		3	2,1.5,1
		28		2,1.5,1
30			3.5	(3),2,1.5,1
		32		2,1.5
	33		3.5	(3),2,1.5
		35		1.5
36			4	3,2,1.5
		38		1.5
	39		4	3,2,1.5

注：M14×1.25 仅用于发动机的火花塞；M35×1.5 仅用于轴承的锁紧螺母。

附录 B 螺纹紧固件

表 B-1 六角头螺栓 （单位：mm）

六角头螺栓——C 级（摘自 GB/T 5780—2016）

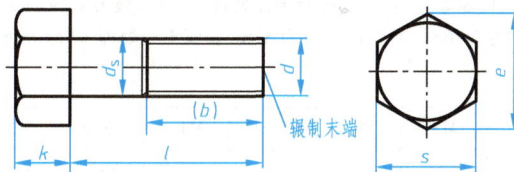

标记示例：

螺栓 GB/T 5780 M20×100

（螺纹规格为 M20、公称长度 l=100mm、右旋、性能等级为 4.8 级、表面不经处理、杆身半螺纹、产品等级为 C 级的六角头螺栓）

六角头螺栓——全螺纹——C 级（摘自 GB/T 5781—2016）

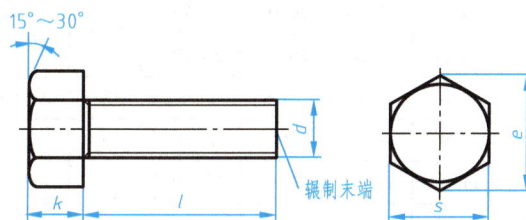

标记示例：

螺栓 GB/T 5781 M12×80

（螺纹规格为 M12、公称长度 l=80mm、右旋、性能等级为 4.8 级、表面不经处理、全螺纹、产品等级为 C 级的六角头螺栓）

（续）

螺纹规格 d		M5	M6	M8	M10	M12	M16	M20	M24	M30	M36	M42	M48
b参考	l≤125	16	18	22	26	30	38	46	54	66	—	—	—
	125<l≤200	22	24	28	32	36	44	52	60	72	84	96	108
	l>200	35	37	41	45	49	57	65	73	85	97	109	121
k公称		3.5	4.0	5.3	6.4	7.5	10	12.5	15	18.7	22.5	26	30
s max		8	10	13	16	18	24	30	36	46	55	65	75
e min		8.63	10.89	14.2	17.59	19.85	26.17	32.95	39.55	50.85	60.79	71.3	82.6
d s max		5.48	6.48	8.58	10.58	12.7	16.7	20.84	24.84	30.84	37.0	43.0	49.0
l范围	GB/T 5780—2016	25~50	30~60	40~80	45~100	55~120	65~160	80~200	100~240	120~300	140~360	180~420	200~480
	GB/T 5781—2016	10~50	12~60	16~85	20~100	25~120	30~160	40~200	50~240	60~300	70~360	80~420	90~480
l系列		10、12、16、20~50（5进位）、(55)、60、(65)、70—160（10进位）、180~500（20进位）											

注：1. 括号内的规格尽可能不用。末端按 GB/T 2—2016 规定。

　　2. 螺纹公差为 8g；机械性能等级为 4.6、4.8；产品等级为 C 级。

表 B-2　1 型六角螺母　　　　　　　　　　　　（单位：mm）

1 型六角螺母　A 级和 B 级（摘自 GB/T 6170—2015）

1 型六角标准螺母　细牙　A 级和 B 级（摘自 GB/T 6171—2016）

1 型六角螺母　C 级（摘自 GB/T 41—2016）

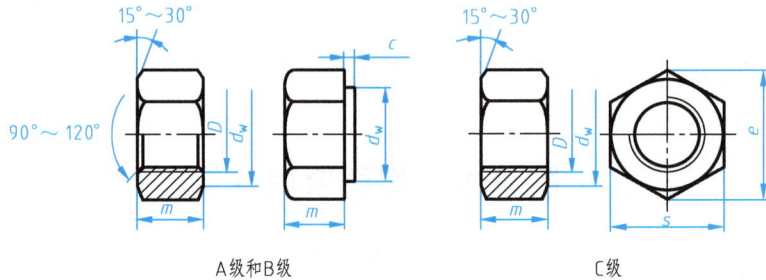

A 级和 B 级　　　　　　　C 级

标记示例：

螺母　GB/T 41 M12（螺纹规格为 M12、性能等级为 5 级、表面不经处理、产品等级为 C 级的 1 型六角螺母）

螺母　GB/T 6171 M16×1.5（螺纹规格为 M16×1.5、性能等级为 8 级、表面不经处理、产品等级为 A 级的 1 型细牙六角螺母）

螺纹规格	D	M4	M5	M6	M8	M10	M12	M16	M20	M24	M30	M36	M42	M48
	D×P	—	—	—	M8×1	M10×1	M12×1.5	M16×1.5	M20×1.5	M24×2	M30×2	M36×3	M42×3	M48×3
C		0.4	0.5		0.6				0.8				1	
s max		7	8	10	13	16	18	24	30	36	46	55	65	75
e min	A、B 级	7.66	8.79	11.05	14.38	17.77	20.03	26.75	32.95	39.55	50.85	60.79	71.30	82.6
	C 级	—	8.63	10.89	14.20	17.59	19.85	26.17						
m max	A、B 级	3.2	4.7	5.2	6.8	8.4	10.8	14.8	18	21.50	25.6	31	34	38
	C 级	—	5.6	6.1	7.9	9.5	12.2	15.9	19	22.3	26.4	31.9	34.9	38.9
d w min	A、B 级	5.9	6.9	8.9	11.63	14.63	16.63	22.49	27.7	33.25	42.75	51.11	59.95	69.45
	C 级	—	6.7	8.7	11.5	14.5	16.5	22						

注：1. P 为螺距。

　　2. A 级用于 D≤16mm 的螺母；B 级用于 D>16mm 的螺母；C 级用于 D≥5mm 的螺母。

　　3. 螺纹公差：A、B 级为 6H，C 级为 7H；机械性能等级：A、B 级为 6、8、10 级，C 级为 4、5 级。

表 B-3　双头螺柱（摘自 GB 897~900—1988）　　　　　　　　　　（单位：mm）

$b_m = d$（GB 897—1988）；$b_m = 1.25d$（GB 898—1988）；$b_m = 1.5d$（GB 899—1988）；$b_m = 2d$（GB 900—1988）

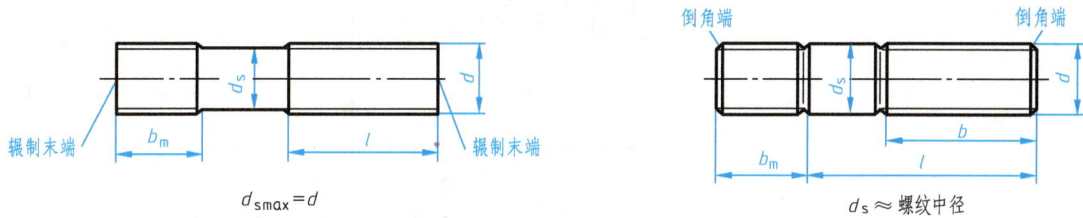

$d_{smax} = d$　　　　　　　　　　　　　　$d_s \approx$ 螺纹中径

标记示例：

螺柱　GB 900　M10×50（两端均为粗牙普通螺纹、$d = 10$mm、$l = 50$mm、性能等级为 4.8 级、表面不经处理、B 型、$b_m = 2d$ 的双头螺柱）

螺柱　GB 900　AM10-10×1×50（旋入机体一端为粗牙普通螺纹、旋螺母一端为螺距 $P = 1$mm 的细牙普通螺纹、$d = 10$mm、$l = 50$mm、性能等级为 4.8 级、表面不经处理、A 型、$b_m = 2d$ 的双头螺柱）

螺纹规格 d	b_m（旋入机体端长度）				l/b（螺柱长度/旋入螺母端长度）				
	GB 897	GB 898	GB 899	GB 900					
M4	—	—	6	8	$\frac{16 \sim 22}{8}$	$\frac{25 \sim 40}{14}$			
M5	5	6	8	10	$\frac{16 \sim 22}{8}$	$\frac{25 \sim 50}{16}$			
M6	6	8	10	12	$\frac{20 \sim 22}{10}$	$\frac{25 \sim 30}{14}$	$\frac{32 \sim 75}{18}$		
M8	8	10	12	16	$\frac{20 \sim 22}{12}$	$\frac{25 \sim 30}{16}$	$\frac{32 \sim 90}{22}$		
M10	10	12	15	20	$\frac{25 \sim 28}{14}$	$\frac{30 \sim 38}{16}$	$\frac{40 \sim 120}{26}$	$\frac{130 \sim 180}{32}$	
M12	12	15	18	24	$\frac{25 \sim 30}{14}$	$\frac{32 \sim 40}{26}$	$\frac{45 \sim 120}{26}$	$\frac{130 \sim 180}{32}$	
M16	16	20	24	32	$\frac{30 \sim 38}{20}$	$\frac{40 \sim 55}{30}$	$\frac{60 \sim 120}{38}$	$\frac{130 \sim 200}{44}$	
M20	20	25	30	40	$\frac{35 \sim 40}{25}$	$\frac{45 \sim 65}{35}$	$\frac{70 \sim 120}{46}$	$\frac{130 \sim 200}{52}$	
（M24）	24	30	36	48	$\frac{45 \sim 50}{30}$	$\frac{55 \sim 75}{45}$	$\frac{80 \sim 120}{54}$	$\frac{130 \sim 200}{60}$	
（M30）	30	38	45	60	$\frac{60 \sim 65}{40}$	$\frac{70 \sim 90}{50}$	$\frac{95 \sim 120}{66}$	$\frac{130 \sim 200}{72}$	$\frac{210 \sim 250}{85}$
M36	36	45	54	72	$\frac{65 \sim 75}{45}$	$\frac{80 \sim 110}{60}$	$\frac{120}{78}$	$\frac{130 \sim 200}{84}$	$\frac{210 \sim 300}{97}$
M42	42	52	63	84	$\frac{70 \sim 80}{50}$	$\frac{85 \sim 110}{70}$	$\frac{120}{90}$	$\frac{130 \sim 200}{96}$	$\frac{210 \sim 300}{109}$
M48	48	60	72	96	$\frac{80 \sim 90}{60}$	$\frac{95 \sim 110}{80}$	$\frac{120}{102}$	$\frac{130 \sim 200}{108}$	$\frac{210 \sim 300}{121}$
l 系列	12、（14）、16、（18）、20、（22）、25、（28）、30、（32）、35、（38）、40、45、50、55、60、（65）、70、（75）、80、（85）、90、（95）、100~260（10 进位）、280、300								

注：1. 尽可能不采用括号内的规格。末端按 GB/T 2—2016 规定。

　　2. $b_m = d$，一般用于钢对钢；$b_m = （1.25 \sim 1.50）d$，一般用于钢对铸铁；$b_m = 2d$，一般用于钢对铝合金。

表 B-4　螺钉

（单位：mm）

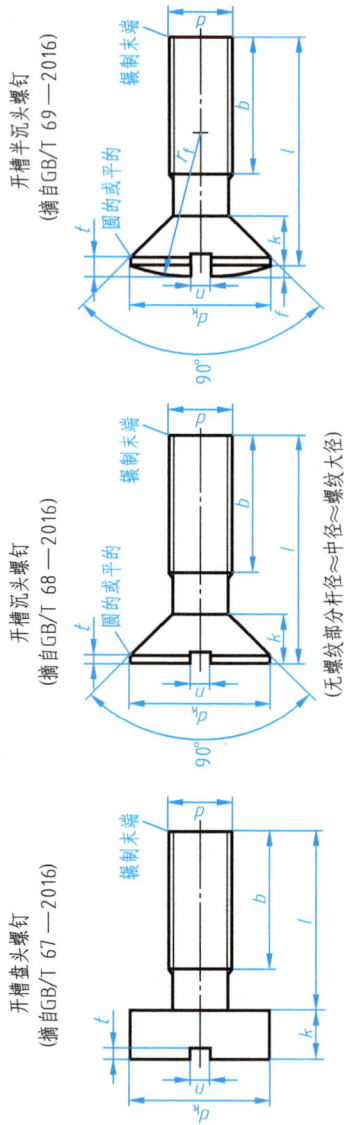

开槽盘头螺钉
（摘自GB/T 67—2016）

开槽沉头螺钉
（摘自GB/T 68—2016）

开槽半沉头螺钉
（摘自GB/T 69—2016）

（无螺纹部分杆径≈中径≈螺纹大径）

标记示例：

螺钉　GB/T 67　M5×20（螺纹规格为 M5,l=20mm,性能等级为 4.8 级,表面不经处理的 A 级开槽盘头螺钉）

螺纹规格 d	P	b_min	n公称	r_f GB/T 69	f GB/T 69	k_{max} GB/T 67	k_{max} GB/T 68 GB/T 69	d_{kmax} GB/T 67	d_{kmax} GB/T 68 GB/T 69	t_{min} GB/T 67	t_{min} GB/T 68	t_{min} GB/T 69	$l_{范围}$ GB/T 67	$l_{范围}$ GB/T 68 GB/T 69	全螺纹时最大长度 GB/T 67	全螺纹时最大长度 GB/T 68 GB/T 69
M2	0.4	25	0.5	4	0.5	1.3	1.2	4	3.8	0.5	0.4	0.8	2.5~20	3~20	40	30
M3	0.5	25	0.8	6	0.7	1.8	1.65	5.6	5.5	0.7	0.6	1.2	4~30	5~30	40	30
M4	0.7	25	1.2	9.5	1	2.4	2.7	8	8.4	1	1	1.6	5~40	6~40	40	30
M5	0.8	25	1.2	9.5	1.2	3	2.7	9.5	9.3	1.2	1.1	2	6~50	8~50	40	30
M6	1	38	1.6	12	1.4	3.6	3.3	12	11.3	1.4	1.2	2.4	8~60	8~60	40	30
M8	1.25	38	2	16.5	2	4.8	4.65	16	15.8	1.9	1.8	3.2	10~80	10~80	45	45
M10	1.5	38	2.5	19.5	2.3	6	5	20	18.3	2.4	2	3.8	12~80	12~80	45	45

$l_{系列}$　2、2.5、3、4、5、6、8、10、12、(14)、16、20~50(5 进位)、(55)、60、(65)、70、(75)、80

注：螺纹公差为 6g；机械性能等级为 4.8、5.8；产品等级为 A 级。

表 B-5　内六角圆柱头螺钉　　　　　　　　（单位：mm）

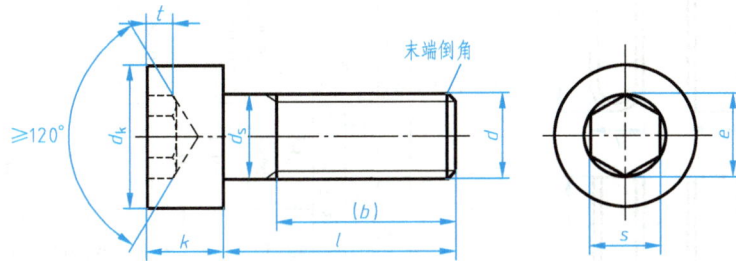

标记示例:

螺钉　GB/T 70.1　M5×20(螺纹规格为 M5、$l=20$mm,性能等级为 8.8 级,表面氧化的 A 级内六角圆柱头螺钉)

螺纹规格 d		M4	M5	M6	M8	M10	M12	（M14）	M16	M20	M24	M30	M36
螺距 P		0.7	0.8	1	1.25	1.5	1.75	2	2	2.5	3	3.5	4
$b_{参考}$		20	22	24	28	32	36	40	44	52	60	72	84
d_{kmax}	光滑头部	7	8.5	10	13	16	18	21	24	30	36	45	54
	滚花头部	7.22	8.72	10.22	13.27	16.27	18.27	21.33	24.33	30.33	36.39	45.39	54.46
k_{max}		4	5	6	8	10	12	14	16	20	24	30	36
t_{min}		2	2.5	3	4	5	6	7	8	10	12	15.5	19
$s_{公称}$		3	4	5	6	8	10	12	14	17	19	22	27
e_{min}		3.44	4.58	5.72	6.86	9.15	11.43	13.72	16	19.44	21.73	25.15	30.85
d_{smax}		4	5	6	8	10	12	14	16	20	24	30	36
$l_{范围}$		6~40	8~50	10~60	12~80	16~100	20~120	25~140	25~160	30~200	40~200	45~200	55~200
全螺纹时最大长度		25	25	30	35	40	50	55	60	70	80	100	110
$l_{系列}$		6、8、10、12、(14)、(16)、20~50(5 进位)、(55)、60、(65)、70~160(10 进位)、180、200											

注: 1. 尽可能不采用括号内的规格。末端按 GB/T 2—2016 规定。

　　2. 机械性能等级为 8.8、10.9、12.9。

　　3. 螺纹公差：机械性能等级 8.8 级和 10.9 级时为 6g，12.9 级时为 5g、6g。

　　4. 产品等级为 A 级。

附录 C 键

表 C-1　普通平键及键槽各部分尺寸（摘自 GB/T 1095—2003, GB/T 1096—2003）

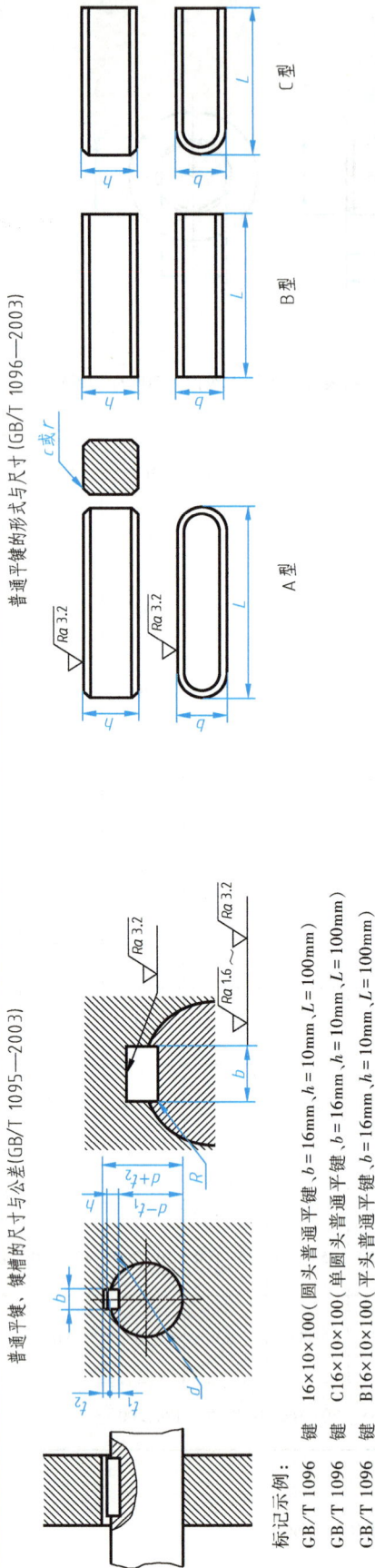

（单位：mm）

普通平键、键槽的尺寸与公差(GB/T 1095—2003)

普通平键的形式与尺寸(GB/T 1096—2003)

A型　B型　C型

标记示例：
GB/T 1096 键　16×10×100（圆头普通平键，b=16mm，h=10mm，L=100mm）
GB/T 1096 键　C16×10×100（单圆头普通平键，b=16mm，h=10mm，L=100mm）
GB/T 1096 键　B16×10×100（平头普通平键，b=16mm，h=10mm，L=100mm）

轴 公称直径 d	键尺寸 b(h8)×h(h11)	长度 L (h14)	宽度 b 公称尺寸	松联接 轴 H9	松联接 毂 D10	正常联接 轴 N9	正常联接 毂 JS9	紧密联接 轴和毂 P9	深度 轴 t_1 公称尺寸	轴 t_1 极限偏差	深度 毂 t_2 公称尺寸	毂 t_2 极限偏差	半径 r min	半径 r max
>10~12	4×4	8~45	4	+0.030 / 0	+0.078 / +0.030	0 / -0.030	±0.015	-0.012 / -0.042	2.5	+0.1 / 0	1.8	+0.1 / 0	0.08	0.16
>12~17	5×5	10~56	5	+0.030 / 0	+0.078 / +0.030	0 / -0.030	±0.015	-0.012 / -0.042	3.0	+0.1 / 0	2.3	+0.1 / 0	0.08	0.16
>17~22	6×6	14~70	6	+0.030 / 0	+0.078 / +0.030	0 / -0.030	±0.015	-0.012 / -0.042	3.5	+0.1 / 0	2.8	+0.1 / 0	0.16	0.25
>22~30	8×7	18~90	8	+0.036 / 0	+0.098 / +0.040	0 / -0.036	±0.018	-0.015 / -0.051	4.0	+0.1 / 0	3.3	+0.1 / 0	0.16	0.25
>30~38	10×8	22~110	10	+0.036 / 0	+0.098 / +0.040	0 / -0.036	±0.018	-0.015 / -0.051	5.0	+0.1 / 0	3.3	+0.1 / 0	0.16	0.25
>38~44	12×8	28~140	12	+0.043 / 0	+0.120 / +0.050	0 / -0.043	±0.0215	-0.018 / -0.061	5.0	+0.2 / 0	3.3	+0.2 / 0	0.25	0.40
>44~50	14×9	36~160	14	+0.043 / 0	+0.120 / +0.050	0 / -0.043	±0.0215	-0.018 / -0.061	5.5	+0.2 / 0	3.8	+0.2 / 0	0.25	0.40
>50~58	16×10	45~180	16	+0.043 / 0	+0.120 / +0.050	0 / -0.043	±0.0215	-0.018 / -0.061	6.0	+0.2 / 0	4.3	+0.2 / 0	0.25	0.40
>58~65	18×11	50~200	18	+0.043 / 0	+0.120 / +0.050	0 / -0.043	±0.0215	-0.018 / -0.061	7.0	+0.2 / 0	4.4	+0.2 / 0	0.25	0.40
>65~75	20×12	56~220	20	+0.052 / 0	+0.149 / +0.065	0 / -0.052	±0.026	-0.022 / -0.074	7.5	+0.2 / 0	4.9	+0.2 / 0	0.40	0.60
>75~85	22×14	63~250	22	+0.052 / 0	+0.149 / +0.065	0 / -0.052	±0.026	-0.022 / -0.074	9.0	+0.2 / 0	5.4	+0.2 / 0	0.40	0.60
>85~95	25×14	70~280	25	+0.052 / 0	+0.149 / +0.065	0 / -0.052	±0.026	-0.022 / -0.074	9.0	+0.2 / 0	5.4	+0.2 / 0	0.40	0.60
>95~110	28×16	80~320	28	+0.052 / 0	+0.149 / +0.065	0 / -0.052	±0.026	-0.022 / -0.074	10	+0.2 / 0	6.4	+0.2 / 0	0.40	0.60

注：1. $L_{系列}$：6~22（2进位），25、28、32、36、40、45、50、56、63、70、80、90、100、110、125、140、160、180、200、220、250、280、320、360、400、450、500。
　　2. GB/T 1095—2003、GB/T 1096—2003 中无轴的公称直径一列，现列出仅供参考。

附录 D 滚 动 轴 承

深沟球轴承
(摘自GB/T 276—2013)

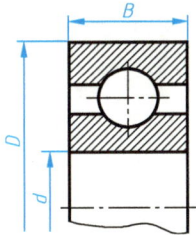

标记示例:
滚动轴承 6310 GB/T 276

圆锥滚子轴承
(摘自GB/T 297—2015)

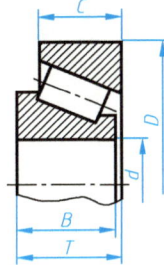

标记示例:
滚动轴承 30212 GB/T 297

推力球轴承
(摘自GB/T 301—2015)

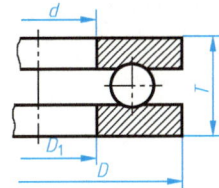

标记示例:
滚动轴承 51305 GB/T 301

轴承型号	尺寸/mm			轴承型号	尺寸/mm					轴承型号	尺寸/mm			
	d	D	B		d	D	B	C	T		d	D	T	D_1
尺寸系列[(0)2]				尺寸系列[02]						尺寸系列[12]				
6202	15	35	11	30203	17	40	12	11	13.25	51202	15	32	12	17
6203	17	40	12	30204	20	47	14	12	15.25	51203	17	35	12	19
6204	20	47	14	30205	25	52	15	13	16.25	51204	20	40	14	22
6205	25	52	15	30206	30	62	16	14	17.25	51205	25	47	15	27
6206	30	62	16	30207	35	72	17	15	18.25	51206	30	52	16	32
6207	35	72	17	30208	40	80	18	16	19.75	51207	35	62	18	37
6208	40	80	18	30209	45	85	19	16	20.75	51208	40	68	19	42
6209	45	85	19	30210	50	90	20	17	21.75	51209	45	73	20	47
6210	50	90	20	30211	55	100	21	18	22.75	51210	50	78	22	52
6211	55	100	21	30212	60	110	22	19	23.75	51211	55	90	25	57
6212	60	110	22	30213	65	120	23	20	24.75	51212	60	95	26	62
尺寸系列[(0)3]				尺寸系列[03]						尺寸系列[13]				
6302	15	42	13	30302	15	42	13	11	14.25	51304	20	47	18	22
6303	17	47	14	30303	17	47	14	12	15.25	51305	25	52	18	27
6304	20	52	15	30304	20	52	15	13	16.25	51306	30	60	21	32
6305	25	62	17	30305	25	62	17	15	18.25	51307	35	68	24	37
6306	30	72	19	30306	30	72	19	16	20.75	51308	40	78	26	42
6307	35	80	21	30307	35	80	21	18	22.75	51309	45	85	28	47
6308	40	90	23	30308	40	90	23	20	25.25	51310	50	95	31	52
6309	45	100	25	30309	45	100	25	22	27.25	51311	55	105	35	57
6310	50	110	27	30310	50	110	27	23	29.25	51312	60	110	35	62
6311	55	120	29	30311	55	120	29	25	31.50	51313	65	115	36	67
6312	60	130	31	30312	60	130	31	26	33.50	51314	70	125	40	72

注:圆括号中的尺寸系列代号在轴承代号中省略。

参 考 文 献

［1］ 黄洁. 机械制图与 CAD［M］. 4 版. 北京：科学出版社，2021.

［2］ 钱可强，丁一. 机械制图［M］. 6 版. 北京：高等教育出版社，2022.

［3］ 陈玉莲. 机械制图与计算机绘图［M］. 2 版. 徐州：中国矿业大学出版社，2022.

［4］ 邵娟琴. 机械制图与计算机绘图［M］. 3 版. 北京：北京邮电大学出版社，2020.

［5］ 缪朝东，胥徐. 机械制图与 CAD 技术基础［M］. 2 版. 北京：电子工业出版社，2021.